U0659516

高等职业教育畜牧兽医类专业系列教材

家禽生产

主　编◎王素梅　王玉峰

副主编◎王艳辉　褚海燕　江兆发

主　审◎邹洪波

JIAQIN
SHENGCHAN

北京师范大学出版集团
BEIJING NORMAL UNIVERSITY PUBLISHING GROUP
北京师范大学出版社

图书在版编目(CIP)数据

家禽生产 / 王素梅，褚海燕主编. —北京：北京师范大学出版社，2025.1

（高等职业教育畜牧兽医类专业系列教材）

ISBN 978-7-303-29853-2

Ⅰ. ①家…　Ⅱ. ①王…　②褚…　Ⅲ. ①养禽学－高等职业教育－教材　Ⅳ. ①S83

中国国家版本馆 CIP 数据核字(2024)第 044048 号

出版发行：北京师范大学出版社 https://www.bnupg.com
　　　　　北京市西城区新街口外大街 12-3 号
　　　　　邮政编码：100088

印　　刷：北京天泽润科贸有限公司
经　　销：全国新华书店
开　　本：787 mm×1092 mm　1/16
印　　张：22.75
字　　数：520 千字
版　　次：2025 年 1 月第 1 版
印　　次：2025 年 1 月第 1 次印刷
定　　价：55.00 元

策划编辑：周光明　　　　　　　责任编辑：周光明
美术编辑：焦　丽　　　　　　　装帧设计：焦　丽
责任校对：陈　民　　　　　　　责任印制：赵　龙

本书编审委员会

主　编　王素梅(黑龙江职业学院)

　　　　　王玉峰(黑龙江省农业机械工程科学研究院)

副主编　王艳辉(黑龙江职业学院)

　　　　　褚海燕(黑龙江省宁安市动物疫病预防与控制中心)

　　　　　江兆发(山东益生种畜禽股份有限公司)

参　编　(以姓名笔画为序)

　　　　　王玉梅(黑龙江职业学院)

　　　　　薛琳琳(黑龙江职业学院)

　　　　　林玉才(黑龙江职业学院)

主　审　邹洪波(黑龙江职业学院)

内容简介

本书围绕高等职业教育培养目标，贯彻"以素质培养为主线，以就业岗位为依据，以工作流程为导向"的指导思想，结合高等农业职业教育特点，针对畜牧兽医类专业的学生特点和社会需求，紧紧围绕以学生为中心构建适应家禽生产企业及相关行业工作岗位需求为目的，设计了家禽繁育、家禽孵化、禽场建设、鸡生产、水禽生产以及禽场管理共计 6 个项目、34 个任务以及 60 多个子任务。

本书 6 个项目紧紧围绕该课程目标进行展开，每个项目下设计学习任务单、任务资讯单、任务（34 个任务下设有案例单、工作任务单、必备知识、拓展阅读和作业单，偶有技能拓展）、学习反馈单等环节，进一步完成课程目标要求。每个任务都最大程度地融入该领域正在施行的国家、行业或地方标准以及其他思政元素等。在全书最后配有课程量化评价单（包括纸笔考试各学习项目配分表和双向细目表）。其中工作任务单下的 66 个子任务可根据实际情况选择执行，因此课程量化评价单也可根据课程学时情况有多种呈现。

本书编写深入浅出、结构紧凑、通俗易懂、结合工单式项目化教学理念，同时汲取了现代家禽生产的新技术、新成果，反映了国内外研究新进展，充分体现了职业性、实践性、可操作性和开放性。

本书可作为高职高专畜牧兽医类专业教材，也可作为中等职业学校畜牧兽医专业及养殖类相关专业学生、基础畜牧兽医人员、专业化养禽场的技术人员和饲养人员的参考书，同时还可作为农民职业培训教材和农村相关基层人员的科普读物。

前 言

本书以习近平新时代中国特色社会主义思想为指导，贯彻党的二十大精神，落实教育部（教职成厅函〔2023〕20号）《关于深化现代职业教育体系建设改革的意见》的精神，面向现代畜牧业开展家禽领域职业教育优质特色教材建设。该教材结合现代农业职业教育的特点，针对畜牧兽医专业的学生特点和社会需求，以学生为中心构建适应家禽生产企业及相关行业工作岗位需求为目的；紧紧围绕旨在培养学生了解家禽各阶段生理知识，掌握家禽生产技术；经由识别与评鉴家禽品种，实操家禽孵化，运用各阶段禽群饲养管理技术，调控禽场环境、制订禽场计划、控制禽场生物安全并智慧化管理禽场。全书以能指导孵化场和各类家禽场生产为根本设置了家禽繁育、家禽孵化、禽场建设、鸡生产、水禽生产以及禽场管理共计6个项目，针对每个项目深入开发了34个任务，每个任务对应1个或多个子任务，共设计了60多个子任务。

本书在编写过程中体现了三大特色，分别是职业性、操作性和实用性。

在职业性方面，立足职业教育特点，尽可能与生产实践相结合，与岗位设置相协调，做到理论联系生产实践，将家禽分为鸡和水禽两大常见家禽种类。为了在生产实践中更好应用，将鸡生产分为蛋鸡生产和肉鸡生产两个子项目。将水禽生产分为鸭生产和鹅生产两个子项目；每一种家禽按品种选择、饲粮筹备、各阶段饲养管理或相关生产技术等作为任务环节融入企业（公司）的生产实践中，使学生（读者）能够清晰、明确、全面地掌握各种家禽生产中的关键技术，并通过设计新颖的学习任务单、任务资讯单、案例单、工作任务单以及学习反馈单等来进一步提高该项任务中与实践结合紧密的专业技能。

在操作性方面，每个项目下设计学习任务单、任务资讯单、任务（34个任务下设有案例单、工作任务单、必备知识、拓展阅读和作业单，偶有技能拓展）、学习反馈单等环节进一步完成课程目标要求。通过34个工作任务下的学习任务单和任务资讯单、案例单、工作任务单、必备知识（偶有技能拓展）、拓展阅读和作业单等多个环节，学生结合每项任务的学习任务单和任务资讯单中对应目标初步了解本次任务内容。案例单和工作任务单导入引领学生进入必备知识学习，同时每个任务都最大程度地融入该任务领域正在施行的国家、行业或地方标准以及其他思政元素等，然后可通过作业单或开放课程中测试题以及每个项目后面的课程量化评价单对本任务重点能力进行测评，最后学生在工作任务单中进一步操作深入掌握任务目标。

在实用性方面，充分考虑专业特点，将家禽生产中的实用技术（如雏禽雌雄鉴别、人工强制换羽、活拔羽绒、肥肝生产等）和最新技术（如环境控制管理、智慧化管理等）融入其中，有利于学生（读者）学习后增强其社会适应能力，并能满足家禽生产行业发展的需要。

本书的另一特色体现在编写过程中，充分融入产业、行业、企业、职业和实践要素，本着"必需、够用"的原则。同时，也积极听从基层专业人士建议，针对学有余力或可持续性强的同学，贴心设置了拓展阅读和技能拓展部分，将部分知识或技能以二维码形式呈现给学生（或读者）。另外，也可以参考本课程的网络教学资源，网可登录 https://mooc1.chaoxing.com/course/244502064.html 或扫描下面二维码使用资源。

　　本书由黑龙江职业学院王素梅、黑龙江省农业机械工程科学研究院王玉峰、黑龙江省宁安市动物疫病预防控制中心褚海燕以及山东益生种畜禽股份有限公司江兆发等共同开发设计编写提纲并完成最后的统稿和校稿。全书由王素梅任第一主编、王玉峰任第二主编，王艳辉、褚海燕、江兆发任副主编。其中王素梅编写了项目1，项目2中的任务2.3、任务2.4和任务2.5，子项目4.1、子项目5.2以及最后的统稿；王玉峰和王玉梅编写了项目3，王玉峰还编写了项目2中的任务2.1和任务2.2；褚海燕编写了项目6中的任务6.1；江兆发编写了项目6中的任务6.4；薛琳琳编写了子项目4.2；王艳辉编写了子项目5.1和项目6中的任务6.2；林玉才编写了项目6中的任务6.3；黑龙江职业学院邹洪波教授完成最后审定。本书同时引用了网络上的资源和相关专家的成果文献，在此一并表示感谢！

　　本教材的体系正处于改革探索阶段，仅作为阶段性成果的展示，尚有需要改进之处。请使用该教材的师生和同行多提出意见和建议，对于书中失误和不当之处敬请批评指正。

编　者

本课程网络教学资源

目　录

项目1

家禽繁育

●●●●● 学习任务单

项目1	家禽繁育	学　时	8
布置任务			
学习目标	**知识目标：** 1. 能说明现代家禽品种的形成和分类，能描述育成现代商品杂交禽标准品种的概况。 2. 能说明家禽生殖器官特点及繁殖规律，能理解光照对家禽生殖的作用机理。 **技能目标：** 1. 会比较蛋用型与肉用型商品杂交禽的育种，能应用现代商品杂交鸡的繁育体系。 2. 能分析光照对家禽生殖机能的影响，会操作鸡人工授精技术，尝试操作鸭、鹅的人工授精技术。 **素养目标：** 1. 通过了解我国家禽产业以及家禽人工授精技术的发展，激发学习兴趣，建立对我国家禽种子资源的责任感和使命感，培养学生"良安天下、种源先行"的情怀。 2. 养成勤于思考、善于思考，尊重科学，合理利用种子资源的职业素养。 3. 增强服务农业农村现代化的使命感和责任感，通过改变或调控家禽生殖生理状态、机能或繁殖效率等来实现提高现代工厂化养禽业群体性能的科教兴农理念，培养知农、爱农创新人才。		
任务描述	通过解答资讯问题、完成教师布置作业，针对案例及其相关资料，思考完成以下家禽繁育技术任务。 1. 家禽选育。 2. 家禽繁殖。		
提供资料	1. 本任务中的必备知识及教学课件。 2.《中国家禽品种志》《国家畜禽遗传资源品种名录（2021年版）》。 3. 国际畜牧网：　　　　　　　　4. 中国养殖网：		

对学生要求	1. 能根据学习任务单、资讯引导，查阅相关资料，在课前以小组合作的方式完成任务资讯问题，体现团队合作精神。 2. 尊重科学，遵纪守法，本着科教兴农的理念。 3. 严格遵守《家禽饲养工（国家职业标准）》和相关养殖行业规定，以身作则实时保护生态。

● ● ● ● ● 任务资讯单

项目1	家禽繁育
资讯方式	学习"工作任务单"中的"必备知识"和"拓展阅读"，思考案例内容及分析、观看相关视频；到本课程在线网站及相关课程网站、禽场虚拟仿真实训室、实习鸡(鸭、鹅)场、图书馆查询资料，向指导教师咨询。
资讯问题	1. 什么是家禽？主要包括哪些？我们是否都需要进行学习？ 2. 现代家禽品种是怎样形成的？ 3. 家禽品种有几种分类方式？ 4. 家禽重要性状分为几类？其遗传方式是什么样的？ 5. 现代商品杂交鸡的育种是怎样的？ 6. 我国特优型草鸡的育种模式是怎样的？ 7. 现代商品杂交鸡繁育体系包括哪些？ 8. 母禽生殖器官包括几部分？各部分具有怎样的功能？ 9. 母禽的繁殖规律如何？ 10. 公禽生殖器官包括几部分？其形态、结构和生理功能如何？ 11. 公禽的繁殖规律是怎样的？ 12. 家禽受精和胚胎发育过程是怎样的？ 13. 光照对禽类生殖机能的影响是怎样的？ 14. 家禽人工授精技术发展状况如何？目前鸡、鸭、鹅的采精主要采用哪种方法？如何进行操作？怎样进行精液处理？如何进行输精？ 15. 如何提高家禽的产蛋力？
资讯引导	1. 在"工作任务单"中查询。 2. 进入相关网站查询。 3. 在相关教材和报刊资讯中查询。

任务 1.1　家禽选育

● ● ● ● ● **案例单**

任务 1.1		家禽选育	学　时	4
案例		案例内容		案例分析
1	周龄	育种工作		这是蛋鸡纯系繁育程序的举例。
	0	雏鸡孵出，编翅号，登记雏簿，记载父号与母号。		
	18	育成后期：测体重，带脚号，外形选择、转群、上产蛋鸡笼。		
	20	产蛋前期：统计育成率，开始测产蛋量及初产日龄。		
	36～39	测蛋重、蛋的品质。		
	40	测 20～40 周龄的存活率、产蛋量，40 周龄体重。		
	41～42	统计 40 周龄各项生产性能，按个体、家系（半同胞、全同胞）品系统计并计算出平均值。		
	43	选种：组成新家系、配种。		
	44～45	采集种蛋，第一批种蛋入孵。		
	46～47	第二批种蛋入孵。		
	48	第一批种蛋孵化出雏，编翅号，下一世代雏鸡 0 日龄。		
	50	第二批种蛋孵化出雏，编翅号，下一世代雏鸡 0 日龄。		
2		安徽某公司培育出："高产、快大、节粮"的皖南黄麻青脚鸡配套系。该配套系由 2 个系组成：专门化父系——青麻 A 系；专门化母系——青麻 D 系。该配套系的建立，为开发和利用我国地方草鸡，特别是开发利用我国快大型"黄""麻""青"脚草鸡闯出了一条新路子。		这是我国本地草鸡采用简单的两系配套杂交，生产高端市场所需特优型草鸡的专门化品系培育。
3		祖代：　　A 系♂　× B 系♀　　C 系♂　× D 系♀ 父母代：　　AB♂　　　×　　　CD♀ 商品代：　　　　ABCD 四系杂交商品鸡		这是鸡的 AB-CD 四系配套杂交模式图。

●●●●● 工作任务单

子任务 1.1.1	明晰家禽品种分类		
任务目的	明晰鸡、鸭、鹅品种分类		
任务准备	地点：多媒体教室、实训室、实训基地等。 材料：学习任务单中提供的资料，网络、记录本、碳素笔等。		
任务实施	1. 教师布置任务，学生通过资讯问题及相关材料在各小组讨论、总结。 2. 结合案例说明家禽品种分类方法，并分别说明鸡、鸭、鹅可以采用的分类方法。 3. 总结类比新中国成立以来，我国家禽品种的分类方法和依据。 4. 小组间进行汇报，同组成员可进行补充，然后各组间进行评分。 5. 教师总结，对学生争议问题进行阐释，并做最后评分。		
考核评价	考核内容	评价标准	分值
	家禽品种分类方法	1. 能够详细列出家禽品种分类方法，每列出一种方法，得 5 分，能够进行举例，每举出一个例子，再得 1 分，最多得 50 分。 2. 能够依次说出鸡、鸭、鹅的分类方法，最多得 30 分。 3. 否则酌情减分。	80
	比较我国家禽品种分类方法	1. 能够有理有据说明我国已公布的家禽品种分类方法，得 10 分。 2. 能够对公布的家禽品种分类方法进行比较，并说明其意义，得 10 分。 3. 否则酌情减分。	20
子任务 1.1.2	辨析家禽性状的遗传		
任务目的	分辨并明晰常见家禽性状的遗传		
任务准备	地点：多媒体教室、实训室、实训基地等。 材料：1. 学习任务单中提供的资料，网络、记录本、碳素笔等。 2. 家禽育种中经常考虑的性状有：冠形(如鸡的单冠、豆冠、玫瑰冠、草莓冠、羽毛冠、肉垫冠和杯状冠这 7 种冠形)；羽色(如鸡的白羽和有色羽)；羽速(如鸡羽毛的生长速度)；皮肤、脚和嘴(如鸡)；产蛋率；受精率；孵化率；蛋重；蛋壳强度；蛋白高度；体重；增重；饲料效率；胴体重；屠宰率；下颚异常；下颚缺失；小眼；黏性胚；无翼；耳穗子；神经过敏症；半眼；盲眼；矮脚；内源前病毒；翼羽缺损；多趾；裸颈；无羽；肢骨弯曲；尻部无毛；无尾等。		

任务实施	1. 教师布置任务,学生通过资讯问题及相关材料在各小组讨论、总结。 2. 说明质量性状和数量性状。 3. 将材料中的常见家禽性状进行归类并说明其在生产实践中的意义。 4. 说明家禽血型性状的类型及其在生产实践中的意义。 5. 说明能使家禽致病、致残、致畸或致死的遗传缺陷性状的类型及其在生产实践中的意义。 6. 总结、归纳数量性状和质量性状的遗传。 7. 小组间进行汇报,同组成员可进行补充,然后各组间进行评分。 8. 教师总结,对学生争议问题进行阐释,并做最后评分。		
考核评价	考核内容	评价标准	分值
	分辨家禽 性状	1. 能够说明并深入理解质量性状和数量性状的区别,得 10 分。 2. 能够正确完成材料中家禽性状归类,每正确一个得 1 分,说明在实践中的意义得 1 分,最多得 30 分。 3. 说明家禽血型、遗传缺陷性状等性状的类型,每正确一个得 1 分,说明在实践中的意义得 1 分,最多得 20 分。	60
	明晰家禽 性状的遗传	1. 能够说明上面归类的质量性状的遗传符合三大遗传定律中的哪项定律,每说对一项得 1 分,最多得 20 分。 2. 能够说明上面归类的数量性状的遗传在遗传的过程中常通过重复力、遗传力和遗传相关中的哪个参数分析,每说对一个得 1 分,最多得 20 分。 3. 可根据各小组表现进行适当奖励分值,最多不超过 10 分。	50
子任务 1.1.3	繁育鹅品种		
任务目的	掌握并应用现代商品杂交禽的繁育体系,试说明我国某一地方鹅品种(如皖西白鹅、籽鹅等)的选育过程。		
任务准备	地点:实训室、资料室、图书馆等。 材料:查阅到的皖西白鹅、籽鹅、豁眼鹅、浙东白鹅等相关资料,学习任务中提供的资料,网络、手机、计算机、记录本、笔等。		
任务实施	1. 自选一个鹅品种(可根据家乡特色品种进行选择)。 2. 搜集该鹅品种相关育种素材。 3. 说明该鹅品种纯系选育的过程(结合案例进行),并指出其选择性状。 4. 说明该鹅品种的选配情况(可有自己的想法)。 5. 该鹅品种是否已经进行了配合力测定,结果如何。 6. 说明该鹅品种的品系配套及扩繁情况。 7. 通过调研说明该品种商品杂交鹅的制种情况。		

	考核内容	评价标准	分值
考核评价	鹅品种确定	1. 能够结合案例 2 和案例 3 充分进行调研，查阅相关资料，得 10 分。 2. 能够切实选择相应品种，得 10 分。 3. 否则酌情减分。	20
	鹅品种选育	1. 能够详细说出该鹅品种纯系选育过程，得 10 分。 2. 每正确说出一个选择性状得 10 分，最多不超过 30 分。 3. 能够说明选配情况，得 10 分，如果自行选配设计合理的得 20 分。 4. 能够说出该鹅品种配合力测定情况，得 10 分。 5. 能够说出该鹅品种的品系配套及扩繁情况，得 10 分。	80
	商品杂交鹅普及情况	能够认真调研并详细说明该品种商品杂交鹅在我国的饲养状况，得 20 分。	20

必备知识

　　家禽是指经过人类长期驯化和培育，在家养条件下能正常生产、繁衍，并能为人类提供肉、蛋等产品的鸟类，主要包括鸡、鸭、鹅、火鸡、鸽、鹌鹑、珍珠鸡、鸵鸟等。

　　现代商品杂交禽是为了适应现代集约化养禽生产的需要而培育和发展起来的配套品系杂交禽，它们不同于以往简单的品种间杂交。首先利用基因的加性效应，培育性能优良的品系；其次利用基因非加性效应进行二元、三元或四元杂交，产生强大的杂种优势，并使各种性能完善化。所生产的商品杂交禽，蛋禽产蛋量高、蛋大、生活力强，性能整齐一致，适于大规模集约化饲养；肉禽生长快、饲粮效率高、生活力强，性能也整齐一致，适于高密度的大群饲养。

一、家禽品种分类

（一）根据家禽的结构、研究目的和手段不同分类

分类标准		举例
1. 按体型和外貌特征分类	按体型大小分类。	鹅分为小型、中型、大型三种。
	按羽色分类。	肉鸡可分为白羽肉鸡和黄羽肉鸡。
	按蛋壳颜色分类。	鸡分为褐壳（红壳）品种、青壳（绿壳）品种、粉壳品种以及白壳品种。
2. 按培育程度分类	原始品种或地方品种。	如北京鸭、狮头鹅、狼山鸡等。
	培育品种。	
	培育配套系。	
3. 按经济用途分类	专用品种又称专门化品种。	鸡分为肉用、蛋用、药用、观赏用和兼用品种；鸽分为肉用、信鸽等。
	兼用品种也称综合品种。	

　　在生产实践中，人们常常根据需要将这三种分类方法结合起来使用，但究竟用哪种更合适，要视家禽品种和有关情况而定。

（二）家禽品种其他分类方法

分类方法			分类标准
1. 标准分类法	标准分类法是英、美、加等国家的家禽爱好者、家禽工作者组成的家禽协会，制定的各种家禽品种标准，在19世纪80年代至20世纪50年代初时作为国际上公认的标准分类法，凡达到此标准的便列入品种志中。此分类法将家禽按类、型、品种、品变种进行分类。	类	按原产地分为亚洲类、美洲类、地中海类、英国类、欧洲大陆类、远东类及其他。
		型	鸡分大型鸡和小型鸡，水禽分大（重）型、中型、小（轻）型。
		品种	是指在一定的社会条件和自然条件下，通过选种选配及一些育种措施培育出的一个具有较高经济价值和种用价值，具有一定结构，具有相似的生产性能、形态特征和适应性，能将其重要特征特性稳定地遗传给后代的群体。
		品变种	又称变种、亚种、内种，是指在一个品种内按羽色、冠形等不同划分成的若干群体。
2.《中国家禽品种志》分类法（1979—1982年全国品种资源调查、编写的）	地方品种（52个）	鸡（27个） 蛋用型（2个）	仙居鸡、白耳黄鸡。
		肉用型（8个）	溧阳鸡、武定鸡、桃源鸡、惠阳胡须鸡、清远麻鸡、杏花鸡、霞烟鸡、河田鸡。
		兼用型（13个）	狼山鸡、大骨鸡、北京油鸡、浦东鸡、寿光鸡、萧山鸡、鹿苑鸡、固始鸡、边鸡、彭县黄鸡、林甸鸡、峨眉黑鸡、静原鸡。
		药用型（1个）	丝羽乌骨鸡。
		观赏型（1个）	中国斗鸡。
		其他（2个）	茶花鸡、藏鸡。
		鸭（12个） 蛋用型（7个）	绍兴鸭、金定鸭、莆田黑鸭、三穗鸭、连城白鸭、攸县麻鸭、荆江鸭。
		肉用型（1个）	北京鸭。
		兼用型（4个）	高邮鸭、建昌鸭、大余鸭、巢湖鸭。
		鹅（13个） 全为肉用型	太湖鹅、籽鹅、浙东白鹅、皖西白鹅、雁鹅、长乐鹅、豁眼鹅、鄱县白鹅、溆浦鹅、狮头鹅、乌鬃鹅、四川白鹅、伊犁鹅。
3.《国家畜禽遗传资源品种名录》（2021年版）分类法	传统家禽（346个）	鸡（240） 地方品种（115）	
		培育品种（5）	
		培育配套系（80）	
		引入品种（8）	
		引入配套系（32）	

分类方法			分类标准
3.《国家畜禽遗传资源品种名录》(2021年版)分类法	传统家禽(346个)	鸭(55) 地方品种(37)	
		鸭(55) 培育配套系(10)	
		鸭(55) 引入品种(1)	
		鸭(55) 引入配套系(7)	1.1.1 《国家畜禽遗传资源品种名录(2021年版)》
		鹅(39) 地方品种(30)	扫码详见名录。
		鹅(39) 培育品种(1)	
		鹅(39) 培育配套系(2)	
		鹅(39) 引入配套系(6)	
		鸽(9) 地方品种(3)	石歧鸽、塔里木鸽、太湖点子鸽。
		鸽(9) 培育配套系(2)	翔1号肉鸽配套系、苏威1号肉鸽。
		鸽(9) 引入品种(3)	美国王鸽、卡奴鸽、银王鸽。
		鸽(9) 引入配套系(1)	欧洲肉鸽。
		鹌鹑(3) 培育配套系(1)	神丹1号鹌鹑。
		鹌鹑(3) 引入品种(2)	朝鲜鹌鹑、迪法克FM系肉用鹌鹑。
	特种家禽(21个)	火鸡(5) 地方品种(1)	闽南火鸡。
		火鸡(5) 引入品种(2)	尼古拉斯火鸡、青铜火鸡。
		火鸡(5) 引入配套系(2)	BUT火鸡、贝蒂纳火鸡。
		珍珠鸡(1) 引入品种(1)	珍珠鸡。
		雉鸡(5) 地方品种(2)	中国山鸡、天峨六面山鸡。
		雉鸡(5) 培育品种(2)	左家雉鸡、申鸿七彩雉。
		雉鸡(5) 引入品种(1)	美国七彩山鸡。
		鹧鸪(1) 引入品种(1)	鹧鸪。
		番鸭(4) 地方品种(1)	中国番鸭。
		番鸭(4) 培育配套系(1)	温氏白羽番鸭1号。
		番鸭(4) 引入品种(1个)	番鸭。
		番鸭(4) 引入配套系(1)	克里莫番鸭。
		绿头鸭(1) 引入品种(1)	绿头鸭
		鸵鸟(3) 引入品种(3)	非洲黑鸵鸟、红颈鸵鸟、蓝颈鸵鸟。
		鸸鹋(1) 引入品种(1)	鸸鹋。

二、育成现代商品杂交禽的标准品种

20世纪50年代前经过人们有计划地系统选种、选育，并按育种组织制订的标准鉴定承认的品种称为标准品种。它强调血缘和外形特征的一致性，对体重、冠形、耳叶颜色、肤色、羽色、蛋壳色泽等都有要求。

鸡的标准品种按美国家禽标准图谱列有近200个，而有重要经济价值的不过十几个，经济用途系指各品种在生产中的用途，不完全指分类上属于何种类型。与育成现代商品杂交鸡有关的标准品种主要有来航鸡、洛岛红、新汉夏、白洛克鸡、白科尼什鸡和九斤鸡。

1.1.2 育成现代商品杂交鸡的主要标准品种及重要生产性能指标

三、家禽重要性状的遗传

家禽的许多重要性状在家禽育种中具有重要意义，生产实践中常将这些性状分为质量性状和数量性状两大类。其中表型特征性状、血型及血浆蛋白多态性、遗传缺陷以及伴性性状属于质量性状；产蛋率、受精率、孵化率等经济性状都属于数量性状。

(一)表型特征性状

长期以来，人们对家禽的许多质量性状的遗传规律进行了深入细致的研究，家禽许多外貌特征，如羽毛颜色、皮肤色泽、鸡的冠形、羽形、羽的生长速度等，均是典型的质量性状。这类性状的遗传大多遵循三大遗传定律，在育种中的作用主要是反映品种(系)的特征。

(二)血型和血浆蛋白的多态性

家禽的血型遗传符合孟德尔遗传规律，是一种稳定遗传的质量性状。已知鸡存在14个血型系统，即14个基因点，100多个等位基因。其中B系统中的因子较多，有30个以上的等位基因。部分系统的血型基因与其他性状之间有连锁或相关关系。例如，鸡的B系统血型中的某些血型因子与对白血病、马立克氏病、白痢等的抗病性有关，通过选择这些血型的个体，可能会增加后代的抗病能力。

利用蛋白多态性做标记基因研究群体间的遗传结构，有助于现代商品鸡育种时杂交亲本的选择，为早期筛选杂交组合提供一定的信息。

(三)遗传缺陷

在家禽的基因组中，常有一些有害基因。这些基因导致程度不同的遗传缺陷，使家禽致病、致残、致畸或致死，给生产带来损失。

常见的鸡的遗传缺陷主要有以下几种。

1. 致死性遗传缺陷

下颚异常、下颚缺失、小眼、黏性胚、无翼、耳穗子。

2. 半致死性遗传缺陷

神经过敏症、半眼。

3. 非致死性遗传缺陷

盲眼、矮脚、内源前病毒、翼羽缺损、多趾、裸颈、无羽、肢骨弯曲、尻部无毛、无尾。

(四)数量性状

1. 蛋鸡

蛋鸡与经济效益有关的主要数量性状如产蛋率、受精率、孵化率、蛋重、蛋壳强度、蛋白高度、体重，其遗传力分别为：0.15、0.21、0.12、0.43、0.32、0.46、0.40。蛋壳颜色与蛋形的遗传力分别为 0.60、0.27。

蛋鸡体重与产蛋率、蛋重、蛋壳重、孵化率间的遗传相关，其遗传力分别为：−0.58、0.69、0.29、−0.24。产蛋率与孵化率、蛋重、生活力之间的遗传相关，其遗传力分别为：−0.15、−0.66、−0.16。

2. 肉鸡

肉用鸡与生产性能有关的主要数量性状包括增重、饲料效率、胸宽、龙骨长、胴体重、屠宰率等，相应的遗传力估值分别为：0.39、0.41、0.28、0.39、0.24、0.41。抗球虫病能力和腹脂重的遗传力分别为：0.28、0.51。这些性状的遗传性都很高，选择这些性状都能取得较明显的选择反应。肉鸡日采食量与日增重、饲料效率、41 日龄体重、腹脂重、胴体蛋白率之间的遗传相关系数分别为：0.74、0.14、0.71、0.27、−0.06。

3. 鸭

鸭的部分性状的遗传力估值如下：1 月龄活重 0.15，2 月龄活重 0.42，胴体重 0.78，屠宰率 0.71，胫骨长 0.36，胸肌重 0.88，产蛋率 0.36，蛋重 0.50，受精率 0.17，孵化率 0.14。

4. 鹅

鹅主要经济性状的遗传力的估值为：肝重 0.45，产蛋率 0.16，蛋重 0.38，受精率 0.09，孵化率 0.04。

四、蛋用型商品杂交鸡的育种

(一)育种素材的收集

收集具有不同特点的鸡品种、品系或群体，是培育现代商品杂交鸡的基础，这项工作称之为建立基础群。建立基础群的主要目的是保留某些基因，群体数宜多而每个群体规模不宜过大。为防止某些基因丢失，基础群一般不做选择，并多留公鸡，如每个群体 100 只母鸡配 100 只公鸡或 300 只母鸡配 100 只公鸡。

(二)纯系的选育

商品杂交鸡育种最主要的工作就是培育纯系或合成新的品系。根据育种目标，从基础群中选出合适的群体进行纯系培育时常用近交育种、闭锁群家系育种、正反反复选择法(RRS)、合成系育种、选择性状及其测定方法、选择程序和方法以及种鸡的选配和组建新的家系。例如，案例 1 中蛋鸡纯系的繁育程序。

(三)配合力测定

纯系选育是现代家禽育种的手段，现代家禽育种的最终目的是将已选出的纯系通过系间的配合力测定，筛选出优秀的杂交组合，生产具有强大杂种优势的高性能商品杂交鸡。

(四)品系配套和扩繁

经大量配合力测定后选出的最优组合即进行品系配套、扩繁，进而转入杂交制种生产商品杂交鸡。商品杂交鸡可以是四系配套、三系配套或二系配套，分别称为四元杂交、三元杂交和二元杂交商品鸡。

一般二元杂交如配合力好时即可产生强大的杂种优势，产蛋量大为提高，但有时蛋重或其他方面还不够理想。鸡的两品种间杂交主要用于我国本地草鸡的经济杂交(我国本地草鸡与国外黄羽肉鸡杂交)(如案例 3)。

而二元杂交只能作为父母代直接生产商品鸡，制种量小，满足不了社会需要；为使商品杂交鸡的性能更全面、更整齐需要进行三元或四元杂交在肉鸡全世界多实行三系配套，如专门化父系多是白科尼什型；专门化母系2个，多是白洛克型。如果三系配套能达到育种目标要求，并具充分的竞争力，则最为经济。

鸡的四元杂交已脱离品种间杂交阶段，进入四系配套杂交（如案例4）的高级阶段，如美国的"海兰鸡"、法国的"伊莎褐"、德国的"罗曼褐"等即为四系杂交配套模式。

五、肉用型商品杂交鸡的育种

肉用型种鸡既要求生长快、耗料少；又要求母鸡具有一定的产蛋水平，繁殖力强，能孵出更多的后代，降低肉用仔鸡成本。但是生长速度和产蛋量呈负的遗传相关，生长快的鸡产蛋量少，产蛋量高的鸡生长速度慢，很难在一个品种或品系内达到两全。因此，实际育种时对父系和母系鸡应有不同的要求。对于父系只要求生长快，肉用性能好；母系要求肉用性能好，产蛋量也较高。两者杂交后产生杂种优势，不但生长快、肉用性能好，饲料效率高，而且生活力强，性能整齐一致，适于大规模集约化饲养。由于母系鸡产蛋量高，肉用仔鸡生产成本也随之降低。

现代商品肉鸡的曾祖代纯系父本多用白科尼什型，生长快、胸宽；母本多用白洛克型，产蛋量高，肉用性能较好。二者经过两次杂交制种，使两种优良性能结合起来，并产生杂种优势。由于父系和母系均为显性白羽，商品鸡羽毛白色，屠宰后皮肤不留有色羽根的毛孔，屠体美观。

1.1.3　我国优质黄鸡的育种

六、现代商品杂交鸡的繁育体系

现代商品杂交鸡的培育过程就是繁育体系的基本内容，这个体系包括育种和制种两部分。育种部分由品种资源场、育种场、配合力测定站和原种场组成，主要任务是育种素材的收集和保存、纯系的培育、杂交组合测定、品系配套和扩繁。制种部分由祖代鸡场、父母代鸡场、孵化场组成，承担两次杂交制种任务，为商品场供应大量的高产商品杂交鸡（如图1-1-1）。

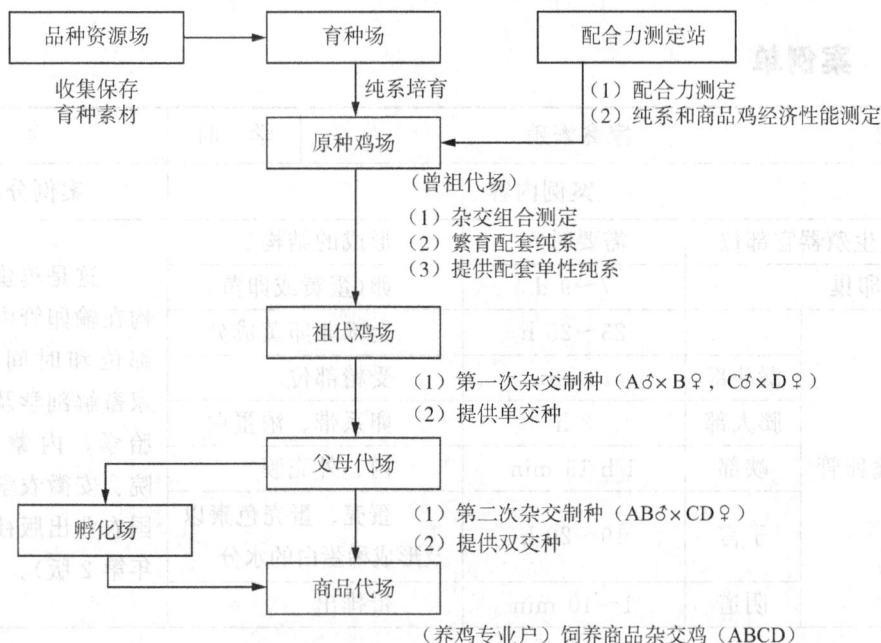

图 1-1-1　现代商品杂交鸡的繁育体系

●●●●● 作业单

一、名词解释

1. 地方品种，2. 培育品种，3. 配套系，4. 品种，5. 品系，6. 标准品种。

二、思考题

1. 目前生产实践中鸡、鸭、鹅常用的品种分类方式是什么？
2. 如何利用我国的地方品种资源培育家禽品种？
3. 家禽繁育体系包括哪些机构？其作用是什么？

任务 1.2　家禽繁殖

●●●●● 案例单

任务 1.2		家禽繁殖		学　时	4
案例		案例内容			案例分析
1	生殖器官部位		需要时间	形成的结构	这是鸡蛋各种结构在输卵管内形成的部位和时间（摘自：家畜解剖学及组织胚胎学，内蒙古农学院、安徽农学院，中国农业出版社，2000年第2版）。
	卵巢		7～9 d	卵（蛋黄或卵黄）	
	输卵管		23～25 h	全部非卵黄成分	
		漏斗部	15 min	受精部位	
		膨大部	3 h	卵系带、浓蛋白	
		峡部	1 h 15 min	内、外壳膜	
		子宫	19～20 h	蛋壳、蛋壳色素以及形成稀蛋白的水分	
		阴道	1～10 min	蛋排出	

2	品种	性成熟期（月）	品种	性成熟期（月）	这是母禽性成熟年龄（摘自张忠诚主编《家畜繁殖学》第三版，中国农业出版社，2000，281）。
	蛋用型鸡	5～6	太湖鸭	7～8	
	肉用型鸡	6～9	狮头鸭	8～9	
	北京鸭	5～6	火鸡	7～8	
	番鸭	7～8	鹌鹑	1.5～2	

3		这是蛋的结构，其中：1. 黄蛋黄；2. 白蛋黄；3. 蛋黄膜；4. 浓蛋白；5. 胚珠或胚盘；6. 内、外层稀蛋白；7. 内浓蛋白及系带；8. 气室；9. 内蛋壳膜；10. 外蛋壳膜；11. 蛋壳；12. 壳上胶护膜。

4	种类	形态表现	形成原因	这是畸形蛋的种类和形成原因。
	双黄蛋	蛋特大，每个蛋有两个蛋黄。	两个卵黄同时排出，一个成熟，另一个尚未成熟；由于母禽受惊或物理压迫，使卵泡破裂，提前与成熟的卵一同排出。多见于初产期。	
	无黄蛋	蛋特别小，无蛋黄。	膨大部机能旺盛，出现浓蛋白凝块、卵巢出血的血块脱落组成。	
	软壳蛋（无蛋壳）	无硬蛋壳，只有壳膜。	缺乏钙、磷、维生素 D；病理原因；子宫机能失常；输卵管内寄生蛋蛭；母禽受惊，用药或疫苗使用不当。	
	异物蛋	蛋中有血块、血斑。	卵巢出血、卵巢脱落组织随卵黄进入输卵管；有寄生虫等。	
	变形蛋	蛋长形、扁形、腰鼓、皱纹及砂壳等。	母禽受惊吓、输卵管机能失常；子宫机能失调或反常收缩等。	
	蛋包蛋	蛋特大，破壳后，内又有一正常蛋。	蛋形成后产出前，母禽受惊或某些生理反常，导致输卵管逆蠕动。	

● ● ● ● ● 工作任务单

子任务 1.2.1	明晰家禽生殖生理		
任务目的	明晰母禽和公禽的生殖器官、繁殖规律等家禽生殖生理。		
任务准备	地点：多媒体教室、实训室、实训基地等。 材料：学习任务单中提供的资料，网络、记录本、碳素笔等。		
任务实施	1. 教师布置任务，学生通过资讯问题及相关材料在各小组讨论、总结。 2. 分别说明母禽和公禽生殖器官的特点（可与家畜比较进行）及其生殖应用技术。 3. 说明母禽卵子生长（与家畜区别）、发育、排卵及在生产实践中的意义。 4. 说明公禽精子的发生、成熟，同时结合案例 1 举例说出鸡、鸭、鹅的性成熟期。 5. 比较家禽受精、胚胎发育与家畜的区别。 6. 小组间进行汇报，同组成员可进行补充，然后各组间进行评分。 7. 教师总结，对学生争议问题进行阐释，并做最后评分。		
考核评价	考核内容	评价标准	分值
	明晰家禽生殖器官	1. 能够说出母禽和公禽生殖器官组成的，得 10 分。 2. 能够依次说出上面组成中每一项的形态、位置，得 10 分。 3. 能够指出家禽与家畜（或家禽之间）生殖器官的不同，每说出一项得 2 分，最多得 20 分。 4. 否则酌情减分。	40
	明晰家禽繁殖规律	1. 能够与家畜对比说出家禽精子和卵子到达成熟的过程及在实践中意义，每列出一项得 5 分，最多得 40 分。 2. 能够说出家禽的受精与家畜的异同点，得 10 分。 3. 能够说出禽胚发育与家畜胚胎发育的异同点，得 10 分。 4. 否则酌情减分。	60
子任务 1.2.2	明晰禽蛋形成及感观区辨受精蛋		
任务目的	以鸡蛋为例识辨禽蛋结构并明晰禽蛋的形成过程，然后区辨受精蛋和未受精蛋。		
任务准备	地点：多媒体教室、实训室、实训基地等。 材料：受精鸡蛋和未受精鸡蛋数枚，学习任务单中提供的资料，网络、记录本、碳素笔等。		

任务实施	1. 教师布置任务，学生通过资讯问题及相关材料在各小组讨论、总结。 2. 各组发放 1 枚受精鸡蛋和 1 枚未受精鸡蛋(事先不告诉学生)，每组从气室处先剥开，观察从气室处看到胚蛋的情况，说出两枚鸡蛋的区别。 3. 尝试通过感观区辨受精蛋和未受精蛋。 4. 然后将鸡蛋剖开于平皿中，对比案例 3 图中标注的 1～12，结合实物说出鸡蛋的结构。 5. 先观看视频然后结合案例 1 说明鸡蛋的形成过程。 6. 尝试说明鸭蛋、鹅蛋的形成过程(可查阅相关资料)。 7. 结合案例 4 中畸形蛋的种类和形成原因，思考在生产实践中如何更好地避免畸形蛋的发生。 8. 小组间进行汇报，同组成员可进行补充，然后各组间进行评分。 9. 教师总结，对学生争议问题进行阐释，并做最后评分。		
考核评价	考核内容	评价标准	分值
	识辨鸡蛋结构	1. 能够准确说出从气室处观察到的两枚胚蛋情况，得 10 分; 2. 能够正确说出两枚胚蛋的区别，得 5 分。 3. 准确判断出受精蛋和未受精蛋，并说明理由，得 5 分。 4. 对于剖开胚蛋，能够全部指出案例 3 图中部位，得 15 分，否则每说对一个得 1 分。 5. 否则酌情减分。	35
	明晰蛋的形成过程	1. 能够描述胚蛋的形成过程，得 10 分。 2. 能够说出鸡蛋中蛋黄(卵或卵黄)、卵系带、浓蛋白、内壳膜、外壳膜、蛋壳、形成稀蛋白的水分等的形成部位以及所需时间，得 15 分。 3. 能够类比说出鸭蛋、鹅蛋的形成过程，得 10 分。	35
	降低畸形蛋	1. 能够将畸形蛋形成的原因进行区分、归类，得 10 分。 2. 能够说出生产实践中避免形成畸形蛋的措施，每说对一项得 2 分，最多得 10 分。 3. 能够说出指导生产实践的具体事项，每说出 1 条得 2 分，最多得 10 分。 4. 可根据各小组表现进行适当奖励分值，最多不超过 10 分。	40
子任务 1.2.3	家禽人工授精技术		
任务目的	能熟练进行鸡的采精、精液品质检查、稀释和输精操作并尝试鸭、鹅人工授精技术。		

任务准备	地点：实训基地成年蛋种鸡舍。 动物：34～40周龄的种公鸡和种母鸡、种公鸭、种母鸭若干。 材料：光学显微镜、鸡用集精杯、输精器或带胶头的玻璃滴管、吸管，精液分装管，脱脂棉，保温瓶，试管刷等。		
任务实施	1. 教师布置任务，各小组回顾、讨论实施操作。 2. 小组内成员自由组合，模拟生产实践形成三人一组，练习操作公鸡采精。 3. 两人配合操作公鸡采精，采精后迅速进行精液品质检查。 4. 对检查合格精液按照要求进行稀释。 5. 将稀释后的精液进行母鸡输精。 6. 尝试背部按摩法进行种公鸭采精。 7. 尝试手指探测法进行种母鸭输精。 8. 各小组汇报讨论，总结结果，分享经验。 9. 教师总结、评鉴。		
考核评价	**考核内容**	**评价标准**	**分值**
	公禽采精	1. 采精前能够对公鸡进行判定、处理，得5分。 2. 能够对人工授精器材进行充分洗涤消毒，得10分。 3. 能够正确保定公鸡，顺利实施采精操作、方法得当，得10分。 4. 能够顺利进行公鸭采精，操作合理符合生产实践，得5分。 5. 采精后能够迅速将精液送入精液处理室，得5分。 6. 否则酌情减分。	35
	禽精液品质检查与稀释	1. 能够迅速对送入精液进行处理，得5分。 2. 对精液颜色、气味和云雾状判定正确，得6分。 3. 进行精子活力和密度检测正确的，得8分。 4. 能够说出与家畜精子的不同之处，每说出一条得1分，最多得6分。 5. 对于检查合格精液能够迅速进行稀释且操作规范，得10分。 6. 否则酌情减分。	35
	母禽输精	1. 能够判定待输精母鸡状况，得5分。 2. 母鸡保定正确，翻肛适度，得5分。 3. 输精操作熟练，输精量适量，输精深度适宜，输精后输精器处理得当，得10分。 4. 能够理解鸭（或鹅）输精操作要点，得5分。 5. 三人配合默契，操作熟练，用时最短，得5分。 6. 否则酌情减分。	30

必备知识

一、家禽生殖生理

（一）母禽的生殖生理

1. 母禽的生殖器官

母禽的生殖器官（如图1-2-1）包括卵巢和输卵管两大部分。左侧发育正常，右侧在早期发育过程中逐渐退化，仅留残迹；只有极少数的禽有两侧卵巢和输卵管。

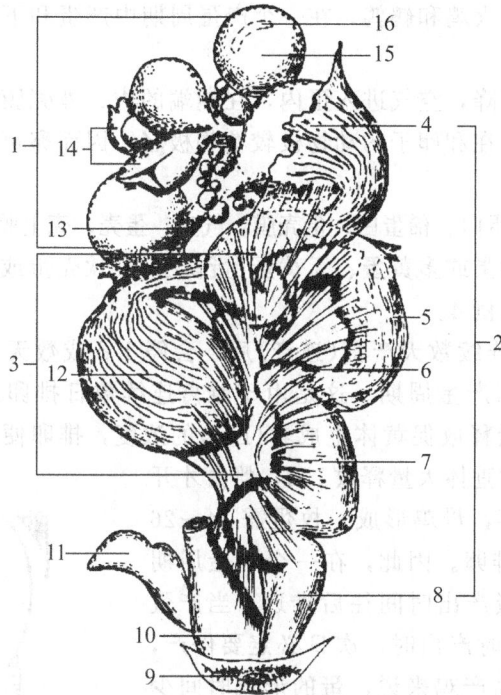

图 1-2-1　母禽生殖器官

1. 卵巢；2. 输卵管；3. 输卵管系膜；4. 漏斗部；5. 膨大部；6. 峡部；7. 子宫；
8. 阴道；9. 泄殖腔；10. 直肠；11. 右侧退化输卵管；12. 有蛋存在的膨大部；
13. 髂总静脉；14. 排卵后的卵泡膜；15. 成熟卵泡；16. 卵泡上卵带区破裂口

（1）卵巢。位于腹腔中线稍偏左侧，在肾脏前叶的前方，由卵巢、输卵管系膜韧带附着于体壁。卵巢由皮质和髓质构成。在性成熟时，皮质和髓质的界限消失；在皮质部有许多小卵泡分布，而髓质部富含血管和神经。

（2）输卵管。输卵管是一条弯曲、富有弹性的长管；前端开口于卵巢下方，后端开口于泄殖腔。共分五个部分，即漏斗部（又称伞部）、膨大部（蛋白分泌部）、峡部、子宫、阴道。处于产蛋期的母鸡输卵管粗而长，重约75 g，长约70 cm；而休产期时有所萎缩。

家禽成熟的卵巢呈葡萄串状，上面有许多不同发育阶段的白色卵泡和黄色卵泡，每个卵泡含有一个卵母细胞。白色卵泡直径2～6 mm，黄色卵泡有几个至十几个，直径6～35 mm大小不等。一个成熟的卵巢，肉眼可见1 000～1 500个卵泡，在显微镜下可观察到约12 000个，但实际发育成熟而排卵的为数甚少。每个卵泡由柄附着于卵巢上，表面有血管与卵巢髓质相通，供卵子生长发育所需要的营养物质。成熟母鸡产蛋期卵巢重40～60 g，休产时仅4～6 g。鸡蛋各种结构在输卵管内形成的部位和时间参见案例1。

2. 母禽的性成熟

母禽性成熟的主要特征是排卵、产蛋。性成熟年龄因家禽种类、品种、饲养管理条件、个体发育差异等而不同(参见案例2)。

3. 母禽的繁殖规律

(1)排卵。家禽的排卵，是指卵泡发育成熟后，卵泡膜在其表面的无血管区处破裂，排出卵子的过程。卵母细胞从发育到排卵，一般需要7~10 d。通常母鸡是在前一枚蛋产出约30 min后，发生下一次排卵。大多数家禽在产蛋后15~75 min内发生排卵。每天连续产蛋的禽类，如鸡、鸭、火鸡和鹌鹑，在一个产蛋周期中产蛋和下一次排卵之间的间隔期是相似的。

禽蛋产出后，温度下降，空气进入蛋内，在钝端的内、外壳膜之间逐渐形成腔隙，称为气室。由于卵系带的存在和卵子的动物极较植物极轻，因而卵可在蛋内转动，使胚珠或胚盘始终向上。

蛋由卵黄、系带、浓蛋白、稀蛋白、蛋壳膜、气室、蛋壳、壳上胶护膜等组成(如案例3)。

常见的畸形蛋有双黄蛋或多黄蛋、无黄蛋(蛋楔子)、软壳蛋或无壳蛋、异物蛋及变形蛋等，其形成原因，如案例4。

(2)产蛋周期。母禽连续数天产蛋(连产)后，会停1 d或数天(间歇)，再连续产蛋数天，这种周期性的现象叫产蛋周期。这是由于雌禽连续数日排卵后，血浆中孕酮水平降低，达不到刺激垂体大量释放促黄体生成素(LH)的浓度，排卵便暂时停止，直到血浆孕酮水平再次升高重新刺激垂体大量释放LH，雌禽才开始新的排卵周期。据观察，母鸡形成一枚蛋需24~26 h，蛋产出经30 min才排卵。因此，在一个产蛋周期中，后一枚蛋比前一枚蛋产出时间往后推迟，当产蛋周期中一枚蛋在15~16时产出时，次日必定要停产，而对于连产数十枚蛋的高产鸡来说，蛋的形成时间少于24 h；因此高产蛋鸡一年可产蛋300枚以上。

(3)就巢。就巢又称抱窝，是指家禽繁殖后代的本能。是由于垂体前叶分泌的促乳素升高所致。母禽在就巢期间，生殖器官逐渐萎缩，停止产蛋和不接受交配，平均停产15~30 d。

就巢具有遗传性，因此，可以通过选种选配使其减弱或淘汰；也可注射激素或改变环境条件，将母禽放置于阴凉通风的地方，促使其醒巢；也可利用丙酸睾丸素，每千克体重12.5 mg，进行胸部肌肉注射。

(二)公禽生殖生理

1. 公禽生殖器官

公禽生殖器官(如图1-2-2)主要由睾丸(性腺)、附睾、输精管和交配器官构成。其睾丸位于体腔内，没有哺乳动物所具有的副性腺。所以其精液中没有这些腺体的分泌物，只有输精管末端附近的脉管体及泄殖腔内淋巴褶所分泌的透明液。

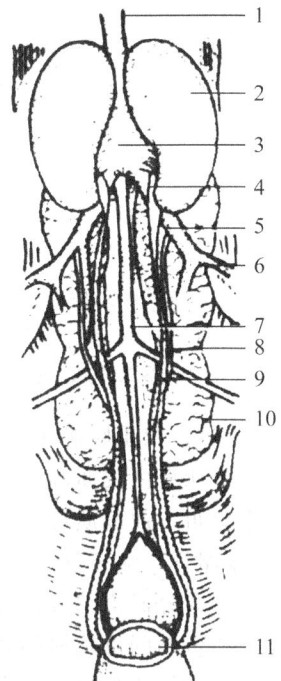

图1-2-2　公禽生殖器官

1. 后腔静脉；2. 睾丸；3. 睾丸系膜；4. 附睾；5. 髂静脉；6. 输尿管；7. 主动脉；8. 输尿管；9. 输精管；10. 肾脏；11. 泄殖腔

①睾丸。成熟公禽类的睾丸成对存在，呈卵圆形或球形，位于腹腔肾脏前叶下方、脊柱腹侧，以系膜悬挂在肾前部下方，周围与胸、腹气囊相接触，体表投影在最后两椎肋骨的上部。其重量、大小和颜色，常因品种、年龄和性机能的活动而异，一般颜色随生殖季节由黄色转为淡黄色甚至白色；蛋用品种公鸡成熟的睾丸平均重8～12 g，肉用品种公鸡成熟的睾丸平均为15～20 g。性机能非旺盛期，蛋用品种鸡的睾丸长轴平均为10～15 mm，旺盛期睾丸长轴增大到25～60 mm，直径为25～30 mm。在自然条件下，成年公鸡在春季性机能特别旺盛期，睾丸增大，精细管变粗，精子大量形成，睾丸颜色逐渐变白；当性机能减退时，则又变小。

②附睾。位于睾丸内侧凹陷部，其前端连接睾丸，后端与输精管相连；与哺乳动物相比附睾较短而不发达，附睾头、体和尾界限不明显。

③输精管。左、右各一条，呈弯曲的白色细管，沿腹腔背部由前至后逐渐变粗形成一扩大部，其末端为圆锥形，称为乳头（或乳嘴），并与输尿管平行开口于泄殖腔。

公禽精子自睾丸生成后，需经附睾、输精管才能完全成熟；所以附睾及输精管均为精子的贮存库和进一步成熟的场所。

④交配器官。公鸡没有真正的阴茎，只有退化的交配器（或称交媾器）。它位于泄殖腔的腹壁侧中央部，中间的白色球体为生殖突起，两侧围以规则的皱襞，因呈"八"字状，称"八字状襞"，生殖突起与八字状襞构成显著的隆起，称为生殖隆起（如图1-2-3A和A'）。刚孵出的公雏，其生殖隆起比较明显，因此，可用来进行雌、雄鉴别。

公鸡交配时，生殖隆起由于充血、勃起围成输精沟，精液由精管乳头流入输精沟排入母鸡外翻的阴道口。

公鸭和公鹅的阴茎较为发达，但与哺乳动物的阴茎并非同源器官，它由两个长而卷曲的纤维淋巴体和一个分泌黏液的腺管（阴茎腺部）构成，在两纤维淋巴体之间，沿阴茎表面形成螺旋状的阴茎沟，阴茎平时套缩在泄殖腔内，呈囊状；勃起时因充满淋巴液而产生压力，使阴茎从泄殖腔内压出，呈螺旋锥状体，其表面有螺旋形的输精沟。交配时输精沟闭合成管状，精液则从合拢的输精沟射出。鸭阴茎基部的直径约3 cm，勃起伸出长度达10～12 cm（如图1-2-3B）；鹅阴茎长达6～7 cm。

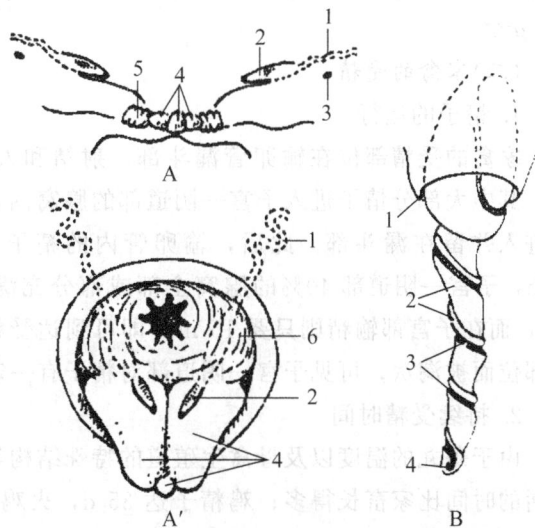

图1-2-3 公禽交配器

A. 成年公鸡（A'为勃起时）：1. 输尿管；2. 输精管乳头；
3. 输尿管口；4. 阴茎体；5. 淋巴褶；6. 粪道泄殖道襞；
B. 成年公鸭勃起时的阴茎：1. 肛门；2. 纤维淋巴体；
3. 阴茎沟；4. 阴茎腺部的开口

2. 公禽的繁殖规律

（1）精子的发生。公禽精子发生过程与哺乳动物基本相同，也需经过4个阶段，即精原细胞、初级精母细胞、次级精母细胞和精子细胞。性成熟前后精细管发育迅速，管内具有多层上皮细胞，并在管壁、管腔内都可见到不同发育阶段的精子。公鸡精子发生的第1阶段，即精原细胞约始于5周龄；第2阶段约于6周龄，初级精母细胞形成；第3阶段约于

10 周龄，初级精母细胞经成熟分裂（减数分裂）形成次级精母细胞；第 4 阶段约于 12 周龄，次级精母细胞分裂为精子细胞，随后精子细胞变形为精子。精子的发育因素因家禽种类、品种及品系而异。一般在 20 周龄，大多数公鸡的精细胞内都可见到精子细胞或精子。

（2）公禽的性成熟。公禽产生具有受精能力精子的时期称为性成熟。有些早熟品种如来航鸡，约于 20 周龄达到性成熟，特别早熟的来航公鸡，往往在 10～12 周龄便可采到精液。而晚熟品种的性成熟时间则相应推迟，如蛋用型鸡应在 22～26 周龄才开始使用，北京鸭 24～27 周龄，太湖鹅 32～36 周龄，火鸡 31～36 周龄。

鸡冠、肉垂、肉瘤等都是家禽的第二性征，均受雄激素的影响。鸡冠生长与睾丸的发育速度密切相关；因此，鸡冠的发育程度，是判断性成熟早晚的重要参考。

（3）精子的成熟。与家畜一样，由睾丸产生的精子只有通过附睾的过程中，才能完成形态和生理的成熟过程，获得运动和受精的能力。不同的是，公禽精子这一过程的实现不仅是在附睾，更主要的是在输精管内成熟。精子自睾丸经输精管到泄殖腔只需 24 h。显然成熟所需要的时间比家畜的精子短得多。

（4）精子的形态结构（如图 1-2-4）。禽类精子的形态与哺乳动物不同，头部形如镰刀，立体形状为长柱形，颈很短，尾部长，外形纤细。全长 100～107 μm，头部长 12.5 μm，顶体长约 2.5 μm，核长约 10 μm，直径 0.5 μm，尾部长 90～100 μm，精子的体积约 9.2 μm^3。

图 1-2-4　鸡的精子
1. 头部；2. 中段；
3. 尾部

（三）家禽的受精

1. 精子的运行

家禽的受精部位在输卵管漏斗部。射精和人工授精的精液一般在阴道和输卵管的末端，其中大部分精子进入子宫—阴道部的腺窝内，其中部分沿输卵管上行并布满管腔，少量进入并留在漏斗部。此后，输卵管内的精子全部进入腺窝。母鸡和火鸡人工授精后 24 h，子宫—阴道部 40% 的腺窝全部或部分充满精子。精子从阴道部运行到漏斗部需要 1 h，而在子宫部输精则只要 15 min 即可到达受精部位。活力低和死精子一般不能到达受精部位而被淘汰，可见子宫—阴道部对精子有一定的筛选作用。

2. 持续受精时间

由于睾丸的温度以及母禽生殖道的特殊结构等因素的影响，家禽精子在母禽生殖道内存活的时间比家畜长得多；鸡精子达 35 d，火鸡精子达 70 d。母禽排卵后，通过漏斗时，由于输卵管壁的伸展，腺窝中的精子可释放出来，完成与卵母细胞的受精。

精子在母禽生殖道内保持受精能力的时间受品种、个体、季节和配种方法等因素的影响。对于一般的鸡群，精子的受精能力在交配 3～5 d 后，就有下降的可能，但一周之内尚可维持一定的受精能力。若采用人工授精，维持正常受精能力的时间可达 10～14 d。母火鸡交配后，最初两周的受精率较高，从 6～8 周逐渐降为 0。太湖鹅输精后 9 d 受精率开始下降，到 16 d 仍有 33% 的受精率。

家禽的受精高峰一般出现在输精或交配后 1 周左右，以后受精率则逐渐下降。所以，在一周内不输入新精液，或不让公禽与之交配，受精率便不能保持同样高的水平。

3. 受精过程

家禽受精作用的时间比较暂短。如鸡的卵子在输卵管漏斗部停留的时间约 15 min，所以，受精过程也只能在这一短暂时间内完成。若卵子未能受精，便随输卵管的蠕动下行到蛋白分泌部，被蛋白所包围，卵子便失去生命活动而死亡。

在交配或输精后，常有较多精子能到达受精部位并接近卵子。因为禽类的卵无放射冠、透明带等结构，在受精的过程中缺乏"透明带反应"和有效的"卵黄膜封闭作用"，多精子入卵的现象比较常见，在卵母细胞质中有时可见到有十个至几十个精子，能溶解卵黄膜并进入卵子内部，但最后只有一个精子的雄原核与卵子的雌原核融合发生受精作用，其余的精子便逐渐被分解。

除上述特点外，家禽的受精过程与家畜相似。

受精作用虽然只有一个精子完成，但其他精子协同参与穿透卵黄膜也是非常重要的，否则就很难顺利受精。因此，在生产中要保持理想的受精率，必须使母禽输卵管内维持足够数量的有效精子。所以，自然交配的鸡群中要适当调整公母比例。人工授精时输精剂量和输精间隔时间是提高受精率的关键。

不经受精的卵也可发育的孤雌生殖现象多见于火鸡。孤雌生殖所产生的火鸡均为雄性，其中大约 1/3 的个体可产生正常的精液。用这样的火鸡精液给无亲缘关系的母火鸡输精，仍可得到健康的良性后代。

应该指出：禽类的卵子进入输卵管后，无论受精与否，在输卵管内的外移过程中，都同样形成蛋白、壳膜和蛋壳等结构。

(四)禽胚发育

禽胚发育的特点与家畜胚胎不同，禽胚胎发育分体内与体外两个阶段。受精蛋从母禽体内产出后，胚胎与母体即完全脱离了关系，母体不再对胚胎提供任何营养物质。

1. 禽胚胎体内发育阶段

禽卵受精后即开始进入卵裂阶段。禽受精卵的卵裂是属于不完全卵裂，也被称为盘状分裂。禽蛋产出时，已发育到囊胚后期或早期原肠胚阶段。随着胚胎的不断发育，外、中、内三个胚层逐渐形成雏禽的一切组织和器官。

2. 禽胚胎体外发育阶段

在适宜的孵化条件下，禽胚胎继续发育，直至长成雏禽破壳而出(详见项目 2 家禽孵化中任务 2.3 孵化技术部分)。

3. 禽胚胎在孵化过程中的发育

在适宜的孵化条件下，禽胚胎继续发育，直至长成雏禽破壳而出(详见家禽孵化部分)。

二、光照对禽类生殖机能的影响

禽类对光照的变化比较敏感。光线通过视觉和光感作用于禽的中枢神经系统，对其许多生理活动和行为特性具有重要影响，尤其是对生殖系统的发育及机能的影响最为明显。

太阳光是自然光，它是地球上光与热的来源。太阳光谱按其波长排列可分为紫外线(4～400 nm)、可见光(400～760 nm)和红外线(760 nm～1 mm)。

(一)紫外线的作用

紫外线在养禽生产中的主要作用是抗佝偻病，紫外线照射禽体皮肤可使皮下 7-脱氢胆固醇转变为具有活性的维生素 D，从而调节禽体钙、磷代谢，增强骨质，提高产蛋率、蛋重和孵化率；适量的紫外线照射能明显增强机体的免疫力和对传染病的抵抗力；同时还具有杀菌作用。

(二)可见光的作用

可见光主要影响禽的繁殖性能。可见光是通过光照时间、强度以及不同的颜色对鸡体产生作用的。

1. 光照时间

(1)生长期。青年鸡在性成熟期对光照时间十分敏感。采用短光照或渐减光照可使性成熟时间延迟，相反则会使鸡早熟。在生长期，小公鸡开始产生精液的日龄与光照时间呈负相关，光照长度递增可促进小公鸡精子生成，反之，则抑制之。光照对小母鸡生长前期(10周龄前)作用不大，此期母鸡的性器官发育缓慢，12周龄后母鸡的生殖系统进入快速发育阶段，光照长度变化对其影响很大。

(2)产蛋期。在产蛋繁殖期，较长光照时间有利于公、母鸡性机能维持。此外在整个产蛋期光照时间增减必须有规律地进行，严格控制；若为连续光照制度，以恒定光照时间或渐增制较好。

2. 光照强度

(1)生长期。大量研究资料表明，雏鸡在低强度的弱光下可以很好地生长发育。在大群高密度饲养条件下，生长期光照强度不宜过大，否则易使鸡群精神亢奋，引发异常行为，如啄癖、神经质等。

(2)产蛋期。在产蛋期，光照强度在5.8~20 Lx都能使鸡达到较高产蛋水平。若光线均匀，5.4 Lx就足以维持最高产蛋水平。在实际生产中，开放式饲养系统自然光照强度很大，人工补充光照或无窗鸡舍用10 Lx即可。多层笼养总是上中层照度最强，下层最差，因此在设置照明系统时，应以中下层强度为准。

3. 光的颜色

不同波长的光波对家禽的生产性能会产生不同的影响。一些试验结果表明，长波长光(红、橙光)对生殖机能的促进作用强于短波长光(蓝、绿光)。但波长越长，第一产蛋期的蛋重越小，且蛋壳的质量越差。光线颜色对鸡生长的影响是，绿光和蓝光有促进生长的作用，黄光和绿光降低饲料利用率，蓝光使眼睛变大，红光有镇静作用，红光和蓝光能减轻或制止互相啄癖。此外，在夜间或无窗鸡舍内捉鸡时，用红光或蓝光，鸡不能迅速移动，很容易捕捉。综合来看，没有任何一种单色光既使鸡产蛋多又蛋重大，因而在生产实践中，仍以用白色光(阳光或模拟阳光)为好，只有在有目的地增加产蛋数或提高蛋重时，才用红光或蓝光照明。

(三)红外线的作用

红外线对家禽主要是产生热效应。

三、家禽生殖技术

家禽的繁殖是家禽生产的关键环节，家禽数量的增加及质量的提高都必须通过繁殖过程才能实现。种禽性成熟后，精子与卵细胞结合形成受精蛋，受精蛋从母禽体内产出，在体外适宜的条件下，发育成一个新个体，这是一个复杂的生理过程。

家禽的配种方式有自然交配和人工授精。目前，鸭、鹅多采用自然交配，笼养鸡多采用人工授精。

(一)家禽自然交配

家禽自然交配包括大群配种、小群配种和交换配种三种配种方式。

1. 大群配种

大群配种是指在一大群母禽内按公母比例放入一定数量的公禽，使每一只公禽随机与母禽交配。此法简单易行，种蛋受精率高，但后代的血缘不清，也就是不能确知雏禽的父母。一般适用于一级种禽场(祖代场)和二级种禽场(父母代场)的平养种禽。

2. 小群配种

小群配种是在一个配种小间放入一只公禽与一小群母禽配种的方法。母禽、公禽均编脚号或翅号，配置自闭产蛋箱，每个种蛋均记上配种间号数和母禽的脚号或翅号，这样可准确地知道雏禽的父母，血缘清楚，适用于育种场，用来测定母禽的生产性能。

3. 交换配种(同雌异雄轮配)

同雌异雄轮配在育种工作中较多使用，这样用同一群母禽可分别获得多只种公禽的后代。根据每只公禽后代的表现测定公禽的生产性能。

(二)家禽人工授精技术

1. 家禽采精

目前家禽普遍采用双人按摩采精法(如图 1-2-5)，鸭、鹅也有应用假阴道法。

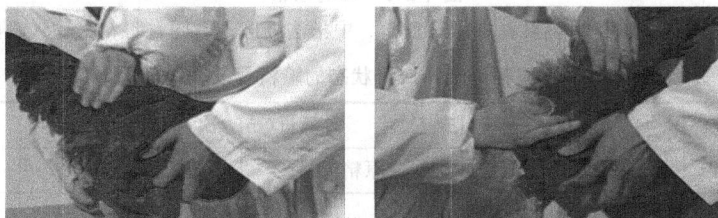

图 1-2-5　鸡双人按摩采精法

2. 家禽精液处理

家禽精液采出后，应立即进行精液品质检查、保存以及输精工作。家禽正常精液颜色为乳白色的不透明液体，无味或略带有腥味。一般公禽新鲜精液的精子活力都在 0.8 以上，正常公鸡的精液中畸形精子占总精子数的 5%～10%，否则会直接影响种蛋的受精率和入孵蛋孵化率。家禽一次射精量及精液密度分别如表 1-2-1 和表 1-2-2。

表 1-2-1　家禽的射精量

品种	射精量(mL)	品种	射精量(mL)
鸡	0.4～1.0	火鸡	0.25～0.4
鸭	0.1～1.2	北京鸭	0.1～0.8
鹅	0.2～1.5	番鸭	0.4～1.9

表 1-2-2　常见家禽精子密度划分等级

动物类别	精子密度划分等级		
	密	中	稀
鸡	40 亿以上	20 亿～40 亿	20 亿以下
火鸡	80 亿以上	60 亿～80 亿	50 亿以下
鹅	6 亿～10 亿	4 亿～6 亿	3 亿以下

(丁威《动物遗传繁育》，中国农业出版社，2010)

3. 家禽输精

目前生产中常用的家禽输精方法是输卵管口外翻输精法(或称翻肛输精法)(如图 1-2-6)。这种方法一般适用于鸡、部分水禽，如麻鸭、北京鸭以及鹅等。而对于泄殖腔收缩较紧、难翻出的母禽以及多数水禽可采用手指探测(引导)输精法，通常安排在 16～18 时进行输精。根据实践，不同种鸡及其不同产蛋期的较适宜的输精量及输精间隔时间见表 1-2-3，仅供参考。

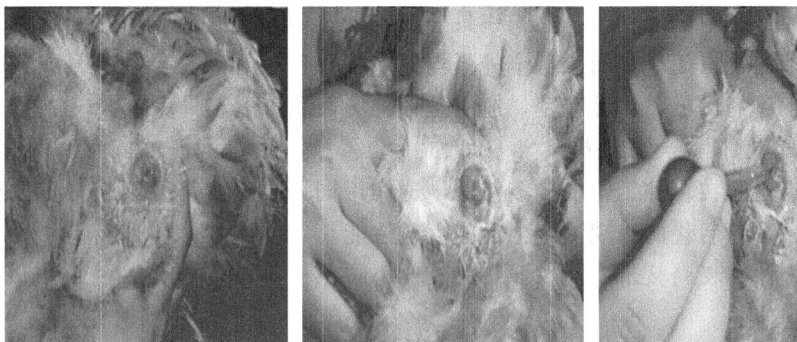

图 1-2-6　母鸡输精

左图：拇指、食指法翻肛；中图：食指、中指法翻肛；右图：将精液输入输卵管

表 1-2-3　不同种母鸡和产蛋状态的输精量及输精间隔时间

种鸡类型	产蛋期	输精量(mL/次·只)		输精间隔时间(d/次)
		原精液	1：1 稀释精液	
蛋种鸡	高峰期 中、后期	0.025 0.025～0.05	0.05 0.05～0.075	5～7 4～5
肉种鸡	高峰期 中、后期	0.03 0.05～0.06	0.06 0.10	4～5 4 或 2 次/周

(三)提高家禽产蛋力技术

家禽的产蛋力主要是由遗传因素决定的，因此不同的禽种间产蛋力差别很大，即使在同一禽种间的不同品种或品系其产蛋也有很大差别。一般而言，蛋用型品种的产蛋力较高，肉用型品种的产蛋力都比较低。但是除了遗传因素之外，禽类的产蛋力还与饲养管理条件和技术密切相关。特别是在现代化工厂化生产条件下，只有合理的饲养管理和技术措施才能充分发挥禽类的产蛋性能。除饲养管理方面的技术以外，近些年一些学者对用外源GnRH 或其类似物提高家禽的产蛋性能进行过一系列研究，取得了一定的成果，其中有些已进入实用化阶段。

拓展阅读

1.2.1　家禽繁殖员
(行业标准)

1.2.2　家禽人工授精
技术发展概况

1.2.3　家禽精液品质
检测方法(行业标准)

1.2.4 种鸡人工授精 技术规程(行业标准)

1.2.5 种鸭人工授精技术 规程(南京市地方标准)

●●●●● 作业单

一、名词解释

1. 气室，2. 产蛋周期，3. 就巢，4. 生殖隆起，5. 胚盘。

二、思考题

1. 结合家畜说明母禽和公禽生殖器官具有的特点。

2. 蛋是如何形成的？怎样避免畸形蛋的产生？

3. 家禽的受精和胚胎发育与家畜有何区别？

4. 举例说明光照在养禽生产中的作用。

5. 如何提高家禽的产蛋力？

●●●●● 学习反馈单

评价内容		评价标准	评价方式	分值
课前(15%) (知识目标 达成度)	线上考查 参与度。	任务指南完成情况；在线资料浏览时长；任务资讯完成情况；参与讨论情况与质量。	教学平台自动生成。	5分
	线上任务 测试题。	该任务在线测试题完成的质量。		5分
	课前测试。	完成质量。		5分
课中(55%) (技能目标 达成度)	课堂参与 情况。	出勤、课堂纪律、学习态度、参与情况等。	教学平台自动生成。	5分
	工作任务 单完成情况。	每个工作任务单完成的质量、效率、职业素养等。	学生自评、组内互评、组间互评、教师评价。	50分
课后(15%) (知识＋ 技能目标 达成度)	线上作业。	线上巩固作业完成质量。	教学平台自动生成。	5分
	线下作业。	作业单完成质量。	生生互评。	5分
	反思报告。	完成的质量。	教师打分。	5分

评价内容	评价标准	评价方式	分值
思政素养目标达成度(15%)	考查学生勤于思考、善于思考、尊重科学、保护生态、爱护动物的职业素养，吃苦耐劳、爱岗敬业、服务农业农村的职业精神。	组间互评、教师评价。	15分
反馈情况	每个情境结束后通过线上无名问卷调查。		
反思改进	1. 根据学生课前、课中、课后任务完成和反馈情况以及在课程实施过程中的具体表现，在接下来的教学过程中，还要进一步体现以"学生为中心"的教学理念，给予学生更大的自主权，充分发挥其主动性。 2. 本项目作为本门课程第一个项目，因在家禽生产实践中具有重要作用，但又不由实际生产者所决定，因此希望能够在此层面上理解其在实际生产中的意义，应该多方面设计出更容易与生产实践相结合的工作任务单和评价系统，这样就可解决其中部分重要机理与生产紧密结合上难于理解的教学痛点。		

项目 2

家禽孵化

●●●●● **学习任务单**

项目 2	家禽孵化	学　时	16
布置任务			
学习目标	**知识目标：** 1. 能说明孵化场建场原则；能描述孵化场布局方案。 2. 能说明从哪些方面管理种蛋以及种蛋选择的意义。 3. 能说明各种家禽的孵化期及其影响因素；能协调各孵化条件之间的关系。 4. 能说明禽胚胎发育特征并区辨家禽胚胎发育的影响因素。 5. 能理解伴性遗传原理在现代养禽业中的应用并说明初生雏禽的生殖器官特点。 **技能目标：** 1. 能释义孵化场工艺流程和建筑要求；会选用并操作孵化设备。 2. 会应用种蛋的选择标准和方法；能规范地进行种蛋消毒并正确保存和运输种蛋。 3. 会应用机器法孵化技术；能判定不同胚龄胚蛋。 4. 能判定照蛋时间，进行照检种蛋并正确检查与评析孵化效果；会计算孵化率、绘制胚胎死亡曲线。 5. 能选择适当方法鉴别初生雏禽雌雄；能正确分级初生雏禽并注射疫苗；能正确装箱和发运初生雏禽。 **素养目标：** 1. 通过布局和建设孵化场，培养吃苦耐劳、尊重科学、爱岗敬业，爱护仪器设备的职业精神。 2. 通过孵化操作培养按时填报孵化记录、注重原始数据、实事求是、规范操作、团队协作的能力。 3. 认真了解初生雏习性，尊重自然、珍爱生命、爱护初生动物的职业精神。		
任务描述	通过解答资讯问题、完成教师布置作业，针对案例及其相关资料，思考完成以下家禽孵化技术任务。 1. 孵化场布建。 2. 种蛋管理。		

任务描述	3. 孵化技术。 4. 孵化效果评析。 5. 初生雏处理。
提供资料	1. 本任务中的必备知识及教学课件。 2.《家禽饲养工（国家职业标准）》中关于家禽孵化部分。 3. 国际畜牧网：　　　　　　　　　4. 中国养殖网：
对学生 要求	1. 能根据学习任务单、资讯引导，查阅相关资料，在课前以小组合作的方式完成任务资讯问题，体现团队合作精神。 2. 尊重科学，遵纪守法，本着科教兴农的理念。 3. 严格遵守《家禽饲养工（国家职业标准）》和相关家禽孵化行业规定，以身作则实时保护生态。

● ● ● ● 任务资讯单

项目 2	家禽孵化
资讯方式	学习"工作任务单"中的"必备知识"和"拓展阅读"，思考案例内容及观看孵化机操作视频，然后说明种蛋类型、比较某孵化场与优良孵化场的孵化指标；到本课程在线网站及相关课程网站、孵化实训基地、虚拟仿真实训室、图书馆查询资料，向指导教师咨询。
资讯问题	1. 选择孵化场场址时应主要考虑哪些方面？ 　　2. 孵化场规模的确定应根据什么？ 　　3. 孵化场的设计原则是什么？ 　　4. 孵化场的工艺流程是什么？ 　　5. 孵化场的各类建筑物包括哪些？各有什么要求？ 　　6. 如何设计孵化场各类房间的面积？ 　　7. 整套孵化设备包括哪些？应如何选择？ 　　8. 生产实践中主要从哪些方面管理种蛋？ 　　9. 如何选择种蛋？ 　　10. 种蛋应来源于什么样的种禽群？ 　　11. 如何检验种蛋的新鲜程度？ 　　12. 种蛋的外观应满足哪些要求？ 　　13. 为什么要给种蛋进行消毒？至少需要消毒几次？分别是什么时间？有多少种消毒方法？生产实践中主要应用哪些方法？ 　　14. 如何保存种蛋？ 　　15. 种蛋运输时需要注意什么？

资讯问题	16. 鸡、鸭、鹅的孵化期是多长？影响因素包括哪些？其中哪些因素在孵化的过程中影响比较大？ 17. 禽胚孵化时需要考虑哪些孵化条件？鸭胚和鹅胚呢？ 18. 禽胚孵化过程中需要首先考虑的孵化条件是什么？与其他孵化条件的关系如何？ 19. 禽胚孵化时适宜的温度是多少？高温和低温会有怎样的影响？ 20. 什么是恒温孵化和变温孵化？二者在生产实践中有何意义？ 21. 鸡胚孵化时整批孵化和分批孵化的相对湿度有何要求？ 22. 在孵化过程中禽胚是否通风越大越好？为什么？ 23. 在孵化过程中胚蛋是否全程都需要进行翻蛋？为什么？ 24. 所有胚蛋孵化过程中晾蛋是否都必须单独进行？为什么？ 25. 机器孵化法孵化前需要做哪些准备工作？ 26. 如何确定胚蛋入孵时间？ 27. 胚蛋上蛋操作时，蛋盘的编号和放置是怎样的？有何实际意义？ 28. 生产实践中检查禽胚发育进行几次？各是什么时间？为什么？ 29. 孵化过程中为什么要经常对孵化效果进行检查、分析以及评定？ 30. 生产实践中主要从哪些方面进行孵化效果的检查和评析？ 31. 生产实践中常用的检查种蛋孵化效果的方法是什么？ 32. 生产实践中一般照蛋的次数怎样确定？为什么？有什么实际意义？ 33. 第一次、第二次、第三次照蛋时，如何区分发育正常的胚蛋和死胚蛋？ 34. 如何通过称测蛋重及观察气室变化情况来评定胚蛋孵化效果？ 35. 从哪些方面观察初生雏出壳时的情况？壮雏有哪些表现？ 36. 在整个孵化期间禽胚胚胎死亡的分布规律是怎样的？为什么？ 37. 种禽营养对胚胎孵化效果具有怎样的影响？ 38. 影响禽胚孵化效果的因素有哪些？ 39. 评定孵化效果的指标有哪些？ 40. 对于商品禽初生雏和种禽初生雏需要处理的项目是一样的吗？ 41. 生产实践中蛋鸡和肉鸡初生雏是先分级还是先进行雌雄鉴别？ 42. 鉴别初生雏禽雌雄有何意义？有哪些方法？各种方法实际应用如何？ 43. 为什么要进行初生雏分级？怎样进行？ 44. 什么情况下初生雏需要剪冠和断趾？ 45. 初生雏运输前需要做哪些准备工作？运输过程中需要注意什么？
资讯引导	1. 在工作任务单中查询。 2. 进入相关网站查询。 3. 查阅相关资料。

任务 2.1　孵化场布建

●●●●● 案例单

任务 2.1	孵化场布建	学　时	2
案例	案例内容		案例分析
1	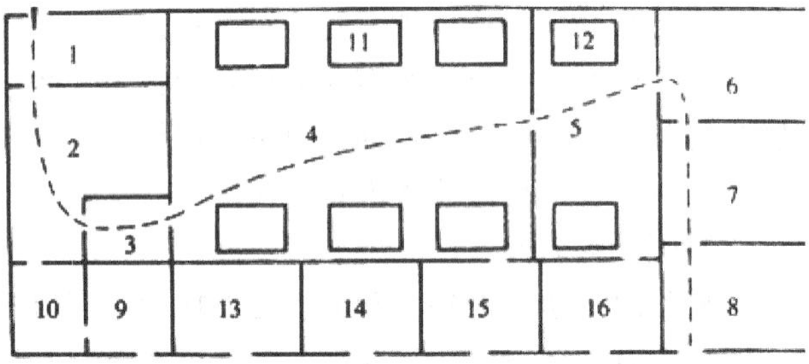 图 2-1-1　某孵化场的平面布局示意图 1. 蛋库；2. 种蛋处理间；3. 消毒间；4. 孵化间；5. 出雏间；6. 注苗间； 7. 公母鉴别间；8. 雏鸡待售间；9. 更衣间；10. 洗澡间；11. 孵化机； 12. 出雏机；13. 办公室；14. 库房；15. 蛋盘洗涤间；16. 出雏盘洗涤间		该图所示为某孵化场从种蛋到雏禽发送，在孵化场的生产流程和孵化场的总体布局。
2	 图 2-1-2　孵化设备的内部结构 1. 控制装置；2. 加热装置；3. 风扇；4. 机架；5. 加湿装置		这是一个箱式孵化机，请指出图下面注释 5 对应的位置。

●●●●● 工作任务单

子任务 2.1.1	制订孵化场工艺流程
任务目的	初步了解孵化场布局和建设的相关事项；结合案例明晰孵化场的工艺流程并尝试进行制订和设计。

任务准备	地点：实训室。 材料：1. 不同孵化场的平面布局图。 2. 某 10 000 m² 的场地(南北、东西长各 100 m)。 3. 绘图纸，绘图笔等。		
任务实施	1. 结合案例 1 设计出该孵化场各功能房间。 2. 根据孵化场设计原则合理安排各功能房间。 3. 标注出各功能房间的建筑物要求。 4. 绘出该孵化场的工艺流程平面图。		
考核评价	考核内容	评价标准	分值
	孵化场布局	1. 查阅资料详细、分类合理，得 10 分。 2. 考虑全面，符合场区建设要求，满足孵化场设计原则，得 20 分。 3. 总体方案确定合理、可行、正确，得 20 分。 4. 否则酌情减分。	50
	设计孵化场功能房间	1. 孵化场功能房间设计合理，得 10 分。 2. 各功能房间标注清晰、合理，得 20 分。 3. 否则酌情减分。	30
	绘制孵化场工艺流程平面图	1. 工艺流程绘制清晰、说明精准，得 10 分。 2. 小组内成员意见统一，合作默契，得 10 分。 3. 否则酌情减分。	20
子任务 2.1.2	识别并调试孵化设备		
任务目的	识别常见孵化设备并调试孵化机。		
任务准备	地点：实训室。 材料：1. 不同类型孵化机、出雏机、蛋盘、出雏盘、照蛋器等的图片和视频。 2. 学校实训室的孵化机。		
任务实施	1. 识别出所示图片和视频中的孵化设备。 2. 说出案例 2 以及实训孵化机的类型及其内部结构。 3. 认真阅读相关使用说明书或观看相关类型孵化机、进行实操调试，孵化设备。 4. 能够通过对不同类型孵化机的对比进行选择。 5. 尝试对一些简单常见的孵化设备进行检修。		

考核评价	考核内容	评价标准	分值
	识别孵化设备	1. 能够正确识别各种孵化设备，每说对一个得 2 分，最多得 20 分。 2. 能够说出孵化机主体结构，每说对一个得 2 分，最多得 20 分。 3. 能够说出不同孵化机的特点，得 10 分。 4. 否则酌情减分。	50
	调试孵化机	1. 能够对孵化机进行调试，得 10 分；调试达到预孵化状态，得 10 分。 2. 能够尝试检修孵化机，得 10 分；检修成功并有经验总结的，得 10 分。 3. 团队合作默契，小组表现积极，得 10 分。 4. 否则酌情减分。	50

必备知识

一、孵化场的建场要求

（一）孵化场的总体布局

1. 孵化场的场址选择

孵化场场址选择首要条件是能与外界保持可靠的隔离。孵化场应为一隔离单元，应有其专用的出入口，与禽场各自分立门户。孵化场距离禽场至少应在 200 m 以上，距离交通干线应在 500 m 以上，距离居民点应在 1 000 m 以上。孵化场应远离饲料厂或饲料加工、贮存车间；如果作为种禽场的附属孵化场，应建在禽场主风向的下风向。

2. 孵化场的规模确定

孵化场的规模大小可根据每周或每次入孵蛋数、每周或每次出雏数以及相应配套的孵化器和出雏器数量来决定。规划孵化场的占地面积时，要计算孵化室、出雏室以及附属操作室和淋浴间等的建筑面积，此外，还要考虑废弃物污水处理，场内道路、停车场和花坛等的占地面积。

3. 孵化场的设计原则及工艺流程

孵化场的生产用房必须从种蛋进入孵化场到雏禽发出孵化场的生产流程。由一室到毗邻的另一室循序运行，不能交叉往返，按照这一重要原则来设计。具体如下（如案例 1）：种蛋蛋库→种蛋验收处理间（选择、分级、码盘）→熏蒸消毒间（贮存前）→贮蛋间→熏蒸消毒间（入孵前）→孵化间→出雏间→雌雄鉴别间（分级、鉴别）→雏禽存放间（注苗、待运）→发送、出售。这样的流程既方便操作，又有利于各操作室相互隔离，减少人员交互来往，传播病源。孵化场各个房间要经常清洗和消毒，墙壁和地面要坚固耐湿。

孵化场的用水量和排水量很大，因此，孵化场还应注意下水道的修建，坡度要稍大一些，这样有助于碎蛋壳和其他污物的流泻。自来水管的管径要足够大，还要保持足够的水压，以利于冲洗。

（二）孵化场各类建筑物的要求

1. 种蛋存放间（蛋库）

此室的墙壁和天花板应隔热性能良好，通风缓慢而充分；设置空调机，使室温保持在12～15℃。

2. 种蛋处理间

经禽场运送来的种蛋在此室进行处理，剔除破损和不符合孵化要求的蛋，然后装盘，上蛋架车。因此，此室的面积宜宽大些，以利于蛋盘的码放和蛋架车的运转。此室室温保持在18～20℃为宜。

3. 熏蒸消毒间

用以熏蒸或消毒处理入场待孵的种蛋。此室的大小不宜过大，应按一次熏蒸种蛋总数计算。门、窗、墙、天花板的结构要严密，并设置排气装置。

4. 孵化间

此室的大小以选用的孵化机的机型来决定。孵化机顶板至吊顶的高度应大于1.6 m，无论双列或单列排放均应留足工作通道。孵化机前约30 cm处应开设排水沟，上盖铁栅栏，栅孔1.5 cm，并与地面保持平齐。孵化室的地面应平整光滑，地面的承载能力应大于700 kg/m²；室温应保持22～24℃。孵化室的废气通过水溶槽排出，以免雏禽绒毛被吹至户外后，又被吹进进风系统而重新带入孵化场各房间中；而且专业孵化场应设预热间。

5. 出雏间

基本要求与孵化室相同。

6. 洗涤间

孵化室和出雏室旁应单独设置洗涤室，分别洗涤蛋盘和出雏盘。洗涤室内应设有浸泡池，地面设有漏缝板的排水阴沟和沉淀池。

7. 雏禽性别鉴定和装箱间

室温最好在29～31℃。

8. 雏禽存放间

装箱后的暂存房间，室外设雨棚，便于雨天装车；室温要求25℃左右，室内应空气新鲜、卫生。

（三）孵化场各类房间的面积和空气流量

1. 孵化场各类房间的面积

孵化场各类房间的面积与孵化总量和每周入、出雏次数相关。先按每周出雏两次计算，表2-1-1列出了某孵化场各类房间的建筑面积。

表2-1-1 孵化场各辅助房间的面积（每周出雏两次）

室别	按出雏器容量计算 每1 000个种蛋需要的面积（m²）	按每次出雏数计算 每1 000只混合雏需要的面积（m²）
收蛋室	0.19	1.39
贮蛋室	0.03	0.23
雏禽存放室	0.37	2.79
洗涤室	0.07	0.55
贮藏室	0.07	0.49

2. 孵化场各类房间的空气流量

(1)孵化场的通风换气。孵化场的通风系统甚为重要,主要是提供新鲜空气,排除二氧化碳以及孵化机、出雏机和存放室雏禽散发的热量,并在夏季温度高时驱散余热。由于孵化场内各室对温度和相对湿度的要求各异,因此,每室应作为独立单位进行通风换气,有条件的最好采用正压过滤通风系统。如果采用负压通风,最好用管道式,使空气更加均匀。孵化场各室的空气流量要求如表2-1-2。

表 2-1-2　孵化场各室的空气流量(m³/min)

室外温度		每千枚种蛋空气流量			每千只雏鸡空气流量
℃	℉	贮蛋间	孵化间	出雏间	存放间
−12.2	10	0.06	0.20	0.43	0.43
4.4	40	0.06	0.23	0.48	0.57
21.1	70	0.06	0.28	0.51	0.71
37.8	100	0.06	0.34	0.71	0.85

(2)孵化场室内小气候。孵化场各室的小气候(温度、湿度)也直接影响到孵化效果和雏禽质量,因而越来越被人们认识和重视。孵化场各室的小气候参数要求如表2-1-3。

表 2-1-3　孵化场各室的小气候技术参数

各室	温度(℃)	相对湿度(%)	通风
孵化、出雏间	24～26	70～75	机械排风
收蛋间	18～24	50～65	人感舒适
种蛋消毒间	24～26	75～80	有强力排风扇
贮蛋间	7.5～18	70～80	缓慢通风
雌雄鉴别间	22～25	55～60	人感舒适
雏鸡存放间	22～25	60～65	有换气扇缓慢通风

二、孵化设备

孵化设备是现代化养禽生产中的主要设备之一,用来为禽类种蛋的胚胎发育提供适宜的温度、湿度及新鲜空气。整套孵化设备包括孵化机、出雏机及其他配套装置,对于小型孵化设备也可将孵化机与出雏机合二为一。

(一)孵化机

1. 孵化机的类型

孵化机的类型很多,虽然自动化程度和容量大小有所不同,但其构造原理基本相同。孵化机按供热方式可分为电热式、水电热式、水热式等;按箱体结构可分为箱式(有拼装式和整装式两种)和巷道式;按放蛋层次可分为平面式(孵化量较小,以单层和双层居多)和立体式(属于大型孵化设备);按通风方式可分为自然通风式和强力通风式。孵化机类型的选择主要应根据生产条件来决定。

目前,用得最多的是孵化、出雏分开单独操作的孵化机和出雏机,机内温差小,孵化效果好,也便于防止疫病的传播污染。

2. 孵化机型的选择

（1）孵化机的容蛋量。应根据孵化场的生产规模来选择孵化机的型号和规模，当前国内外孵化机制造厂商均有系列产品。每台孵化机的容蛋量从数千枚到数万枚，巷道式孵化机可到 10 万枚或 10 万枚以上。

（2）孵化机的性能。孵化机的性能可根据以下几方面选择。

①结构（如案例 2）。包括主体结构、控温系统、控湿系统、降温系统和通风系统，其中主体结构包括箱体、蛋架车、种蛋盘以及翻蛋设备。

②自控系统。当前孵化机的自控系统日益提高。适宜选择有数字显示温度、湿度、翻蛋次数和孵化天数，并设有超高、低温报警系统，还能自动切断电源的孵化机。

③技术指标。先进的孵化机其技术指标的精度已达到很高水平。以下列出的各项技术指标精度可供选择时参考，不应低于下限指标。温度显示精度：0.1～0.01℃；控温精度：0.2～0.1℃；箱内温度场标准差：0.2～0.1℃；湿度显示精度：2%～1% RH；控湿精度：3%～2 %RH。

④价格。选择孵化机型时，除了对其结构、性能应作为主要考虑因素外，还应物美价廉。孵化机的价格应以每个蛋位来核算。有的孵化机的结构由于设计不尽合理，机内的空间浪费大，容蛋量减少，从而导致每个蛋位造价高。

⑤容蛋量。孵化机用于孵化水禽时，其容蛋量，鸭蛋可按鸡蛋容量的 65%、鹅蛋按40%计算，并配置鸭和鹅孵化专用蛋盘和蛋架车。

（二）出雏机

出雏机的选型，其要求与孵化机相同。它的结构及使用和孵化机大体相同，不同之处在于以下几点。第一，出雏机没有翻蛋机构，出雏期不允许翻蛋。第二，出雏盘取代蛋盘，出雏车取代蛋架车。第三，出雏期温度比孵化期温度要低 0.55～1.1℃。第四，出雏期湿度比孵化期湿度要高，为 60%～70%。第五，出雏通风换气量要大于孵化期。如采用分批入孵、分批出雏制，一般出雏机的容蛋量按 1/4～1/3 与孵化机配套。

（三）照蛋及倒盘用具

1. 照蛋器

为检查入孵蛋受精和胚胎发育情况，挑出无精蛋和死胚蛋，用灯光穿透蛋壳的方法来观察入孵蛋，这种简易装置名为照蛋器。

2. 倒盘工作台

为了把整盘的入孵蛋一次性转入出雏盘，采用图 2-1-3 所示的倒盘工作台。

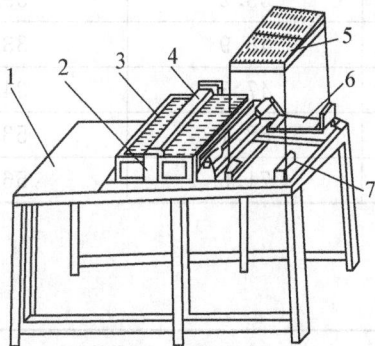

图 2-1-3 倒盘工作台

1. 工作台Ⅰ；2. 蛋盘架；3. 出雏盘；4. 挡木；5. 蛋盘；6. 工作台Ⅱ；7. 垫块

●●●●● 作业单

一、名词解释

1. 孵化机，2. 出雏机，3. 照蛋器。

二、思考题

1. 布建孵化场时应考虑哪些方面？
2. 说出孵化场的工艺流程。
3. 说出孵化机和出雏机的不同之处。

任务2.2　种蛋管理

●●●●● 案例单

任务 2.2	种蛋管理		学　时	4
案例内容			案例分析	
项目	受精率（%）	受精蛋孵化率（%）	入孵蛋孵化率（%）	这是合格种蛋和不合格种蛋的孵化成绩，从此表可以分析出影响种蛋孵化率的部分因素
正常蛋	82.3	87.2	71.7	
裂壳蛋	74.6	53.2	39.7	
畸形蛋	69.1	48.9	33.8	
薄壳蛋	72.5	47.3	34.3	
气室不正常蛋	81.1	68.1	53.2	
大血斑蛋	78.7	71.5	56.3	

●●●●● 工作任务单

子任务 2.2.1	选择种蛋
任务目的	能够掌握种蛋的选择标准和方法。

任务准备	地点：孵化室或实训室。 材料：合格与不合格种蛋(包括裂壳蛋、薄壳蛋、双黄蛋、异状蛋)若干、照蛋器、蛋形指数测量仪、电子天平、蛋白浓度测量仪、蛋壳厚度测量仪等。		
任务实施	1. 结合案例说出选择种蛋的标准。 2. 调查、咨询种蛋来源。 3. 采用外观检验法、透视检验法检验种蛋的新鲜程度。 4. 抽检部分种蛋进行剖视，对每枚种蛋逐一进行哈氏单位、蛋白浓度、蛋黄高度、蛋壳厚度等进行测量，然后与前两种方法对比，说明其新鲜程度。 5. 测量每枚种蛋的蛋形指数、蛋重，并统计该品种种蛋的合格百分率。 6. 采用观察蛋壳颜色、蛋面清洁程度以及听音等方法逐一进行选择。		
考核评价	考核内容	评价标准	分值
	选择种蛋标准	1. 能够准确说出种蛋标准，得 10 分。 2. 能够调查、咨询种蛋来源，得 10 分。 3. 能正确选择种蛋，得 10 分。 4. 能够从多个方面说明合格种蛋，得 10 分。 5. 否则酌情减分。	40
	选择种蛋方法	1. 能正确选择检验种蛋新鲜程度的方法，得 10 分。 2. 能根据种蛋的蛋形指数、蛋壳厚度以及哈氏蛋白高度并结合其他方法正确选择种蛋，得 20 分。 3. 方法操作熟练并能正确说出不合格种蛋原因，得 20 分。 4. 小组内成员合作良好得 10 分。 5. 否则酌情减分。	60
子任务 2.2.2	消毒种蛋		
任务目的	能够正确地进行消毒种蛋。		
任务准备	地点：实训室。 材料：甲醛、高锰酸钾、搪瓷缸、计时器、种蛋、孵化机等。		
任务实施	1. 进行种蛋消毒前准备工作。 2. 能够根据消毒种蛋数量和消毒室情况确定高锰酸钾和甲醛的用量。 3. 正确操作甲醛高锰酸钾熏蒸法消毒种蛋。 4. 确定消毒时间并进行消毒后处理。 5. 评价消毒效果。		

	考核内容	评价标准	分值
考核评价	种蛋消毒前准备	1. 能够对种蛋库或其他盛装种蛋的房间进行密闭处理，得 10 分。 2. 能够根据实际情况正确选择消毒种蛋的方法及相关材料，得 15 分。 3. 如果采用甲醛高锰酸钾消毒法，能够确定高锰酸钾和甲醛的实际用量，并准确称量，得 15 分。 4. 正确选择消毒器皿，得 10 分。 5. 否则酌情减分。	50
	消毒操作	1. 能够对消毒操作过程安排合理，得 10 分。 2. 消毒方法操作准确、熟练、完整，得 15 分。 3. 能根据实践操作总结出须注意事项，每总结一条得 5 分，最多不超过 20 分。 4. 小组内成员合作良好，得 5 分。 5. 根据实际情况酌情加减分。	50
子任务 2.2.3	保存种蛋		
任务目的	能够合理保存种蛋并对保存过程中的种蛋进行评鉴。		
任务准备	地点：实训室或孵化场种蛋贮存库。 材料：种蛋、温湿度计、孵化场种蛋贮存库保存种蛋情况数据等。		
任务实施	1. 实测孵化场种蛋贮存库的温度、湿度，并讨论其对种蛋保存的影响。 2. 对于正在保存中的种蛋进行翻蛋操作。 3. 播放通过红外线拍摄的贮蛋库图片，思考应如何进行处理。 4. 讨论种蛋保存对孵化率的影响。		
	考核内容	评价标准	分值
考核评价	种蛋保存	1. 能够正确说出实测种蛋的保存条件，每说对一项得 5 分，最多得 25 分。 2. 能够对种蛋进行正确的翻蛋操作，得 10 分。 3. 能够对种蛋进行正确的保存，得 15 分。 4. 否则酌情减分。	50
	提高种蛋保存效率	1. 能够结合红外线贮蛋库图片说出实际生产中应改进之处，每说出一项得 2 分，最多得 10 分。 2. 能够说出影响种蛋保存的因素，每说出一项并说出自己建议得 5 分，最多得 30 分。 3. 团队合作默契，小组表现积极，得 10 分。 4. 否则酌情减分。	50

必备知识

一、种蛋选择

（一）种蛋的来源

种蛋应来自正确制种、遗传性能稳定、生产性能高、经过系统免疫、无经蛋传播的疾病（经蛋传播的疾病主要有白痢、白血病和霉形体支原体病等）、饲养管理良好、饲喂全价饲料、受精率高的健康种禽群。初产母禽前半个月所产的蛋不宜用于孵化。

（二）种蛋的品质应新鲜

种蛋保存时间越短，品质越新鲜，孵化率越高，雏禽的体质越好。一般以产后一周内种蛋孵化为宜，3～5 d 最好。

检验种蛋新鲜与否，通常采用外观检验法、透视检验法和抽检剖视法三种。

1. 外观检验法

刚产出的种蛋，蛋壳表面覆盖着一层胶护膜，显得光亮滑润，由于蛋壳上的气孔被胶护膜覆盖而保护种蛋，使微生物不易侵入蛋内。随着保存时间延长，胶护膜逐渐消失，种蛋光泽度越来越差，显得粗糙灰暗。存放时间过长的种蛋，还可在蛋壳表面看到霉斑。

2. 透视检验法

透视检验法即利用灯光透视种蛋的内容物及气室的大小，可用照蛋器直接照蛋，种蛋越新鲜，气室越小。此外，透视时，如果见到蛋的内容物颜色较深，蛋黄位于蛋的中心呈圆形并且卵黄膜完整，蛋黄转动较慢，说明种蛋新鲜，而且品质好，孵化率高；如果蛋内色淡，蛋黄转动快说明品质差而且存放时间长，浓蛋白液化的程度大，这样的种蛋不能用于孵化。如果存放环境温度偏高，存放时间过长，可见到蛋的内容物全为淡黄色的"散黄蛋"情况。

还可应用透视检验法检出黏壳蛋、霉斑蛋、双黄蛋、裂纹蛋、气泡蛋、血斑蛋及偏气室的种蛋（可参见任务1.2家禽繁殖中的案例4）。

3. 抽检剖视法

在一批种蛋中随机抽样5～10枚种蛋进行剖视，测定其哈氏单位、蛋壳厚度、蛋黄指数（蛋黄指数＝蛋黄高度/蛋黄直径，新鲜种蛋的蛋黄指数应在0.401～0.442），以进一步判断种蛋的内部品质。新鲜种蛋的蛋白浓厚，蛋黄高度高；陈蛋的蛋白稀薄，蛋黄扁平以至散黄。

（三）种蛋的外观

种蛋的蛋壳表面应清洁，不应被粪便、破蛋液或其他脏物污染，大小适宜，根据品种标准进行选择。

1. 种蛋的蛋形

选择接近标准蛋形的合格种蛋，以卵圆形为最好，一般要求合格种蛋的蛋形指数，如表2-2-1所示。其蛋形指数（蛋的短径/蛋的长径）过大或过小，不仅受精率和孵化率低，而且容易破损（表2-2-2）。

表 2-2-1　合格种蛋的蛋形指数

项　目	产蛋鸡	肉用鸡	蛋用型鸭	肉用型鸭	小型鹅	大型鹅
蛋型指数	0.74～0.76	0.74～0.76	0.70～0.73	0.70～0.73	0.68～0.73	0.68～0.73

表 2-2-2   蛋形指数与破损率的关系（%）

蛋形指数	0.69 以下	0.70～0.72	0.73～0.75	0.76～0.78	0.79 以上
破蛋和裂纹	15	9.2	8.8	11.9	21.1

2. 种蛋的蛋重

蛋的重量随母禽年龄的增长而增重，一般常见合格禽蛋重量如表 2-2-3 所示。但不同的品种其蛋重标准也不尽相同，应按品种或品系的要求来选择。种蛋大小对出壳雏鸡出生重及今后增重的影响如表 2-2-4 所示。

表 2-2-3   常见合格种蛋重量

项目	产蛋鸡	肉用鸡	蛋用型鸭	肉用型鸭	小型鹅	大型鹅
蛋重(g)	50～65	52～70	65～75	80～95	125～140	160～200

表 2-2-4   种蛋重对雏鸡初生重的影响

总蛋重(g/枚)	初生雏重(g/只)	总蛋重(g/枚)	初生雏重(g/只)
45～49	29.3	60～64	37.3
50～54	32.3	65～69	41.1
55～59	34.6		

3. 蛋壳厚度

用于孵化的种蛋，蛋壳结构应紧密均匀，细致光滑，厚薄适中，鸡蛋蛋壳厚度在 0.25～0.35 mm，又以 0.33 mm 为最佳。

蛋壳厚度可用游标卡尺测量。测量时，取蛋的大端、小端及中间三个部位的蛋壳，先除去内外壳膜，然后再测量，取三处壳厚的平均值。

4. 蛋壳颜色

蛋壳颜色是蛋禽的品种特性，由遗传决定，与禽蛋的内部品质无关。不同品种，其蛋壳颜色也有区别；同一品种（品系）的壳色应该一致，符合本品种（品系）的要求。蛋禽子宫腺体机能会对蛋壳的颜色产生很大的影响：如褐壳蛋鸡的子宫腺体分泌的釉质层中含有棕色素，使蛋壳呈褐色；而天然食物或商品饲料中获得的色素并不能被沉积到蛋壳中。因此，作为育种场必须严加选择，以便选育出具有品种（品系）特点的蛋壳颜色。

5. 蛋面清洁

种蛋蛋壳表面要求清洁，蛋表面若粘有粪便、垫料、蛋清等污染物，不仅蛋壳气孔被堵塞，影响正常的通透性，妨碍胚胎的气体交换，造成死胚胎增多；而且因细菌入侵蛋内，并在蛋内繁殖使胚胎致病死亡。因此，蛋面不清洁的种蛋不能入孵。

6. 听音

两手各拿三枚蛋放在手心，轻轻转动蛋，使之互碰。破损的蛋声音嘶哑，完好的蛋声音清脆。

二、种蛋的消毒

据研究，刚产出的种蛋蛋壳上即可被检测出 100～300 个细菌，15 min 后可达 500～600 个细菌，30 min 后可达 2 000～3 000 个，1 h 后可达 2 万～3 万个。

尤其是铺垫料平养的禽舍，种蛋更易被细菌所污染。种蛋污染不仅影响孵化率，更严重的是污染孵化机和用具，传染各种疾病。因此，应勤集蛋，最少 1 h 收集种蛋一次，每日收集 4～5 次。每收集一次，立即进行熏蒸消毒，然后送入蛋库保存。

一般要求种蛋产出后在禽舍进行一次消毒。孵化前还要进行一次消毒。种蛋消毒方法很多，其中以甲醛高锰酸钾熏蒸消毒法和过氧乙酸熏蒸消毒法在生产中使用较为普遍，操作方便，效果也较好。

（一）消毒时间

从母禽产出种蛋到雏禽出壳，至少要进行 4 次消毒。第 1 次消毒在母禽产蛋后 30 min 以内进行，因此每天应分次集蛋，分次消毒。第 2 次消毒是在入孵时进行，可在入孵时在孵化机内连同机子一起消毒，也可在特设的熏蒸室或熏蒸柜内消毒后立即入孵。第 3 次消毒是在落盘后（如鸡 18 d）在出雏机内进行。最后一次消毒是在雏禽出壳完毕，把出雏机清洗干净后消毒待用。除此之外，在孵化过程中其他时间的频繁过多消毒，对胚胎的发育及雏禽的健康有损无益。值得注意的是，有的孵化场，在雏鸡出壳时用甲醛熏蒸雏鸡。这种做法对鸡呼吸道黏膜会造成严重的损坏，从而影响到通过黏膜吸收的疫苗吸收效率，更会影响到免疫效果。因此，不能用甲醛熏蒸雏鸡。

（二）消毒方法

1. 熏蒸消毒法

（1）甲醛高锰酸钾熏蒸消毒法。一般在选蛋码盘后即把蛋车推入熏蒸室或孵化机内进行熏蒸，按每立方米空间甲醛 28 mL、高锰酸钾 14 g 密闭熏蒸 30 min，熏蒸间内温度为 26～27 ℃，湿度 60%～75%，熏蒸时用瓷容器先盛放高锰酸钾，后倒入甲醛溶液，密闭 20～30 min。

消毒时注意事项：甲醛与高锰酸钾反应剧烈，又有腐蚀性，注意不要伤着皮肤和眼睛；蛋库取出的种蛋在蛋壳上有水珠，应等水珠干后再消毒，否则对胚胎不利。

（2）过氧乙酸高锰酸钾熏蒸消毒法。过氧乙酸是高效、快速广谱消毒剂。消毒时，每立方米用浓度 16% 的过氧乙酸溶液 40～60 mL，加高锰酸钾 4～6 g，密闭熏蒸 15 min。

消毒时注意：过氧乙酸遇热不稳定，如浓度 40% 以上的过氯乙酸溶液加热至 50 ℃ 易引起爆炸，稀释液应现配现用并低温保存；过氧乙酸腐蚀性强，不要伤着皮肤。

2. 药液喷雾消毒法

（1）新洁尔灭药液喷雾消毒法。新洁尔灭原装溶液为 5%，加水 50 倍配成 0.1% 溶液喷洒在种蛋的表面（注意上下蛋面均要喷到），经 3～5 min，药液干后即可入孵。

（2）过氧乙酸溶液喷雾消毒法。用 10% 的过氧乙酸原装溶液，加水稀释 200 倍用浓度为 0.05% 过氧乙酸溶液喷于种蛋表面。因过氧乙酸对金属及皮肤均有损害，用时应注意避免用金属容器盛装且勿与皮肤接触。

（3）二氧化氯溶液喷雾消毒法。用浓度 80 μg/mL 的微温溶液对蛋面进行喷雾消毒。

3. 药液浸洗消毒法

（1）碘液浸洗消毒法。把种蛋置于 0.1% 碘溶液中浸洗 0.5～1 min，药液温度保持在 37～40 ℃，取出晾干即可装盘入孵。经数次浸泡种蛋的碘液，其浓度逐渐降低，适当延长浸泡时间（1.5 min），浸洗 10 次更换新液，才能达到良好的消毒效果。

（2）高锰酸钾溶液浸洗消毒法。将种蛋浸泡在 0.5% 的高锰酸钾溶液中 1～2 min 取出晾干入孵。

采用药液浸泡消毒法，要注意水温和擦洗方法，切勿使劲擦拭蛋面，以免破坏蛋面胶护膜的完整性。浸洗时间不能超过规定时间，以免影响孵化效果。而且此法烦琐并易致破蛋率增高，因此只适宜小规模孵化采用。

4. 紫外线及臭氧发生器消毒法

(1)紫外线消毒法。安装 42 W 紫外线灯管，在距离蛋面 40 cm 处照射 1 min，翻过种蛋的背面再照射一次即可。

(2)臭氧发生器消毒法。把臭氧发生器装在消毒柜或小房内，放入种蛋后关闭所有气孔，使室内氧气变成臭氧，达到消毒的目的。

三、种蛋的保存

(一)贮存室的要求

贮存室要求保湿和隔热性能较好，通风便利，清洁卫生，能防止太阳直晒和穿堂风，并能杜绝苍蝇和老鼠等的危害。若有条件，最好建成无窗，四壁及天棚均有隔热层，并备有空调的贮蛋库，库高不低于 2 m，并在顶部安装抽气筒，内墙刷白。

(二)保存温度

保存种蛋的适宜温度是 12～15 ℃，依保存时间的长短而有所变化。保存一周内时，保存温度为 15℃合适，超过一周以上以 12 ℃为宜。刚产出的种蛋应该逐渐降至保存温度，避免骤然降温，危及胚胎的活力。降温时间应以半天至一天为宜。种蛋应装在蛋托里然后装箱保存或直接摆放在蛋库内保存。

(三)保存湿度

蛋库的湿度以 70%～80% 为宜，湿度小则蛋内水分容易蒸发，但湿度过高容易生霉。南方高湿季节，注意贮蛋室的干燥通风。

(四)保存时间

种蛋保存以不超过 1 周为宜。保存 2 周以上，孵化率明显下降，保存 3 周以上，孵化率急剧下降。保存温度在 25℃以上时，种蛋保存最多不能超过 5 d，温度超过 30℃时，种蛋应在 3 d 内入孵。

(五)保存时放置位置

保存期内翻蛋的目的是防止胚盘与壳膜粘连，以免造成胚胎早期死亡；存放种蛋一般以钝端(大头)向上，以便气室保持适当的位置。存放 1 周以内的种蛋，存放时的蛋位对孵化率影响较小，超过 1 周时，以锐端(小头)向上放置较好。种蛋保存期不超过 1 周时，可不必翻蛋，超过 1 周时，每天定时翻蛋 1～2 次，但也有人测定钝端向上放置每天翻蛋仍可获得较好的孵化效果。

四、种蛋的包装与运输

(一)种蛋的包装

种蛋最好采用规格化的种蛋箱包装，蛋箱要结实，能承受一定的压力，最好用纸质蛋托，不用塑料蛋托，钝端向上；用纸格一个一个地隔开或用特制的纸蛋托，避免相互接触，以免碰撞。一箱可容纳 300 枚(每个蛋托装蛋 30 枚，每 10 托装一箱)或 360～420 枚，装满后用胶带纸或打包带把箱口封好，便可装车运输。

（二）种蛋的运输

运输种蛋时要做到防震、防雨淋、防冻、防晒。汽车要匀速行驶，车内温度尽量保持15℃左右，相对湿度以70%左右更为理想，不能急刹车，路况不好时，速度不能高，以防破损或震断系带。

种蛋到达目的地后，应尽快开箱检查，剔除破损蛋，及时码盘、消毒、入孵。

拓展阅读

种蛋的质量与成功地生产高质量雏禽密切相关，也是孵化场经营成败的关键环节之一。种蛋孵化率的高低，除了与种禽的饲养管理和遗传因素有关外，还取决于种蛋的管理方法是否恰当。种蛋管理包括种蛋的选择、消毒、保存和运输方面的相关内容。

2.2.1　禽蛋清选消毒分级技术规范(行业标准)

●●●●● 作业单

一、填空题

1. 种蛋保存时间越（　　），品质越新鲜，孵化率越高，雏禽的体质越好。一般以产后一周内种蛋孵化为宜，（　　）d最好。

2. 刚产出的种蛋，蛋壳表面覆盖着一层（　　），保护种蛋，使微生物不易侵入蛋内。

3. 从母禽产出种蛋到雏禽出壳，至少要进行（　　）次消毒。

4. 采用甲醛高锰酸钾熏蒸消毒法消毒种蛋时，一般按每立方米空间甲醛（　　）mL，高锰酸钾（　　）g密闭熏蒸（　　）min，熏蒸间内温度为（　　）℃，湿度为（　　），熏蒸时用瓷容器先盛放（　　），后倒入（　　），密闭（　　）min。

5. 保存种蛋的适宜温度是（　　）℃，保存一周内时，保存温度为（　　）℃合适，超过一周以上以（　　）℃为宜；蛋库的湿度以（　　）为宜；种蛋保存以不超过（　　）周为宜；存放种蛋一般以（　　）向上。

6. 运输种蛋时车内温度尽量保持（　　）℃左右，相对湿度以（　　）%左右更为理想。

二、简答题

1. 检验种蛋新鲜与否，通常采用的方法有几种？分别是什么？
2. 生产实践中普遍应用的种蛋消毒方法使什么？
3. 从母禽产出种蛋到雏禽出壳，至少要进行几次消毒？
4. 种蛋进行熏蒸消毒时需要注意什么？
5. 种蛋运输过程中和到达目的地后应注意什么？

任务2.3 孵化技术

●●●●● **案例单**

任务2.3		孵化技术			学　时	4
案例内容					案例分析	
家禽种类	孵化期(d)	家禽种类	孵化期(d)	影响因素	这是家禽的孵化期,从此表中影响因素分析出哪些是孵化过程中需要重点考虑的。	
鸡	21	鸽	18	(1)蛋重; (2)保存时间; (3)孵化条件(如温度、湿度等); (4)气候(与温度相关)。		
鸭	28	鹌鹑	17~18			
鹅	31	瘤头鸭	33~35			
火鸡	28	鹧鸪	24~25			

●●●●● **工作任务单**

子任务2.3.1	观察鸡胚胎发育
任务目的	能够借助照蛋器准确判别受精蛋、无精蛋、弱胚蛋和死胚蛋;并能判断出不同胚龄的胚蛋。
任务准备	地点:实训基地孵化室。 材料:5~6 d、10~13 d、17~18 d的正常鸡胚蛋若干;不同时期的弱胚蛋、死胚蛋和无精蛋若干。 用具:照蛋器、蛋盘和操作台等。
任务实施	1.各小组明确任务,讨论鸡胚胎发育特征。 2.判别无精蛋、受精蛋、弱胚蛋和死胚蛋。 3.观察鸡胚胎发育特征。 4.在分批入孵的孵化机内随机拣出部分胚蛋照检,判断胚蛋的胚龄。 5.小组内进行讨论、总结,小组间汇报、评分。 6.教师总结、评鉴。

	考核内容	评价标准	分值
考核评价	判别胚蛋受精情况	1. 能够正确使用照蛋器进行胚蛋判别，得 10 分。 2. 能够准确判别无精蛋、受精蛋、弱胚蛋和死胚蛋，得 20 分。 3. 能够在规定时间内判别胚蛋情况，得 10 分。 4. 小组内讨论积极、合作良好，得 10 分。 5. 否则酌情减分。	50
	判定胚蛋胚龄	1. 能够按照正规操作规程进行胚胎发育观察，得 10 分。 2. 能够详述所观察鸡胚发育特征，得 10 分。 3. 能够准确判定鸡胚胚龄，得 10 分。 4. 能够在规定时间内以最快速度完成任务，得 10 分。 5. 小组内合作良好，得 10 分。 6. 否则酌情减分。	50
子任务 2.3.2	实操机器法孵化鸡胚		
任务目的	能够正确使用孵化机，并结合生产实践确定相应胚蛋的孵化条件以及正确应用鸡胚蛋机器孵化法的操作程序。		
任务准备	地点：实训基地孵化室。 材料　种(鸡)蛋若干、消毒药品(高锰酸钾、甲醛溶液)、孵化记录表格、孵化机操作介绍视频等。 用具：孵化机、出雏机、出雏盘、照蛋器、检修工具和消毒器具等。		
任务实施	1. 结合子任务 2.1.2 进一步正确调试孵化机。 2. 各小组明确任务，讨论孵化前需要做哪些准备工作。 3. 确定该孵化机在整个孵化过程中的孵化条件。 4. 在完成充分准备的情况下，实践鸡胚蛋的机器孵化操作。 5. 各小组分工明确，每天由专人值班，定时进行检查胚蛋发育情况。 6. 小组内分阶段进行总结、汇报、打分。 7. 孵化结束后对孵化机等进行清洗、消毒，各小组总结、汇报孵化情况。 8. 教师进行总结、评鉴。		

考核内容	评价标准	分值
考核评价 孵化前准备工作	1. 能够对孵化机、蛋盘、出雏盘等用具进行彻底清洗，得 2 分。 2. 能够正确使用消毒药品，用量合理，消毒操作正规、无误的，得 2 分。 3. 能够按照操作规程调试孵化机，并分别启动各系统，试运行 1～2 h，检查是否正常，得 4 分。 4. 小组内成员合作良好，得 2 分。 5. 否则酌情减分。	50
确定孵化条件	1. 能够确定鸡胚孵化温度，得 2 分。 2. 能够确定鸡胚孵化湿度，得 2 分。 3. 在孵化前和孵化过程中能够正确测定孵化机和出雏机中氧气含量，并能判定是否符合要求，得 4 分。 4. 观察翻蛋次数是否符合要求，得 2 分。 5. 小组内成员合作良好，得 2 分。 6. 否则酌情减分。	
机器孵化操作	1. 上蛋操作规范、时间合理，得 2 分。 2. 孵化过程中对孵化机操作管理得当，得 2 分。 3. 能够在规定时间内验蛋、落盘并适时出雏，得 2 分。 4. 孵化结束后能够及时对孵化机等用具进行全面清洗、彻底消毒，得 2 分。 5. 小组内各成员分工合理、配合默契，得 2 分。 6. 否则酌情减分。	50

必备知识

一、孵化条件

(一)温度

1. 温度对胚胎发育的影响

温度是禽蛋孵化的最重要因素，它决定着胚胎的生长、发育和生活力。只有保证胚胎正常发育所需的适宜温度，才能获得高的孵化率和健雏率。

(1)高温影响。温度偏高则胚胎发育加快，而且胚胎较弱；如果温度超过 42℃ 经过 2～3 h 就会造成胚胎死亡。

(2)低温影响。低温下，胚胎发育迟缓，孵化期延长，死亡率增加；如果温度低于24℃ 超过 30 h 就会造成胚胎死亡。一般情况下，短时间的降温对孵化效果无不良影响；但是持续两天的温度下降就会对出雏率有严重影响。

2. 适宜的孵化温度

孵化温度的标准常与家禽的品种、蛋的大小、孵化室的环境、孵化机类型和孵化季节等有很大关系。一般立体孵化温度低于平面孵化，胚龄大的温度低于胚龄小的，夏季温度低于早春或晚秋。一般情况下，最适宜的孵化温度是 37.8～38.3℃，在出雏机内的出雏温度为 37.3℃。孵化温度的控制，实际生产中主要是"看胎施温"。

3. 变温孵化和恒温孵化

(1)恒温孵化。就是在整个孵化过程中，孵化温度和出雏温度(比孵化温度略低)都保持不变。种蛋来源少或者高温季节，宜分批入孵并采用恒温孵化制度。一般要求室温在 22～26℃，具体的孵化温度如表 2-3-1。

(2)变温孵化。也称降温孵化，即在孵化过程中，随胚龄增加逐渐降低孵化温度。对于来源充足的种蛋，一般采用整批入孵，此时孵化机内胚蛋的胚龄都是相同的，可采用阶段性的变温孵化制度。具体的孵化温度如表 2-3-1。

表 2-3-1 鸡、鸭、鹅蛋的孵化温度(℃)

禽种类型	室温	入孵温度				出雏机内温度
		恒温(分批)	变温(整批)			
鸡		1～17 d	1～5 d	6～12 d	13～17 d	18～20.5 d
	18.3	38.3	38.9	38.3	37.8	
	23.9	38.1	38.6	38.1	37.5	36.9
	29.4	37.8	38.3	37.8	37.2	
	32.2～35	37.2	37.8	37.2	36.7	
鹅		1～23 d	1～7 d	8～16 d	17～23 d	24～30.5 d
	18.3	37.5	38.1	37.5	36.9	
	23.9	37.2	37.8	37.2	36.7	36.4 左右
	29.4	36.9	37.5	36.9	36.4	
	32.2～35	36.4	36.9	36.4	35.8	
鸭		1～23 d	1～5 d	6～11 d	12～16 d	17～23 d	24～28 d
	23.9～29.4	38.1	38.3	38.1	37.8	37.2	37.2
	29.4～32.2	37.8	38.1	37.8	37.5	37.2	36.9
	23.9～29.4	37.8	38.3	37.8	37.5	37.2	36.9
	29.4～32.2	37.5	37.8	37.5	37.2	36.9	36.7

(二)湿度

1. 湿度对胚胎发育的影响

湿度也是重要的孵化条件，它对胚胎发育和破壳出雏有较大的影响。

高湿会妨碍水汽蒸发和气体交换，甚至引起胚胎酸中毒，使雏禽腹大，脐部愈合不良，卵黄吸收不良。低湿会使水分过多蒸发，易引起胚胎与壳膜粘连，或引起雏禽脱水，孵出的雏禽轻小，绒羽稀短。

2. 适宜的孵化湿度

鸡蛋分批孵化时，相对湿度应保存在 50%～60%，出雏时为 65%～70%；整批孵化时湿度应掌握"两头高，中间低"的原则，孵化初期相对湿度为 60%～70%，孵化中期相对湿度为 50%～55%，孵化后期相对湿度为 65%～70%。鸭蛋孵化时相对湿度与鸡蛋基本相同，只是各期时间上有所差别。

(三)通风换气

1. 通风换气标准

通常通风量以 1.8～2.0 m³/h 为宜。胚胎在发育过程中除最初几天外，都必须不断地与外界进行气体交换，而且随胚龄增加而加强，后期每昼夜需氧量为初期的 110 倍以上，一般要求氧气含量大于 20%；二氧化碳含量 0.4%～0.5%，不超过 1%(新鲜空气含氧气 21%，二氧化碳 0.03%)，二氧化碳大于 0.5%，孵化率下降，二氧化碳超过 1.5%～2%，孵化率急剧下降。

2. 通风换气原则

理论上讲，只要能保证正常的温度和湿度，机内的通风越畅通越好。实际生产中，一般孵化 14 d 后鸡胚死亡的原因，多是由于通风不良和二氧化碳过多所引起。一般通风良好，温度低时，湿度就小；通风不良，空气不流畅，湿度就大；通风过度，则温、湿度都难以保证，并增加能源消耗。

出雏机内的通风量一般要求比孵化机内的通风量增加 18%～20%。其原因是这时雏禽开始直接与外界进行气体交换，而且吸收的氧气量和呼出的二氧化碳量都大为增加。如通风量不足，对雏禽的出壳不利。具体可通过专门仪器测定孵化机内的二氧化碳含量。

(四)翻蛋

1. 翻蛋作用

改变种蛋的孵化位置和角度称翻蛋。翻蛋能够防止胚胎与内壳膜粘连；翻蛋可使胚胎各部受热均匀，供应新鲜空气，有利于胚胎发育；翻蛋也有助于胚胎的运动，保证胎位正常。

2. 翻蛋要求

翻蛋次数常结合记录温、湿度进行，有的单位已采用 120°效果更佳。翻蛋角度不当，会降低孵化率；相对而言，孵化前、中期翻蛋更重要，尤其是第 1 周。机器孵化时禽蛋移盘后可停止翻蛋。据试验，鸡蛋不同的翻蛋处理和翻蛋角度对孵化率影响结果如表 2-3-2 和表 2-3-3。

表 2-3-2　不同翻蛋处理的孵化结果

翻蛋处理方式	孵化率(%)
整个孵化期间都不翻蛋	29
前 7 d 翻蛋，7 d 后不翻蛋	79
前 14 d 翻蛋，14 d 后不翻蛋	92
1～18 d 进行翻蛋	95

表 2-3-3　翻蛋角度对孵化率的影响

翻蛋角度(°)	40	60	90
受精蛋孵化率(%)	69.3	78.9	84.6

（五）晾蛋

晾蛋是我国孵化鸭蛋和鹅蛋的传统工艺，多在孵化的中后期进行。它是通过除去覆盖物或打开机门，抽出孵化盘或出雏盘、蛋架车，必要时用喷水来迅速降低蛋温的一种操作程序，以期协助散热，为胚胎提供充足新鲜空气。

晾蛋与否取决于蛋温的高低。蛋温受胚龄、气温、孵化机性能、蛋形大小等因素影响。凡后期胚蛋眼皮测温感到"烫眼"时就应该立即晾蛋，晾蛋的时间及次数以眼皮感觉"温而不凉"时为宜。

晾蛋的方法应根据胚胎孵化时间及季节而定。对早期胚胎及在寒冷季节，晾蛋时间不宜过长，对后期胚胎和在热天，应延长晾蛋的时间。早期胚胎，每次晾蛋时间一般在 5～15 min，后期可延长到 30～40 min。

机器孵化晾蛋时，在孵化的第 9 d 以后，将孵化机门打开，切断供热系统，并用风扇鼓风，驱散孵化机中的余热。有时甚至将蛋盘拉出，使胚胎表面温度下降至 31～33℃后，再重新关上机门继续孵化。通常在每天上午和下午各晾蛋 1 次。

（六）淋水

由于鸭蛋含脂肪多，孵化后期代谢旺盛，产热量大，蛋表面温度能达到 39℃以上，光靠通风晾蛋不能抑制胎儿活动，因此，必须淋水降温。出雏前鸭胚在壳内转身，活动量更大，呼吸代谢加强，产生的热量更多，这时蛋表面温度可达 41℃。在鸭啄壳后（鸭啄壳到出雏约需 36 h），每 6 h 需向蛋上喷 1 次水；出雏以后每捡 1 次雏，喷 1 次水，直至所剩胚蛋不多，且不会产生蓄热为止。

全自动孵化机
操作方法（视频）

摊床孵化在淋水后，应随即盖上单被，增加小环境湿度，这样有利于出雏整齐。淋水用水的温度应以 35～37℃为宜。淋水只是喷雾，在蛋面上见有露珠即可，不能像水洗蛋一样。

上面所述孵化条件都是互相联系而又互相制约的，其中温度起着决定性的作用。温度与湿度、通风等都有关，晾蛋又直接影响着温度的高低。所以，在孵化过程中，先要掌握好温度的高低，再辅以其他条件。

二、禽胚胎发育

1. 禽胚胎在孵化过程中的发育

禽胚胎在孵化过程中常分为 4 个时期，分别是，发育早期、发育中期、发育后期、出壳阶段。

（1）发育早期（鸡孵化第 1～4 d，鸭 1～5 d，鹅 1～6 d）为内部器官发育阶段。由内、外、中三个胚层形成雏禽的各种组织和器官。外胚层形成皮肤、羽毛、喙、趾、神经系统、眼睛、耳、口腔与泄殖腔的黏膜上皮等；中胚层形成结缔组织、骨骼、肌肉、血液、心脏、生殖器官及泌尿器官等；内胚层形成消化器官和呼吸器官的上皮及内分泌腺等。

（2）发育中期（鸡孵化 5～14 d，鸭 6～16 d，鹅 7～18 d）为外部器官发育阶段。脖颈伸长，翼、喙明显，四肢形成，腹部愈合，全身被覆绒羽、胫出现鳞片。

（3）发育后期（鸡孵化 15～19 d，鸭 17～27 d，鹅 19～29 d）为禽胚的生长阶段。胚胎逐

渐长大，肺血管形成，卵黄囊收缩入体腔内，开始利用肺呼吸，在壳内鸣叫，啄壳。

(4)出壳阶段(鸡孵化 21 d，鸭 28 d，鹅 30～31 d)。雏禽长成，破壳而出。

家禽胚胎发育的主要外形特征如表 2-3-4。

表 2-3-4　鸡、鸭、鹅胚胎发育不同日龄主要外形特征

胚龄(d)			照蛋特征（俗称）	胚胎发育主要形态特征
鸡	鸭	鹅		
1	1～1.5	1～2	鱼眼珠	器官原基出现，血岛形成。
2	2.5～3	3～3.5	樱桃珠	出现血管，心脏开始跳动。
3	4	4.5～5	蚊虫珠	眼睛色素沉着，出现四肢原基。
4	5	5.5～6	小蜘蛛	尿囊明显可见，胚胎头部与胚蛋分离。
5	6～6.5	7～7.5	单珠	眼球内黑色素大量沉着，四肢开始发育。
6	7～7.5	8～8.5	双珠	胚胎躯干增大，活动力增强。
7	8～8.5	9～9.5	沉	出现明显鸟类特征，可区分雌雄性腺。
8	9～9.5	10～10.5	浮	四肢成型，出现羽毛原基。
9	10.5～11.5	11.5～12.5	发边	羽毛突起明显，软骨开始骨化。
10～10.5	13～14	15～16	合拢	尿囊合拢，胚胎体躯生出羽毛。
11	15	17	鸡胚 11～16 d 的逐日变化：血管加粗，颜色加深，胚体加大	尿囊合拢结束。
12	16	18		蛋白由浆羊膜道输入羊膜囊中。
13	17～17.5	19～19.5		头覆盖绒毛，鸡胚由 13 d 起开始吞食蛋白。
14	18～18.5	20～21		全身覆盖绒毛，头朝向气室，胚胎身体与蛋的长轴平行。
15	19～19.5	22～22.5		体内器官基本形成，喙靠近气室。
16	20	23		绝大部分蛋白输入羊膜腔，冠和肉髯明显。
17	20.5～21	23.5～24	封门	蛋白全部输入羊膜腔，蛋的锐端看不到透光。
18	22～23	25～26	斜口	气室倾斜，喙伸向气室，胚胎转身，形成正常胎位。
19	24.5～25	27.5～28	闪毛	尿囊枯萎，卵黄囊开始收缩，蛋黄开始进入腹腔，眼睛睁开，颈部顶压气室。
20	25.5～27	28.5～30	起嘴	雏禽由尿囊呼吸过渡到肺呼吸，剩余部分卵黄收入腹腔，大批啄壳，少量出雏。
21	27.5～28	30.5～31	出壳	出雏结束。

鸡胚每天发育情况都不一样，鸡胚发育图谱如图 2-3-1 所示。

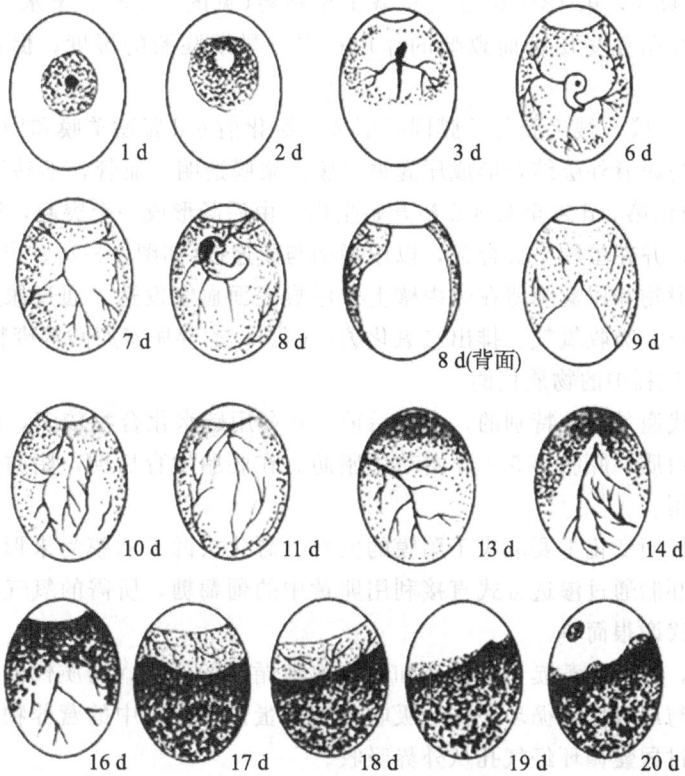

图 2-3-1　鸡胚发育图谱

2. 胎膜的发育和功能

胚胎发育早期形成的 4 种胚外膜，即卵黄囊、羊膜、浆膜或绒毛膜、尿囊，虽然都不形成禽体的组织和器官，但是胚胎的营养、排泄和呼吸主要靠胎膜实现。

(1) 卵黄囊。从孵化第 2 d 开始形成，到第 9 d 几乎覆盖整个蛋黄表面 (如图 2-3-2)。卵黄囊由卵黄囊柄与胎儿连接。卵黄囊内胚层细胞内有消化酶，能液化卵黄；内壁在孵化初期形成血管内皮层和原始血球，胚胎由卵黄获得营养物质；并在孵化第 6 d 前为胚胎提供氧气。出壳前，卵黄囊及剩余蛋黄进入腹腔，作为初生雏禽暂时的营养来源，6～7 d 时被小肠吸收完毕。

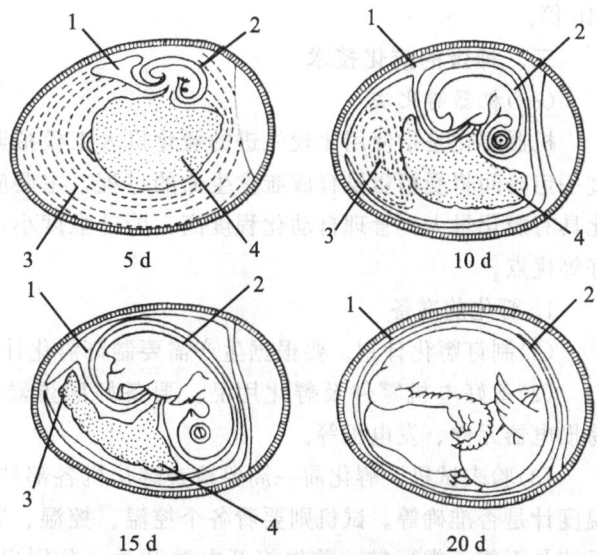

图 2-3-2　鸡胚发育图谱

1. 尿囊；2. 羊膜；3. 蛋白；4. 蛋黄和卵黄囊

(2) 羊膜。羊膜在孵化的第 2 d 即覆盖胚胎的头部并逐渐包围胚胎全身；第 4 d 在胚胎背上方合并 (称羊膜脊) 并包围整个胚胎，而后增大并充满液体 (羊水)，第 5～6 d 羊水增多，第 17 d 开始减少，第 18～20 d 大量减少至枯萎（见图 2-3-2）。羊水能起到缓冲震动、平衡压力，保护胚胎免受伤害而致畸的作用；保持早期胚胎的湿度；促进胚胎运动以免粘连。

（3）浆膜或绒毛膜。绒毛膜与羊膜同时形成，孵化前 6 d 紧贴羊膜和卵黄囊外面，其后由于尿囊发育而与尿囊外层结合形成尿囊绒毛膜。浆膜透明无血管，不易看到单独的浆膜。

（4）尿囊。孵化第 2 d 末至第 3 d 初开始生出，由后肠形成一个突起，第 10～11 d 包围整个胚胎内容物，并在蛋的小头合拢，以尿囊柄与肠连接（如图 2-3-2）。出壳时，尿囊柄断裂，黄白色的排泄物和尿囊膜留在壳内壁上。尿囊表面血管发达，通过尿囊血液循环吸收蛋白、壳中矿物质；吸收氧气、排出二氧化碳（气孔）；贮存尿素尿酸等废物。

3. 胚胎发育过程中的物质代谢

鸡胚的物质代谢是比较特别的，入孵后前 4 d 利用碳水化合物较多，从第 4～9 d，胚胎就开始动用蛋白质，胚胎第 5 d 开始动用脂肪。在胚胎发育后期，脂肪作为能量的主要来源，被大量利用。

胚胎的物质代谢变化主要取决于胎膜的发育。孵化头两天胎膜尚未形成，卵黄囊血液循环也未出现，胚胎通过渗透方式直接利用卵黄中的葡萄糖，所需的氧气也由碳水化合物分解而来，物质代谢很简单。

孵化两天后，随着卵黄囊血液循环和尿囊血液循环的形成，物质代谢增强，胚胎通过卵黄囊血液循环与尿囊血液循环，先后吸收卵黄、蛋白和蛋壳中的营养物质，所需的氧气也从卵黄中与通过尿囊循环经气孔从外界吸收。

孵化 18～19 d 以后，蛋白用尽，尿囊枯萎，开始肺呼吸，胚胎只靠卵黄囊吸收卵黄中的营养物质，脂肪代谢大为增强，呼吸量也大为增加。据研究，孵化末期胚胎的产热量约为初期的 230 倍；胚胎耗氧量约为初期的 64 倍；胚胎的二氧化碳的排出量约为初期的 146 倍。

三、种蛋的孵化技术

（一）机器孵化法

机器孵化是指使用比较先进的孵化机人工模拟卵生动物母性温湿度、翻蛋等条件，经过一定时间将受精蛋发育成雏禽生命的过程，主要应用于种蛋孵化、胚胎发育等。机器孵化具有孵化量大，管理自动化程度高，劳动强度小，种蛋破损率低，孵化率高，雏禽品质好等优点。

1. 孵化前准备

（1）制订孵化计划。要根据生产需要制订孵化计划。

（2）备好电机零件及孵化用品。要备好照蛋器、温度计、消毒药品、防疫注射器材、易损电器元件、发电机等。

（3）验表试机。孵化前一周要检查孵化机各部件安装是否合理、结实；电源是否插好，温度计是否准确等。试机则要看各个控温、控湿、通风、报警系统、照明系统和机械传动系统是否能正常运转。首先打开电源开关，分别启动各系统，试运行 1～2 h，检查电动机、风扇运转是否正常；检查恒温电气控制系统的水银导电表、继电器触点、指示灯、电热盘、超温报警装置等是否正常；测试机内不同部位的温度差别，校对温度、湿度；检查自动翻蛋装置和定时器运转是否正常，试机过程做好机器运行的情况记录。试机 1～2 d 即可入孵。

(4)孵化机消毒。新孵化机或搁置很久的孵化机在开始第一次孵化前，要进行消毒。消毒时间最迟不超过入孵前 12 h。若孵化间隔不长，结束孵化时消过毒，可入孵后与种蛋一起消毒。否则，应先消过毒再入孵，一般密闭熏蒸消毒 1 h，再开机门，停热扇风 1 h 左右，等药味排净，再关上机门继续升温至孵化所需温度。

(5)入孵时间安排。种蛋在一天中的入孵时间，需根据雏禽出孵化场的时间决定。一般种鸡蛋入孵后第 21 d 出雏，假如安排在第 22 d 8 时送交用户，那么，就可安排在第一天 21～22 时入孵，雏鸡就能在第 21 d 的 22 时左右出壳。如果种蛋是来自不同周龄的两群种鸡，那么产自周龄较大鸡群的种蛋要先入孵 2～3 h。这样，就可以在第 22 d 早上以前完成雏鸡的分级、雌雄鉴别、疫苗接种和装箱等工作，到 8 时就可将雏鸡运离孵化场。

2. 上蛋操作

(1)种蛋预热。存放于空调蛋库的种蛋，入孵前应置于 22～25℃ 的环境条件下预热 6～8 h，以免入孵后蛋面凝聚水珠（又称"出汗"）不能立即消毒，也可减少孵化机温度下降幅度，以免影响孵化效果。

(2)种蛋装盘。种蛋在入孵时摆放位置很重要，一般钝端向上装入蛋盘中。上蛋最佳时间在 16 时以后，这样上蛋可使大批雏禽都在白天孵出，便于工作。但具体还应结合生产实际情况而定。

(3)蛋盘编号。每个蛋盘前面设有一个插放记录卡片用的金属小框。种蛋装盘后应将装入蛋盘的种蛋品种（系）、入孵日期、批次等项目填入记录卡内，并将记录卡插入每个蛋盘的金属小框内，以便于查找，避免差错。特别是分批孵化时，比如孵化机每周入孵两次，21 d 共入蛋 6 次，这些卡片就有①～⑥6 个编码，它们分别代表不同入孵批次。编排这些号码是为了识别批次，以便于在种蛋入孵 18～19 d 时，管理人员能容易找出移到出雏机去。

(4)蛋盘的放置。蛋盘的放置是指种蛋入孵时，蛋盘在孵化机内的蛋架上摆放的位置。同一批入孵的种蛋（如一个孵化机内同时孵多批种蛋时）不能在孵化机蛋架上集中放置，而要按一定的规律间隔均匀排开放置（如图 2-3-3）。这样摆放的目的是使蛋的重量在蛋架上平均分布，有利于翻蛋。同时，新蛋和老蛋交替放置，孵化机内的温度较均匀。

(5)入孵时种蛋消毒。为防止通过种蛋传染慢性呼吸道等疾病，确保孵出健康的雏禽，种蛋在入孵时都应进行消毒。种蛋消毒多用甲醛溶液烟熏消毒法，这次消毒所用剂量较种蛋收集后的消毒可略低些。具体消毒方法详见任务 2.2 种蛋管理相关部分内容。

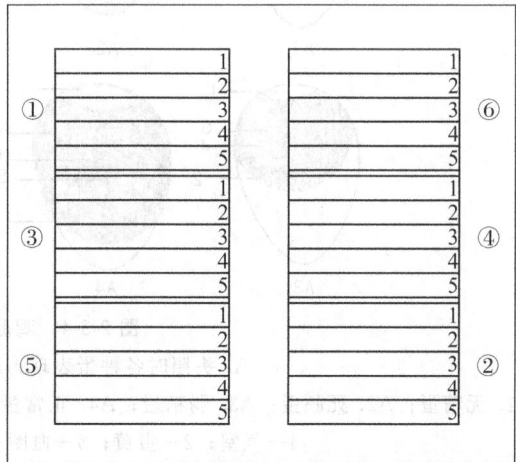

图 2-3-3　不同批次种蛋在孵化机内摆放位置

注：①～⑥为蛋架位号；1～5 为批次号

种蛋消毒可在消毒室（柜）或孵化机内（孵化机内应无入孵 24～96 h 内的胚蛋）进行。如在孵化机内消毒，入孵后要待孵化机内的温度、湿度达到正常时，才可施行烟熏消毒，最好在 12 h 以内尽快进行，以免烟熏伤害胚胎。切记在入孵后 24～96 h，绝对不能烟熏，因为这一发育阶段的胚胎对甲醛的忍耐能力较弱。

　　(6)填写孵化进程表。种蛋全部装盘后，将该批种蛋的入孵日期，每次照检、移盘和出雏日期填入孵化进程表内(如表2-3-5)，以便孵化人员了解各台孵化机各批种蛋的情况，并按进程表安排工作。

表 2-3-5　孵化工作计划表

批次	入孵日期	入孵蛋数	头照日期	移盘日期	出雏日期	预计出雏数	结束日期	备注

　　3. 禽胚发育检查

　　照蛋是检查禽胚发育情况的主要方法，是用照蛋器逐个或整盘蛋在照蛋箱上对胚蛋进行照检。孵化进程中通常对胚蛋进行2~3次照检，分别是头照、二照(抽检)和三照(如表2-3-6)，以了解胚胎的发育情况并及时剔除无精蛋和死胚蛋(如图2-3-4)。

表 2-3-6　照蛋日期和胚胎特征

照蛋	鸡(d)	鸭(d)	鹅(d)	胚胎特征
头照	5~6	6~7	7~8	"黑眼"
二照(抽检)	10~11	13~14	15~16	"合拢"
三照	19	25~26	28	"闪毛"

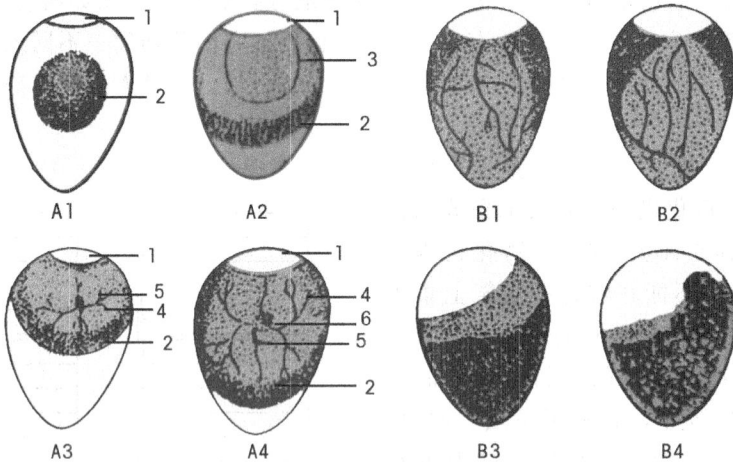

图 2-3-4　鸡胚照蛋发育情况

A. 头照时各种蛋表现；B. 抽检、三照时胚胎变化

A1. 无精蛋；A2. 死胚蛋；A3. 弱精蛋；A4. 正常蛋；B1. 弱胚；B2. 正常胚胎；B3. 死胚；B4. 正常胚胎
1—气室；2—蛋黄；3—血圈；4—血管；5—胚胎；6—眼点
注：前2次照检可作为调整孵化条件的依据，而生产上一般不进行抽验。

　　(1)头照。第一次照检时，发育正常的胚胎，其血管网鲜红，扩散面较宽，胚胎上浮而隐约可见(如图2-3-4中A4)，发育弱的胚胎则血管色淡而纤细，扩散面小(如图2-3-4中A3)；未受精的蛋(称无精蛋)则蛋内透明，转动时可见卵黄阴影移动(如图2-3-4中A1)；孵化早期死亡的胚胎(称死精蛋)则可见血环或雪线，有时可见死亡胚胎的浮动(如图2-3-4中A2)。

（2）二照。第二次照检是对胚蛋的锐端进行透视。发育正常的胚胎尿囊已在锐端合拢，并包围蛋的所有内容物，透视时锐端可见血管分布（如图 2-3-4 中 B2）；发育落后的胚胎尿囊尚未合拢，透视时蛋的锐端淡白（如图 2-3-4 中 B1）。

（3）三照。第三次照检时，发育良好的胚胎除气室外，已占满蛋的全部空间，胚胎颈部紧贴气室，气室边缘弯曲，并可见粗大血管，有时可见胚胎在蛋内闪动（如图 2-3-4 中 B4）。后期死亡的胚胎（称死胚蛋）在气室周围无血管分布，边缘模糊，锐端色淡（如图 2-3-4 中 B3）。

（4）照蛋时注意事项。照蛋要稳、准、快，有条件的可提高室温，照完一盘，用外侧蛋填中间空隙，以防漏照，并把小头朝上的倒过来。抽放盘时，有意识地对角调换。照完后再全部检查一遍，看孵化盘是否都固定牢了。最后统计无精蛋、死精蛋及破壳蛋，登记入表。

4. 孵化期中对胚蛋的消毒

一般每批入孵种蛋在入孵时已经过熏蒸消毒，可不再进行消毒，但往往由于照蛋不细致，使部分无精蛋或死胚蛋漏检，而这些蛋在孵化过程中会发生腐臭爆炸，致使孵化机及胚蛋受到污染。在这种情况下，就应及时进行消毒，以保护其余的胚蛋。到 19 日龄转入出雏机后，再用 2 倍剂量的福尔马林熏蒸消毒一次。

5. 晾蛋

鸭、鹅蛋孵化时通常需要晾蛋，一般鸭蛋孵化到 13～15 d 起，鹅蛋孵化到 15 d 起开始晾蛋。鸡蛋孵化时是否晾蛋，视孵化机的类型及孵化季节而定。

6. 移盘

移盘又称落盘，是指将孵化至 18 d 或 19 d（鸭 25 d，鹅 28 d）的胚蛋由蛋盘移入出雏盘，然后再移入出雏机内继续孵化的一步操作。

一般鸡胚最迟在 19 d 移至出雏机内，鸡胚 16 d 或 19 d 移盘都可以，但最好避开 18～19 d 时的死亡高峰；有条件者移盘时可提高舍温，移盘要轻、稳、快，尽量降低碰撞。

7. 出雏与助产

（1）出雏。临近孵化期满前一天，雏禽开始陆续啄壳，孵化期满时大批出壳。出雏机要保持黑暗，使雏鸡安静，以免踩破未出壳的胚蛋。出雏期间，不应随时打开机门捡雏，也不能让已出壳的雏鸡在出雏机内存留太久，以免引起脱水。一般要等雏鸡出壳后 3.5 h，有 95% 的雏鸡羽毛干了，才能取出。一般捡雏 3 次即可。第一次为 30%～40% 雏禽出壳时；第二次为 60%～70% 雏禽出壳时；第三次为扫盘，孵化期满后淘汰尚未破壳的胚蛋，捡出绒羽干透的雏鸡及蛋壳，动作要快。

（2）人工助产。正常时间内出雏的，一般不进行助产，特别是鸡基本不需要助产。但在后期，要把内膜已橘黄或外露绒毛发干、在壳内无力挣扎的鸭或鹅胚蛋轻轻拨开，分开黏膜和壳膜，把头轻轻拉出壳外，令其自己挣扎破壳。

8. 孵化结束工作

出雏结束后，应及时清扫出雏机内的绒毛、碎蛋壳等污物，对出雏室、出雏机及出雏盘等进行彻底清洗和消毒，然后晒干或晾干，准备下次出雏时再用。整理好孵化记录填入表 2-3-7 和表 2-3-8，根据孵化记录，进行孵化效果统计。

表 2-3-7　孵化室日常管理记录

机号　　　第　批　　　胚龄　天　　　　　　　　　　　　　　　　　年　月　日

时间	机器情况					孵化室		停电	值班员
	温度	湿度	通风	翻蛋	凉蛋	温度	湿度		

表 2-3-8　孵化室记录表

机号	入孵日期	种蛋来源	品种	入孵数量	头照			二照		出雏			受精率（%）	受精蛋孵化率（%）	入孵蛋孵化率（%）	健雏率（%）	备注
					无精	死胎	破损	死胎	破损	落盘数	毛蛋数	弱雏数	健雏数				

（二）人工孵化法

种鸭蛋、种鹅蛋的人工孵化技术有多种，方法有多样。各种方法虽然孵化用具等不同，但孵化过程均分为前半期和后半期进行。前半期靠孵桶、孵缸和火炕供温孵化，后半期靠上摊床自温和室温孵化。各种方法只有前半期的供温方式不同，后半期的操作方法完全一样。

拓展阅读

禽蛋的孵化方法可分为自然孵化和人工孵化两大类。自然孵化是利用雌禽就集本性（某些禽种的雄禽，如雄鸽也有就集性）孵化禽蛋的方法；人工孵化是人工模仿母禽孵化原理的一种仿生孵化禽蛋的方法。中国和埃及是世界发明人工孵化方法最早的国家。早在 2000 多年前，中国就已开始用牛、马粪发酵发热为热源进行禽蛋的人工孵化。据史料记载，宋代以后相继创立了缸孵、炕孵和桶孵，成为中国三大传统孵化法，流传至今。西方始创了机器孵化法，1540 年法国人 Facis 创制第一台孵化机。1870 年美国波士顿城出现了以电热为热源的新式孵化的商业生产。现代的孵化机已实现孵化温度、通风、翻蛋、报警、记录的全自动化控制。

2.3.1　家禽孵化良好生产规范（国家标准）

作业单

一、名词解释

1. 孵化期，2. 恒温孵化，3. 变温孵化，4. 翻蛋，5. 凉蛋，6. 移盘，7. 人工助产，8. 机器孵化法，9. 人工孵化法。

二、填空题

1. 禽蛋的孵化方法可分为（　　）孵化和（　　）孵化两大类。

2. 中国和（　　）是世界发明人工孵化方法最早的国家。

3. 中国三大传统孵化法是（　　）、（　　）和（　　）。

4. 鸡的孵化期是( )天，鸭的孵化期是( )天，鹅的孵化期是( )天。

5. 一般情况下，胚蛋最适宜的孵化温度是( )℃，在出雏机内的出雏温度为( )℃。

三、思考题

1. 影响家禽孵化期的因素有哪些？

2. 鸡胚在孵化过程中一般进行几次照蛋检查？分别是胚胎发育到第几天？有何明显特征？

3. 机器孵化法具有哪些优点？

4. 试述机器孵化法孵化鸡胚的操作过程。

任务 2.4　孵化效果评析

●●●● 案例单

任务 2.4	孵化效果评析	学　时	2
案例内容			案例分析
某孵化场，一批种蛋孵化情况如下：入孵 9 800 枚种蛋，检出头照无精蛋 550 枚，死胚蛋 250 枚。二次照蛋检出死胚蛋 130 枚，最后出健雏 7 800 只，弱雏 180 只。 优良的孵化效果：入孵蛋孵化率 90% 以上，一般无精蛋为 5%，头照死胚蛋在 2% 左右，二照死胚蛋为 2%～3%，落盘后死胚蛋应在 6%～7% 左右；健雏率 95% 以上，出壳时间较集中。反之则孵化效果不良。			试分析该孵化场孵化效果。

●●●● 工作任务单

子任务 2.4.1	评定鸡胚孵化效果
任务目的	根据照蛋情况，计算鸡胚孵化率、绘制胚胎死亡率曲线、检查与分析孵化效果。
任务准备	地点：实训室及实训基地孵化室。 材料与用具：弱雏和死胚蛋若干、提供孵化记录原始表或其他孵化材料及数据等。
任务实施	1. 各小组分析案例，明确任务。 2. 各小组讨论案例，计算案例中的孵化率，包括入孵蛋孵化率和受精蛋孵化率。 3. 根据胚胎的死亡日龄绘制胚胎死亡曲线。 4. 结合优良孵化效果标准确定案例孵化效果并进行全面分析。 5. 小组内进行讨论、总结、提出下次孵化合理建议，小组间汇报、评分。 6. 教师总结、评鉴。

考核评价	考核内容	评价标准	分值
考核评价	计算孵化率	1. 入孵蛋孵化率计算准确无误，得 5 分。 2. 受精蛋孵化率计算准确无误，得 5 分。 3. 能够正确评定孵化状况，得 10 分。 4. 小组内进行讨论积极、合作良好，得 10 分。 5. 否则酌情减分。	30
考核评价	绘制死亡曲线	1. 胚胎死亡曲线绘制正确无误，得 5 分。 2. 能够针对案例结合实际情况进行结果判定，得 5 分。 3. 能够在规定时间内以最快速度完成任务，得 10 分。 4. 小组内合作良好，得 10 分。 5. 否则酌情减分。	30
考核评价	孵化效果评定	1. 能够通过多次照蛋检查胚胎，发育状况得 10 分。 2. 能够准确确定死胚胎龄，得 10 分。 3. 能够切实分析得出弱雏和死胚真实原因，得 10 分。 4. 小组内成员讨论积极、合作良好，得 10 分。 5. 否则酌情减分。	40

必备知识

一、禽胚孵化效果检查

（一）照蛋（验蛋）

用照蛋器的灯光透视禽胚胎的发育情况，是检查禽胚孵化效果的有效方法之一。孵化期中一般照蛋 2～3 次，每次照蛋的胚龄及照检情况如表 2-4-1。但生产中，也可根据实际情况酌情增减。如果种蛋从收集到入孵整个过程都严格消毒，为节省劳动力，也可以仅在孵化至第 18 d 时照蛋一次，照蛋后即移盘到出雏机继续孵化；检出的无精蛋、死胚蛋也能保证质量。如果更换新机型、新的种蛋来源和其他孵化条件有变动的情况下，则可适当加强在孵化过程中的抽检工作。如除了表 2-4-1 中的 3 次照检之外，还有在第 17 d（鸡胚）进行 1 次抽检，主要是看胚胎对蛋白的利用情况。如果第 17 d 蛋白尚未被胚胎利用完毕，则说明发育滞后，推迟出壳，出雏率降低，必须及时调整孵化条件。因此第 17 d 抽检也是判断鸡胚胎发育正常与否的关键胎龄。

表 2-4-1 每次照蛋的禽胚龄照检情况

次别	头照	二照（抽检）	三照
照蛋胚龄(d)	鸡 5～6 鸭 6～7 鹅 7～8	鸡 10～11 鸭 13～14 鹅 15～16	鸡 19 鸭 25～26 鹅 28

续表

次别		头照	二照(抽检)	三照
照蛋俗称		"起珠""双珠"	"合拢"	"闪毛"
无精蛋情况		蛋内透明,隐约呈现蛋黄浮动暗影,气室边缘界线不明显。	蛋内透明,蛋黄暗影增大或散黄浮动,不易见暗影,气室增大,边缘界线不明显。	
胚胎发育情况	活胚蛋	气室边缘界线明显,胚胎上浮,隐约可见胚体弯曲,头部大,有明显黑点。躯体弯,有血管向四周扩张,分布如蜘蛛状。 弱胚体小,血管色淡、纤细,扩张面小。	气室增大,边界明显,胚体增大,尿囊血管明显向尖端"合拢",包围全部蛋白。 弱胚发育迟缓,尿囊血管还未合拢,蛋小头色淡透明。	气室明显增大,边缘界线更明显,除气室外,胚胎占蛋的空间漆黑一团,只见气室边缘弯曲,血管粗大,有时可见胚胎黑影闪动。 弱胚气室边缘平齐,可见明显的血管。
	死胚蛋	气室边缘界线模糊,蛋黄内出现一个红色的血圈或血线。	气室明显增大,边界不明显,蛋内半透明,无血管分布,中央有死胚团块,随蛋转动而浮动,无蛋温感觉。	气室增大,边界不明显,蛋内发暗,浑浊不清,气室边缘有黑色血管,小头色淡,不温暖。
照蛋目的		1. 观察初期胚胎发育是否正常。 2. 剔除无精蛋和死胚蛋。	1. 观察前中期胚胎发育是否正常。 2. 剔除死胚蛋和头照遗漏的无精蛋。	1. 观察中后期的胚胎发育是否正常。 2. 剔除死胚蛋。

（二）称测蛋重及观察气室变化

在孵化过程中,由于蛋内水分的蒸发,蛋逐渐减轻,气室逐渐增大。正常情况下,鸡在孵化 1~19 d 中,蛋减轻 10%~13%,平均每天减轻 0.55% 左右。如果蛋的减轻超出标准过多,则验蛋时气室很大,可能是湿度过低。如果低于标准过远,气室小,可能湿度过大,蛋的品质不良。因此,在孵化过程中要进行抽测,以检查是否符合减重标准。

具体测重的方法:在入孵蛋中抽取 100 个进行称重,入孵时第一次称重作为起点重量,以后在各个规定时间里逐次进行称重,求出减少的百分数,与上面表中的参数比较。

（三）观察初生雏出壳时的情况

1. 观察初生雏

主要观察其绒毛、脐部、精神状态、体形等方面的情况。孵化条件合适,孵出的雏禽健壮。壮雏绒毛洁净有光泽,脐部愈合良好,干净,被绒毛覆盖,体形匀称,站立稳健有活力,眼圆大、声音洪亮,对声音反应灵敏,握在手中,感觉到有弹性,挣扎力大。如果孵化条件不合适,孵出的弱雏多。弱雏体瘦,毛干、无光泽,或者水肿、腹大、脚粗,脐部愈合不良,周围绒毛稀少,有血污或多余的蛋白、卵黄污染,眼睛闭合,精神不振,叫声无力,对光和声音反应迟钝,个体大小不整齐,握在手中绵软无弹性,无挣扎力。

2. 观察出壳速度及出壳高峰的"爆发"性

孵化条件正常,雏禽出壳速度快,高峰明显。雏鸡的出壳速度(即从啄破蛋壳至挣壳而出所需的时间)平均为 8~10 h,而且多集中在一个时间段,出雏高峰非常明显,即具有爆发性。雏鸡一般在第 20 d 开始出雏,20.5 d 时达到高峰,满 21 d 时应全部出齐。孵化条件不正常时,出壳时间会拖得长,出壳不集中,不整齐,无明显的出壳高峰。

(四)观察死、残雏及死胎蛋

1.观察死、残雏

主要看死、残雏的致死致残原因,是出壳后拖脐、拖黄致死致残,还是破壳未出、啄洞死亡,还是蛋白或蛋黄粘连不能转动而不能继续啄破蛋壳,导致死亡。观察啄破口是否过于干燥,还是有多余液体流出。

2.剖检死胎蛋

解剖死胎蛋主要看头、颈、皮肤、内脏是否水肿、充血或出血,胎位是否正常,死亡胎龄是 18 d、19 d 还是 20 d 等。

二、禽胚孵化效果分析

(一)胚胎死亡原因分析

1.整个孵化期间胚胎死亡的分布规律

在孵化期内,无论采用哪种孵化方式,也不管孵化率高低,胚胎死亡分布不是均衡的,而是存在着两个死亡高峰(如表 2-4-2)。

表 2-4-2　家禽胚胎死亡的两个高峰期

项目	鸡(d)	鸭(d)	鹅(d)	占全部死胚(%)
第一高峰	3~5	3~6	2~4	15~20
第二高峰	18~20	24~27	26~30	50

对高孵化率鸡群,鸡胚多死于第二高峰。对低孵化率鸡群,两个高峰死亡率大致相似,第二高峰稍高。

2.出现死亡高峰的一般原因

出现第一个死亡高峰的原因是因为此时正是胚胎各器官的分化、形成的关键时期,如心脏开始搏动、血液循环的建立及各胎膜的形成,均处于初级阶段,均不够健全。胚胎的生命力非常脆弱,对外界环境的变化很敏感,如温度过高过低,胚胎和胎膜的发育受阻,都会导致夭折。此时如果进行喷洒或熏蒸消毒,均会造成胚胎死亡。第二个死亡高峰正是尿囊萎缩,尿囊血管的呼吸机能消失,禽胚胎由尿囊呼吸转变为肺呼吸,胚胎生理变化剧烈,需氧量剧增,加上胚胎的自温猛增,如果通风换气及散热不好,就会造成一部分体质较弱的胚胎不能顺利破壳出雏。

胚胎死亡是由外部因素与内部因素共同影响的结果。内部因素对第一死亡高峰影响大;外部因素对第二死亡高峰影响大。影响胚胎发育的内部因素主要是种蛋的品质,它们是由饲养管理水平与遗传因素所决定。影响胚胎发育的外部因素,包括入孵前的环境(种蛋保存环境)和孵化中的环境(孵化条件)等。

(二)种禽营养与孵化效果的关系

种鸡缺乏某种营养,所产的种蛋也缺乏营养,这些种蛋用于孵化则会影响孵化效果。

1.缺维生素 A

孵化初期(2~3 d)死胚率高,后期发育迟缓,肾有尿酸盐沉淀物,眼肿,无力破壳,出壳时间延长。

2. 缺维生素 D_3

尿囊发育迟缓，死亡高峰出现在 10～16 d，皮肤水肿，肾肥大，出壳拖延，初生雏软弱。

3. 缺生物素 B_2

胚胎死亡多在 1～3 d 及 9～14 d，孵化后期(19 d)死亡率增高，蛋重损失少，鸡胚绒毛萎缩，颈、脚麻痹的雏鸡增多。

4. 缺维生素 B_{12}

胚胎死亡高峰出现在第 8～14 d，大量胚胎头部位于两腿间，水肿、喙短、趾弯、肌肉发育不良。

5. 缺维生素 K

胚胎出血，胚外血管中有凝块。

6. 缺维生素 E

胚胎死亡在 1～3 d，水肿、单眼或双眼突出。

7. 缺生物素

鸡胚死亡高峰在 1～7 d 和 13～21 d，长骨短缩，腿、翅骨扭曲，"鹦鹉喙"。

8. 缺泛酸

死胚皮下出血。

9. 缺叶酸

鸡胚胎死亡高峰在 18～21 d，其他症状与缺生物素相似。

10. 缺钙

蛋壳薄而脆，蛋白稀薄，腿短粗，翼与腿弯曲，颈部突出，颈部水肿。

11. 缺磷

鸡胚 14～18 d 死亡率较高，喙和脚软弱。

12. 缺锌

可能出现无翅和无腿鸡，绒毛呈簇状。

13. 缺锰

鸡胚死亡高峰在 18～21 d，翅与腿变短，水肿，"鹦鹉喙"。

14. 缺硒

鸡胚水肿。

15. 硒过量

弯趾、水肿、死亡率高。

(三)孵化中异常现象的产生与原因

1. 臭蛋

产生的原因是脏蛋，被细菌污染，蛋未消毒或消毒不当，破壳或裂纹蛋，种蛋保存时间太长，孵化机内污染。

2. 胚胎死于 2 周内

种禽营养不良，患病，孵化机内温度过高或过低，停电，翻蛋不正常，通风不良。

3. 气室过小

孵化过程中相对湿度过高或温度过低。

4. 气室过大

孵化过程中相对湿度过低或温度过高。

5. 雏禽提前出壳

蛋重小，全程温度偏高，温度计不准确。

6. 雏禽延迟出壳

蛋重大，全程温度偏低，室温多变，种蛋保存时间太长，温度计不准确。

7. 死胚充分发育，但喙未进入气室

种禽营养不平衡，前期（如鸡胚 1～10 d）温度过高，后期（如鸡胚第 19 d）相对湿度过高。

8. 死胚充分发育，且喙在气室内

种禽营养不平衡，出雏机通风不良，后期（如鸡胚 20～21 d）温度太高或湿度太高。

9. 雏禽啄壳后死亡

种禽营养不良，并存在致死基因，种禽患病；胎位不正；后期（如鸡胚 20～21 d）通风不良，温度过高或湿度过高或过低。

（四）影响禽胚孵化效果的其他因素

除了孵化条件和上述原因直接影响孵化效果外，尚有许多因素与孵化效果有关，在生产中应逐个检查分析，如种禽年龄、母禽产蛋率、种禽健康状况、种禽饲料、种禽的管理、外界气温、海拔高度、蛋的形态构造、禽胚胎位不正、胚胎畸形等。表 2-4-3 列出了部分禽胚孵化成绩不良的原因。

表 2-4-3　引起禽胚孵化成绩不良原因分析一览表

原因	新鲜蛋	头照	二照（抽检）	三照	死胎	初生雏
维生素A缺乏	蛋黄淡白	无精蛋多，死亡率高	发育略迟	生长迟缓，肾有盐类结晶的沉淀物	肾及其他器官有盐类沉淀物，眼睛水肿	带眼病的弱雏多
维生素D缺乏	壳薄而脆，蛋白稀薄	死亡率略有增高	尿囊发育迟缓	死亡率显著增高	胚胎有营养不良的特征	出壳拖延，初生雏软弱
核黄素缺乏	蛋白稀薄	—	发育略有迟缓	死亡率增高，蛋重损失少	死胚有营养不良的特征，绒毛蜷缩，脑膜浮肿	很多雏鸡的颈和脚麻痹，绒毛卷起
陈蛋	气室大，系带和蛋黄膜松弛	1～2 d死亡多，胚盘的表面有泡沫出现	发育迟缓	发育迟缓	—	出壳时间拖长
冻蛋	很多蛋的外壳破裂	1 d死亡率高，蛋黄膜破裂	—	—	—	—
运输不良	破蛋多，气室流动	—	—	—	—	—

续表

原因	新鲜蛋	头照	二照(抽检)	三照	死胎	初生雏
前期过热	—	多数发育不好，充血、溢血和异位	尿囊早期包围蛋白	异位，心、胃和肝变形	异位，心、胃和肝变形	出壳早
后半期长时间过热	—	—	—	啄壳较早	很多胚胎破壳而死亡，蛋黄、蛋白未吸收好，卵黄囊、肠和心脏充血	出壳较早，但拖延时间长，体小、绒毛黏着，脐带愈合不良
温度不足	—	生长发育非常迟缓	生长发育非常迟缓	尿囊充血，心脏肥大，蛋黄吸入，但呈绿色，肠内充满蛋黄和粪	出壳晚而拖延，幼雏不活泼，脚站立不稳，腹大有时下痢
湿度过大	—	—	尿囊合拢延迟	气室边界平齐，蛋重损失小，气室小	在啄壳时喙粘在蛋壳上，嗉囊、胃和肠充满液体	出壳晚而拖延，绒毛粘连蛋液，腹大
湿度不足	—	死亡率高，充血并粘在蛋壳上	蛋重损失大，气室大	—	外壳膜干而结实，绒毛干燥	出壳早绒毛干燥、发黄，有时粘壳
通风换气不良	—	死亡率增高	在羊水中有血液	在羊水中有血液，内脏器官充血及溢血	在蛋的锐端啄壳	
翻蛋不正常	—	蛋黄粘于壳膜上	尿囊尚未包围蛋白	在尿囊之外有剩余的蛋白	—	—

三、评定禽胚孵化效果

1. 受精率

受精蛋数占入孵蛋数的百分比。它是检查种禽饲养管理质量的重要指标。一般鸡蛋要求在90%以上，鸭蛋在85%以上。

$$受精率＝(受精蛋数/入孵蛋数)×100\%$$

2. 早期死胚率

孵化初期(一般指种蛋从入孵到第一次照检的时期)的死胚数占受精蛋数的百分比。早期死胚率正常水平应控制在1%～2%。

$$早期死胚率＝(早期死胚数/受精蛋数)×100\%$$

3. 受精蛋孵化率

出雏总数占受精蛋总数的百分比。受精蛋孵化率应在90%以上，高水平应达93%以上，它是衡量孵化效果的主要指标。

$$受精蛋孵化率＝（出雏数/受精蛋数）×100\%$$

4. 入孵蛋孵化率

出雏数占入孵蛋数的百分比。入孵蛋孵化率是一个综合指标，既能反映种禽场的饲养水平，又可反映孵化场的孵化效果。入孵蛋孵化率应达到85%以上。

$$入孵蛋孵化率＝（出雏数/入孵蛋数）×100\%$$

5. 健雏率

健康雏禽数占出雏数的百分比。健雏是指适时出壳、绒毛正常、脐部愈合良好、精神活泼、无畸形者。高水平健雏率应在97%以上。

$$健雏率＝（健雏数/出雏数）×100\%$$

拓展阅读

　　孵化过程中要经常对孵化条件及最终结果进行检查、分析以及评定，目的是及时发现在孵化过程中出现的不正常现象，及时采取技术措施，给予纠正，总结经验，进一步提高孵化成绩。那么需要通过哪些方法来检查孵化效果呢？又如何进行分析？该怎样进行评定孵化效果呢？

2.4.1　提高孵化率的途径

●●●●● 作业单

一、名词解释

1. 照蛋，2. 受精率，3. 早期死胚率，4. 受精蛋孵化率，5. 入孵蛋孵化率，6. 健雏率。

二、填空题

1. 种蛋保存时间越（　　），品质越新鲜，孵化率越高，雏禽的体质越好。一般以产后一周内种蛋孵化为宜，（　　）d最好。

2. 刚产出的种蛋，蛋壳表面覆盖着一层（　　），保护种蛋，使微生物不易侵入蛋内。

3. 从母禽产出种蛋到雏禽出壳，至少要进行（　　）次消毒。

4. 采用甲醛熏蒸消毒法消毒种蛋时，一般按每立方米空间甲醛（　　）mL、高锰酸钾（　　）g密闭熏蒸（　　）min，熏蒸间内温度为（　　）℃，湿度为（　　），熏蒸时用瓷容器先盛放（　　），后倒入（　　），密闭（　　）min。

5. 保存种蛋的适宜温度是（　　）℃，保存一周内时，保存温度为（　　）℃合适，超过一周以上以（　　）℃为宜；蛋库的湿度以（　　）为宜；种蛋保存以不超过（　　）周为宜；存放种蛋一般以（　　）向上。

6. 运输种蛋时车内温度尽量（　　）℃左右，相对湿度以（　　）%左右更为理想。

三、思考题

1. 如何检查禽胚胎孵化效果？

2. 禽胚孵化过程中最多照蛋几次？其目的是什么？

3. 整个禽胚胎孵化期间胚胎死亡的分布规律如何？一般原因是什么？

4. 影响孵化效果的因素有哪些？

5. 评定孵化效果的指标有哪些？

任务2.5 初生雏处理

● ● ● ● 案例单

任务 2.5			初生雏处理		学 时	4
案例			案例内容			案例分析
1	性别	类 型	生殖突起		八字状襞	这是初生雏鸡生殖突起的形态特征，可作为翻肛门雌雄鉴别法鉴别雌雄鸡雏的理论参考依据。
	雌雏	正常型	无。		退化。	
		小突起	突起较小，不充血，突起下有凹陷，隐约可见。		不发达。	
		大突起	突起稍大，不充血，突起下有凹陷。		不发达。	
	雄雏	正常型	大而圆，形状饱满，充血，轮廓明显。		很发达。	
		小突起	小而圆。		比较发达。	
		分裂型	突起分为两部分。		比较发达。	
		肥厚型	比正常型大。		发达。	
		扁平型	大而圆，突起变扁。		发达，不规则。	
		纵 裂	尖而小，着生部位较深，突起直立。		不发达。	
2	项目		健雏	弱雏		这是初生家禽健雏与弱雏的区别，可作为对初生雏进行分级的主要依据。
	出壳时间		正常时间内。	过早或过迟。		
	绒毛		整洁，富光泽，长度正常。	蓬乱污秽，缺乏光泽，有时绒毛短缺。		
	体重		大小适中，体态匀称。	大小不一，过重或过轻。		
	脐部		愈合良好，干燥，其上覆盖绒毛。	愈合不良，钉脐或脐孔大，有黏液或血液，或卵黄囊外突，脐部裸露。		
	腹部		大小适中，柔然。	特别膨大，触之有弹性。		
	活力		活泼，反应灵敏，站立稳健。	多痴呆，闭目，反应迟钝，怕冷，站不稳。		
	胫趾		色泽鲜浓。	颜色较浓。		
	其他			腿、眼、喙有明显的残疾或畸形。		

●●●● ● 工作任务单

子任务 2.5.1	分级和鉴别初生雏鸡雌雄		
任务目的	能进行初生雏鸡的分级；学会用翻肛法、快慢羽鉴别法、羽色鉴别法鉴别初生雏鸡的雌雄。		
任务准备	地点：实训基地孵化室。 材料：初生雏鸡（羽速自别、羽色自别初生雏鸡及出壳 12 h 以内的其他雏鸡）若干。 用具：消毒液、纸箱、操作台和鉴别灯（60W 乳白色灯泡）等。		
任务实施	1. 各小组明确任务，进行小组内任务分工。 2. 各小组讨论对于初生雏是先进行分级还是雌雄鉴别，有无定论。 3. 初生雏鸡分级。 (1)比较健雏和弱雏。参照案例 2 进行。 (2)初生雏鸡分级操作。将刚孵出的一批雏鸡，选出健康雏鸡进行计数并装入专用雏鸡箱内，选出弱雏并计数。 4. 初生雏鸡的雌雄鉴别。对于所有的雏鸡先用翻肛法（如案例 1）进行鉴别雌雄，然后再各自用羽速鉴别或羽色鉴别分辨出雌雄雏鸡。 5. 各小组内成员相互之间对鉴定结果进行评分。 6. 各小组内进行讨论、总结，小组间汇报、评分。 7. 教师总结、评鉴。		
考核评价	考核内容	评价标准	分值
	初生雏鸡分级	1. 能够正确分辨健雏和弱雏，得 10 分。 2. 操作规范，计数准确，得 20 分。 3. 健雏和弱雏处置得当，得 10 分。 4. 小组成员合作良好，得 10 分。 5. 否则酌情减分。	50
	初生雏鸡雌雄鉴别	1. 翻肛法操作规范、迅速，符合手势要领，得 20 分。 2. 羽色鉴别迅速、准确，得 10 分。 3. 羽速鉴别迅速、准确，得 10 分。 4. 小组内合作良好，得 10 分。 5. 否则酌情减分。	50

必备知识

一、初生雏禽雌雄鉴别

雏禽出壳后，进行性别鉴定。商品蛋鸡可将公雏及时淘汰或肥育，肉禽公母分养，可提高禽群均匀度和饲料报酬。因此，对初生雏禽进行性别鉴定具有明显的经济效益，在现代养禽业中已得到普遍采用。

(一)翻肛或触摸鉴别法

1. 初生雏鸡

翻开初生雏鸡的肛门，在泄殖腔口下方的中央有微粒状的突起，称为生殖突起，其两侧斜向内方有呈八字形的皱襞，称为八字状襞(如图 2-5-1)。在胚胎发育初期，公母雏都有生殖突起，但母雏在胚胎发育后期，开始退化，出壳前已消失。少数母雏退化的生殖突起仍有残留，但在组织形态上与公雏的生殖突起仍有差异。因此，根据生殖突起的有无或突起组织形态的差异，于雏鸡出壳后 12 h 以内，在明亮的光线下可用肉眼分辨出雌雄。熟练的鉴别员，每小时可鉴别雏鸡 500 只以上，准确率可达 95% 以上。

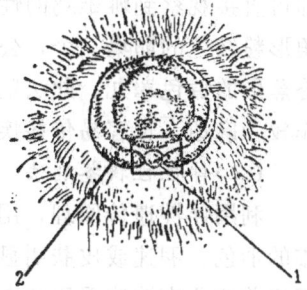

图 2-5-1 翻肛鉴别法
1. 生殖突起；2. 八字状襞

翻肛鉴别法的准确率很大程度取决于翻肛操作员的熟练程度。所谓"七分手势，三分鉴别"。因为翻肛是一项技巧，只有使肛门开张完全，生殖突起全部露出，才能准确识别。翻肛的手势有多种，常用的如图 2-5-2。肛门翻开后，识别时的困难主要在于母雏有少数(来航型鸡大约有 20%)个体有残留的异常型生殖突起(正常型无生殖

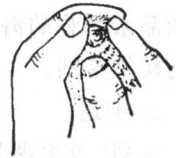

图 2-5-2 翻肛手势

突起)，容易与公雏的生殖突起混淆，误将母雏判定为公雏。这就要依据母雏异常型突起与公雏突起在组织形态上的差异来正确区分(如案例 1)。

(1)翻肛法鉴别雏鸡雌雄的时间：雏鸡出壳 2~12 h 内。

(2)翻肛法鉴别雏鸡雌雄的手势要领：抓雏，握雏；排粪，翻肛；鉴别，放雏。

(3)翻肛法鉴别雏鸡雌雄的注意事项：动作要轻捷，姿势要自然，光线要适中，盒位要固定，鉴别前要消毒，眼睛要保健。

2. 初生雏鸭、雏鹅

鸭、鹅公雏具有伸出的外部生殖器，翻开肛门即可见 0.2~0.3 mm，状似芝麻的阴茎，容易准确判别。我国民间创造了快速准确的鸭、鹅捏肛、顶肛和鸣管鉴别法，不需翻肛即可准确判别雌雄。

(1)捏肛鉴别法。以左手拇指、食指在雏鸭(鹅)颈部分开，握住雏鸭(鹅)，右手拇、食指即将肛门两侧捏住，上下或前后稍一揉搓，感到有一似芝麻大小的小突起，尖端可以滑动，根端相对固定，即为阴茎。

(2)顶肛鉴别法。用左手捉住鸭(鹅)，以右手的中指在鸭(鹅)的肛门部位轻轻往上一顶[食指与无名指左右夹住雏鸭(鹅)的体侧]，如感觉有小突起，即为雄雏。

(3)雏鸭鸣管鉴别法。利用触摸公、母雏鸭鸣管，以其大小的差异来鉴别雌雄。触摸

时，左手拇指与食指抬起鸭头，右手从腹部握住雏鸭，食指触摸颈基部，如有直径 3～4 mm 的小突起，雏鸭鸣叫时感觉到振动，即为公雏鸭（如图 2-5-3）。

（二）仪器鉴别法

20 世纪 50 年代日本应用光学原理，研制出初生雏鸡雌雄鉴别器，用此仪器的观测管插入直肠，即可直接观察到雌雄鸡的性腺。母雏只在左侧有三角形粉红色的卵巢一个，公雏则左右两侧各有一个香蕉形的黄色睾丸。此法鉴别效果比较准确，但操作较为麻烦，也容易传播疾病。

图 2-5-3　公雏鸭的鸣管

1. 气管；2. 气管肌肉；3. 胸骨气管肌；
4. 鸣管；5. 初级支气管；6. 肺

（三）伴性性状鉴别法

利用伴性遗传原理，用特定的品种或品系杂交，杂交制种生产的商品代初生雏禽，雌雄的羽色、羽速或皮肤明显有别，据此可以准确地鉴别雌雄。这种方法既准确又方便，为现代养禽业中普遍采用的方法。伴性性状鉴别法主要有以下两种。

1. 羽色

银白羽色对金黄羽色，银白羽色为显性，金黄羽色为隐性。用银白羽色公鸡和金黄羽色母鸡交配，子一代中银白羽色为公鸡，金黄羽色为母鸡。这种方法目前已广泛应用于高产商品系蛋鸡的海赛克斯鸡、星杂 579、罗斯褐、伊莎黄鸡、雅发、罗曼褐和海兰褐等，进行雌雄鉴别。

2. 羽速

慢羽（慢生羽型）是指主翼羽与覆主翼羽等长，或覆主翼羽长于主翼羽；快羽（速生羽型）是指主翼羽长于覆主翼羽。慢羽为显性，快羽为隐性。用慢羽母鸡与快羽公鸡交配，子一代中，快羽型为母鸡，慢羽型为公鸡。初生雏鸡的羽型鉴别如图 2-5-4。

进行羽速鉴别时，左手握住雏鸡，右手将翅展开，从上向下观察外侧面的主翼羽面上的羽毛。覆主翼羽从翼面的近下缘处长出，主翼羽则由翼下缘处长出。鉴别时的要领是比较主翼羽和覆主翼羽的长短（不在于这两种羽毛自身的长度），以判断为何种羽速型，从而确定雏鸡的雌雄。需要强调

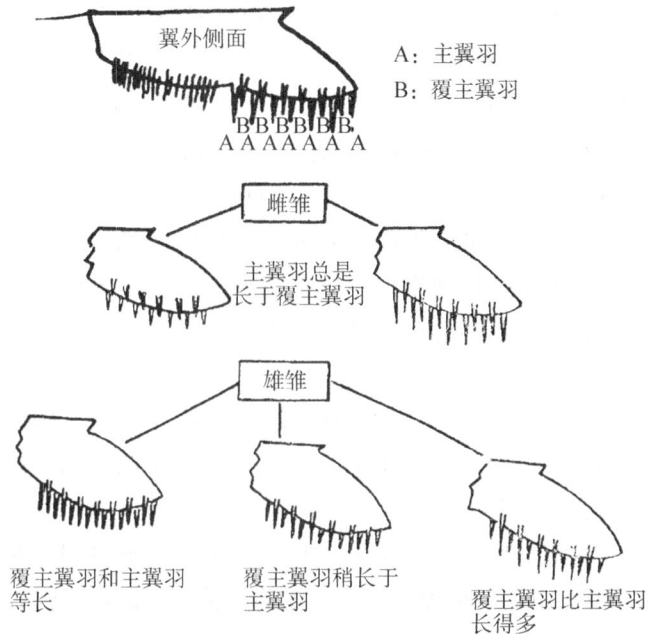

翼外侧面

A：主翼羽
B：覆主翼羽

B B B B B B B
A A A A A A A

雌雏

主翼羽总是长于覆主翼羽

雄雏

覆主翼羽和主翼羽等长

覆主翼羽稍长于主翼羽

覆主翼羽比主翼羽长得多

图 2-5-4　初生雏鸡的羽型鉴别

一个特殊情况，当主翼羽长于覆主翼羽在 2 mm 以内的羽型，称为慢羽型中的微长型，杂交子一代雏鸡为雄雏。这种羽型是慢羽型中比例最少的一种。羽速鉴别法多用于白羽蛋鸡

和肉鸡以及褐壳蛋鸡祖代，此外番鸭以及某些优质黄羽肉鸡也用此种方法。

二、初生雏分级

雏禽性别鉴定后，即可装箱运输。装箱清数的同时，要按强弱进行分级(有些品种是在雌雄鉴别前进行)，实际上就是将弱雏分出单独装箱，运到养禽场可以单独培育，提高成活率，确保发育均匀，减少疾病感染。具体可通过案例 2 进行分级。

三、(鸡雏)接种(马立克)疫苗

项目	要点	应用
疫苗管理	疫苗选择	厂家、类型、疫苗种类、毒株情况。
	质量检验	①外观：安瓿、疫苗块、稀释液。 ②实验室：异源物、效价检测等。
	疫苗保存	①疫苗保存温度：−196℃的液氮罐中。 ②稀释液保存温度：阴凉干燥处室温(18~25℃)。
	疫苗稀释	取苗——温水融化——开瓶抽取——迅速注入稀释液瓶中——轻轻摇匀。
注射管理	免疫程序	在雏鸡出壳后 24 h 之内(雏鸡出场前 4 h)迅速接种，于颈背部正中 1/3 处，皮下注射每只 0.20~0.30 mL。
	免疫操作	①免疫保护率 99.8%。 ②时间：30 min 内用完，每隔 5 min 轻摇动疫苗瓶。 ③温度：注射过程中保持疫苗温度在 21~27℃。
	检查标准	两项检查：剂量大小＋免疫效果。

四、剪冠和断趾

(一)剪冠

在 1 日龄雏鸡时实施。将雏鸡握于手掌内，用手指保定头部，用小毛剪紧贴头部，从冠的基部由前向后将冠剪去。1 日龄雏鸡的冠尚未发育，剪冠时不会出血，对雏鸡生长发育并无影响，手术简便易行。剪冠后的成年鸡，冠的发育受阻，冠峰已不再长出，一般仅为正常冠的 1/3 大小，公雏剪冠便于日后识别因误鉴导致剪错的公鸡。此外，剪冠还可防止啄斗时冠受伤，或在采食饮水时被鸡笼栅格擦伤。剪冠对来航型的大冠形蛋鸡更为需要。剪冠还可用作配套系鸡种和品系间的标记。

(二)断趾

肉用型公雏长到成年鸡配种时，如果采用自然交配，因体大笨重往往抓伤母鸡的背部。故初生后在孵化室用断趾器在爪和趾的连接处截断并烧烙第 4 趾距部组织，使其不再生长。

五、雏禽的装箱和发运

(一)装箱前的准备

初生雏禽从出雏器内取出后，停放 4~5 h，使出壳雏禽恢复体力，然后进行性别鉴定、分级和疫苗注射等，具体顺序可根据实际需要而定。

(二)育雏箱的选择

待运的初生雏禽需用专用的育雏箱装箱发运。育雏箱的规格依据容雏数，外界温度和运送距离而定。一般多采用 100 只容量的运雏箱。

容纳 100 只雏禽的运雏箱一般分隔成四个小室，每小室装 25 只，这样可避免在运输途中雏禽相互挤压造成损失，只用一套运雏箱时可根据季节调整每个小室的装雏数。在箱的底部应铺上柔软而吸湿力强的垫纸，以防雏禽滑倒并降低潮湿程度。运雏箱除侧壁设有通气孔外，箱底部四角应设有 2～3 cm 高的地脚，也可将隔板延伸穿出箱底而构成地脚。这样当运雏箱重叠时，可留有空隙，以利于空气的流通。运雏箱也可用瓦楞纤维板或塑料制成。塑料运雏箱用后经洗涤、烟熏消毒，可重复使用。

（三）备耗亡雏禽

为了弥补运输途中雏禽的死亡，一般孵化场按订雏数的 1%～4%（通常按 2%）添加备耗亡雏禽。

（四）填发出场合格证

无论买方现场提货或委托卖方托运，雏禽出场时均应按我国农业部门种禽质量检查的规定填发出场合格证；出口的种禽应办理出境检疫手续。

拓展阅读

雏禽孵出后必须在 24 h 内按品种要求的方式进行挑选、鉴别雌雄、分级、数查鸡数、注射疫苗等，种禽要按种禽的配套方式进行标号处理，待处理结束后，才能装箱运出。

● ● ● ● ● **作业单**

一、名词解释

1. 翻肛门雌雄鉴别法，2. 捏肛鉴别法，3. 顶肛鉴别法，4. 雏鸭鸣管鉴别法，5. 伴性性状雌雄鉴别法。

二、思考题

1. 初生雏禽雌雄鉴别的方法有哪些？生产中鸡、鸭、鹅主要采用哪种方法？

2. 对于商品蛋鸡和蛋种鸡的初生雏应该进行哪些操作？是否完全一致？有何区别？

3. 初生雏鸡在孵化场需要接种哪种疫苗？试述接种过程。

4. 初生雏装箱和发运时需要注意什么？

● ● ● ● ● **学习反馈单**

评价内容		评价标准	评价方式	分值
课前（15%）（知识目标达成度）	线上考查参与度	任务指南完成情况；在线资料浏览时长；任务资讯完成情况；参与讨论情况与质量。	教学平台自动生成。	5 分
	线上任务测试题	该任务在线测试题完成的质量。		5 分
	课前测试	完成质量。		5 分

评价内容		评价标准	评价方式	分值
课中(55%) (技能目标 达成度)	课堂参与 情况	出勤、课堂纪律、学习态度、参 与情况等。	教学平台 自动生成。	5分
	工作任务单 完成情况	每个工作任务单完成的质量、效 率、职业素养等。	学生自评、 组内互评、 组间互评、 教师评价。	50分
课后(15%) (知识+ 技能目标 达成度)	线上作业	线上巩固作业完成质量。	教学平台 自动生成。	5分
	线下作业	作业单完成质量。	生生互评。	5分
	反思报告	完成的质量。	教师打分。	5分
思政素养目标达成度(15%)		考查学生勤于思考、善于思考、 尊重科学、保护生态、爱护动物的职 业素养，以及吃苦耐劳、爱岗敬业、 服务农业农村的职业精神。	组间互评、 教师评价。	15分
反馈情况		每个项目结束后通过线上无名问卷调查。		
反思改进		1. 根据学生课前、课中、课后任务完成和反馈情况以及在课程实施过程中的具体发现，在接下来的教学过程中，还要进一步体现"学生为中心"的教学理念，给予学生更大的自主权，充分发挥其主动性。 2. 本情境可以作为本门课程中相对独立的一个部分，同时也是一个重点和难点部分，能够更多地设计出模拟家禽孵化和真实孵化的实操场景，并引入该领域的最新技术和理念，进一步解决学生实训能力评价的问题和教学重点考核的难点。		

项目3
禽场建设

●●●● ● **学习任务单**

项目 3	禽场建设	学　时	8
布置任务			
学习目标	**知识目标：** 1. 能够说明禽场规划设计原则、生产工艺流程，禽场及禽舍对养殖环境的要求。 2. 能够说明禽场设施设备的工作原理，理解禽场不同设施设备的应用。 **技能目标：** 1. 能释析禽场规划并初步规划禽场，能评析与运用禽舍工艺设计与建设。 2. 能够识别家禽在养殖过程中的设施设备，会选建鸡、鸭、鹅场所需生产设施，能正确选用禽场所需配套设备。 **素养目标：** 1. 了解我国现有禽场规划以及设施设备情况，通过与发达国家相关禽场进行对比，激发学习兴趣，不断创新，使我国禽场建设总体水平跻身世界前沿领域，为生态中国而努力。 2. 培养学生勤于思考、善于思考，不断创新创造，努力加强禽场粪污处理治理，协同推进生态优先、节约集约、绿色低碳发展。		
任务描述	通过解答资讯问题、完成教师布置的作业，针对案例、工作任务单及其相关资料，进一步思考下面的内容。 1. 禽场规划。 2. 禽场设施设备选用。		
提供资料	1. 本任务中的必备知识。 2. 教学课件。 3. 国际畜牧网： 4. 中国养殖网：		

对学生要求	1. 能根据学习任务单、资讯引导，查阅相关资料，在课前以小组合作的方式完成任务资讯问题，体现团队合作精神。 2. 尊重科学，遵纪守法，本着科教兴农的理念。 3. 严格遵守相关行业标准规定，以身作则，实时保护生态。

●●●●● 任务资讯单

项目 3	禽场建设
资讯方式	学习"工作任务单"中的"必备知识"和"拓展阅读"，思考案例内容及分析、观看禽场规划和建设视频；到本课程在线网站及相关课程网站、禽场虚拟仿真实训室、实习鸡（鸭、鹅）场、图书馆查询资料，向指导教师咨询。
资讯问题	1. 禽场场址选择时的自然条件和社会条件应具体考虑什么？ 2. 禽场分区规划的原则是什么？ 3. 禽舍类型有哪几种？各有何特点？ 4. 设计鸡舍时应考虑哪些因素？ 5. 鸭、鹅舍设计时与鸡舍有哪些不同？ 6. 禽场设施选建时应考虑哪些方面？ 7. 禽场防疫设施包括哪些？ 8. 禽场消毒和排水设施应如何设置？ 9. 哪些禽场需要设置运动场？为什么？ 10. 禽舍清粪设施有哪几种？各适用于哪种禽舍？ 11. 禽场设备主要包括哪些？ 12. 根据鸡笼种类和放置方式不同说出鸡笼分为哪些？ 13. 禽类供暖设备包括哪些？主要应用于什么情况？ 14. 家禽降温设备有哪些？适合于什么地区？ 15. 禽舍通风设备有哪几种？比较其优缺点。 16. 禽舍内的采光设备有哪些？目前主要采用的是什么？ 17. 禽舍常用的饮水器有哪些？
资讯引导	1. 在工作任务单中查询。 2. 进入相关网站查询。 3. 查阅相关资料。

任务 3.1　禽场规划

●●●●● 案例单

任务 3.1	禽场规划			学　时	4
案例	案例内容				案例分析
1	 　图 3-1-1　禽养殖基地示意图				这是北京德青源农业股份有限公司延庆养殖基地。
2	鸡场性质	规模	所需面积（m²/只）	备注		这是养鸡场所需场地面积推荐值。
	蛋鸡场	10 万～20 万只蛋鸡	0.65～1.0	本场养种鸡，蛋鸡笼养，按蛋鸡计。		
	蛋鸡场	10 万～20 万只蛋鸡	0.5～0.7	本场不养种鸡，蛋鸡笼养，按蛋鸡计。		
	肉鸡场	年上市 100 万只肉鸡	0.4～0.5	本场养种鸡，肉鸡笼养，按存栏 20 万只肉鸡计。		
	肉鸡场	年上市 100 万只肉鸡	0.7～0.8	本场养种鸡，肉鸡平养，按存栏 20 万只肉鸡计。		
3	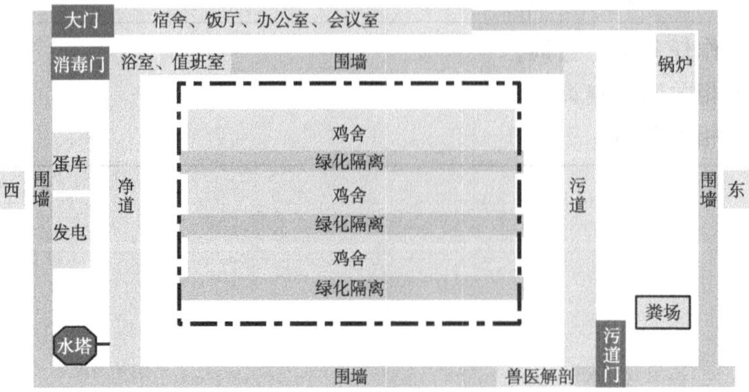 　图 3-1-2　养鸡场场区分区与分布图				这是某养鸡场场区分区与布局图。

| 4 | 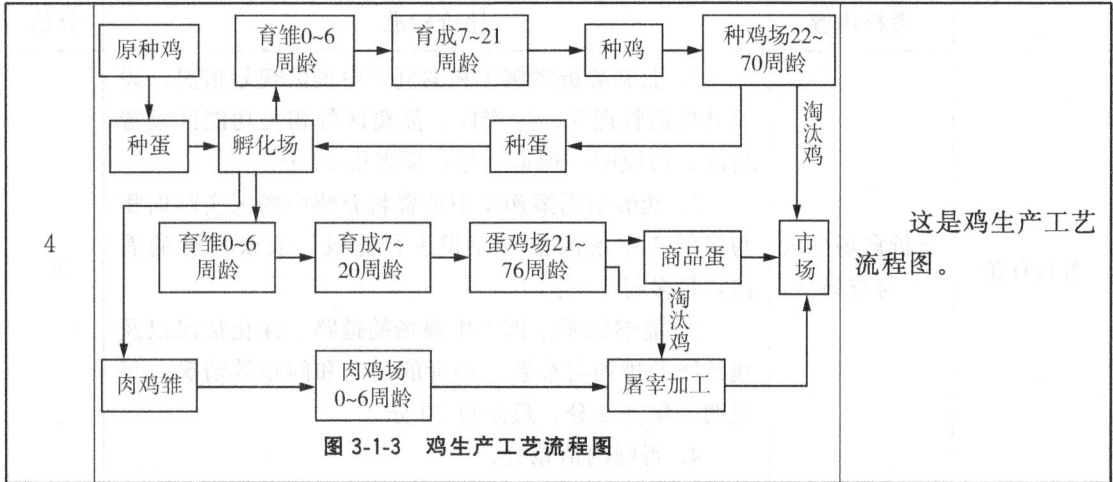这是鸡生产工艺流程图。 |

图 3-1-3 鸡生产工艺流程图

●●●●● 工作任务单

子任务 3.1.1	释析禽场规划		
任务目的	对案例 1 和案例 3 中禽场的规划进行阐释与解析。		
任务准备	地点：多媒体教室、实训室、实训基地等。 材料：北京德青源农业股份有限公司延庆养殖基地相关介绍，学习任务单中提供的资料，网络等。		
任务实施	1. 教师布置任务，学生通过资讯问题及相关材料在各小组讨论、总结。 2. 各组通过查阅相关资料对案例 1 中基地的地势、地形、水源、土壤等自然条件和该场位置及其建场面积（如案例 2）进行阐释并依次说明其是否符合禽场建场要求。 3. 各组讨论解析案例 1 和案例 3 中鸡场分区和布局。 4. 小组间进行汇报，同组成员可进行补充，然后各组间进行评分。 5. 教师总结，对学生争议问题进行阐释，并做最后评分。		
考核评价	考核内容	评价标准	分值
	阐释禽场场址选择	1. 查阅资料能够详细说出案例 1 中场址选择因素，每说出一项得 1 分，最多得 10 分。 2. 能够说明案例 2 中的地势、地形特点，得 10 分。 3. 能够说出案例 1 中的水源和土壤情况，每说出一项得 1 分，最多得 10 分。 4. 能够说明案例 1 中该禽场与居民区、化工厂、屠宰场及其他养殖场的距离，还有与交通运输和电力供应的关系，每正确阐释一项得 1 分，最多得 10 分。 5. 否则酌情减分。	40

	考核内容	评价标准	分值
考核评价	分析禽场分区与布局	1. 能够解析案例1和案例3中场区规划情况，说明其生活管理区、生产区、隔离区等相关功能区设置情况，每说明一项得2分，最多得20分。 2. 能够根据案例1中的资料介绍中场区实际面积与案例2中场区推荐面积进行比较，谈谈自己的看法，最多得10分。 3. 能够说明案例1中鸡场的道路、绿化情况以及建筑物的排列与布置、鸡舍的朝向和间距等情况，每说明一项得2分，最多得20分。 4. 否则酌情减分。	50
	汇报总结	释析充分清楚、有理有据的小组，得10分	10
子任务 3.1.2		设计某鸡场分区、布局与鸡舍示意图	
任务目的		能够初步进行规划设计（哈尔滨地区）分三阶段饲养6万只商品蛋鸡场	
任务准备		地点：多媒体教室、实训室、实训基地等。 材料：采用三阶段笼养方式，每栋成鸡舍饲养1万只蛋鸡，饲养方式是三层全阶梯式笼养；育雏、育成鸡舍均为4层全重叠式笼养；学习任务单中提供的资料，网络等。 用具：绘图纸、铅笔、橡皮、刻度直尺等。	
任务实施		1. 根据禽场的性质、规模、所选场地状况，禽场布局要求和生产工艺流程，确定鸡场总体布局。 2. 根据饲养规模和设备类型，确定各类禽舍的配套比例和面积。 3. 确定禽舍具体设计方案。 4. 按照比例尺绘制出禽场分区与布局示意图。 5. 各小组进行规划，绘制6万只商品蛋鸡场的理想型平面设计图（鸡只的阶段划分各组可自行决定）以及鸡舍内设计剖面图。 5. 小组间进行汇报，同组成员可进行补充，然后各组间进行评分。 6. 教师总结，对学生争议问题进行阐释，并做最后评分。	
	考核内容	评价标准	分值
考核评价	规划鸡场	1. 能够结合案例进行6万只商品蛋鸡场的规划设计，场区设计合理，得10分。 2. 场内鸡舍栋数配比设计，合理得2分。 3. 鸡场内建筑物及布置设计，合理得2分。 4. 鸡场内净道和污道等设计，合理得2分。	30

	考核内容	评价标准	分值
考核评价	规划鸡场	5. 鸡场绿化设计能够根据场区环境进行设计，得2分。 6. 鸡舍朝向和间距设计合理，得2分。 7. 能够合理绘制出鸡场规划平面图，得10分。 8. 否则酌情减分。	
	鸡舍内部平面设计	1. 能够根据实际需要和该场实际情况合理布置育雏鸡舍、育成鸡舍以及成鸡舍的笼具，得15分。 2. 能够依据实际确定舍内通道、鸡舍附属房间设置、鸡舍跨度、长度、高度等相关设计，得10分。 3. 能够合理绘制出每一栋育雏鸡舍、育成鸡舍、成鸡舍的内部示意图，得15分。 4. 否则酌情减分。	40
	汇报总结	1. 小组内成员讨论积极热烈，汇报完整、充分，得20分。 2. 小组成员团结互助、合作良好，得10分。	30

必备知识

一、家禽场场址选择

(一)自然条件

1. 地势

家禽场场地应当地势高燥，至少高出当地历史洪水线1 m以上，其地下水位应在2 m以下或建筑物地基深度0.5 m以下；地面要平坦或稍有坡度，地面坡度以1%～3%为宜，最大不得超过25%；地势要向阳避风，以南向或东南向为宜；要远离沼泽地区，而且对于鹅或鸭等水禽来说还应草源丰富，牧地开阔且濒临水面。

2. 地形

家禽场的地形要开阔整齐(如案例1)，便于禽场内各种建筑物的合理布局；不要过于狭长或边角太多，而且要有发展空间。一般鸡场的场地面积应为建筑物面积的3～5倍。

3. 水源

家禽养殖需要大量的水，且要求水质良好。如没有可能使用城镇自来水，就必须寻找理想的水源，做到“不见水，不建场”。选择水源必须根据以下原则：水量充足；水质良好；便于防护；取用方便，设备投资少，处理技术简便易行。

4. 土壤

必须清楚家禽场的土壤情况，土壤类型对放牧的家禽类影响很大。场地的土壤最好应满足下列条件：透气透水性强，毛细管作用弱，吸湿性和导热性小、质地均匀，挤压性强，以壤土最为理想；但对于建筑物来说以砂壤土最为理想，如果客观条件受限制，土壤条件稍差，则应在禽舍的设计、施工、使用和其他日常管理上设法弥补当地土壤的缺陷。

(二)社会条件

社会条件是指禽场与周围功能单位的社会关系，如与居民区、化工厂、屠宰场、制革厂及其他养殖场等的距离，还有与交通运输和电力供应的关系等。我国明确了一些家禽场与城市的距离及一些其他建筑设计指标。

1. 位置

禽场位置是指在一定区域内该禽场与社会其他功能单位的相对联系与相对位置。

(1)遵循社会公共卫生准则。场址的选择必须遵循社会公共卫生准则，不能成为周围社会的污染源，同时也不能受周围环境所污染。具体与其他功能单位的关系如下。

①与城市。禽场与城市之间应有一个适宜的距离。原种场、种禽场应远离市区，而主要为城市居民服务的肉、蛋商品禽场则可设在近郊，但一般也要相距 10～20 km 或更远一些(在美国要求 50 km)；也可根据工作条件要求与城市的距离以车辆日往返两次为宜。

②与其他畜禽场。为了防止疾病的传播，每个禽场与其他畜禽场之间的距离，一般不少于 500 m，大型畜禽场之间应不少于 1 000～1 500 m(日本全国养鸡场之间的距离平均为 3 600 m)；种鸡场一般应在雏鸡出孵化场后 10 h 之内由公路运输可以抵达的距离为宜。如案例 1 中该养殖基地位于北京市延庆区张山营镇水峪村东，距居民区 5 km 以上，周边 20 km 内无其他养殖场。

③与各种化工厂及畜禽产品加工厂。为防止被污染，养禽场与各种化工厂、雏禽产品加工厂等的距离应不少于 1 500 m，且在其上风向。

④与附近居民点。禽场与附近居民点的距离一般需 500 m 以上，大型禽场 1 500 m 以上，种禽场与居民区的距离应更远，且在其下风向和居民水源下游。

有些要求较高的地区，如水源一级保护区、旅游区等，则不允许选建养禽场。

(2)交通运输条件。禽场要求交通便利，特别是大型集约化的商品禽场，饲料、产品、粪污废弃物运输量很大，应保证交通方便。但交通干线又往往是疫病传播的途径，因此选择场址时既要考虑交通方便，又要与交通干线保持适当的距离。禽场距一二级公路和铁路应不少于 300～500 m，距三级公路(省内公路)应不少于 100～200 m，距通乡公路应不少于 50～100 m。禽场要求建专用道路与公路相连。

(3)供电条件。选择场址要重视供电条件，特别是集约化程度高的禽场，必须具备可靠的电力供应。以自然光照和自然通风为主的商品蛋鸡场每只鸡年耗电量为 0.25～0.35 度(kW·h)；人工光照和机械通风的封闭式商品蛋鸡场每只鸡年耗电量为 1.2～2.2 度；种鸡场设有孵化场，用电量比商品蛋鸡场多 50% 左右(指常年孵化)；如果鸡场内有饲料加工厂，用电量还要增加。

(4)饲料供应条件。饲料是家禽生产的物质基础，饲料大约占养殖成本的 70% 左右，选择场址时还应考虑饲料的就近供应，或本场计划出饲料地自行种植，以避免因大量长途运输而提高成本。

(5)其他社会条件。禽场选址还应考虑产品的就近销售，以缩短距离，降低成本和减少产品损耗，也应注意养殖所产生粪污和废弃物的处理和利用，防止污染周围环境。

2. 建场面积

建场面积应根据所养家禽的种类、饲养管理方式、工厂化程度和饲料供应情况(自给或购进)、禽舍建筑类型和排列方位、场地的具体情况等因素确定。一般是养殖规模越大，每只禽占地面积相对越少。此外，根据养禽场今后的发展规划，应留有适当的余地。

我国政府规定的畜牧场用地标准是：1 万只家禽占地面积为 4 万～4.67 万 m^2（4～4.67 m^2/只）；2 万只为 7 万～8 万 m^2（3.5～4 m^2/只）；3 万只为 10 万～12 万 m^2（3.33～4 m^2/只）。该占地包括全部禽场建筑物所用面积。因我国人均土地面积相对较少，很难达到以上面积要求。因此，可根据拟建养禽场的性质和规模确定禽场面积，养鸡场可参照案例 2 的推荐值进行估算。

二、家禽场分区与布局

（一）场地科学分区

选取场地后就要进行规划分区，具有一定规模的养禽场，一般可分为场前区、生产区及隔离区。在进行场地规划时，主要考虑人、畜卫生防疫和工作方便，根据场地地势以及当地全年主风向，顺序安排以下各区（如图 3-1-4）。

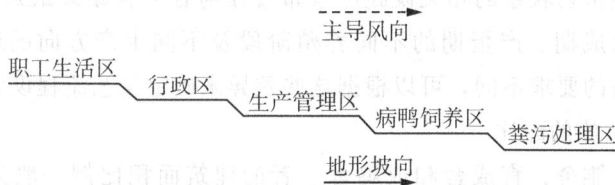

图 3-1-4 禽场按地势、风向分区规划示意图

1. 场前区

场前区是担负家禽场经营管理和对外联系的场区，包括生活区和管理区，应设在与外界联系方便的位置，包括行政和技术办公室、饲料加工及料库、车库、杂品库、更衣消毒和洗澡间、配电房、水塔、职工宿舍、食堂等。

场前区与生产区应加以隔离，外来人员只能在场前区活动，不得随意进入生产区，故对此应通过规划布局以及采取相应的措施加以保证。

2. 生产区

生产区是家禽场的核心，包括孵化室和各种禽舍。

对养禽场进行布局时，主要应考虑卫生防疫和工艺流程两大因素。根据主风向和地势，可按下列顺序配置，即：孵化室、幼雏舍、中雏舍、后备禽舍、成禽舍。

孵化室与场外联系较多，宜建在靠近场前区的入口处。大型养禽场最好单设孵化场，小型养禽场也应在孵化室周围设围墙或隔离绿化带。

育雏区（或分场）与成年禽区应有一定的距离，在有条件时，最好另设分场，专养幼雏，以防交叉感染。

3. 隔离区

隔离区是养禽场病禽、粪便等污物集中之处，是卫生防疫和环境保护工作的重点，包括病死禽隔离、剖检、化验、处理等房舍和设施，粪便污水处理及贮存设施等。该区应设在全场的下风向和地势最低处，且与其他两区的卫生间距不宜小于 50 m。

贮粪场的设置既应考虑禽粪便于由禽舍运出，又应便于运到田间施用。病禽隔离舍应尽可能与外界隔绝，距禽舍至少 300～500 m，且其四周应有天然的或人工的隔离屏障（如界沟、围墙、栅栏湖、浓密的乔灌木混合林等），设单独的通路与出入口。

总之，对于养禽场的场区分区（如案例 3）应遵循以下原则：第一，建筑物的分布合理，有利于防疫；第二，便于生产管理，减少劳动强度；第三，缩短道路的管线，减少生产投资。

（二）禽场建筑物合理布局

设计家禽场内建筑物及设施的排列方式和次序，确定每栋建筑物位置和设施的配备，关系到禽场的管理工作、劳动强度、生产效率和禽舍的温热环境，以及卫生防疫、防火等。

1. 建筑物的位置

依据防疫要求确立各禽舍及其他设施的位置。将幼禽群、种禽群安排在防疫比较安全的上风处和地势较高处，再依次布置育成禽群、商品禽群的建筑物位置。养禽场的孵化室是一个主要的污染源，需要单独划分区域。当地势与主导风向相反时，则可利用与主导风向垂直的对角线上两"安全角"来安置防疫要求较高的建筑物。病禽隔离舍、粪便贮存处理区置于地势最低处和下风向。联系密切的建筑物和设施应就近设置，如将饲料调制、贮粪场等与各禽舍都发生密切联系的相关设施尽量布置在与各禽舍距离最近的地方，以便于生产联系。育雏期、育成期、产蛋期的不同养殖阶段及不同生产方向的鸡群对饲养管理方式、环境、设施设备的要求不同，可以根据这些差异来确定工艺流程设计（如案例4）。

2. 禽舍及配套设施的配比

在生产区内，育雏舍、育成舍和成鸡舍三者的建筑面积比例一般为1∶2∶6。例如：某鸡场设计4幢育雏舍，8幢育成鸡舍，24幢成鸡舍，三者配置合理，使鸡群周转能够顺利进行。一个完整的平养鸭、鹅舍，通常包括鸭舍、鸭滩、水围三部分（如图3-1-5）。鸭舍、鸭摊、水围面积比例大约是1∶3∶2。

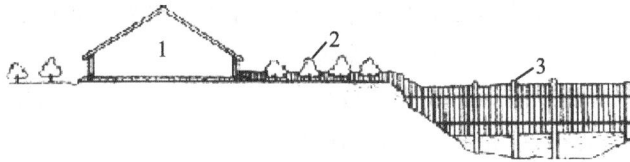

图 3-1-5　平养鸭舍的布局
1. 鸭舍；2. 鸭滩（陆上运动场）；3. 水围（水上运动场）

3. 建筑物的排列

禽场建筑物一般横向成排，竖向成列。禽舍的排列关系到场内小气候环境，禽舍的光照、通风，道路和管线铺设的长短，场地的利用率等。在设计中应根据当地气候、场地地形地势、建筑物种类和数量，尽量做到合理、整齐、紧凑、美观。如果场地条件允许，应尽量避免将禽舍群布置成横向狭长或纵向狭长状。如果禽舍群按标准的行列式排列与禽场地形地势、当地的气候条件、禽舍的朝向选择等发生矛盾时，也可以将禽舍左右错开、上下错开排列，但仍要注意平行的原则，不要造成各个禽舍相互交错。禽场建筑物排列可以布置为单列、双列或多列。

4. 禽舍的间距

规模化禽场具有多栋禽舍，按建筑物之间的功能联系，虽然要求建筑物配置要紧凑，以保证最短的运输、供电和供水线路，减少基建投资、管理费用和生产成本，但也必须保证科学的间距。

（1）最佳的采光间距。计算禽舍的南排舍高（一般以檐高计）为 h 时，满足北排禽舍日照要求，一般以（3~4）h 为宜。低纬度地区取小值，高纬度地区酌情加大间距。

(2)合理的通风间距。为加强高温季节禽舍的良好通风，同时使下风向的禽舍不处于相邻上风向禽舍的涡风区内，又可使其免遭上风向禽舍排出的污浊空气的污染，舍间距为 3～5h 为合理。

(3)安全的防火间距。按照建筑物的材料、结构和耐火等级，参照民用建筑防火标准设置最小防火间距为 6～8 m，禽舍的一般间距都在 3～5 m，能够满足防火要求。

(4)卫生间距。按照兽医卫生学规定禽舍的间距应大于 10 m。一般不同类型的禽舍的间距为 15～20 m。鸡舍防疫要求高，不同鸡舍的卫生间距也不同。

5. 禽舍的朝向

禽舍建筑一般为长矩形。由于我国处在北纬 20°～50°，太阳高度角(太阳光线与地平面间的夹角)冬季小、夏季大，故禽舍应采取南向(即禽舍长轴与纬度平行)，且可向东或向西偏转 15°配置。南方地区从防暑考虑，以向东偏转为好，北方地区朝向偏转的自由度可大些。北京地区鸡舍以南向为主，以南向偏东 45°的朝向最佳。

三、禽舍设计

禽舍设计的任务是确定禽舍样式、结构类型、各部尺寸、材料性能等，还要保证禽舍内环境状况良好。设计时要充分考虑到家禽对舍内环境要求和利于饲养管理工作等，同时还要考虑当地的气候特点、建材、施工习惯等。禽舍技术设计包括结构设计、给排水、采暖、通风、电气等，以保证饲养管理方便，符合家禽生产和生活要求。

(一)禽舍设计方法

1. 禽舍面积的确定

禽舍建筑面积应根据饲养规模、饲养方式、自动化程度、结合家禽的饲养密度标准等进行预算，拟定禽舍的建筑面积。

2. 禽舍类型和方位选择

在选择禽舍类型时应根据不同禽舍的特点，全面考虑经济状况及建筑习惯以及当地的气候特点，选择适合本场实际情况的禽舍形式。如经济、技术力量雄厚的大型禽场，可选用无窗式禽舍。而有窗式封闭禽舍，跨度可大可小，适合于各种气候区、各种类型禽舍。在选择禽舍方位时，还应考虑地形及其他条件，不能生搬硬套。

3. 禽舍外围护结构的设计

外围护结构是设计的关键，是依据家禽对环境要求与当地气候类型，外围护结构影响着禽舍内小环境。禽舍的外围护结构主要包括墙壁、屋顶、天棚、窗、通风口及地面等。进行这些外围护结构建筑设计时，要满足保温防寒、隔热防暑、采光照明、通风换气等要求，必须科学地设计禽舍的墙壁、屋顶、天棚和地面的结构、材料及门、窗、通风口的数量、尺寸和安装位置。

(二)禽舍的内部平面设计

1. 禽舍内部设计

包括家禽笼具的布置和排列，舍内附属房间的配置等。内部设计应保证饲养管理方便，符合生活和生产要求，建筑上尽量节约面积和降低造价，方便施工。

进行安排和布置笼具、通道、附属房间等设施与设备时，需要依据每栋禽舍的容禽只数、饲养管理方式、当地气候条件、建筑材料和建筑习惯等，从而确定禽舍跨度、间距和长度，绘出禽舍平面图。

2. 笼具的布置

笼具一般沿禽舍的长轴纵向排列，禽舍跨度越大就越不利于自然通风和采光，而且房梁或屋架尺寸也要加大。但排列数多可以减少通道，节省建筑面积，并减少外围护结构面积，有利于保温。笼养育雏舍也可以沿禽舍短轴布置，这样虽加大了建筑面积，但自然通风和光照较好。笼具的布置最终要根据场地面积和尺寸、建筑情况、机械通风、人工照明、供暖降温条件等来决定采用何种排列方式。

3. 舍内通道的布置

沿长轴纵向布置禽栏时，饲喂、清粪及管理通道一般也纵向布置，其宽度须根据用途、使用的工具、操作内容等酌情而定。

双列或多列靠纵墙布置禽栏(笼)时，可节省一条通道，但靠墙的禽栏或笼具受墙面冷辐射影响较大。较长的双列式或多列式禽舍，每30～40 m应设沿跨度方向的横向通道。

4. 排水沟及清粪设施布置

禽舍的冲洗消毒废水无法利用排粪尿设施的地沟排出，应单独设排水沟。如果笼养鸡舍采用自流水槽，可在横向通道上设长地沟，上盖铁篦子，以排出鸡笼水槽的水。

5. 禽舍附属房间设置

禽舍一般设饲料间，以存放3～5 d的饲料。为加强管理，禽舍内还应设饲养员值班室。

6. 禽舍的平面尺寸

这包括长宽两个方向尺寸，设计步骤是：选定建筑形式，确定禽栏(笼)的设备尺寸、排列方式，各种管理通道及排水系统尺寸和布置方式等，综合上面设计确定禽舍长度。

(三)禽舍的剖面设计

禽舍的剖面设计主要是确定禽舍的各种构件、设备和设施的高度尺寸，并绘出与平面图相对应的剖面图(如图3-1-6)。

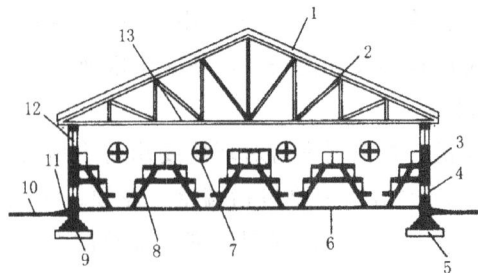

图3-1-6　禽舍结构的主要组成部分

1. 屋面；2. 屋架；3. 砖墙；4. 地窗；5. 基础垫层；6. 室内地坪；7. 风机
8. 鸡笼；9. 基础；10. 室外地坪；11. 散水；12. 窗；13. 吊顶

依据自然采光和通风确定禽舍高度，但要考虑当地气候和防寒、防暑要求，也与禽舍跨度有关，寒冷地区檐下高度一般以2.2～2.7 m为宜，跨度9 m以上的禽舍可适当加高；炎热地区则不宜过低，一般以2.7～3.3 m为宜。

舍内地面的高度，一般应比舍外地面高30 cm；场地低洼时，可提高到45～60 cm。禽舍大门前应设置坡道(坡度不大于15%),以保证家禽的饲料车辆进出,不能设置台阶。舍内地面的坡度,一般在禽床部位保证2%~3%,以防禽床积水潮湿;厚垫草平养的禽舍,地面应向排水沟有0.5%~1.0%的坡度以便清洗消毒时排水。饲槽、饮水器安置高度及禽舍隔栏高度,因家禽种类、品种、年龄不同而异。①饲槽、水槽的设置高度一般应使槽上缘与禽背同高。②平养成年鸡舍隔栏高度一般不应低于2.5 m,用铁丝网或竹竿制作。③禽舍的剖面尺寸主要是根据生产工艺的特殊要求来确定,建筑室内外高差、室内地面与粪沟的标高和坡度、设备高度、檐口或屋架底标高,窗的上下檐标高等,为建筑设计提供依据;若没有特殊要求,则在施工图设计中再考虑。

(四)鸡舍总体设计

1. 鸡舍设计

(1)鸡舍类型。鸡舍因分类方法不同而有多种类型,如按饲养方式可分为平养鸡舍和笼养鸡舍。按鸡的种类可分为种鸡舍、蛋鸡舍和肉鸡舍。按鸡的生产阶段可分为育雏鸡舍、育成鸡舍、成鸡舍。按鸡舍与外界的关系可分为开放式鸡舍和密闭式鸡舍。除此之外,还有适应专业户小规模养鸡的简易鸡舍。

(2)鸡舍跨度。鸡舍的跨度根据鸡舍屋顶的形式、鸡舍类型和饲养方式而定。一般跨度为:开放式鸡舍6~9 m;密闭式鸡舍12~15 m。笼养鸡舍要根据安装笼列数和走道宽度来决定鸡舍的跨度。

(3)鸡舍的长度。鸡舍的长度取决于设计容量,具体应根据每栋鸡舍的饲养方式、跨度和机械化管理程度等来决定。

(4)鸡舍的高度。鸡舍的高度应根据饲养方式、清粪方法、跨度与气候条件等而定。跨度不大、平养方式或在不太热的地区,不必太高,一般鸡舍屋檐高度2.2~2.5 m。跨度大、夏季气候较热地区,又是多层笼养,鸡舍高度为3 m左右,或者最上层鸡笼距离屋顶1~1.5 m为宜。若为高床密闭式鸡舍,由于下部设粪坑,高度一般为4.5~5 m。

(5)鸡舍内过道。鸡舍内过道是饲养员每天工作和观察鸡群的通道,过道的宽度必须便于饲养人员行走和操作。过道位置根据鸡舍的跨度而定。跨度比较小的平养鸡舍,过道一般设在鸡舍的一侧,宽度1~1.2 m;跨度大于9 m时,过道设在中间,宽度1.5~1.8 m,便于采用小车送料。笼养鸡舍无论跨度多大,过道位置依鸡笼的排列方式而定,一般鸡笼之间过道宽度为0.8~1 m。

(6)鸡舍内间隔。为了减少建筑投资,并考虑舍内通风和便于饲养员观察鸡群,网上平养鸡舍最好用铁丝网间隔。一般鸡舍跨度9 m以内,每两间一隔为自然间;12 m跨度,每3间一隔为自然间。笼养鸡舍不必间隔,以方便安装鸡笼或饲养员操作。

(7)操作间。操作间是存放工具的地方。鸡舍长度不超过40 m的,操作间可设在鸡舍的一端。若鸡舍长度超过40 m,则操作间应设在鸡舍中央。

2. 鸭、鹅舍设计

(1)育雏舍。根据鸭、鹅种的类型、饲养密度及周龄,对育雏室建筑面积进行预算。同一类型的鹅随日龄增长而降低饲养密度,育雏舍前应设一运动场,场地平坦而略向沟倾斜,以防雨天积水。

(2)肉鸭、肉鹅舍。肉鸭、肉鹅生长快,体质健壮,抵抗力强,饲养比较粗放,所以建舍只要上能遮雨、东西北三面可以挡风,就可达到基本要求,寒冷地区也要注意防寒。一般都利用各种旧民房作舍。40日龄后可以半露宿饲养,气温转暖后,搭个凉棚就可饲养了。

　　(3)肥育舍。仔鹅上市前须集中肥育一段时间，以增加肥度。肥育舍要求环境安静，舍内光线暗淡，通风良好。肥育舍一般分平养肥育舍和高床肥育舍两种。

　　(4)种鸭与种鹅舍。种鸭、种鹅舍要求防寒隔热性能优良，光线充足。舍檐高 1.8～2 m，南面是窗户，窗户面积与舍内地面积的比为 1∶(10～12)。舍内地面比舍外高 10～15 cm，每平方米可养大型种鹅 2～2.5 只或中小型种鹅 3～3.5 只。一般生产用鹅场，在鹅舍的一角设有产蛋间，用高 60～80 cm 竹片围成，设 2～3 个小门，地面最好铺上木板，板上垫柔软稻草。如做个体记录，应设自闭产蛋箱。

　　种鸭、种鹅舍外须设陆地运动场和水面运动场。陆地运动场的面积应为鹅舍面积的 1.5～2 倍，周围要建围栏或围墙(花墙)，一般高 80 cm。水上运动场的面积应大于陆上运动场，周围可用竹竿或鱼网围住，围栏深入水下，高出水面 80～100 cm(最高水位时)。

拓展阅读

3.1.1　规模化畜禽场良好生产环境　第 1 部分　场地要求(国家标准)

3.1.2　规模化畜禽场良好生产环境　第 2 部分　畜禽舍技术要求(国家标准)

3.1.3　畜禽养殖粪便堆肥处理与利用设备(国家标准)

3.1.4　畜禽场场区设计技术规范(行业标准)

3.1.5　标准化肉鸡养殖场建设规范(行业标准)

3.1.6　肉鸭养殖标准化示范场建设规范(地方标准)

●●●●● 作业单

思考题

1. 禽场规划应考虑哪些方面？重点应是什么？
2. 根据当地条件，分析某禽场场址选择、分区与布局的特点，提出自己的建议。
3. 试述当地某禽场内禽舍的建筑设计特点及个人建议。

任务 3.2　禽场设施设备选用

● ● ● ● ● **案例单**

任务 3.2			禽场设施设备选用							学　时	4
案例			案例内容							案例分析	
	场地	机械装备名称	类别	成年蛋鸡规模				育雏育成规模			
				小	中	大	超大	小	中	大	超大
1	鸡舍内	笼网笼架	阶梯式	●	●	—	—	●	●	●	●
			层叠式	◎	◎	●	●	◎	◎	●	●
			地/网式	—	—	—	—	◎	◎	—	—
		饮水系统	乳头式	●	●	●	●	●	●	●	●
		喂（送）料系统	行车式	◎	◎	●	●	◎	◎	●	●
			链条式	◎	◎	◎	◎	◎	◎	◎	◎
			播种式	◎	◎	◎	◎	—	—	—	—
			弹簧式	◎	◎	◎	◎	◎	◎	◎	◎
			料盘式	—	—	—	—	◎	—	—	—
			弹簧送料	◎	◎	◎	◎	◎	◎	◎	◎
			索盘送料	—	—	●	●	—	—	●	●
			暂存料仓	◎	●	●	●	◎	●	●	●
		灯光系统	简易式	●	●	◎	◎	●	●	◎	◎
			自动化	◎	◎	●	●	◎	◎	●	●
		清粪系统	刮板式	●	●	●	●	—	—	—	—
			带式	—	●	●	●	—	●	●	●
		集蛋系统	爪带式	◎	●	●	●	—	—	—	—
			C 型式	◎	●	●	●	—	—	—	—
			升降式	◎	●	●	●	—	—	—	—
		通风换气设施设备	风机	◎	●	●	●	◎	●	●	●
			湿帘	◎	●	●	●	◎	●	●	●
			通风小窗	◎	●	●	●	◎	●	●	●
			喷雾系统	◎	◎	◎	◎	◎	◎	◎	◎
			地热加温	◎	◎	◎	◎	◎	◎	◎	◎
			燃气加温	◎	◎	◎	◎	◎	◎	◎	◎
			笼内通风	◎	◎	◎	◎	◎	◎	◎	◎

案例分析：这是 2021 年 11 月 1 日实施的《规模化养鸡场机械装备配置规范》行业标准中蛋鸡场与育雏育成场机械装备配套设备要求。

场地	机械装备名称		类别	成年蛋鸡规模				育雏育成规模			
				小	中	大	超大	小	中	大	超大
1	舍外场(区)内	控制系统	简易式	●	●	◎	◎	●	●	◎	◎
			单系统	◎	●	●	●	◎	●	●	●
			集成式	◎	◎	●	●	◎	◎	●	●
		中央输粪	带式	◎	◎	◎	◎	◎	◎	◎	◎
			绞龙	◎	◎	◎	◎	◎	◎	◎	◎
			刮板式	◎	◎	◎	◎	◎	◎	◎	◎
		废弃物处理设备	翻抛机	◎	◎	◎	◎	◎	◎	◎	◎
			发酵罐	◎	◎	◎	◎	◎	◎	◎	◎
			风干机	◎	◎	◎	◎	◎	◎	◎	◎
		中央集蛋		◎	◎	●	●	—	—	—	—
		鸡蛋装托机		◎	◎	◎	◎	—	—	—	—
		鸡蛋初级包装处理机		◎	◎	◎	◎	—	—	—	—
		场区集成管控系统		◎	◎	◎	◎	◎	◎	◎	◎
		场区消毒防疫设备		◎	●	●	●	◎	●	●	●
		应急发电设备		◎	●	●	●	◎	●	●	●

表中符号：—不存在；◎可选择性配置；●推荐配置。

	类别	成年蛋鸡	蛋鸡育雏育成	人工授精种鸡	本交种鸡	肉鸡	
2	平(散)养	—	<0.8	0.8~<1.2	0.8~1.0	1~<1.5	这是2021年11月1日实施的《规模化养鸡场机械装备配置规范》行业标准中单栋饲养量配置要求，单位为万羽。
	阶梯式　小规模	1.5~<2	1.5~<2	—	—	1.5~<2	
	阶梯式　中规模	2~3.5	2~3.5	—	—	2~<3.5	
	阶梯式　大规模	—	—	≥1.2	—	≥3.5	
	阶梯式　超大规模	—	—	—	—	—	
	层叠式　小规模	2~<3	2~<3	—	—	2~<3	
	层叠式　中规模	3~<5	3~<5	—	—	3~<5	
	层叠式　大规模	5~7	3~<7	≥1.75	≥1.75	5~<7	
	层叠式　超大规模	≥7	>7	≥3.5	—	≥7	

	项目	轻型蛋鸡笼	中型蛋鸡笼	这是1996
3	笼门宽度　mm	>150	>160	年1月1日实施的中华人民共和国机械行业标准《蛋鸡鸡笼和笼架》中的蛋鸡鸡笼基本参数。
	底网角度	9°±1°	9°±1°	
	底网钢丝直径　mm	≥φ2.2	≥φ2.2	
	滚蛋间隙　mm	52～56	56～60	
	每只鸡占有面积 cm²	380～420	420～460	

	型号	9LJT-316	9TLZ-215	9LZ-124	
4	用途及特点	轻型蛋鸡三层全阶梯式机械化作业	中型蛋鸡三层全阶梯式机械化作业	种鸡群饲混合式单层平置	这是三种鸡笼规格参数。
	设备尺寸长×深×高(mm)	1 900×2 120×1 645	2 005×2 135×1 588	2 000×1 373×1 170	
	每组笼数	24	24	1	
	小笼尺寸长×深×高(mm)	468×325×400(前)350(后)	494×350×400(前)350(后)	2 000×1 090×750(前)350(后)	
	每笼饲养数(只)	4	4	24	
	笼饲密度(只/m²)	26.2	23.1	12	
	采食宽度(mm)	117	124		
	笼底网尺寸(mm)	26×48	26×50	26×50	
	底网倾斜角度(°)	10	10	7	

●●●●● **工作任务单**

子任务3.2.1	识别禽场主要设备
任务目的	根据图片或视频等说出家禽场设备的名称和用途。
任务准备	场地：多媒体教室、实训室、实训基地或现场参观。 材料与用具：图片、视频、PPT等。
任务实施	1. 先给学生依次观看各个图片以及相应视频，同时按顺序编写序号。 2. 让学生结合自己课前查阅的相关资料，同时结合刚才播放的图片和视频，讨论目前养鸡场多采用的设备。 3. 各小组间根据前面介绍的禽舍设计方案，给自己调查的鸡场设计合理的设备。 4. 各个小组分别汇报，同组成员补充，其他组进行评分。 5. 教师进行总结、评鉴。

考核评价	考核内容	评价标准	分值
	识别家禽场主要设备	1. 根据鸡舍的具体情况，加热育雏设备选择合理，得 10 分。 2. 笼养设备选择准确，得 10 分。 3. 饮水设备选择合理，得 10 分。 4. 喂料设备选择合理，得 10 分。 5. 选择恰当的降温设备、控湿设备、采光设备、通风设备、集蛋设备以及清粪设备，得 30 分。 6. 否则酌情减分。	70
	汇报总结	1. 汇报清晰、明确，得 10 分。 2. 能够提出采用其他相关设备的建议，得 10 分。 3. 小组内成员合作良好，得 10 分。 4. 否则酌情减分。	30

子任务 3.2.2	选用禽场设施设备
任务目的	为(哈尔滨地区)分三阶段饲养的 6 万只商品蛋鸡场进行设施设备的选用
任务准备	地点：多媒体教室、实训室、实训基地等。 材料：2021 年 11 月 1 日实施的《规模化养鸡场机械装备配置规范》行业标准，学习任务单中提供的资料、网络、记录本、碳素笔等。
任务实施	1. 请针对子任务 3.1.2 中设计的(哈尔滨地区)分三阶段饲养的 6 万只商品蛋鸡场，根据案例选出该场所需育雏、育成以及产蛋舍所需的机械设备。 2. 各小组间根据前面介绍的鸡舍设计方案结合课前查阅的相关资料，尝试绘制该鸡场育雏、育成和产蛋鸡舍横向和纵向平面设计图，并绘制出该场主要的设施设备。 3. 各个小组分别汇报，同组成员补充，其他组进行评分。 4. 教师进行总结、评鉴。

考核评价	考核内容	评价标准	分值
	选择禽场机械设备	1. 根据育雏、育成、产蛋鸡舍的具体情况，能够有根据地选择出鸡舍所需机械设备，每说出一个设备得 1 分，最多得 15 分。 2. 能将所选择的设备说出其功用，每说明一个得 2 分，最多得 30 分。 3. 各设备如加热育雏设备、笼养设备、饮水设备、喂料设备、降温设备、控湿设备、采光设备、通风设备、集蛋设备、清粪设备等选择合理恰当，得 15 分。 4. 否则酌情减分。	60

考核内容	评价标准	分值
考核评价	绘制鸡舍平面图	1. 能够绘制出合理的育雏、育成、产蛋鸡舍横向平面设计图，得 15 分。 　　2. 能够绘制出合理的育雏、育成、产蛋鸡舍纵向平面设计图，得 15 分。 　　3. 汇报清晰、明确，小组内成员合作良好，得 10 分。 　　4. 否则酌情减分。	40

必备知识

一、禽场设施选建

(一)禽场防疫设施

1. 家禽场界划分

禽场四周建围墙或防疫沟，有效地切断与外界的联系，不允许人和动物随便出入禽场。必要时可向防疫沟内放水，但不能进行水产养殖。场内各区之间设较小的防疫沟或围墙，或种植隔离林带。

2. 生产区入口处必须设置消毒设施

禽场通往外界的大门入口处应设车辆消毒池，与大门同宽，长 3 m，深 20 cm；并配备喷雾消毒设施。供人员进入生产区的专用通道内，应设有更衣室；在更衣室门口应设消毒池，长 2 m，与门同宽，深 10 cm；更衣室内必须设有紫外线消毒灯。有条件的或防疫要求严格的禽场可设置淋浴室。

3. 禽舍内也应设置消毒设施

每栋畜禽舍入口处应设有长 1.5 m、与门同宽的消毒池，门前放装有洗手用消毒液的消毒盆。操作间应设有紫外线灯，每栋禽舍配一个消毒器。

(二)排水设施

为了减少投资，一般可在道路一侧或两侧设明沟排水，排水沟最深处不应超过 30 cm，沟底有 1%～2% 的坡度，上口宽 30～60 cm。有条件的也可设暗排水沟，但不能与舍内排水系统的管沟通用，以免影响舍内排污，同时要防止雨季污水池满溢，污染周围环境。

(三)家禽运动场设施

放牧的家禽类要有舍外运动场，能使其全身受到外界气候因素的刺激和锻炼，促进机体发育，增强体质，提高抗病能力。

(四)禽场绿化与遮阳设施

禽场植树、种草绿化，对改善场区小气候、净化空气和水质、降低噪声等有重要意义。禽场绿化包括防风林(在多风、风大地区)、隔离林、行道绿化、遮阳绿化、绿地等。

值得注意的是，国内外一些集约化的养殖场尤其是种禽场为了确保卫生防疫安全有效，往往在整个场区内不种一棵树，其目的是不给飞翔的鸟儿有栖息之处，以防病原微生物通过鸟粪等杂物在场内传播，继而引起传染病。场区内除道路及建筑物之外全部铺种草坪，仍可起到调节场区内小气候、净化环境的作用。

（五）粪污处理设施

1. 舍内清粪设施

安装在舍内的清除粪便设备主要有输送带式清粪机和刮板式清粪机。在禽舍内负责将粪污收集并输送到集粪池中，由粪污处理设备进行禽粪污处理。常见的有刮板式清粪机和输送带式清粪机。

2. 粪污处理

粪污处理设施应位于全场的最下风向，与水源和禽舍至少保持 100 m 的卫生间距，如建有围墙时，可缩小为 50 m。废弃物处理区内可设置贮粪池、发酵池、发酵仓等设施。为便于将粪污运往农田，可单独设有开向场外的大门。

规模化禽场粪污处理设备一般包括输送设备、固液分离设备和发酵及干燥设备。

3. 禽粪发酵及干燥

禽粪发酵设备有发酵塔、发酵槽、动态充氧发酵机等；禽粪干燥设备主要有太阳能大棚干燥设备、快速高温干燥设备、微波干燥设备、气流干燥设备和鸡粪烘干机等。

二、禽场设备选用

禽场应根据自身的经营方式、生产规模、饲养管理方式等选用设备。常用的设备包括育雏供暖设备、饲喂设备、饮水设备、集蛋设备及其他相关设备（参见案例 1 和案例 2）。

（一）禽笼

禽笼一般由笼体和笼架组成，单体禽笼可以组合成笼组。禽笼种类与放置方式不同，分类方法也不同。①按用途分为：育雏笼、育成笼、肉鸡笼、蛋鸡笼和种鸡笼。②按装配形式分为：全阶梯式、半阶梯式、层叠式、阶梯层叠综合式和单层平置式（如图 3-2-1）。③按距粪坑高度分为普通式和高床式。平养设施一般包括栖架、育雏禽笼、育成禽笼、种禽笼和肉禽笼。

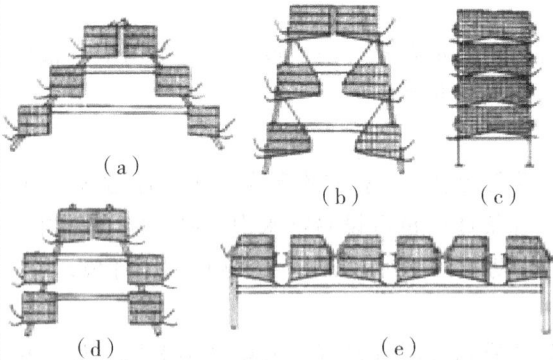

图 3-2-1　笼养的类型图

（a）全阶梯式；（b）半阶梯式；（c）层叠式；
（d）阶梯层叠综合式；（e）单层平置式

图 3-2-2　叠层式育雏笼

1. 育雏笼

叠层式育雏笼（如图 3-2-2）具有结构紧凑、占地面积小、饲养密度大，对于全舍加温的鸡舍使用效果很好。

2. 育成笼

从结构来看育成笼分为叠层式（如图 3-2-3）和半阶梯式（如图 3-2-4）两类，育成笼有三层、四层和五层之分，可以与喂料机、乳头式饮水器、清粪设备等配套使用。

图 3-2-3 叠层式育成笼

图 3-2-4 半阶梯式育成笼

3. 蛋鸡笼

蛋鸡笼(如图 3-2-5)有轻型蛋鸡笼和中型蛋鸡笼,多为三层全阶梯或半阶梯组合方式,由笼架和笼体组成。笼架由横梁和斜撑组成,一般用厚 2.0~2.5 mm 的角钢或槽钢制成。笼体包括顶网、底网、前网、后网、隔网和笼门等。一般前网和顶网压制在一起,后网和底网压制在一起,隔网为单网片,笼门作为前网或顶网的一部分,有的可以取下,有的可以上翻。笼底网要有一定坡度,一般为 8°~10°,伸出笼外 12~16 cm 形成集蛋槽。笼体的规格参见案例 3 和案例 4。笼内前下方一条镀锌薄铁皮为护蛋板,下缘与底网间距为 5.0~5.5 cm。一个大笼体由四个或五个小笼体组成。

叠层式蛋鸡笼上下重叠,共 5~7 层,每层之间有约 12 cm 高的间隔,其中由传送带承接和运送粪便,清粪、喂饲、供水、集蛋以及环境条件控制均为自动化。

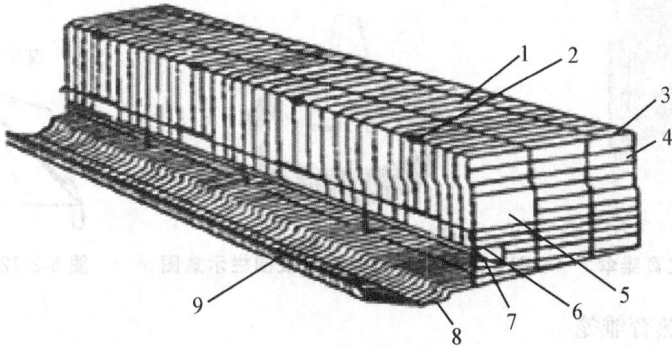

图 3-2-5 蛋鸡笼

1. 顶前网;2. 笼门;3. 笼卡;4. 侧网;5. 饮水口;6. 护蛋板;7. 挂钩;8. 底后网;9. 集蛋槽

4. 种鸡笼

一般分为蛋用种鸡笼(如图 3-2-6)和肉用种鸡笼,从配置方式上又可分为两层和三层。种母鸡笼与蛋鸡笼设备结构差不多,只是尺寸放大一些,但在笼门结构上做了改进,以方便抓鸡进行人工授精。

(二)平养设备

平养设备常见的有栖架(如图 3-2-7)、栅条底网(如图 3-2-8)以及塑料漏粪地板(如图 3-2-9)等。

图 3-2-6 种鸡笼

（a）平式　（b）立式　（c）斜式

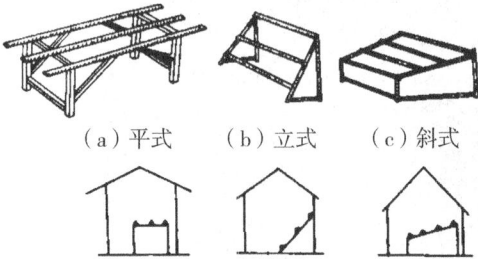

图 3-2-7　栖架示意图　　　图 3-2-8　栅条底网　　　图 3-2-9　塑料漏粪地板

（三）禽类供暖设备

1. 保温伞

保温伞适用于垫料地面和网上平养育雏期供暖，有电热式（如图 3-2-10）和燃气式。电热式保温伞热源主要为红外线灯泡和远红外板，伞内温度由电子控温器控制，可将伞下距地面 5 cm 处的温度控制为 26～35℃，温度调节方便。在保温伞外围要用围栏（如图 3-2-11），防止雏禽远离热源而受冷，热源距围栏 75～90 cm。雏禽 3 日龄后逐渐向外扩大，10 日龄后围栏撤离。

燃气式保温伞（如图 3-2-12）主要由辐射器和保温反射罩组成。可燃气体（天然气、液化石油气、沼气等）在辐射器处燃烧产生热量，通过保温反射罩内表面的红外线涂层向下反射远红外线，以提高伞下温度。育雏室内应有良好的通风条件，防止由于燃烧不完全产生一氧化碳使雏鸡中毒。

图 3-2-10　电热式育雏伞　　图 3-2-11　育雏保温伞及围栏示意图　　图 3-2-12　燃气式育雏伞

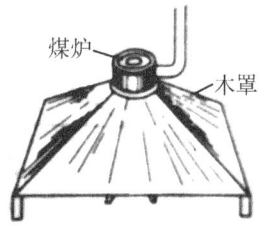

2. 层叠式电热育雏笼

每层都设有加热笼、保温笼和运动笼，刚出壳的雏鸡只能在加热笼内活动，随日龄增加可逐渐扩大其活动范围。加热笼和保温笼前后都有门封闭，运动笼前后则为网。雏鸡在加热笼和保温笼内时，料盘和真空饮水器放在笼内。层叠式育雏笼（如图 3-2-13）有四层和五层两种。整个笼组用镀锌铁丝网片制成，用笼架固定支撑，每层笼间隙 50～70 mm，笼高 330 mm，两层笼之间设置一个承粪板。

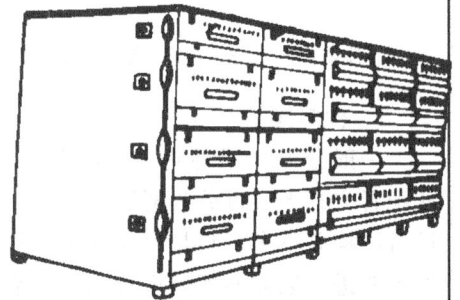

图 3-2-13　层叠式电热育雏笼

3. 热风炉

热风炉（如图 3-2-14）主要由热风炉、送风风机、风机支架、电控箱、连接弯管、有孔风管组成。它以空气为介质,采用燃煤式换热装置,送风升温快,热风出口温度为 $80\sim120℃$,热效率达 70% 以上,比锅炉供热成本降低 50% 左右。禽场可根据鸡舍供热面积选用不同功率热风炉。立式热风炉顶部的水套还能利用烟气余热提供热水。

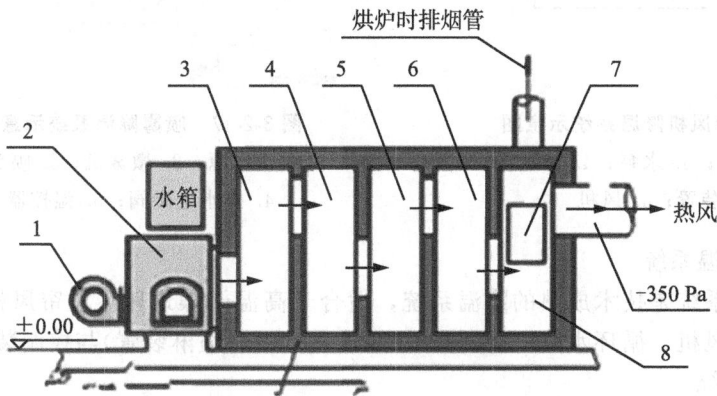

图 3-2-14 热风炉

1. 燃烧风机;2. 燃烧器;3. 聚合室;4. 第一沉降室;

5. 第二沉降室;6. 第三沉降室;7. 冷风口;8. 混合室;

4. 红外线灯

红外线灯分发光红外线灯和不发光红外线灯两种。生产中大多采用的是发光红外线灯。每只红外线灯为 $250\sim500$ W,灯泡悬挂离地面 $40\sim60$ cm 处。离地面的高度应根据育雏需要的温度进行调节,通常 $3\sim4$ 只为 1 组,轮流使用,饲料槽(桶)和饮水器不宜放在灯下,每只灯可保温雏鸡 $100\sim150$ 只。

5. 电热温床式育雏器

电热温床式育雏器主要由可移动式电热温床、保温罩、控温器、照明灯等部分组成(如图 3-2-15)。

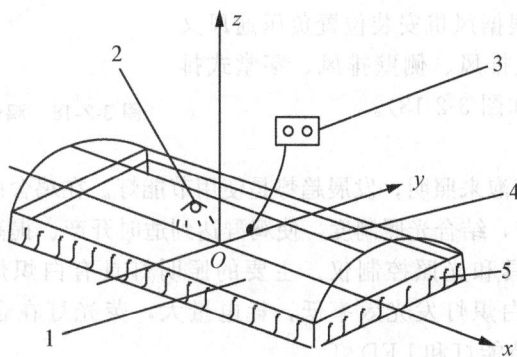

图 3-2-15 电热温床式育雏器

1. 电热温床;2. 照明灯;3. 控温器;4. 保温罩;5. 围裙

(四)降温设备

家禽降温设备主要有湿帘风机降温系统(如图 3-2-16)和喷雾降温系统(如图 3-2-17)。其作用是降低禽舍内温度,加速空气流动,中和空气中过量的正离子,增加空气中的负离子含量,改善舍内环境,抑制细菌滋生,减少疾病,保护健康,提高家禽的成活率。

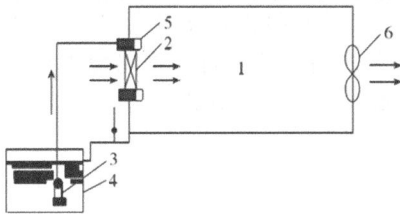

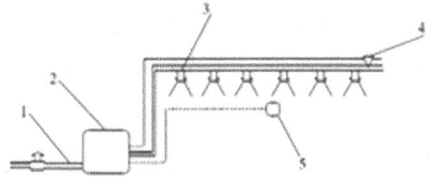

图 3-2-16　湿帘风机降温系统示意图
1. 禽舍；2. 湿帘；3. 水泵；4. 蓄水池；
5. 喷淋装置；6. 风机

图 3-2-17　喷雾降温系统示意图
1. 供水源；2. 微雾机；3. 喷头；
4. 排水电磁阀；5. 湿控器

1. 湿帘风机降温系统

湿帘风机降温系统是技术成熟的降温系统，适合于高温干燥地区。湿帘风机降温系统由湿帘（或湿垫）、风机、循环水路（主要包括水泵、蓄水池和喷淋装置）与控制装置组成。

2. 喷雾降温系统

喷雾降温系统主要由水箱（如供水源）、水泵（如微雾机）、过滤器、喷头、管路及控制装置（如排水电磁阀、湿控器）组成。

（五）通风设备

在密闭禽舍中必须采用通风设备，根据舍内气流方向，可分为横向通风和纵向通风两种。在炎热季节中，空气必须尽快交换，以减少热量蓄积。如果没有空气交换，热量会在进气口和排风机之间蓄积，而造成空气中灰尘、氨气、二氧化碳等有害物质的增加。按引起气流运动的动力不同可分为自然通风和机械通风两种。

自然通风主要适用于开放式鸡舍和半开放式鸡舍，优点是节省了通风设备的投资，缺点是通风量随外界条件变化而变化，不能根据需要进行调节和控制。

机械通风主要适用于密闭式鸡舍和跨度较大的半开放式鸡舍，分正压通风、负压通风和联合式机械通风。

因结构比较简单、投资少、管理费用较低，鸡舍通风多采用负压通风。根据风机安装位置负压通风又分为横向通风（包括屋顶排风、侧壁排风、穿堂式排风等）和纵向通风两种（如图 3-2-18）。

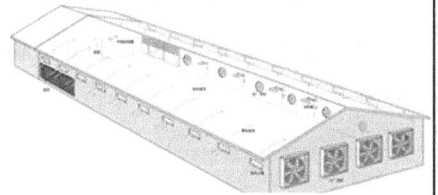

图 3-2-18　鸡舍横向通风和纵向通风图

（六）采光设备

国内一般采用普通灯泡来照明，发展趋势是使用节能灯。在鸡舍内安装定时的自动开关，取代人工开关，便于生产，结合光照制度，使鸡群达到适时开产、提高产蛋量和保障健康。

光照设备主要有灯具和光照控制仪。主要的照明灯具有白炽灯、节能灯、荧光灯和LED 灯（如图 3-2-19）。白炽灯发光效率低，耗电量大，荧光灯在舍温低等条件下不易启动，因此推荐禽舍使用节能灯和 LED 灯。

（a）白炽灯　　　（b）节能灯　　　（c）荧光灯　　　（d）LED灯
图 3-2-19　人工光照灯具

（七）饮水设备

家禽饮水设备主要由过滤器、减压装置、管路和饮水器等组成，通常称之为水线（如图3-2-20）。过滤器的作用是滤去水中杂质，过滤器是由壳体、放气阀、密封圈、上下垫管、弹簧及滤芯等组成。减压装置分为水箱式和减压阀式两种，其作用是将供水管压力减至饮水器所需要的压力。供水管路主要有镀锌管、UPVC管、铝塑管、PPR管、铜管和不锈钢管等，可根据当地气候条件、用途和经济能力进行选用，其主要功能是把水箱中的水输送到每个饮水器中，以保证家禽的正常饮水。常用的饮水器有真空式、吊塔式、乳头式、杯式和水槽式（如图3-2-21）。

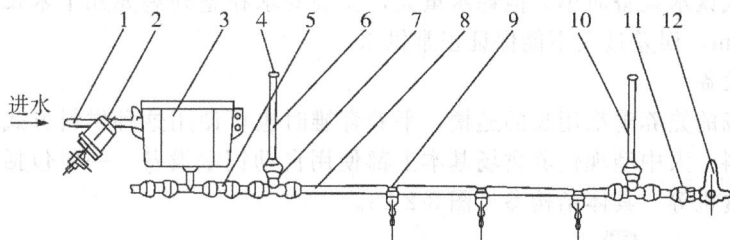

图3-2-20　禽自动水线

1. 进水管；2. 过滤器；3. 水箱；4. 管帽；5. 直通水管；6. 首端水位显示管；7. 三通管；8. 供水管；9. 饮水器；10. 末端水位显示管；11. 接头；12. 放水阀

真空式　　　　吊塔式　　　　乳头式　　　　杯式　　　　水槽式

图3-2-21　各种类型饮水器

1. 真空式饮水器

真空式饮水器筒内的水由筒下部壁上的小孔流入饮水器盘的环形槽内，能保持一定的水位。真空式饮水器主要用于平养鸡舍。

2. 吊塔式饮水器

吊塔式又称普拉松饮水器，靠盘内水的重量来启闭供水阀门，即当盘内无水时，阀门打开，当盘内水达到一定量时，阀门关闭。吊塔式饮水器主要用于平养鸡舍，用绳索吊在离地面一定高度（与雏鸡的背部或成鸡的眼睛等高）。该饮水器的优点是适应性广，不妨碍鸡群活动。

3. 乳头式饮水器

乳头式饮水器（如图3-2-22）有锥面、平面、球面密封型三大类。该设备用毛细管原理，使阀杆底部经常保持挂有一滴水，当鸡啄水滴时便触动阀杆顶开阀门，水便自动流出供其饮用。平时则靠供水系统对阀体顶部的压力，使阀体紧压在阀座上防止漏水。

图3-2-22　乳头式饮水器

乳头式饮水设备适用于笼养和平养鸡舍给成鸡或两周龄以上雏鸡供水，要求配有适当的水压和纯净的水源，使饮水器能正常供水。

4. 杯式饮水器

该设备分为阀柄式和浮嘴式两种，该饮水器耗水少，并能保持地面或笼体内干燥。平时水杯在水管内压力下使密封帽紧贴于杯体锥面，阻止水流入杯内。鸡饮水时将杯舌下啄，水流入杯体，达到自动供水的目的。

5. 水槽式饮水器

水槽一头通入长流动水，使整条水槽内保持一定水位供鸡饮用，另一头流入管道将水排出鸡舍。槽式饮水设备简单，但耗水量大，安装要求在整列鸡笼几十米长度内，水槽高度误差小于 5 cm，误差过大不能保证正常供水。

(八)喂料设备

小型养殖场的笼养鸡都用长的通槽，平养育雏时也可使用这种供料方式，也可用料桶供料，人工上料。大中型现代养禽场基本上都使用自动饲喂设备，一般包括贮料塔、输料机、饲槽、喂食机等，具体结构参见图 3-2-23。

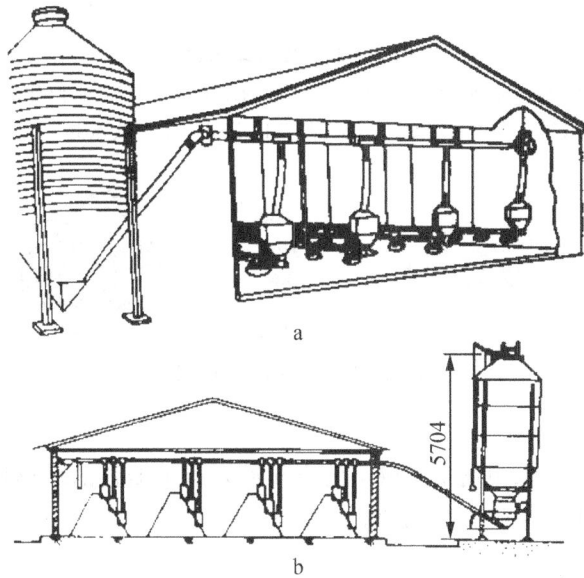

图 3-2-23　喂料系统

喂食机常见的有螺旋弹簧式(如图 3-2-24、图 3-2-25)、塞盘式(如图 3-2-26)、轨道车式(如图 3-2-27)以及平养链式等，前两种使用较多。

图 3-2-24　螺旋弹簧式喂食机(1)　　　　图 3-2-25　螺旋弹簧式喂食机(2)

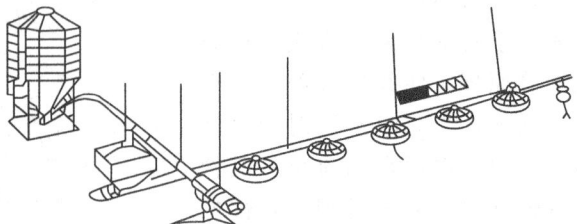

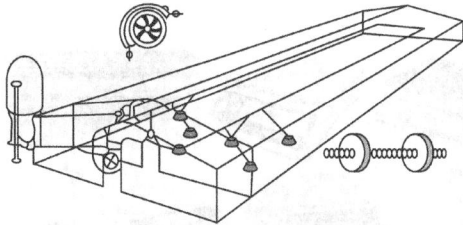

图 3-2-26　塞盘式喂食机

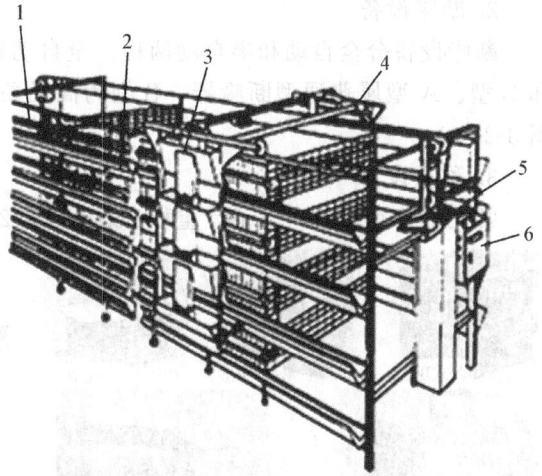

图 3-2-27　轨道车式喂食机
1. 水槽；2. 料槽；3. 料箱；4. 牵引架；
5. 驱动装置；6. 控制装置

（九）集蛋设备

机械化程度高的鸡场采用自动集蛋设备（如图 3-2-28），由底座、鸡蛋上传系统、鸡蛋过滤系统、集蛋带及集蛋带驱动系统、鸡蛋前端收集系统、配电系统组成。它可以完成纵向、横向集蛋工作。

横向集蛋　　　纵向集蛋

图 3-2-28　自动集蛋设备

（十）其他设备

1. 消毒设备

农用喷雾器、气泵、禽舍固定管道喷雾消毒设备（如图 3-2-29）以及火焰消毒器（如图 3-2-30）等。

喷雾头

高压泵

图 3-2-29　禽舍固定管道喷雾消毒设备

图 3-2-30　火焰消毒器

2. 断喙设备

断喙设备分全自动和半自动两种。全自动有立式、卧式和台式三类，常见型号有 A 型和 B 型。A 型属普通型断喙器，B 型为高品质断喙器；半自动有脚踏式和手握式 2 类（如图 3-2-31）。

3. 称重设备

常见的称重设备有电子计重秤（如图 3-2-32）、牲畜电子秤以及电子地磅等。

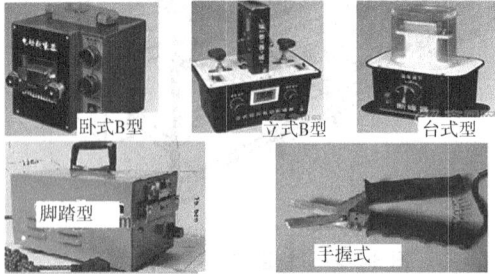

图 3-2-31　断喙器种类

图 3-2-32　电子计重秤

拓展阅读

随着科学技术和生产方式的进步，家禽生产具有养殖规模大、机械化程度高、场内环境控制严格等特点。如果设施或设备不到位，就会影响禽场效益。完备的设施和现代化的设备可以保障家禽生产的顺利进行，同时也可以为家禽场提供良好的饲养管理条件，以便于管理家禽，充分发挥禽类的生产性能，从而获得良好的经济效益。

安全的卫生防疫和科学的养殖是现代集约化养禽场工作的重点，以此来保证禽类健康和生产顺利进行。根据禽场的经营方式、生产特点、饲养管理方式以及生产集约化程度等选建相应的设施。

3.2.1　畜禽养殖污水贮存
设施设计要求（国家标准）

3.2.2　畜禽舍纵向通风系统
设计规程（国家标准）

3.2.3　蛋鸡鸡笼和笼架
（行业标准）

3.2.4　规模化养鸡场
机械装备配置规范（行业标准）

3.2.5　养鸡机械设备安装
技术要求（行业标准）

●●●●● 作业单

> **思考题**
> 1. 请为一个 5 万羽蛋种鸡场选择各种设施设备。
> 2. 说出武汉与哈尔滨两地肉种鸡场设施设备选择的区别。

●●●●● 学习反馈单

评价内容		评价标准	评价方式	分值
课前(15%) (知识目标 达成度)	线上考查 参与度	任务指南完成情况；在线资料浏览时长；任务资讯完成情况；参与讨论情况与质量。	教学平台 自动生成。	5分
	线上任务 测试题	该任务在线测试题完成的质量。		5分
	课前测试	完成质量。		5分
课中(55%) (技能目标 达成度)	课堂参与 情况	出勤、课堂纪律、学习态度、参与情况等。	教学平台 自动生成。	5分
	工作任务单 完成情况	每个工作任务单完成的质量、效率、职业素养等。	学生自评、 组内互评、 组间互评、 教师评价。	50分
课后(15%) (知识＋ 技能目标 达成度)	线上作业	线上巩固作业完成质量。	教学平台 自动生成。	5分
	线下作业	作业单完成质量。	生生互评。	5分
	反思报告	完成的质量。	教师打分。	5分
思政素养目标 达成度(15%)		考查学生勤于思考、善于思考、尊重科学、保护生态、爱护动物的职业素养，吃苦耐劳、爱岗敬业、服务农业农村的职业精神。	组间互评、 教师评价。	15分
反馈情况		每个项目结束后通过线上无名问卷调查。		
反思改进		1. 根据学生课前、课中、课后任务完成和反馈情况以及在课程实施过程中的具体发现，在接下来的教学过程中，还要进一步体现"学生为中心"的教学理念，给予学生更大的自主权，充分发挥其主动性。 2. 本项目以供给家禽良好的环境条件为前提，结合家禽科学技术和生产方式的进步，从合理的家禽设施选建到合适的、现代化的家禽设备选用等多种角度进行介绍，争取最大限度实时进行该领域技术的引入与更新，并设计出能够针对不同学生能力的工作任务单评价系统，从而解决教师课上无法进行一对一教学的痛点。		

项目 4

鸡生产

子项目 4.1　蛋鸡生产

●●●●● 学习任务单

项目 4	鸡生产	学　时	34
子项目 4.1	蛋鸡生产	学　时	22
布置任务			
学习目标	知识目标： 1. 能说明鸡品种的分布与分类以及蛋鸡品种的外貌特征。 2. 能说明鸡的消化生理特性以及蛋鸡的营养需要特点。 3. 能说明雏鸡的生理特点、生活习性及培育目标。 4. 能说明育成鸡的培育目标和生理特点。 5. 能说明产蛋鸡的主要生理特点并能识别高产鸡，能分析环境条件对产蛋鸡的影响。 6. 能说明蛋用种公鸡和种母鸡的主要生理特点及营养需要特点。 技能目标： 1. 能识别鸡种的经济类型和国内外常见蛋鸡品种，并进行评鉴和选择。 2. 能调制蛋鸡饲料、制订蛋鸡饲料计划，并识辨蛋鸡营养代谢性疾病。 3. 能为蛋鸡育雏做好准备工作，会饲养管理雏鸡、评价饲养效果并解决相关生产实践问题。 4. 会运用育成鸡的限制饲喂和光照控制，确保育成鸡适时开产。 5. 会分阶段饲养蛋鸡，能说明蛋鸡产蛋规律，并绘制、分析产蛋率曲线。 6. 能制订完整的蛋鸡光照计划，会饲养管理种公鸡和种母鸡，并能应用种母鸡强制换羽技术。 素养目标： 1. 登录网络平台搜索、查阅、对比、了解我国地方鸡品种的起源、发展和现状，感受我国地方鸡品种从《中国家禽品种志(1982 年版)》的 27 个到《国家畜禽遗传资源品种名录(2021 年版)》的 115 个以及蛋鸡培育品种和培育配套系，激发专业自豪感和热爱专业的初心，树立文化自信，建立专业认同感。 2. 养成勤于思考、善于思考，尊重科学、保护生态、爱护动物的职业素养。 3. 增强服务农业农村现代化的使命感和责任感，培养知农爱农创新人才。		

任务描述	通过解答资讯问题、完成教师布置的作业，针对案例、工作任务单及其相关资料，进一步思考下面内容。 　　1. 针对蛋鸡品种的外貌特征、品种的分类依据以及蛋鸡品种生产性能，选择蛋鸡品种并进行实践。 　　2. 能够解析蛋鸡饲料配方，对蛋鸡饲料配方进行相应的评价，并能识辨蛋鸡典型营养缺乏症及进行归类。 　　3. 能够做好蛋鸡育雏前的准备工作，能够正确进行蛋鸡接雏，做好雏鸡的开饮和开食以及常饮和饲喂等饲养工作；多方面强化雏鸡管理，超额完成蛋鸡育雏目标。 　　4. 能够测定鸡群均匀度并评定鸡群生长发育状况，进而指导生产。 　　5. 能够采用限制饲喂的方式进行控制育成蛋鸡的体重，并做好育成蛋鸡的前期管理、日常管理和开产前管理。 　　6. 能够绘制与分析产蛋率曲线，能够制订蛋鸡光照计划，能够通过表型选择高产蛋鸡，能够在饲养管理上区分蛋种鸡与商品蛋鸡的不同之处。
提供资料	1. 本任务中的必备知识和教学课件。 　　2.《国家畜禽遗传资源品种名录（2021 年版）》中鸡品种部分。 　　3. 国际畜牧网：　　　　　　　　4. 中国养殖网：
对学生 要求	1. 能根据学习任务单、资讯引导，查阅相关资料，在课前以小组合作的方式完成任务资讯问题，体现团队合作精神。 　　2. 尊重科学，遵纪守法，本着科教兴农的理念。 　　3. 严格遵守《家禽饲养工（国家职业标准）》和相关养殖行业规定，以身作则实时保护生态。

●●●●● **任务资讯单**

项目 4	鸡生产
子项目 4.1	蛋鸡生产
资讯方式	学习"工作任务单"中的"必备知识"和"拓展阅读"，思考案例内容及分析、观看相关视频；到本课程在线网站及相关课程网站、鸡场虚拟仿真实训室、实习鸡场、图书馆查询资料，向指导教师咨询。
资讯问题	1. 鸡品种有几种分类方式？分别是什么？ 　　2. 选择蛋鸡品种的依据是什么？目前集约化饲养的蛋鸡品种主要是哪类品种？ 　　3. 白壳蛋鸡配套系品种、褐壳蛋鸡配套系品种各具有哪些特点？目前我国市场上哪些是国内品种、哪些是国外品种？

资讯问题	4. 举例说出我国市场上现有的粉壳蛋鸡品种，其属于哪种类型？ 5. 请说出你所知道的我国地方蛋鸡品种。 6. 鸡有哪些消化生理特性？ 7. 鸡的营养需要特点有哪些？ 8. 为什么生产实践中应根据鸡群采食量的变化相应调整其他营养素在饲粮中的浓度？ 9. 为什么说保持蛋白质和能量在蛋鸡饲粮中的适宜比例（蛋能比）是十分重要的？ 10. 生产实践中蛋鸡钙、磷失衡以及食盐缺乏和中毒会有哪些表现？ 11. 蛋鸡微量元素过多或多少会对生产产生哪些影响？ 12. 蛋鸡育雏、育成以及产蛋期的目标是什么？ 13. 雏鸡的生理特点及生活习性有哪些？ 14. 雏鸡的生活习性如何？ 15. 育雏前需要做哪些准备工作？ 16. 如何制订蛋鸡育雏计划？ 17. 怎样选择蛋鸡育雏方式、育雏季节和饲养人员？ 18. 如何进行接雏？需要考虑哪些因素？ 19. 雏鸡开饮时间如何确定？应怎样开饮？需要注意什么？ 20. 雏鸡开食时间如何确定？怎样选择开食料？如何开食？需要注意什么？ 21. 雏鸡常饮和饲喂时需要注意什么？ 22. 雏鸡的育雏环境应该考虑哪些方面？如何控制？ 23. 雏鸡的管理要点有哪些？ 24. 育成鸡的培育目标是什么？ 25. 育成鸡有哪些生理特点？ 26. 育成鸡的体温调节机能是如何逐步健全的？ 27. 如何调整育成鸡的营养水平？ 28. 怎样建立良好的育成鸡体型？ 29. 可以采用哪些方法控制育成鸡的体重？ 30. 什么叫限制饲喂？有几种方法？分别是什么？应注意哪些事项？ 31. 如何做好蛋鸡育雏、育成期的过渡？ 32. 如何做好育成鸡的日常管理工作？ 33. 如何做好蛋鸡开产前的管理工作？ 34. 产蛋鸡的饲养管理目标是什么？具有哪些生理特点？ 35. 蛋鸡产蛋阶段是如何划分的？各阶段具有哪些特点？ 36. 什么是产蛋率曲线？商品蛋鸡的产蛋率曲线具有哪些特点？ 37. 蛋鸡产蛋期的营养需要应重点注意哪些方面？ 38. 产蛋鸡的饲养方法有几类？对比分析各自的优缺点？ 39. 产蛋鸡为什么需要提供适宜的环境条件？ 40. 产蛋鸡的日常管理要点是什么？

资讯问题	41. 怎样对不同季节的产蛋鸡采取相应的管理措施？ 42. 蛋种鸡的饲养管理目标是什么？ 43. 蛋种鸡的饲养与商品蛋鸡有哪些异同点？ 44. 蛋种鸡的管理与商品蛋鸡有哪些异同点？ 45. 后备种鸡的饲养管理重点应做好哪些方面？ 46. 种母鸡、种公鸡产蛋期的饲养管理要点是什么？ 47. 人工强制换羽的目的和意义是什么？有哪些方法？如何操作？
资讯引导	1. 在工作任务单中查询。 2. 进入相关网站查询。 3. 查阅相关资料。

任务 4.1.1　蛋鸡品种选择

●●●●● 案例单

任务 4.1.1	蛋鸡品种选择	学　时	4
案例内容		案例分析	
《国家畜禽遗传资源品种名录(2021 年版)》中分为"传统畜禽"和"特种畜禽"两个部分，收录畜禽地方品种、培育品种、培育配套系、引入品种及引入配套系共计 948 个。其中在"传统畜禽""八"中是鸡(共计 240 个品种)，包括：(一)地方品种 115 个、(二)培育品种 5 个、(三)培育配套系 80 个、(四)引入品种 8 个、(五)引入配套系 32 个。(详见二维码 1.1.1)		这是目前最新版的我国鸡品种名录，是按照国内、国外品种结合培育程度进行的分类，试据此分析出各类型中的蛋鸡品种。	

●●●●● 工作任务单

子任务 4.1.1.1	识别蛋鸡品种
任务目的	说明案例中的鸡品种分类依据，并识别蛋鸡品种。
任务准备	地点：多媒体教室、实训室、养鸡场。 材料：1.《国家畜禽遗传资源品种名录(2021 年版)》中 240 个鸡品种部分，部分品种相关图片或视频；2. 必备知识中家禽品种分类；3. 养鸡场实际参观。
任务实施	1. 各小组课前准备，课上对于下面 2～9 完成小组内统一意见。 2. 说明案例中的鸡品种分类依据，并思考其分类意义。 3. 说明在案例中 5 种分类基础上生产实践中，鸡通常进一步采用哪种分类方法。

任务实施	4. 将 240 个鸡品种进行品种归类，列出每个品种的蛋鸡品种数量。 5. 通过图片或视频识别地方品种、培育品种、培育配套系、引入品种、引入配套系中可作为蛋用型的鸡品种，说出其特征并尽量指出其价值。 6. 识别培育品种中的蛋鸡品种，说出其特征并尽量指出其价值。 7. 识别培育配套系中的蛋鸡品种，说出其特征并尽量指出其价值和目前市场情况。 8. 识别引入品种中的蛋鸡品种，说出其特征并阐述其用途。 9. 识别引入配套系中的蛋鸡品种，说出其特征并阐述在我国的市场占有情况。 10. 各小组分别进行汇报，小组间进行互评。 11. 教师进行点评、总结。

	考核内容	评价标准	分值
考核评价	说明鸡品种分类依据	1. 说明案例中的分类依据清晰、准确，有理有据，得 10 分。 2. 叙述分类方法清晰、准确，与生产实践一致，得 10 分。 3. 能够说明目前蛋鸡品种的主要分类方式，每说出一种得 5 分，最多得 15 分。 4. 否则酌情减分。	35
	识别蛋鸡品种	1. 能够有理有据地识别出地方品种中可作为蛋用型的品种，每说出一个得 1 分，最多得 9 分。 2. 能识别培育品种中的一个蛋鸡品种，得 2 分。 3. 能说出培育配套系中蛋鸡品种数量，得 2 分。 4. 能够识别培育配套系中褐壳、白壳、粉壳和绿壳蛋用型鸡品种数量，各得 2 分。 5. 能够识别培育配套系中的蛋用型鸡品种及该品种的蛋壳颜色，每识别一个得 1 分，最多得 21 分。 6. 能够识别引入品种中蛋鸡品种的，得 2 分。 7. 能够识别引入配套系中的蛋用型鸡品种及蛋壳颜色，每识别一个得 1 分，最多得 14 分。 8. 能够准确说出国内和国外蛋鸡品种数量，得 2 分。 9. 小组内成员意见统一、合作默契，得 5 分。 10. 否则酌情减分。	65

子任务 4.1.1.2	选择蛋鸡品种
任务目的	明晰依据哪些方面进行蛋鸡品种选择，说出本组最后选择的蛋鸡品种。

任务准备	地点：多媒体教室或实训室。 材料：1. 目前国内饲养的所有蛋鸡品种的相关资料。 2. 课前布置学生查阅并调研当地蛋鸡品种需求及鸡蛋销售模式。
任务实施	1. 检查各小组课前准备情况。 2. 小组内对组员提出的各个蛋鸡品种从多个方面进行对比，筛选蛋鸡品种。 3. 小组内讨论，明确可选择的蛋鸡品种范围。 4. 小组内依据市场需求、饲养成本、销售模式等方面进行具体选择。小组内成员根据每个人的表现，进行小组内互评。 5. 各小组选派一名同学进行汇报，其他组员可以进行适当补充。 6. 小组间根据每组的汇报情况，进行小组间互评。 7. 教师进行点评、总结。

考核评价	考核内容	评价标准	分值
	选择蛋鸡品种依据	1. 能够按照要求认真查阅并调查当地蛋鸡市场行情的，得10分。 2. 资料准备充分、翔实的，得10分。 3. 能够课前便对各个蛋鸡品种进行对比分析的，得20分。 4. 能够课前便对饲养模式及鸡蛋销售模式进行调查分析的，得10分。 5. 讨论积极、热烈的，得10分。 6. 否则酌情减分。	60
	确定蛋鸡品种	1. 汇报所选蛋鸡品种清晰、明确，可行性强的，得10分。 2. 小组内补充完全，得到认可的，得10分。 3. 根据各小组内成员表现，个人加分，得10分。 4. 根据各小组表现，各小组加分，得10分。 5. 否则酌情减分。	40

必备知识

一、鸡品种分类

按培育程度分		按经济用途分		蛋用鸡品种分类(按蛋壳颜色分)(按名录序号)
类型	数量	类型	数量	
地方品种	115	斗鸡	6	19. 皖北斗鸡、27. 漳州斗鸡、37. 鲁西斗鸡、42. 河南斗鸡、97. 西双版纳斗鸡、107. 吐鲁番斗鸡。
		兼用型	109	见二维码 1.1.1《国家畜禽遗传资源品种名录(2021年版)》。

按培育程度分		按经济用途分		蛋用鸡品种分类（按蛋壳颜色分）（按名录序号）
类型	数量	类型	数量	
培育品种	5	蛋用	1	5. 雪域白鸡。
		肉用	4	见二维码 1.1.1《国家畜禽遗传资源品种名录（2021 年版）》或任务 4.2.1 肉鸡品种选择部分。
培育配套系	80	蛋用	21	褐壳：3. 新杨褐壳蛋鸡配套系、12. 农大 3 号小型蛋鸡配套系、20. 京红 1 号蛋鸡配套系、80. 大午褐蛋鸡。 白壳：39. 新杨白壳蛋鸡配套系、64. 京白 1 号蛋鸡配套系。 粉壳：1. 京白 939、21. 京粉 1 号蛋鸡配套系、48. 京粉 2 号蛋鸡、49. 大午粉 1 号蛋鸡、57. 新杨黑羽蛋鸡配套系、58. 豫粉 1 号蛋鸡配套系、60. 农大 5 号小型蛋鸡配套系、63. 大午金凤蛋鸡配套系、66. 栗园油鸡蛋鸡配套系、68. 凤达 1 号蛋鸡配套系、69. 欣华 2 号蛋鸡配套系、76. 京粉 6 号蛋鸡配套系。 绿壳：40. 新杨绿壳蛋鸡配套系、50. 苏禽绿壳蛋鸡、79. 神丹 6 号绿壳蛋鸡。
		肉用	59	见二维码 1.1.1《国家畜禽遗传资源品种名录（2021 年版）》或任务 4.2.1 肉鸡品种选择部分。
引入品种	8	蛋用	1	3. 来航鸡。
		肉用	7	见二维码 1.1.1《国家畜禽遗传资源品种名录（2021 年版）》或任务 4.2.1 肉鸡品种选择部分。
引入配套系	32	蛋用	14	褐壳：1. 雪佛蛋鸡、5. 巴波娜蛋鸡、6. 巴布考克 B380 蛋鸡、11. 金彗星、13. 罗斯蛋鸡、22. 诺珍褐蛋鸡。 褐＋白：7. 宝万斯蛋鸡、8. 迪卡蛋鸡、10. 海赛克斯蛋鸡、12. 罗马尼亚蛋鸡。 褐＋白＋粉：2. 罗曼（罗曼褐、罗曼粉、罗曼灰、罗曼白 LSL）蛋鸡、9. 海兰（海兰褐、海兰灰、海兰白 W36、海兰白 W80、海兰银褐）蛋鸡、14. 尼克蛋鸡。 褐＋粉：15. 伊莎（伊莎褐、伊莎粉）蛋鸡。
		肉用	18	见二维码 1.1.1《国家畜禽遗传资源品种名录（2021 年版）》或任务 4.2.1 肉鸡品种选择部分。

二、典型蛋鸡品种配套系介绍

(一)蛋鸡品种配套系对比情况

项目	优点	不足	雌雄鉴别
白壳蛋鸡	①开产早、产蛋量高、无就巢性、体积小、耗料少、产蛋的饲料报酬高。 ②适应性强,各种气候条件下均可饲养。 ③蛋中血斑和肉斑率很低。 ④最适于集约化笼养管理。	①蛋重小,神经质,胆小怕人,抗应激性较差。 ②好动爱飞,啄癖多。 ③我国白壳蛋比褐壳蛋价格稍低,淘汰时残值也低于褐壳蛋鸡。	多为羽速
褐壳蛋鸡	①蛋重大、破损率较低。 ②对应激因素敏感性较低,好管理。 ③商品代小公鸡生长较快。 ④耐寒性较好,冬季产蛋率较平稳;啄癖少,死亡、淘汰率较低。	①料蛋比稍高。 ②饲养密度小。 ③种鸡有偏肥的倾向,饲养技术难度也大。 ④体型大,耐热性较差;蛋中血斑和肉斑率高。	多为羽色
粉壳蛋鸡	①是利用轻型白来航鸡与中型褐壳蛋鸡正交或反交所产生的杂种鸡。 ②蛋壳颜色介于褐壳蛋与白壳蛋之间,呈浅褐色。 ③其羽色以白色为背景有黄、黑、灰等杂色羽斑。 ④其生产性能介于白壳和褐壳蛋鸡之间。		羽速和翻肛法
绿壳蛋鸡	①是我国家禽育种专家利用收集到的产绿壳蛋的个体纯繁选育,培育出专门化品系或品群。 ②利用培育出的纯种绿壳蛋公鸡与黑羽乌鸡配套生产出五黑黑羽绿壳蛋鸡。 ③利用培育出的纯种绿壳蛋公鸡与褐壳商品蛋鸡杂交配套生产出高产绿壳蛋鸡。		翻肛法

(二)著名白壳、褐壳、粉壳、绿壳商品蛋鸡的主要生产性能

	鸡品种	产地	50%开产周龄	72周龄入舍鸡产蛋(枚)	产蛋总重(kg)	平均蛋重(g)	料蛋比	育成期成活率(%)	产蛋期存活率(%)
白壳	京白988	中国	23	310	18.7	63	2.0 : 1	96~98	94.5
	京白584	中国	24	270~280	16.5	60	(2.5~2.6) : 1	92	90
	海兰 W-36	美国	24	285~310	18~20	63	2.2 : 1	97~98	96

鸡品种		产地	50%开产周龄	72周龄入舍鸡产蛋（枚）	产蛋总重（kg）	平均蛋重（g）	料蛋比	育成期成活率（%）	产蛋期存活率（%）
白壳	巴布考克B-300	法国	21~22	285	17.2	64.6	(2.3~2.5)∶1	98	94.5
	星杂288	加拿大	23~24	260~285	16.4~17.9	63	2.3∶1	98	92
	迪卡白	美国	21	295~305	18.5	61.7	2.17∶1	96	92
	罗曼白	德国	22~23	290~300	18~19	62~63	2.35∶1	96~98	95
	伊莎白	法国	21~22	322~334	19.8~20.5	61.5	(2.15~2.3)∶1	95~98	95
褐壳	海兰褐	美国	22~23	317	20.2	63.7	2.11∶1	96	94
	宝万斯褐	荷兰	20~21	321	20.07	62.5	2.24∶1	98	94
	罗曼褐	德国	23~24	295~305	18.2~20.5	63.5~64.5	2.10∶1	96	95
	海赛克斯褐	荷兰	23~24	290	18.3	63.2	2.39∶1	97	95
	伊莎褐	法国	24	285	18.2	63.5~64.5	(2.4~2.5)∶1	98	93
	迪卡褐	美国	22~23	305	19.8	65	(2.07~2.28)∶1	99	95
粉壳	星杂444粉	加拿大	22~23	265~280	17.7~17.8	61~63	(2.45~2.7)∶1	92	93
	海兰灰	美国	22~23	290	18.4	62	2.3∶1	98	93
	农昌2号粉	中国	23~24	255	15.25	59.8	7∶1	90	93
	京白939粉	中国	21~22	299	17.9	60~63	2.33∶1	96	92
绿壳	新杨绿壳蛋鸡	上海	22	227~238	11.4	48~50	2.3∶1	95	93
	三凤绿壳蛋鸡	江苏	21~22	190~205	10.1	50~52	2.3∶1	95	93

(三)世界蛋鸡良种生产性能

项目	白壳蛋鸡	褐壳蛋鸡
20周龄成活率	96%~97%	96%~97%
20周龄体重	1325 g	1600 g
0~20周龄耗料	7.4 kg	7.7 kg
72周龄体重	1 800 g	2 200 g
产蛋率50%的周龄	22~23周	23~24周
产蛋高峰	25~27周	26~28周
入舍鸡72周龄产蛋量	280~300枚	280~290枚
平均蛋重	60~62 g	63~64 g
总蛋重	17.5~18.6 kg	17.6~18.56 kg
饲料转化率(料蛋比)	2.2~2.35	2.26~2.36

项目	白壳蛋鸡	褐壳蛋鸡
72 周龄时产蛋率	70%	68%
产蛋期存活率	94%～95%	94%～95%
蛋质量：蛋壳厚度	0.31～0.34 mm	0.31～0.34 mm
哈氏单位	83%～85%	83%～85%
蛋壳强度	3.7～4.3 kg	3.7～4.8 kg

三、我国地方主要鸡品种及其生产性能

品种	原产地	体重（kg）		开产期（月龄）	年产蛋量（枚）	蛋重（g）	壳色	备注
		公	母					
浦东鸡	上海市南汇、川沙、奉贤一带。	3.5～4	3～3.5	7～8	110～140	55～60	褐色	就巢性强、肉质鲜美。
庄河鸡（大骨鸡）	辽宁省庄河、丹东一带。	3～3.5	2.2～2.5	8～9	80～120	63～68.5	褐色	耐寒性强、多产大蛋。
寿光鸡	山东省寿光一带。	3～3.5	2.5～3	7～8	90～130	60～65	红褐	耐粗饲、蛋大。
北京油鸡	北京市郊区。	2～2.5	1.7～2	8～10	120～160	56～60	红褐	就巢性强、生长慢、肉质好。
惠阳鸡（胡子鸡）	广东省惠阳地区、东江中下游。	2～2.5	1.5～2	5～5.5	100～120	45～55	米黄	早熟、肉嫩脂丰、皮脆骨酥、味鲜质优。
狼山鸡	江苏省如东县。	3～3.5	2～2.5	6.5～7	150～180	50～60	红褐	肉质好、有就巢性。
桃源鸡	湖南省桃源县。	3～4	2～3	6.5～7.5	100～150	50～55	褐	肉质好、有就巢性。
固始鸡	河南省信阳地区、固始县一带。	1.9～3.5	1.2～2.4	5.5～9	96～160	48～60	黄褐	蛋黄呈鲜红色。
仙居鸡	浙江省仙居县一带。	1.2～1.5	0.8～1.0	5～6	200 以上	40～45	褐色	小巧、敏捷好动、善飞、觅食力强、就巢性差。

品种	原产地	体重(kg)		开产期(月龄)	年产蛋量(枚)	蛋重(g)	壳色	备注
		公	母					
萧山鸡	浙江省萧山爪沥地区。	3～3.5	2～2.5	6～7	120～150	50～55	浅棕	肉质鲜美。
泰和鸡(乌骨鸡或丝鸡)	江西省泰和县。	1.25～1.5	1～1.25	5.5～6	80～120	30～50	浅棕	药用、就巢性强、抗病力弱。

四、蛋鸡品种选择依据

选择依据	项目	意义及注意事项
(一)市场需求	1. 选购优良鸡种。	是提高养殖效益的关键措施。
	2. 适应市场需求。	饲养商品蛋鸡的目的是生产食品蛋，应考虑不同地区消费者对鸡蛋颜色的喜好程度。
	3. 种鸡场的选择。	应选规模大、技术力量强、有种禽种蛋经营许可证、管理规范、信誉好的种鸡场购雏。
	4. 不能盲目引种。	①既要了解资料介绍的高产杂交品种配套系的生产性能，更要看其实际表现。②要遵循的一条重要原则是：不能从经常发生疫情或正在发生疫情的种鸡场引种。
(二)饲养成本	1. 饲养条件。	结合鸡场规划、布局、隔离条件、鸡舍设计、环境控制能力、饲养经验和饲养管理水平等进行。
	2. 饲料条件。	应结合消费者对鸡蛋大小的偏爱，更多考虑鸡蛋平均蛋重、开产时间、产蛋量、料蛋比等。
(三)销售模式	1. 选择外销鸡蛋。	需要进行长途运输的，需要重点考虑蛋壳强度。
	2. 选择生产品牌鸡蛋。	①应关注鸡蛋品质。②尽可能选择蛋壳颜色深、均匀，鸡蛋内部品质好的蛋鸡品种。
(四)其他方面	1. 品种适应性。	应结合当地的地形、地势等相关外界环境条件。
	2. 种蛋净化状况。	主要针对饲养种鸡品种。

拓展阅读

4.1.1.1　家鸡的起源与驯化　　4.1.1.2　鸡的外貌特征识别　　4.1.1.3　中国鸡品种分布

●●●●● 作业单

一、名词解释

1. 地方品种，2. 培育品种，3. 配套系。

二、填空题

1. 家鸡的主要祖先是（　　），主要源于南亚和（　　）地区。关于我国家鸡的起源，动物学家普遍认为起源于迄今还栖息在我国境内的两个亚种，即云南省西南部与怒江一带的（　　）原鸡以及在广西和海南岛的（　　）原鸡，后者国外学者称之为北部湾原鸡。

2. 我国的养鸡业起源于（　　）时代早期，即 7 000 多年以前，而且我国的黄河中下游流域是世界家鸡早期驯化的中心之一。

3. 鸡的头（　　），头的外貌特征与（　　）、性别、（　　）和生产性能都有关系。

4. 冠形为鸡（　　）特征之一。

5. 鸡的（　　）、（　　）和（　　）的羽毛具有第二性征特征，常称作梳羽、蓑羽和镰羽。

6. 蛋用鸡脸（　　）。

7.《国家畜禽遗传资源品种名录（2021 年版）》中共有鸡品种（　　）个，其中国内鸡品种（　　）个，国外鸡品种（　　）个；我国地方鸡品种有（　　）个，我国培育蛋鸡品种有（　　）个，我国培育蛋鸡配套系品种有（　　）个；引入国外蛋鸡品种（　　）个，引入蛋鸡配套系（　　）个。

三、思考题

1. 目前生产实践中鸡品种主要采用哪种分类方法？蛋鸡品种主要采用哪种分类方法呢？

2. 生产实践中应如何选择蛋鸡品种？

3. 比较和分析白壳蛋鸡品种和褐壳蛋鸡品种各有哪些特点？

4. 如何利用我国的地方品种资源？

任务4.1.2　蛋鸡饲粮筹备

●●●●● **案例单**

任务4.1.2	蛋鸡饲粮筹备				学　时	2
案例	案例内容				案例分析	

	配比(%)				
饲料	0～8周龄	8～15周龄	15～36周龄	36周龄以后	
玉米	64.70	73.30	63.10	61.30	
鱼粉	2.00	—	—	—	
大豆粕	25.40	12.40	17.00	15.30	
菜籽粕	2.50	4.00	4.00	4.10	
胡麻粕	1.00	4.00	4.10	4.10	
小麦麸	—	3.20	1.30	4.30	
石灰石粉	0.50	—	7.40	7.80	
磷酸氢钙	2.60	1.80	1.80	1.80	
维生素与微量元素预混料	1.00	1.00	1.00	1.00	
食盐	0.30	0.30	0.30	0.30	
合计	100.00	100.00	100.00	100.00	
营养水平(计算值)					
代谢能(Mcal/kg)	2.96	2.75	2.75	2.70	
蛋白质(%)	18.54	15.01	15.89	15.51	
钙(%)	1.03	1.00	3.30	3.41	
有效磷(%)	0.45	0.39	0.39	0.39	

案例1 案例分析：

这是兰州某鸡场使用的海兰褐壳蛋鸡参考饲料配方，确证效果良好。

注：1. 以上饲料原料的下述成分用实测值：鱼粉的粗蛋白质38.95%，菜籽粕粗蛋白质35.70%，大豆粕粗蛋白质44.66%，胡麻粕粗蛋白质31.50%；石灰石粉含钙37.00%，磷酸氢钙，磷为22.53%和16.18%。

2. 维生素与微量元素预混料系天津正大饲料集团生产的料精。

案例2：

一般蛋用型鸡，0～6周龄育雏阶段每只平均需全价配合饲料约1.2 kg，7～20周龄育成阶段，每只平均需全价配合饲料7～8 kg，21～76周龄产蛋阶段每只平均需全价配合饲料40～50 kg。

案例2分析：

实际生产中应根据鸡场蛋鸡品种、日龄、存栏量等进行计算每月和全年的饲料消耗量。

3	1984 年某饲料公司饲料厂生产的一批鸡料，因食盐未称量，且结晶颗粒未粉碎，混合不均，局部食盐高达配合饲料的 3.5%，结果造成了雏鸡中毒死亡的事故。	1. 结合生产实践识辨出是营养代谢性疾病。 2. 结合饲料标签并询问饲料厂家该饲料成品中的营养物质配比，根据雏鸡中毒死亡症状以及表中的要求进行。

●●●●● 工作任务单

子任务 4.1.2.1	生产蛋鸡饲料		
任务目的	配制 1 吨案例 1 配方中 0～8 周龄以后的蛋鸡饲料并评价该饲料配方。		
任务准备	地点：多媒体教室或实训室。 材料：蛋鸡国家饲养标准。		
任务实施	1. 各小组分工，明确任务。 2. 将案例 1 中的饲料配方换算成饲料生产配方。 3. 分析生产配方中各营养成分之间的关系（是否相互间有拮抗作用）。 4. 将生产配方中原料重新排序，强调部分原料一定要按照相应顺序称量、投放。 5. 根据蛋鸡 0～8 周龄生长阶段营养物质的最低和最高需要量，对比案例 1 饲料配方中的各项营养物质。 6. 类比其他阶段饲料配方。 7. 初步评定该饲料配方的优劣并说明理由。 8. 以小组为单位选派 1 名同学进行回答，其他同学可以进行补充。 9. 小组间互评，教师总结、评鉴。		
考核评价	考核内容	评价标准	分值
	换算生产配方	1. 能够先对案例 1 中 0～8 周龄的饲料配方进行核对，得 10 分。 2. 能够说出换算思路，得 10 分。 3. 能够准确将该配方中 10 种原料换算成生产 1 吨的量，每换算正确一种原料得 2 分，最多得 20 分。	40
	审核并评定饲料饲料	1. 对比配方中原料间的协同和拮抗作用得 10 分。 2. 能对生产配方中原料排序进行调整，并说明原因得 15 分。 3. 能够有理有据地对饲料配方进行评定，得 20 分。 4. 否则酌情减分。	45

考核评价	考核内容	评价标准	分值
	团队合作	1. 小组内能够互帮互助，得 10 分。 2. 各小组间能够相互补充、真诚相待，得 5 分。 3. 否则酌情减分。	15

子任务 4.1.2.2	制订蛋鸡饲料供应计划
任务目的	计算 10 000 只海兰褐壳商品蛋鸡从雏鸡到淘汰（72 周龄）各个阶段所需饲料量。
任务岗位	中级（高级、技师、高级技师）家禽饲养工。
任务准备	地点：多媒体教室或实训室。 材料：海兰褐壳蛋鸡饲养管理手册、计算器等。
任务实施	1. 假定该鸡群饲喂全价配合饲料。 2. 确定该鸡群饲养阶段及各阶段平均每只鸡所需饲料量（可参见案例2）。 3. 还应考虑哪些因素。 4. 计算出 10 000 只蛋鸡所需的饲料量。

考核评价	考核内容	评价标准	分值
	确定鸡群饲喂阶段	1. 能够根据该品种鸡的饲养管理手册或生产实际进行阶段划分，每正确划分一个阶段得 8 分，最多得 30 分。 2. 小组内确定该鸡群人为划分阶段，得 10 分。	40
	计算饲料需要量	1. 分析、查询、讨论确定鸡群各个阶段平均每只鸡大约所需饲料量，每正确一个阶段得 5 分，最多得 20 分。 2. 能够分别计算出每个阶段该 10 000 只鸡群所需饲料量，得 10 分。 3. 能够合理充分考虑相关因素，每答对 1 个因素得 2 分，最多不超过 20 分。 4. 否则酌情减分。	50
	团队合作	1. 各个小组内合作良好，能够充分调动每一名同学的积极性，每人奖励 5 分。 2. 小组间能够互助互爱，得 5 分。 3. 否则酌情减分。	10

子任务 4.1.2.3	识辨蛋鸡营养代谢性疾病
任务目的	识别蛋鸡营养缺乏症的表现，能够区辨出蛋鸡典型营养缺乏症并进行归类。
任务准备	地点：多媒体教室、实训室或实训基地。 材料：图片、视频、蛋鸡饲养场舍内监控视频文件以及相关资料。

任务实施	1. 教师布置任务：教师提供部分蛋鸡不同阶段的营养缺乏症图片、视频。 2. 各小组查阅资料、小组内讨论，结合案例 3 和生产识别蛋鸡营养缺乏症的表现。 3. 根据其表现，区辨出蛋鸡典型营养缺乏症。 4. 根据蛋鸡不同阶段营养需要特点，将上面的蛋鸡典型营养缺乏症进行归类，填入下表。

任务内容		营养代谢性疾病	主要症状	备注
蛋鸡生产阶段	雏鸡			
	育成鸡			
	产蛋鸡			

	考核内容	评价标准	分值
考核评价	课前任务完成情况	检查每个人课前对于蛋鸡营养缺乏症的相关资料准备情况，根据实际准备情况酌情加分（此部分可在课前练习中体现），最多得 20 分。	20
	课上完成情况	1. 小组内成员讨论积极热烈，能够充分比较、区辨、归类各种症状，并得出结论，得 20 分。 2. 每组都能展示出不同于老师提供的相关资料，每增加一项，小组内每人增加 5 分，最多不超过 20 分。 3. 每组成员能准确地识别出其他组提供的资料中的症状，每正确一项加 5 分，最多不超过 20 分。	60
	课后作业	每个人根据本组总结的相关情况，将以上资料中的症状及名称等列于表格中（或自行设计表格也可），根据设计的美观程度、实用性以及是否全面酌情加分，最多得 20 分。	20

必备知识

一、鸡的消化生理特性

器官	生理特性	消化特性	利用
1. 口腔	①无唇、齿、软腭。 ②喙尖而硬。 ③舌较硬、舌黏膜无味觉乳头，味蕾比家畜少（雏鸡 8 个，3 月龄增至 24 个）。 ④对水温极其敏感。	①无咀嚼运动。 ②适于采食粒形饲料，可撕裂较大食物、啄破果壳、捕捉虫类。 ③味觉不敏感。味蕾触及咸、苦和酸三种水溶液时，舌神经产生冲动，但缺乏对甜的感觉。 ④不喜饮高于气温的水，但不拒饮冰冷的水。	消化：主要为物理性消化。

器官	生理特性	消化特性	利用
2. 食管和嗉囊	①食管位于气管右侧，分上食管（颈段）和下食管（胸段）两段，比家畜食管更具扩展性。 ②上食管在进入胸腔前，其腹侧扩张形成膨大的嗉囊。嗉囊是食物的暂时贮存处。 ③唾液和食管黏液可使混有细菌的饲料保持适当的温度和湿度，被进一步发酵和软化。 ④通常，上、下食管的收缩间隔期分别为 13 s 和 50～55 s，通过收缩将食物送入胃。	①能吞咽较大食物，黏膜上食管腺所分泌的黏液，起湿润和软化食物的作用。 ②嗉囊的收缩节律和振幅变化很大，受神经状态、饥饿程度、饲料种类和数量等多种因素影响，极度兴奋、惊恐、挣扎可抑制或中止嗉囊收缩。 ③当嗉囊和胃充满食物时，食管停止蠕动，再食入的饲粮就贮存在嗉囊内，食物在鸡嗉囊内停留 3～4 h，最长可达 16～18 h。 ④健康鸡的嗉囊饱满、软而不充气，多种疾病或管理不当会引起嗉囊积物、充气膨大（气囊）或积水（水囊），可借此判断鸡体是否健康。	消化：主要是物理性消化。 吸收：可被动吸收部分水、电解质等。
3. 胃	①鸡胃分前、后两部分，pH 2.0～4.0 不利于微生物的生长繁殖；前胃为腺胃，呈纺锤形，壁软而厚，内腔不大。 ②肌胃略呈扁圆形，黏膜上厚的类角质膜起保护黏膜的作用，药名为鸡内金；肌胃内经常有吞食的沙粒，因此也称砂囊；通过沙粒和发达肌肉的强大收缩力，磨碎和搅拌食物，胃蛋白酶在此处继续作用。	①腺胃分泌胃酸和胃蛋白酶，食物混入胃液后立即进入后胃（肌胃）。 ②肌胃内无沙粒，使饲料消化率下降 25%～30%，故应在鸡育雏育成期补饲沙砾。细软食物在肌胃停留约 1 min 即送入十二指肠，坚硬食物的停留时间可达数小时之久。	消化：主要是物理性消化。 吸收：可被动吸收简单的多肽、各种离子、电解质、水等。
4. 肠管	①小肠（十二指肠、空肠和回肠）：小肠分泌肠液、肝和胰腺分泌的胆汁和胰液流入十二指肠。 ②盲肠：约 10 cm 长，小肠下行的物质仅有 6%～8% 进入盲肠；盲肠内 pH 6.5～7.5，其内容物每隔 6～8 h 排空 1 次，是微生物生长繁殖的理想环境。	①在小肠中，受胰液、肠液所含各种消化酶和胆汁的共同作用，大部分饲料营养素被消化并吸收；高峰是在 2 h 之后，肠的上皮细胞 48 h 就更新。 ②在盲肠微生物作用下，从小肠流入的未消化碳水化合物、蛋白质及少部分纤维物质（主要是谷物中的）被发酵、消化，并吸收水分和电解质。	消化：小肠主要是化学性消化，盲肠主要是微生物消化。

器官	生理特性	消化特性	利用
4. 肠管	③直肠：是大肠的最后一段，仅 8～10 cm，食物残渣在此被吸收水分和电解质后进入泄殖腔。 ④鸡对粗纤维的消化能力较低。	③肠内不能贮存粪便，因此，饲料通过消化道的时间非常短，还与饲料种类、形状和家禽的生理状况相关。 ④饲粮中粗纤维含量应在 3‰～5‰，过多过少都不宜。	吸收：小肠是主要营养物质吸收部位，盲肠也能吸收部分挥发性脂肪酸、氨基酸、水和某些电解质等。
5. 泄殖腔	①泄殖腔是消化、泌尿和生殖三个系统末端的共同通道，即粪道、泄殖道和肛道。 ②肛道背侧壁上有腔上囊（法氏囊）。	①粪尿一经排出即混合在一起。 ②法氏囊功能与免疫有关。	仅作为代谢物的排出口。

二、蛋用型鸡的营养特点

项目	特点	意义	注意事项
维持正常的生命活动和生长	鸡体积小、体温高、活动量大、生长速度快。	代谢旺盛，相比较家畜来说需要的营养浓度高。	生长周期短，一旦营养缺乏，则较难补偿。
产蛋	1 只高产母鸡年产蛋 17.2～18.2 kg	可为人类提供蛋白质 2.10 kg，脂肪 1.90 kg，矿物质 1.90 kg，水 11.40 L。	参见案例1。
	蛋中氨基酸相对含量高，很接近人体需要	无论是生食还是熟食，消化率极高，几乎是 100%。	二维码 4.1.2.1 新鲜食用蛋的氨基酸成分。

三、蛋用型鸡的营养需要特点

鸡的生长阶段分为幼雏（0～6 周龄）、中雏（6～14 周龄）、大雏（14～20 周龄）和成鸡。按饲养阶段分为育雏期、育成期和产蛋期。

项目	内容	不足	过量	注意事项
1. 对能量的需要	①用代谢能表示。②是取得理想增重和产蛋率最重要的因素。	①生长阶段增重慢。②严重不足时造成生理功能障碍，免疫力下降等，产蛋鸡则产蛋成绩不佳。	①鸡易过肥（90日龄后）。②产蛋期易发生脱肛，且难恢复。③易患脂肪肝综合征。	实践中应根据鸡群采食量变化调整饲粮中营养素浓度。
2. 对蛋白质的需要	①幼雏：18%~19%。②中雏：16%。③大雏：12%~15%。其他阶段：参见案例2。	①雏鸡生长缓慢、食欲减退、羽毛生长不良，性成熟推迟。②产蛋量和蛋重减少，严重时体重下降，卵巢萎缩，产蛋停止。③饲料消耗量增加。	①提高饲粮成本。②增加机体清除过量氮的能量消耗和肾与肝的负担。③大量氮随粪便排出造成对环境的严重污染。	①实质是对氨基酸的需要(13种必须氨基酸)。②三种限制性氨基酸：蛋氨酸、色氨酸、赖氨酸。③要使氨基酸平衡良好。
3. 对矿物质的需要	(1)钙 幼雏：0.8%。中雏：0.7%。大雏：0.6%。产蛋鸡：3.2%~3.5%。(2)总磷(有效磷) 育雏期0.8%(0.4%)。育成期0.7%(0.35%)。产蛋期0.5%(0.3%)。	①产蛋鸡饲粮钙水平应为2.25%，但3%以上才能获得质量良好的蛋壳。②饲粮钙降低至0.5%左右可导致停产。	①影响磷、锰、锌等元素的吸收。②育雏育成期饲粮钙水平超过1.4%，会抑制腺体或器官的发育。③提高到4.5%~5%时，采食量减少，产蛋量下降。	①16种常量与微量元素。②最好对每批原料进行分析，按其钙、磷的实测值确定添加量。③石灰石粉有三种品位应加以区分。
	钠和氯。	①雏鸡生长受阻，成活率低，血液浓稠，呈现神经症状。②轻度缺钠可使母鸡增加采食量，产蛋量下降，鸡过肥。③严重缺钠，采食量降低，产蛋量减少甚至停产。	①饮水量增加。②粪便变稀。③雏鸡饮水中食盐超过0.5%，均会使其中毒、致死。④产蛋母鸡饮水中食盐达到1%，会使产蛋率下降。	①仅对食盐中毒关注较多。②加深对缺乏食盐危害性的认识。

项目	内容	不足	过量	注意事项
	4.1.2.2　微量元素（参见二维码4.1.2.2产蛋鸡与种母鸡维生素与微量元素需要量）。	①缺锰：雏鸡中出现滑腱症，蛋壳脆弱。②缺铁、铜、锰：孵化率降低。③缺镁：产蛋量下降。④缺硒：雏鸡的胰腺变性和渗出性素质。⑤缺碘：使甲状腺产生甲状腺素的量减少。	铜、锌、硒等过多，对鸡生长、产蛋、孵化均有不良影响，严重时还会造成中毒。	①经常添加的有铁、铜、锌、锰、碘、硒、钴。②锰缺乏也可能是钙、磷过高影响锰吸收所致，还可能与生物素、维生素B_{12}有关。
4. 对维生素的需要	鸡的维生素推荐量参见二维码4.1.2.2产蛋鸡与种母鸡维生素与微量元素需要量。	①维生素A缺乏：睁眼瞎，影响成骨作用。②维生素D缺乏：体重下降，肌肉萎缩，血钙过多，上皮坏死。③维生素E缺乏：脑质软化，渗出性素质，肌肉营养不良。④维生素K缺乏：使凝血时间延长。	维生素A高：有助于抵御球虫病及其他肠道寄生虫；但使用过量，动物脂肪代谢会失常，造成佝偻病；达到最低需要量的50～100倍，可中毒。	①几乎所有的维生素均为鸡生理所需(13种)。②肠内微生物合成维生素量很少（如B族维生素和维生素K）。③鸡处于密集饲养的应激环境。④实际养鸡生产中，必须合理保存与使用维生素添加剂。
5. 对水的需要	4.1.2.3　参见二维码4.1.2.3，不同年龄鸡和火鸡的饮水量。	①明显表现循环障碍，体温升高，代谢紊乱。②雏鸡孵出48h后才饮水，会影响增重。③停水10～12h，采食量减少，增重达不到正常要求。④产蛋母鸡断水24h，产蛋率下降约30%，需超过20d才能恢复。⑤48h饮不上水，可使部分鸡换羽或暂时停产。	①一般假设家禽饮水量是采食量的两倍（以重量为基础）。②实际上饮水量变化很大。③饲粮中含盐量过高或其他原因引起鸡群中毒时，饮水量增加。	①水的消耗量是鸡群健康与否的重要标志。②应在鸡舍安装水表或记录每日耗水量。③经常供给鸡充足的清洁饮水是十分重要的。④对饮水管理疏漏还可能成为养鸡场的污染源。

四、蛋用型鸡的饲粮配制

项目	内容	应用
选定饲养标准	参见拓展阅读部分	①不应按照一个标准应用于各个养鸡场，应针对各种具体条件(环境温度、饲养方式、生产水平等)加以调整，并在养鸡生产中进行验证。 ②二维码4.1.2.6中的饲养标准适用于轻型白来航鸡品系，其他鸡种的需要，可参考各品种或品系的饲养指南。
选择原料	①选择当地常用、优质、价格适宜的原料； ②测定其原料的各种营养物质含量。	①考虑原料的适口性、有无毒素含量。 ②考虑某些饲料原料的加工方法(如骨粉、血粉、羽毛粉等饲料的加工方法影响其营养价值)等。
蛋用型鸡的饲粮配制	 4.1.2.4 参见二维码4.1.2.4，各种饲料在鸡饲粮中的适宜用量与最高允许量。	鸡各类饲料大致比例如下。 ①谷实类饲料(2~3种)45%~75%。 ②糠麸类饲料5%~15%。 ③植物性蛋白质饲料15%~25%。 ④动物性蛋白质饲料3%~7%。 ⑤矿物质饲料5%~7%。 ⑥草粉2%~5%。 ⑦维生素和微量元素预混料1%。
蛋用型鸡的参考饲粮配方	 4.1.2.5 参见二维码4.1.2.5，参考 NY/T33-2004 设计的产蛋鸡饲粮配方。	案例3达到的成绩如下。 ①雏鸡和育成鸡体重达标，育成率96%，整齐度好。 ②蛋鸡开产至高峰期(20~42周龄)平均产蛋率为92.85%，最高98%。 ③高峰期日只均耗料115.79 g，蛋料比1∶2.12。 ④全程日只均耗料119.53 g，蛋料比1∶2.41。

拓展阅读

4.1.2.6 鸡饲养标准 2004(行业标准)

作业单

一、填空题

1. 鸡的消化器官缺少唇、（　　）、软腭、结肠等。口腔仅用于采食，坚硬食物的软化及磨碎靠（　　）和（　　）完成。两条发达的（　　）肠在消化过程中起较重要的作用。

2. 鸡喙尖而硬，适于采食（　　）形饲料；味觉不敏感。味蕾触及咸、苦和酸三种水溶液时，舌神经产生冲动，但缺乏对（　　）味的感觉。

3. 家禽对（　　）极其敏感，不喜饮高于气温的水，但不拒饮冰冷的水。

4. 鸡的生长阶段分为幼雏（　　）、中雏（　　）、大雏（　　）和成鸡；按饲养阶段分为（　　）期、（　　）期和产蛋期。

二、思考题

1. 鸡适于采食什么形状的饲料？

2. 鸡味觉不敏感，对酸、甜、苦、咸，是否都缺乏感觉？

3. 鸡对水温及其敏感，生产实践中应如何控制水温？

4. 如何通过鸡嗉囊判断鸡体是否健康？

5. 为什么应在鸡育雏育成期补饲砂砾？

6. 鸡对粗纤维的消化能力如何？在生产实践中应注意什么？

任务4.1.3　蛋雏鸡培育

案例单

任务4.1.3	蛋雏鸡培育	学时	4
序号	案例内容		案例分析
1	某鸡场成鸡舍1年饲养量为2万只，育雏舍每批的育雏能力为5 000只，如果该鸡场采用一般雏鸡20周龄育成率的为91%～93%，合格率为90%进行统计，那么该鸡场每批应进母雏数是多少只？ 该鸡场每年应育雏4批。一般雏鸡20周龄育成率为91%～93%，合格率为90%。仍以上述鸡场为例，则 　20 000÷91%÷90%÷4＝6 105（每批应进母雏数）。 注：育雏批次数＝1年内饲养母鸡数÷1次育雏的能力。 育雏开始应饲养的母雏数＝预计成年母鸡数÷20周龄育成率÷合格率÷育雏次数。		制订育雏计划是育雏前需要做的第一项工作，育雏数量的多少主要根据当年应补充或扩群的育成母鸡数，同时参照本场历年的育雏成绩来推算。

2	雏鸡增重		开食时间						这是开食时间与雏鸡增重的关系，可见开食要适时。
			12(h)	24(h)	48(h)	72(h)	96(h)	120(h)	
	初生重(g)		39.7	40.9	40.0	39.2	38.0	34.5	
	二周龄重(g)		84.6	95.6	89.6	75.6	69.0	67.2	
	增　重(g)		44.9	54.7	49.6	36.4	31.6	32.7	

3	育雏器温度	周龄		0	1	2	3	4	5	6	这是蛋鸡育雏期的适宜温度高低极限值(℃)，在供暖期间一定要使育雏温度符合各个周龄雏鸡需要，在雏鸡逐渐长大的过程中，将温度降低，直至停止供暖。
		适宜温度(℃)		35~33	33~30	30~29	29~27	27~24	24~21	21~18	
		极限	高温(℃)	38.5	37	34.5	33	31	30	29.5	
			低温(℃)	27.5	21	17	14.5	12	10	8.5	
		育雏舍温度(℃)		24	24	22~21	21~18	18	18	18	

●●●●● 工作任务单

子任务 4.1.3.1	蛋鸡育雏前准备	
任务目的	能够制订育雏计划、选择育雏饲养人员、准备育雏鸡舍及饲养用具。	
任务准备	地点：实训室、实训基地。 材料：多媒体课件及雏鸡饲养模拟软件等。 用具：雏鸡饲养用具等。	
任务实施	1. 根据案例 1 制订该鸡场本次育雏目标和雏鸡培育计划。 2. 确定该鸡场的育雏方式和本次育雏时间。 3. 选择育雏饲养人员。 4. 准备育雏鸡舍、饲养用具及进雏前相关物资(详细列出)。 5. 进行进雏前模拟练习。 6. 小组内进行讨论、总结，小组间汇报、评分。 7. 教师总结、评鉴。	
考核评价	考核内容	评价标准	分值
	明确育雏目标	1. 雏鸡健康，未发生传染病，食欲正常，精神活泼，反应灵敏，羽毛紧凑而有光泽，每说出一条得 1 分，最多得 5 分。 2. 指出育雏期成活率必须超过 98% 的，并能说明各个阶段最低死亡率的，得 5 分。 3. 符合其品种生长发育特征，能够指出可通过胫长、体重等指标进行评定并说明缘由的，得 5 分。 4. 否则酌情减分。	15

考核内容	评价标准	分值
制订育雏计划	1. 能够根据案例 1 中的公式准确计算出育雏次数，得 5 分。 2. 能够正确计算出案例 1 中育雏开始应饲养的母雏数，得 5 分。 3. 能够对案例 1 进行分析说明，得 10 分。 4. 否则酌情减分。	20
选择育雏方式、季节和人员	1. 能够根据实际情况说明育雏方式和其特点，得 5 分。 2. 能够合理分析育雏季节和确定育雏时间，得 5 分。 3. 能够选择最佳育雏人员并说明其原因，得 5 分。 4. 否则酌情减分。	15
育雏舍、用具及其他准备	1. 能够说明育雏舍符合建舍等各项要求，得 5 分。 2. 能够说明在进雏前对鸡舍内外的清扫、检修、彻底消毒等，每说一项得 5 分，最多 20 分。 3. 能够对育雏前后整个期间所用器具及相关物资等一一列出，每列出一项得 1 分，最多得 15 分。 4. 否则酌情减分。	40
模拟育雏	1. 说明在进雏前一天进行育雏舍预热增湿，得 5 分。 2. 说明进雏前水、料及相关设施的准备，得 5 分。 3. 否则酌情减分。	10

（考核评价）

子任务 4.1.3.2　接雏

任务目的	能够正确进行接雏，做好雏鸡在育雏舍的上笼工作。
任务准备	地点：实训室、实训基地。 材料：10 000 只雏鸡、一栋育雏舍、8 组育雏笼等。 用具：料槽、水槽、水罐、雏鸡饲养用具等。
任务实施	1. 各小组选出组长，进行育雏舍工作布置，其中组长任技术员，根据饲养要求安排适当饲养员，其余人员为观察评论员。 2. 技术员进行接雏工作具体布置，分配饲养员相应工作，如检查鸡笼、温度、湿度等，准备开饮水和开食料等。 3. 雏鸡到达育雏舍，技术员安排雏鸡卸车进舍、安放、装笼等。 4. 小组内进行讨论、总结，小组间汇报、评分。 5. 教师总结、评鉴。

考核内容	评价标准	分值
技术员布置任务	1. 组长能够合理安排饲养员工作，得10分。 2. 组长能够正确布置接雏工作，得10分。 3. 否则酌情减分。	20
雏鸡进舍	1. 能够合理安排雏鸡卸车进舍，得10分。 2. 能够对进入鸡舍的雏鸡进行合理安放，得10分。 3. 能够对雏鸡上笼前进行相应准备，得10分。 4. 能够对上笼前昏睡或躺下不动的雏鸡进行驱赶，得10分。 5. 否则酌情减分。	40
雏鸡上笼	1. 能够说明雏鸡上笼的大体情况，得20分。 2. 雏鸡上笼得当、安排合理，得10分。 3. 小组内成员配合默契，操作合理，得10分。 4. 否则酌情减分。	40

（上表左侧合并单元格：考核评价）

子任务 4.1.3.3	饲养雏鸡
任务目的	能够正确进行雏鸡的开饮和开食，做好雏鸡在育雏舍的日常饲养工作。
任务准备	地点：实训室、实训基地。 材料：雏鸡或雏鸡饲养模拟软件等。 用具：雏鸡饮水器、开食盘若干、饲养用具等。
任务实施	1. 说出雏鸡开饮、开食前的操作过程。 2. 描述雏鸡进行开饮和开食的经过。 3. 进一步说明以后的常饮和饲喂情况。 4. 列出从雏鸡进舍第一天到育雏结束时每天的饲养工作日程。 5. 小组内进行讨论、总结，小组间汇报、评分。 6. 教师总结、评鉴。

考核内容	评价标准	分值
雏鸡开饮前准备	1. 能够根据每只雏鸡每日饮水量的多少，确定开饮的水量，并能强调不宜过多及其原因，得10分。 2. 能够说出开饮水中添加的物质和数量，得10分。 3. 能够根据饮水设备说出开饮前如何进行安置，得5分。 4. 根据回答情况酌情减分。	25

（左侧：考核评价）

	考核内容	评价标准	分值
考核评价	雏鸡开饮和常饮	1. 能够确定雏鸡开饮时间，得5分。 2. 能够正确进行雏鸡开饮，得10分。 3. 能够说出雏鸡开饮时的注意事项，每说出一项得2分，最多得10分。 4. 能够描述整个育雏期间雏鸡的常饮情况，得10分。 5. 否则酌情减分。	35
	雏鸡开食和饲喂	1. 能够判定雏鸡开食时间（可参考案例2）并能描述雏鸡开食料、开食方法，得10分。 2. 能够说出雏鸡开食的注意事项，每说出一项得2分，最多得10分。 3. 能够描述整个育雏期间雏鸡的饲喂方案，得5分。 4. 能够说出不同饲养方式的区别，得10分。 5. 小组内成员团结协作、规范操作，得5分。 6. 否则酌情减分。	40

子任务4.1.3.4	管理雏鸡
任务目的	从多个方面强化雏鸡管理，进而超额完成育雏目标。
任务准备	地点：实训室、实训基地。 材料：蛋鸡产业项目运营管理规范（2018年5月18日发布并实施），蛋鸡饲养管理手册，蛋鸡育雏视频等。
任务实施	1. 根据上一个子任务，各小组分别讨论管理雏鸡应考虑哪几个方面。 2. 怎样控制育雏环境？ 3. 总结在饲养雏鸡过程中的管理要点。 4. 具体说明强化雏鸡日常管理的措施。 5. 小组内进行讨论、总结，小组间汇报、评分。 6. 教师总结、评鉴。

	考核内容	评价标准	分值
考核评价	管理雏鸡考虑问题	1. 能够根据自己掌握的情况说出管理雏鸡的情况，得10分。 2. 能够有自己的见解，得5分。	15
	控制育雏环境	1. 能够说出控制育雏环境因素，得10分。 2. 能够对控制育雏环境因素进行合理解释，得10分。 3. 应该说明在整个育雏期间，尤其是育雏第一天，技术员和饲养员应该全程观察、辅助雏鸡进舍、上笼、开饮、开食等工作，得5分。	25

考核评价	考核内容	评价标准	分值
	管理雏鸡	1. 能够说出饲养雏鸡过程的管理要点，每说出一项得 2 分，最多得 10 分。 2. 每说明一项强化雏鸡日常管理措施得 2 分，最多得 10 分。 3. 每说出一项预防雏鸡啄癖发生的措施得 2 分，最多得 10 分。 4. 每说出一项雏鸡形成的好习惯得 2 分，能够说明利用雏鸡的什么特性，分数加倍，最多得 20 分。 5. 能够详细列出雏鸡每天工作日程，得 10 分。 6. 否则酌情减分。	60

子任务 4.1.3.5	雏鸡断喙		
任务目的	能够明晰正确断喙方法，熟练进行雏鸡断喙操作，掌握断喙操作注意事项。		
任务准备	地点：实训基地。 动物：6～9 日龄的雏鸡若干只。 材料：电热断喙器、断喙器刀片、雏箱、酒精棉球。		
任务实施	1. 教师首先演示雏鸡断喙操作，并同时讲解相关事项。 2. 检查断喙器具，判断断喙器是否能正常使用等。 3. 接通电源，打开开关，调整电压。将断喙器预热至适宜温度（刀片呈桃红色，温度在 600～800℃）。 4. 根据个人情况调整断喙器断喙频率按钮，确定断喙频率。 5. 正确握雏。 6. 适度切喙。 7. 止血。灼烙适当时间止血。 8. 检查。断喙结束后，对已断过喙的雏鸡，认真检查，若发现有个别出血或断喙不当的雏鸡，应抓回再灼烙止血或修喙。		

考核评价	考核内容	评价标准	分值
	断喙前准备	1. 能够正确检查断喙器是否正常使用，得 5 分。 2. 正确接通电源，打开开关，调整电压，得 5 分。 3. 正确放置雏箱，得 10 分。 4. 正确判断断喙器刀片适宜温度，得 10 分。 5. 断喙频率调整适度，得 10 分。 6. 否则酌情减分。	40

考核评价	考核内容	评价标准	分值
	断喙操作	1. 能够正确抓握雏鸡，得 5 分。 2. 能够灵活控制雏鸡喙部，得 5 分。 3. 能够正确选择断喙器孔，得 10 分。 4. 切喙适度，得 10 分。 5. 能够检查并判断断喙器刀片是否锋利，并能熟练更换，得 5 分。 6. 能够合理灼烙止血，得 5 分。 7. 否则根据操作规范程度以及断喙效果酌情减分。	40
	断喙后操作	1. 断喙结束后，对已断过喙的雏鸡，能够进行认真检查，得 5 分。 2. 如果发现有出血或断喙不当的雏鸡，能够进行正确处理，得 5 分。 3. 断喙后能够对断喙器进行擦拭、消毒，合理处置，得 10 分。 4. 否则酌情减分。	20

必备知识

一、雏鸡生理特点

生理特点	具体表现	管理措施
(1)体温调节机能尚未完善。	雏鸡的体温约为 39.6 ℃，约低于成年鸡体温 2 ℃；雏鸡出壳后，全身绒毛稀少，不能起到调节体温和保温的作用。3 周龄后，体温调节机能才基本完善，至 6 周龄以后基本具备适应外界温度变化的能力。	①保证育雏器内的雏鸡在等热区内。 ②使育雏舍尽可能保持温度平衡。 ③育雏舍及育雏器内选择适宜的供暖设备。
(2)生长发育快，短期增重极为显著。	蛋用型雏鸡 2 周龄时比其初生重增加 2 倍；6 周龄时增加 10 倍。	①保证雏鸡营养需要。 ②适时调整鸡群饲养密度和饮水、饲喂设备的高度。
(3)胃肠容积小，消化能力弱。	初生雏鸡的胃肠容积小，贮存食物有限，营养来源少，消化系统尚未发育完全，对饲料的消化能力差。	①饲料调制要精细适宜。 ②饲料营养应全价平衡稳定。 ③选择易于消化吸收的全价配合饲料。 ④饲喂时应少喂勤添。
(4)胆小易惊，缺乏自卫能力	雏鸡胆小，缺乏自卫能力，喜欢群居，并且比较神经质，稍有外界的异常刺激，就有可能引起混乱炸群，影响正常的生长发育和抗病能力。	①保持育雏环境安静，避免噪声、异常声响、新奇颜色。 ②应有防止兽、鼠害的措施。 ③当发生应激工作时应注意调整饲料或饮水中维生素的给量。

生理特点	具体表现	管理措施
(5)敏感性强，抗病力差。	雏鸡对各种病原微生物的防御能力较差，很容易感染各种疾病；雏鸡的敏感性强，对饲料中各种营养成分的缺乏或有毒物质的过量都会产生生长发育受阻及各种病理反应。	①保证饲料营养全面，投药均匀适量。 ②在管理上要做到按免疫接种计划定期接种。 ③搞好育雏舍的日常卫生消毒工作。 ④严格控制病原的传播。
(6)羽毛生长快、更换勤更新速度快。	幼雏的羽毛生长特别快，在20日龄时羽毛约为体重的4%，到28日龄便可以增加到7%，以后大体保持不变的比例；而且从雏鸡到体成熟20周龄时，羽毛要脱换4次。	①雏鸡对日粮中的蛋白质，特别是含硫氨基酸水平要求高。 ②雏鸡换羽时应注意预防慢性呼吸道疾病的发生。

二、育雏前准备

1. 制定育雏目标

培育要点	培育目标
培育时间	0～6周。
生长发育特征	鸡群体重、胫长符合本品种生长发育标准，整齐度≥佳。
育雏率	≥98%。
饲养管理	严格、科学、合理。

2. 制订雏鸡培育计划

主要内容	制订依据
制订雏鸡培育计划的目的。	提高养殖效益，防止盲目生产。
制订雏鸡培育计划的原则。	最好能够做到以场为单位的全进全出制，如果做不到那就尽量以区为单位的全进全出，最差也应做到以栋为单位的全进全出；每批育雏后的空场时间为一个月。
确定雏鸡的品种、代次。	应根据本场的生产定位结合蛋(种)鸡市场需求、饲养成本和销售模式等进行选择。
确定育雏方式。	人工育雏方式主要可分为两大类：一类是平养，分为地面平养和网上平养两种；另一类是笼养，多在禽舍建成后即已确定。
确定雏鸡的数量。	一般要由上笼鸡的数量反推出来。
确定进雏日期、育雏时间、饲料需要计划、兽药疫苗计划、阶段免疫计划、体重体尺的测定计划、育雏各项成绩指标的制订、育雏的一日操作规程和光照饲养计划等。	根据(种)鸡场具体情况确定，其中饲料需求计划可按每只鸡平均30 g/d计算。

3. 选择育雏季节

鸡舍类型（不同地域或生产用途）		育雏季节	效果
设备条件好，人工能完全控制外界环境条件（全密闭式鸡舍）		一年四季均可。	不受季节限制，均会培育出满意的雏鸡。
设备比较简单，人工尚不能完全控制外界环境条件（中小型鸡场）		春季。	最好。
		秋冬。	次之。
		夏季。	较差。
北方	商品蛋鸡	春季。	最佳。
	蛋种鸡	秋季。	最佳。
1年只育雏1批的养鸡户		春季。	最佳。

4. 选择育雏饲养人员

选择要点	主要内容
重要性	育雏是养鸡中最为繁杂、细微、艰苦而又技术性很强的工作。
具体要求	①具有吃苦耐劳精神。 ②责任心强、心细、勤劳。 ③必须具有一定专业技术知识和育雏经验。 ④必要时会封闭在鸡舍内2～6周不回家，待雏鸡转出后才能放假休息。
原因	因为幼雏很娇弱，对疫病的抵抗力差，早期很易染病。

5. 准备育雏鸡舍及饲养用具

准备项目	具体操作
（1）育雏鸡舍及周围环境的准备	①应严格按照鸡场场区规划与布局安排。 ②鸡舍周围环境消毒，最好是在进雏前2周内完成。 ③进鸡前两天再消毒一次。
（2）饲养用具的准备	①所有料槽、饮水器、保温伞等育雏用具，都要提前准备好，并在进雏使用前，再用清水冲洗一遍，然后清除掉残留消毒药液。 ②桶盆、铁锹、扫帚、簸箕等工具也要配齐，并专舍专用，不得外借和串舍使用。 ③舍内灯光布局要合理。 ④舍内要有供排水设施，以便于真空饮水器的换水和水罐等器具的清洗、消毒等。
（3）鸡舍的清扫检修及彻底消毒	①育雏前要对鸡舍进行全面检修、调试。 ②育雏舍所有的用具、设备均要在雏鸡进舍前进行彻底的冲洗和消毒。
（4）雏鸡舍预热增湿	无论采用何种供暖方式，在进雏前两天，育雏室和育雏器均应升温预热，并增加室内湿度，进行试温，使其达到标准要求。

准备项目	具体操作
(5)饲料的准备	①符合雏鸡饲养标准和营养要求的雏鸡料。 ②合适的开口料。
(6)其他物资的准备	①一定数量的燃料、抗菌素、常用药品和疫苗等。 ②灯泡等一定数量的易损耗用品。 ③记录用的各种表格、笔、光照表、日常操作程序等。 ④进雏前一天，最好在网上铺一层经消毒处理过的垫纸。 ⑤进雏前半小时应准备好含糖和维生素的开饮水。

三、雏鸡饲养

1. 接雏

项目	具体操作	注意事项
(1)进雏前	强制通风排除育雏舍内熏蒸消毒后残留气体，对育雏区周围环境再次消毒。	可在进雏前 3～5 d，打开育雏舍，同时进行气味检测。
(2)检测舍温和湿度	检测舍温，应达到 24℃左右，育雏器(或育雏伞)温度调控在 33～32℃，湿度在 70%左右。	当雏鸡入舍后，由于它们散发一定的热量，舍温和伞温均会随之升高；应采用人工增湿的方法来提高舍内湿度。
(3)消毒	在育雏区外对运雏车辆消毒；对于进入雏鸡舍的雏鸡和运雏箱，选用适合的消毒液进行喷雾消毒。	应对饲养员进行封闭，整个育雏期执行隔离饲养。
(4)雏鸡进舍	尽快卸车，雏鸡箱进舍，并逐箱检查、挑选弱雏。	雏鸡箱进舍后应放置合理，便于雏鸡上笼操作。
(5)雏鸡静置	需静置半小时左右。	让雏鸡从运输的应激状态中缓解过来，同时适应一下鸡舍的温度环境。
(6)雏鸡上笼	按计划容量分笼安放雏鸡。	弱的雏鸡要安置在离热源最近、温度较高的笼层中；少数俯卧不起的弱雏，放在 35℃的温热环境中特别饲养。

2. 雏鸡的开饮与驱赶

项目		主要内容
(1)雏鸡开饮	概念	雏鸡第一次饮水称为初饮或开饮(开水)。
	时间	①一般雏鸡毛干后 3 h 即可。 ②远距离应尽量在 48 h 内饮上水。 ③实践中多在雏鸡到舍 20 min 后对周围环境适应后进行。

项目		主要内容
(1)雏鸡开饮	注意事项	①初饮越早越好。 ②初饮时的饮水中需要添加糖分、抗菌药物、多种维生素等（可按每升加入 50 g 葡萄糖和 1 g 维生素 C，这样有助于雏鸡尽快恢复体力和减少早期因脱水而发生死亡）。 ③饮水器具应充足，保证每只鸡有 2～3 cm 的饮水位置（如表 4-1-3-1），高度要适宜（一般乳头饮水器高度应与雏鸡眼睛等高），摆放要均匀（如图 4-1-3-1）；一般水盘要放在光线明亮之处，要和料盘交错安放；平面育雏时水盘和料盘的距离不要超过 1 m，一定要让雏鸡在 1.5～3.0 m 的活动范围内找到水喝。 ④饮水器每天应刷洗消毒 1～2 次。 ⑤注意第一次给水不要太多，以免出现水中毒。一旦出现水中毒，须饮水溶性电解多维。
(2)常饮	注意事项	①开饮以后要保证自由饮水，不断水，雏鸡的饮水量如表 4-1-3-2。 ②从第 5 d 开始，逐步撤除钟型饮水器，改换成供水槽或自动饮水器，建议在第 10 d 完成。
(3)驱赶雏鸡	时间	开饮 4～6 h 的过程中并且在开食前，要人为驱赶雏鸡奔跑。
	方法	赶赶停停。
	目的	①使雏鸡尽快度过腿疲软期，能站立行走自如，以适应新的环境。 ②使雏鸡熟悉饮水位置，增加饥饿感，增进食欲，并锻炼其耐受能力。
	意义	①经过驱赶训练雏鸡，显得健壮有力。 ②增加并加快了雏鸡的饮水次数和速度。 ③使一些昏睡的雏鸡度过了脑昏迷期，减少了弱雏因低血糖和缺水而早期死亡的数量。 ④进行驱赶运动使雏鸡明显缩短了学会采食的时间。 ⑤使雏鸡采食整齐，有利于增重和提高体重整齐度。

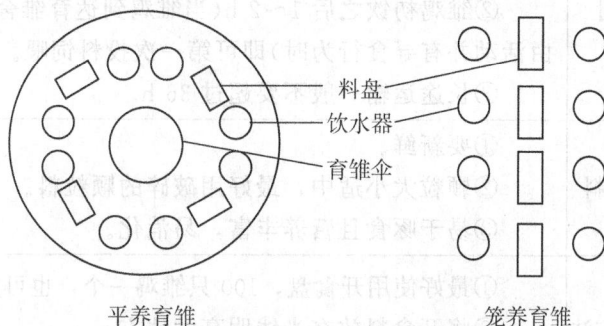

图 4-1-3-1 育雏期水料盘摆放示意图

表 4-1-3-1　各类雏鸡占用水槽长度(6～22周龄)

鸡的类型与性别	水槽 （cm/只）	水盘	水杯	乳头饮水器
		（个/百只）		
轻型蛋用雏鸡	1.9	1	7	10
中型蛋用雏鸡	1.9	1	7	10
轻型蛋用种雏(公、母)	2.2	1.1	8	11
中型蛋用种雏(公、母)	2.2	1.1	8	11
肉用种母雏	2.5	1.3	9	12
肉用种公雏	3.2	1.6	10	13

注：大型水盘周径为 127 cm。

表 4-1-3-2　每百只不同周龄小母鸡在不同气温下的需水量

周龄	饮水量(L)		周龄	饮水量(L)	
	≤21.2℃	≤32.2℃		≤21.2℃	≤32.2℃
1	2.27	3.30	7	8.52	14.69
2	3.97	6.81	8	9.20	15.90
3	5.22	9.01	9	10.22	17.60
4	6.13	12.60	10	10.67	18.62
5	7.04	12.11	11	11.36	19.61
6	7.72	13.22	12	11.12	20.55

3. 雏鸡的开食与饲喂

要点		主要内容
(1)雏鸡开食	概念	雏鸡进舍后，第一次给初生雏鸡投喂料即雏鸡的第一次吃食称为"开食"。
	时间	①雏鸡开食要适时(如案例2)，适宜的开食时间为出壳后 24 h 左右。 ②雏鸡初饮之后 1～2 h(当雏鸡到达育雏舍后有 1/3 的个体自由活动并有寻食行为时)即可第一次投料饲喂。 ③长途运输一般不要超过 36 h。
	开食料	①要新鲜。 ②颗粒大小适中，最好用破碎的颗粒料。 ③易于啄食且营养丰富，易消化。
	开食方法	①最好使用开食盘，100 只雏鸡一个，也可以用塑料布等代替。 ②将开食料放在光线明亮的地方。 ③利用雏鸡的模仿行为完成开食或人工诱导雏鸡采食。

要点		主要内容
(1)雏鸡开食	注意事项	①第一次给料不宜过多，一般按 1 g/只左右，每次上料间隔时间一般为 1~2 h，剩余的料不宜过多也不宜与新料混合。 ②饲料必须营养全面。 ③每次喂饲前应用手摸嗉囊，根据嗉囊的饱满程度来决定是否喂饲。 ④每次喂八成饱。雏鸡的消化能力差，喂饲过饱易引起嗉囊炎。 ⑤不要喂饲发霉变质的饲料。 ⑥不要频繁更换不同批次的饲料，防止出现换料应激。 ⑦注意少喂勤添，头 3 d 喂料次数要多些，一般为 6~8 次，以后逐渐减少，第 6 周时喂 4 次即可。 ⑧开食盘和饮水器应间隔、均匀放置，保证每只鸡都可以采食到饲料。随着雏鸡的生长，5~7 d 时逐渐加设料槽，雏鸡习惯后撤掉开食盘。
(2)雏鸡饲喂	掌握好饲喂量	一算：就是按雏鸡日龄和鸡数，算出每天应供给的饲喂量(如表 4-1-3-3)，饲喂量随日龄而增加，但一般每日增幅不大于 1~2 g，然后再按每天饲喂次数进行投料。 二看：是指喂料时，饲养员要注意观察雏鸡的采食情况和速度。 三检查：是指检查小鸡嗉囊。 四有无剩料：是看饲槽中有无剩料。如投料后，雏鸡抢食，很快把料吃光，嗉囊中存料不多，饲槽中又无剩料，说明投料量不够，应酌情增加投料量；反之，则饲喂量过大，下一顿应酌情减少。
	提高投料技术	①要让雏鸡吃好、吃饱，但又不过饱。 ②投料时，应根据实际情况，酌情增加或减少投料量，做到槽中无剩料。 ③多次投料刺激雏鸡食欲，投料时要求布料均匀，速度快。

表 4-1-3-3 0~20 周龄白壳、褐壳蛋系雏鸡体重与饲料量

周龄	白壳蛋系			褐壳蛋系		
	体重(g)	日饲料量 (g/只)	累计料量 (kg/只)	体重(g)	日饲料量 (g/只)	累计料量 (kg/只)
1	65	12.0	0.08	70	14.0	0.10
2	110	16.0	0.19	115	20.0	0.24
3	180	21.0	0.34	190	25.0	0.41
4	250	27.0	0.53	260	29.0	0.62

续表

周龄	白壳蛋系			褐壳蛋系		
	体重(g)	日饲料量 (g/只)	累计料量 (kg/只)	体重(g)	日饲料量 (g/只)	累计料量 (kg/只)
5	320	31.0	0.75	360	33.0	0.85
6	400	35.0	0.99	480	37.0	1.11
7	500	39.0	1.27	590	41.0	1.39
8	580	44.0	1.58	690	46.0	1.72
9	680	48.0	1.91	790	51.0	2.07
10	770	51.0	2.27	890	56.0	2.46
11	870	53.0	2.64	990	61.0	2.89
12	950	55.0	3.02	1 080	66.0	3.35
13	1 000	57.0	3.42	1 160	70.0	3.84
14	1050	59.0	3.84	1250	73.0	4.35
15	1100	61.0	4.26	1340	75.0	4.88
16	1140	63.0	4.70	1410	77.0	5.42
17	1190	65.0	5.16	1480	79.0	5.79
18	1240	67.0	5.63	1540	82.0	6.55
19	1290	69.0	6.11	1600	84.0	7.13
20	1340	72.0	6.62	1650	86.0	7.73

四、雏鸡管理

1. 必备的育雏环境控制

控制要点	具体操作	操作机理及注意事项
(1)温度适宜	①1 日龄育雏伞(器)温度应为 33～35℃，2～7 日龄为 33～32℃，以后每周下降 2～3℃，最好分两次降低温度。 ②育雏舍内室温不低于 24℃，至 6 周龄降至 21～18℃脱温(如案例 3)。 ③实际生产中常通过观察鸡群来进行控制。	①1 日龄雏鸡的适宜温度(等热区)是 35℃。 ②不要使雏鸡突然感到寒冷，要尽可能保持温度的平稳。 ③在供温期间一定要使育雏温度符合各个周龄雏鸡需要，在雏鸡逐渐长大的过程中，随着雏鸡羽毛逐渐生长而将温度降低，直至停止供暖。
(2)湿度适中	①育雏舍的相对湿度应保持在 60%～70%为宜。 ②一般育雏前期湿度要高一些，后期要低一些，达到 50%～60%即可(如表 4-1-3-4)。	①1 周龄内的湿度很重要，必须采用人工增湿才能满足雏鸡的生理需要。 ②鸡对湿度的耐受范围较大，不像对温度要求那样严格；但是 14～60 日龄是球虫病易发期，应注意保持舍内干燥，防止球虫病的发生。

控制要点	具体操作	操作机理及注意事项
(3)空气新鲜	①在夏季达 1 周龄后，冬季 10 日龄或 2 周龄后，要进行自然通风和间歇性通风，并逐步过渡到连续性通风。 ②舍内二氧化碳浓度不应超过 0.5%，氨的浓度不应超过 20 mg/L。 ③鸡舍的通风量按夏季鸡的最大周龄所需的最大通风量设计。 ④判定标准：观察温度计，看雏鸡的表现。	①雏鸡的需氧量（如表 4-1-3-5）和二氧化碳排出量也较成鸡高。雏鸡每分钟需要的空气量是 0.5L/kg，比家畜高 3 倍。 ②通风换气的总原则是：按不同季节要求的风速调节，按不同品系要求的通风量组织通风，舍内没有死角。 ③通风时不能使育雏舍内温度下降过快，低于育雏温度则关机，高于此温度则开机通风。
(4)光照适度	①初生雏一般以 20 Lx 为宜。 ②通常 0～3 日龄每天要维持 23～24 h 的光照时数，以后的光照按光照制度执行。 ③人工补充光照不能时长时短，一般不低于 8 h，强度逐步降至 5 Lx。	①初生雏的视力弱，光照强度要大一些。 ②幼雏的消化道容积较小，食物在其中停留的时间短（3 h 左右），需要多次采食才能满足其营养需要，所以要有较长的光照时间来保证幼雏足够的采食量。 ③育雏期光照原则：光照时间只能减少或恒定，不能增加，以避免性成熟过早，影响以后生产性能的发挥。 ④开放式鸡舍在人工补充光照时，应注意开、关灯要准时，补充光照应早晚同时进行，不宜在早晨或晚上一次进行。
(5)密度合理	①不同用途的鸡群，密度要求也不同（如表 4-1-3-6）。 ②前期密度大时，可根据实际情况随时分群。 ③平养时一般要求将大群分为 300～500 只的小群，在一个育雏舍内可用围栏隔离成小群。	①密度过大，鸡群拥挤，雏鸡活动受限，舍内空气易污浊，容易发生啄癖，采食不均匀，造成鸡群发育不整齐，均匀度差等问题。 ②密度过低，不利于保温，鸡舍和设备利用率低，育雏成本高，不经济。 ③笼养时尽量做到强弱分群、大小分群，单独管理和调整喂料量。
(6)槽位足够	槽位指每只鸡所占有的饲槽或饮水槽的长度。商品蛋用型鸡所需食槽长度和各类雏鸡占用水槽长度如表 4-1-3-7 和表 4-1-3-8。	槽位不足对鸡群的危害性与密度过大相似，甚至对雏鸡的增重和整齐度影响更大。

表 4-1-3-4　雏鸡的适宜相对湿度与极限值(%)

日龄		0～10	11～30	31～45	46～60
适宜湿度		70	65	60	50～55
极限值	高湿	75	75	75	75
	低适	40	40	40	40

表 4-1-3-5　雏鸡的通风量

周龄	通风量(m³/只·min)	
	轻型品种	中型品种
2	0.012	0.015
4	0.021	0.029
6	0.032	0.044

表 4-1-3-6　0～6 周龄育雏密度

鸡的类型与性别	育雏方式		
	地面平养(只/m²)	网上平养(只/m²)	笼养(cm²/只)
轻型蛋雏	14.3	21	150
中型蛋雏	12.7	21	180
轻型蛋用种雏			
♂	10.8	18	210
♀	12.7	21	180
中型蛋用种雏			
♂	8.6	14	250
♀	10.8	18	210

表 4-1-3-7　商品蛋用型鸡所需食槽长度

周龄	食槽种类	
	槽式(cm/只)	吊桶式
1～4	2.5	1 个/35 只
5～10	5	1 个/25 只
11～20	7.5～10	1 个/20 只

注：吊桶式食槽直径为 30～40 cm。

表 4-1-3-8　各类雏鸡占用水槽长度(6～22 周龄)

鸡的类型与性别	水槽(cm/只)	水盘	水杯	健康乳头饮水器
		(个/百只)		
轻型蛋用雏鸡	1.9	1	7	10

续表

鸡的类型与性别	水槽 （cm/只）	水盘	水杯	健康乳头饮水器
		（个/百只）		
中型蛋用雏鸡	1.9	1	7	10
轻型蛋用种雏（公、母）	2.2	1.1	8	11
中型蛋用种雏（公、母）	2.2	1.1	8	11
肉用种母雏	2.5	1.3	9	12
肉用种公雏	3.2	1.6	10	13

注：大型水盘周径为127 cm。

2. 蛋雏鸡的管理要点

管理要点	具体操作	操作机理及注意事项
（1）防止腹部受凉	育雏开始1周内，最好在保姆伞下铺上消过毒的耐用纸；2～3 d换1次垫纸，将用过的纸烧掉。	防止雏鸡腹部受凉，可减少腹泻或诱发其他疾病，减少早期雏鸡死亡的数量。
（2）防重于治	①实行全进全出。 ②饲养人员封闭式管理。 ③按程序做好卫生免疫工作。 ④选择有效的预防药物。 ⑤定期对育雏舍和周围环境进行消毒。 ⑥定期清洗消毒料槽和饮水器。 ⑦认真执行防疫程序。 ⑧育雏结束后对育雏舍进行彻底消毒。	①尽可能防止或减少雏鸡感染疾病。 ②施药时，剂量要准确，防止中毒。 ③带鸡消毒一般每周1～2次。 ④消毒时，轮换使用化学成分不同的消毒剂，以避免病菌产生耐药性。 ⑤要及时检测抗体效价，确保免疫成功。
（3）促使剩余卵黄吸收完全	应尽量减少应激（①在从孵化器检雏、性别鉴定和选择时，若用力过度以及将雏鸡抛入雏鸡箱时，会导致卵黄囊受损或破裂；②管理不善所造成的应激，可使卵黄囊周围的血管收缩，从而妨碍雏鸡对卵黄物质的吸收），确保雏鸡正常的生长发育。	剩余卵黄是雏鸡运输和开食前的营养物质来源，且雏鸡可从中获得抗体，帮助其抵抗疾病，直到建立起自己的免疫力。
（4）降低雏鸡的印象期应激	应将育雏所要使用的饲喂用具等，在鸡只进入育雏舍前都放入育雏舍，让其熟悉，以减少应激。	刚孵出的小鸡有一个短暂的印象期，最初产生的印象能较长久地"铭记"。

管理要点	具体操作	操作机理及注意事项
（5）利用好雏鸡的采食选择性	应注意饲料卫生，防止饲料过剩和酸败变质。	雏鸡出壳 1 周内，采食没有选择性；随着日龄增大，选择性也在增加，料槽中有剩料时选择性更强。
（6）确保饲粮和饮水卫生	每天应清洗和消毒饮水器与饲料用具。 开食后最初几天，饲料是撒在食料盘或塑料布上，很容易粘上粪便，所以应注意饲料和饮水卫生。	刚孵出不久的雏鸡，常啄食同伴刚排出的粪便（这也是鸡的一种习性）。
（7）重视夜间管理	关灯后，应把离群的鸡及时捉回放在保温伞下或热源处。	在人工育雏时，缺乏母鸡诱导的吸引力。
（8）强化日常管理	①要做得精心、细致、到位。 ②认真做好雏鸡健康状况、光照、雏鸡分布情况、粪便情况、温度、湿度、死亡、通风、饲料变化、采食量及饮水情况等记录工作，实际生产中可根据具体情况进行调整记录（如表 4-1-3-9）。	①越是早期的发育状况，越能决定蛋鸡的产蛋性能。 ②在育雏最初几周内，饲养管理得当，雏鸡各器官才能充分生长发育，也才能达到育雏期的培育目标。
（9）定期称重	每 1～2 周必须抽测一次雏鸡的体重（详见任务 4.1.4 中技能拓展）。	体重是健康的标志，根据称重结果，可以了解鸡群的整齐度情况并发现问题，以便及时调整鸡群和饲管措施。
（10）勤于观察	开灯后或投料时加强观察，及时淘汰弱雏和病雏。	①开食后 1～2 周，是最易辨别的时间。 ②要将淘汰的鸡放入置于育雏舍外的专门收集箱中，由专人负责将雏鸡烧掉；收集箱使用后要严格消毒。
（11）更换饲料要慎重	6 周龄或更换饲粮前必须称重，方可决定是否调整饲料营养浓度。	6 周龄体重达不到该品种要求标准时，应继续饲喂育雏饲料，决不能机械地按周龄更换饲料。
（12）正确检测育雏效果	一周龄末要求成活率应达到99.0%～99.5%，6 周龄末应达到98.0%以上。	育雏效果好的雏鸡要求成活率高，均匀度好，体重、胫长达标并适时开产。

表 4-1-3-9　育雏、育成期记录

品种					入舍日期					
批次					入舍数量					
转群日期					转群数量					
周龄	日龄	存栏	死亡	淘汰	成活率（%）	耗料量			平均体重（g）	均匀度（%）	用药免疫
						每只耗料（g）	总量（kg）	累计总耗料（kg）			
1	1								—		
	2								—		
	3								—		
	…								—		
	42										
	…										
	140										

拓展阅读

4.1.3.1　预防啄癖

●●●●● 作业单

一、名词解释

1. 育雏期，2. 开饮，3. 开食。

二、思考题

1. 如何提供适宜的育雏环境？
2. 雏鸡为什么要断喙？断喙时应注意什么？
3. 什么情况下需要人工诱导雏鸡采食？如何进行？
4. 雏鸡光照的原则是什么？什么情况下可以利用自然光？什么情况下必须人工补光？
5. 如何能够更好地提高雏鸡的成活率？
6. 试说明可以通过哪些措施预防雏鸡发生啄癖。
7. 举例说明怎样使雏鸡形成一些好习惯。

任务 4.1.4 育成蛋鸡培育

案例单

<table>
<tr><td>任务 4.1.4</td><td colspan="5">育成蛋鸡培育</td><td>学　时</td><td>4</td></tr>
<tr><td>案例</td><td colspan="5">案例内容</td><td colspan="2">案例分析</td></tr>
<tr><td rowspan="3">1</td><td>重量</td><td>育雏期满</td><td colspan="2">18 周龄转群时</td><td>育成期满</td><td colspan="2" rowspan="3">这是蛋鸡群在转入(或转出)育成鸡舍的建议体重。</td></tr>
<tr><td>白壳蛋系母鸡</td><td>440 g</td><td colspan="2">1 280 g</td><td>1 550 g</td></tr>
<tr><td>褐壳蛋系母鸡</td><td>500 g</td><td colspan="2">1 500 g</td><td>1 750 g</td></tr>
<tr><td>2</td><td colspan="5">有两群鸡，A 鸡群体重达标而均匀度很差，B 鸡群体重没有完全达标但均匀度好，试分析 A、B 两鸡群哪个更好？为什么？</td><td colspan="2">B 鸡群更好，因为 B 鸡群个体间差异小，更易用饲养管理等措施来促其生长发育。</td></tr>
<tr><td rowspan="6">3</td><td colspan="4">在鸡群平均体重±10%范围的
蛋鸡所占的比例(%)</td><td>整齐度</td><td colspan="2" rowspan="6">这是用进入平均值 10%范围内个体的比例来表示鸡群整齐度的方法。</td></tr>
<tr><td colspan="4">85 以上</td><td>特佳</td></tr>
<tr><td colspan="4">80～85</td><td>佳</td></tr>
<tr><td colspan="4">75～80</td><td>良好</td></tr>
<tr><td colspan="4">70～75</td><td>一般</td></tr>
<tr><td colspan="4">70 以下</td><td>不良</td></tr>
<tr><td rowspan="2">4</td><td>单位(mm)</td><td>1 周龄</td><td>6 周龄</td><td>10 周龄</td><td>18 周龄</td><td colspan="2" rowspan="2">这是迪卡蛋鸡胫骨的发育情况。</td></tr>
<tr><td>胫长</td><td>33</td><td>65</td><td>87</td><td>105</td></tr>
<tr><td rowspan="7">5</td><td>方法</td><td colspan="2">前期料＋后期料</td><td colspan="2">饲喂时间(d)</td><td colspan="2" rowspan="7">这是不同鸡群水平可采用的三种换料方法。</td></tr>
<tr><td rowspan="3">Ⅰ</td><td colspan="2">2/3＋1/3</td><td colspan="2">2</td></tr>
<tr><td colspan="2">1/2＋1/2</td><td colspan="2">2</td></tr>
<tr><td colspan="2">1/3＋2/3</td><td colspan="2">3</td></tr>
<tr><td rowspan="2">Ⅱ</td><td colspan="2">2/3＋1/3</td><td colspan="2">3</td></tr>
<tr><td colspan="2">1/3＋2/3</td><td colspan="2">4</td></tr>
<tr><td>Ⅲ</td><td colspan="2">1/2＋1/2</td><td colspan="2">7</td></tr>
</table>

6	鸡的类型与性别		育成方式			这是 7～20 周龄蛋用育成鸡饲养密度。
			地面平养（只/m²）	网上平养（只/m²）	笼养（cm²/只）	
	轻型蛋用育成鸡		7.2	12.0	320	
	中型蛋用育成鸡		5.8	9.7	400	
	轻型蛋用种雏	♂	5.0	8.3	420	
		♀	7.2	12.0	320	
	中型蛋用种雏	♂	4.0	6.7	520	
		♀	5.8	9.7	400	

●●●●● 工作任务单

子任务 4.1.4.1	测定鸡群均匀度	
任务目的	通过对海兰褐商品代蛋鸡 10 周龄鸡群抽样称重，试测定该鸡群均匀度，判定鸡群整齐度，进而评定鸡群生长发育状况，从而指导生产。	
任务准备	地点：实训基地。 动物：海兰褐商品代育成鸡群（≥500 只）。 材料：海兰褐商品代蛋鸡 10 周龄标准体重为 890 g、体重记录表（见附录中附表 1）、家禽秤和计算器；鸡群整齐度标准（案例 3）。	
任务实施	1. 各小组结合案例 2 明确任务，分工实施操作。 2. 小组间合作称量鸡只体重，并统计均匀度。 3. 判定鸡群整齐度（案例 3）。根据鸡群的均匀度和整齐度，考虑是否进行鸡群的调整。 4. 评定鸡群生长发育状况。将统计出的鸡群实际平均体重值与海兰褐商品代母鸡 10 周龄标准体重（890 g）值进行比较，根据相差程度，采取相应饲养管理措施。	
考核评价	考核内容	评价标准	分值
	称量鸡只体重	1. 能够正确选择鸡只称重时间，得 5 分。 2. 能够准确确定鸡只称重数量，得 5 分。 3. 能够根据现场状况选择适宜的称重方法，得 5 分。 4. 能准确称量所选鸡只体重，得 5 分。 5. 能准确、清晰记录鸡只体重，得 5 分。 6. 否则酌情减分。	25

考核评价	统计鸡群均匀度	1. 能够准确计算出称重后所有鸡只体重的算术平均值（M），得 10 分。 2. 能够准确选择均匀度统计方法，得 10 分。 3. 能够准确计算出称重鸡只的平均体重范围，得 10 分。 4. 能够准确计算出鸡群均匀度，得 10 分。 5. 否则酌情减分。	40
	判定鸡群整齐度	1. 能够根据鸡群均匀度值快速判定鸡群整齐度，得 10 分。 2. 否则酌情减分。	10
	指导生产	1. 能够根据鸡群的均匀度和整齐度情况提出鸡群管理建设性意见，得 10 分。 2. 能够结合案例 3 并通过鸡群体重的实际平均值和标准值进行比较后，提出合理的饲养管理方案，得 15 分。	25

子任务 4.1.4.2	限制饲喂
任务目的	海兰褐商品代蛋鸡 10 周龄标准体重为 890 g，经抽样测定实际平均体重为 1 000 g，试据此分析该鸡群采用限制饲喂控制鸡群体重的目的、然后归类限制饲喂方法和限制饲喂注意事项，并制订该鸡群的限制饲喂方案。
任务准备	地点：实训室或实训基地。 材料：海兰褐商品代蛋鸡饲养管理手册、该鸡场操作规程、该批蛋鸡所有记录材料。
任务实施	1. 各小组明确任务，进行讨论。 2. 各小组内讨论该鸡群采用限制饲喂是否是目前最佳方法。 3. 请归类限制饲喂方法填于下表中。 表格如下： 4. 指出该鸡群最好应用上面哪种方法，并制订具体操作方案。 5. 指出该方案对该鸡群具有哪些实际意义。 6. 各小组间方案可以进一步结合案例 1 和案例 4 中的相关数据等进行对比、互评，最后形成全班统一方案。 7. 教师总结、评鉴。

限制饲喂方法		限制饲喂操作	注意事项	应用
数量限制饲喂	定量限制饲喂			
	停喂结合			
质量限制饲喂	降低能量			
	降低粗蛋白质或氨基酸			
时间限制饲喂	每日限制饲喂			
	隔日限制饲喂			
	每周限制饲喂			

考核内容	评价标准	分值
考核评价 限制饲喂目的与意义	1. 能够说出该鸡群采用限制饲喂方法的原因，原因合理能被认可，每条得2分，最多得10分。 2. 能够明确指出限制饲喂的目的，每条得2分，最多得10分。 3. 否则酌情减分。	20
限制饲喂方法	1. 能够准确解释数量限制饲喂、质量限制饲喂和时间限制饲喂等，每一项得1分，最多得10分。 2. 能够准确说出各项限制饲喂操作，每项操作得2分，最多得14分。 3. 能够明晰限制饲喂注意事项，每说出一项得1分，最多得11分。 4. 每说出一条应用得1分，最多得10分。 5. 否则酌情减分。	45
限制饲喂方案	1. 能够确定该鸡群的限制饲喂方法，得6分。 2. 能够制订该鸡群限制饲喂方案，得10分。 3. 能够说出该方案的实际意义，每阐述一条得2分，最多得14分。 4. 各组评后形成的统一方案，给贡献最大的小组加5分。	35

必备知识

一、育成鸡生理特点

生理特点		具体表现	管理措施
各器官发育趋于完成、机能日益健全	体温调节机能逐步健全	①雏鸡达4～5周龄时全身绒毛脱换为羽毛。 ②在8周龄时长齐。 ③20周龄育成鸡羽毛已经脱换5次，最终长出成鸡羽。	①该阶段鸡对外界的温度变化适应能力增强，是鸡群一生中死亡率最低的时期。 ②只要鸡舍保温条件好，一般不必采取供暖。
	消化能力增强	①消化器官特别是胃肠容积增加，各种消化液的分泌增多，对麸皮、草粉、叶粉等粗饲料可以较好地利用。 ②到育成期末，小母鸡对钙的利用和存留能力显著增强。	①降低饲料中能量的含量，适当增加粗纤维含量。 ②育雏期末（产蛋前期）应适当添加砂砾并增加饲料中的钙含量。

生理特点		具体表现	管理措施
各器官发育趋于完成、机能日益健全	生殖器官日益成熟	①育成鸡在 10 周龄时，性腺开始活动发育，以后发育很快。②到 16～17 周龄时便接近性成熟，但这时身体还未发育成熟。	①采取适当饲养管理措施。②控制性器官过早发育。
	防御机能逐渐成熟	①鸡体逐渐强壮和生理防御机能逐步增强。②免疫器官也渐渐发育成熟，从而能够产生足够的免疫球蛋白，以抵抗病原微生物的侵袭。	应根据鸡群状态和各种疫病流行特点，定期做好防疫接种工作。
体重增长与骨骼发育处于旺盛时期		①此期是鸡生长骨和肌肉最多的时期。②机体脂肪随日龄增长逐渐积累，13 周龄后，脂肪沉积量增多。③育成期的绝对增重最快。	①饲养管理不当，可引起肥胖。②易导致早熟或推迟开产，尤其褐壳蛋鸡，应在 9 周龄后实行适当限制饲喂。
建立群序等级		鸡群在 8～10 周龄时开始出现群序等级，到临近性成熟时已基本形成。	①群序等级的建立对鸡群的正常生长发育有一定影响。②育成期应保持鸡群和环境相对稳定。③供给充足饲槽、水槽等。

二、育成蛋鸡培育目标

培育要点	培育目标
培育时间	7～20 周(或 5％的产蛋率)。
生长发育特征	①体重达标、骨骼结实、体型匀称(鸡群体重、胫长符合本品种生长发育标准)。②鸡群整齐、均匀度好(≥佳)。③体质健壮、成活率高(≥97％)。④适时开产(体重增加与开产日龄同期)。
育成率	≥97％。
饲养管理	严格、科学、合理。

三、育成蛋鸡饲养

(一)调整育成蛋鸡的营养水平

项目	时间	具体操作	注意事项
降低饲粮营养水平	中雏(7～14周)。	代谢能:降至10.878～11.296MJ/kg。蛋白:降至16%。	①体重应达标。②应综合鸡群各方面表现,适时、适度地调整营养水平。
提高饲粮营养水平	18周龄以后。	4.1.4.1	产蛋母鸡对蛋白质的需要随阶段不同,用于维持生命、产蛋和形成羽毛的消耗不同。
调整钙水平	开产前10 d或当鸡群见第一枚蛋。	①钙的水平调整为2.0%～2.25%,在饲料中加一些贝壳粉或颗粒钙。②对散养鸡群可设矿物质饲料盒,供需要的母鸡啄食。	为饲喂高钙产蛋料做过渡,减少高钙对鸡肾脏和消化道的应激,避免开产后发生生理性腹泻、出现消化不良及排泄干绿粪便等现象。
调整钙水平	产蛋率达到1%后。	①立即换成高钙(增加至3.5%左右)日粮。②日粮中有1/2的钙以颗粒状(直径3～4 mm)石粉或贝壳粒供给。	①这样既补钙,又照顾开产的母鸡。②如果饲喂沙砾,应将沙砾洗净、消毒后再饲喂。

(二)建立良好的育成蛋鸡体型

(1)体型是骨骼与体重的总和。

(2)正常的体重建立在良好的骨骼上,骨骼的发育可由胫长的测定来评估。

(3)体重是鸡健康与否的标志,体重增长是否达标和均匀度(整齐度)好坏,是衡量鸡群品质的数量和质量指标,也是衡量鸡群饲养管理水平的标志之一。在实际生产中均匀度更具意义。

项目	相应指标	具体操作
均匀度	方法1(多用):鸡群平均体重±10%范围内鸡所占百分比来表示。	均匀度(%)=(体重在抽测群平均体重±10%范围的鸡数)/抽测群总数×100%（详见本部分技能拓展及子任务4.1.4.1）
	方法2:用平均数±标准差或转换为变异系数来表示	4.1.4.2

项目	相应指标	具体操作
胫长	胫长是指从鸡跗关节顶部到第三趾与第四趾间的垂直距离。 　　实际生产中常用卡尺度量跗关节顶部到脚爪底部的垂直距离（如图4-1-4-1）。	 图 4-1-4-1　测量胫长

（三）控制育成蛋鸡体重

1. 限制饲喂

（1）限制饲喂简称限制饲喂，就是人为地控制鸡的采食量或者降低饲料营养水平，以达到控制体重等目的。

（2）限制饲喂的目的和作用：①控制体重；②控制性腺发育，使鸡群适时开产；③节省饲料（可节省 10%～15%），提高母鸡在产蛋期的饲料报酬。

方法		操作	特点	注意事项
数量限制饲喂		这是限制饲喂量的方法，饲料的营养水平不变，把配合好的日粮按限制饲喂量（一般为正常采食量的 80%～90%）喂给，喂完为止。	操作简便；应用广泛。	①轻型品种蛋鸡一般不需要限制饲喂。 ②育成蛋鸡体重不达标时不能限制饲喂。 ③限制饲喂前应断喙，淘汰病、残、弱鸡；并制订好限制饲喂方案。 ④限制饲喂期间，必须要有足够的食槽。 ⑤定期称重，掌握好喂料量。 ⑥当出现外界环境应激时，应暂停限制饲喂。 ⑦掌握好限制饲喂的时间和品种。 ⑧限制饲喂必须与控制光照相结合。 ⑨限制饲喂时应经常观察鸡群，若发现有不良现象时应停止，恢复正常后继续进行。 ⑩限制饲喂日不要喂给砂砾，以防过食影响正常采食。
质量限制饲喂		就是限制日粮中的某些营养水平，适当降低能量、粗蛋白质或赖氨酸水平；如日粮中可适当增加糠麸类比例，粗纤维可控制在 5% 左右。	生产中应用较麻烦。	
时间限制饲喂		就是利用控制鸡采食时间，使其不能吃到足够的营养物质，从而达到限制饲喂的目的。	操作有难度，若操作不当容易导致鸡群的均匀度变差。	
	每日限制饲喂	是指将每天限定的饲料量一次投喂，即一天只加一次料。		
	隔日限制饲喂	是指将每天限定的饲料量在第一天喂给，第二天只加水不加料。		
	每周限制饲喂	简称 5/2 限制饲喂法，是将一周限定的饲料量平均分在 5 d 饲喂，有 2 d 只加水不加料。一般情况下，每周的周一、周三不加料、只加水，饲料平均分在其他 5 d 饲喂。		

2. 其他方法

方法	操作	机理	注意事项（实践意义）
过渡饲养	逐渐增加日粮中钙的水平。	是适应母鸡19周龄前后，其性成熟生长高峰期的饲养方式。	此过程不能一次完成。
减少饲喂次数	一般育成期饲喂次数减少至日喂2次。	让鸡有饥饿感。	饥饿的鸡不挑食，从而节省了饲料。
增加运动量	增加笼高或舍高（平养），降低饲养密度。	6周龄以后，蛋鸡培育的着眼点是长骨架以及内脏器官的充分发育。	开灯后，往往可以看到鸡群展翅拍打、奋飞或跳跃运动，这是心理和生理的需要。
	散养时，可将青饲料悬挂起来。	让鸡跳起来啄食。	除增加运动量外，还可减少啄癖的发生。

四、育成蛋鸡管理

（一）育成蛋鸡前期管理

应做好育雏、育成期的过渡。

项目	时间	操作	注意事项
转群	6～7周龄。	若育雏和育成在不同鸡舍饲养，则育雏结束后需将雏鸡由育雏舍转入育成舍。	①在转群前做到水、料齐备，环境条件适宜，使育成鸡进入新舍后能迅速熟悉新环境，尽量减轻因转群对鸡造成的应激反应。②转群时淘汰病弱个体，发现体重不均匀的鸡，应按体重大小分别饲养在不同的笼内（或分成大、中、小三栏），从而给予不同的饲喂量。③转群前3～5 d，应按应激时维生素的需要量补充维生素，可添加0.02%多种维生素和电解质。④转群前6 h停止喂料。⑤转群后应尽快恢复喂料和饮水，饲喂次数增加1～2次。⑥转群后，为使鸡尽快地适应环境，应给予24 h连续光照，1 d后恢复正常的光照制度。
脱温	昼夜温度达到18℃以上。	舍内由取暖变成不取暖叫脱温。	①脱温要有个过渡期，降温要缓慢，使鸡群逐步适应。②脱温时间，各地应根据育雏季节、鸡群体质状况、育雏方式、设备条件灵活掌握；一般晚春、夏季4周龄以后就可脱温，早春在6周龄。

项目	时间	操作	注意事项
换料	转群后体重达标。	育雏结束后将雏鸡料换成育成鸡料，具体方法如案例5。	①不可以突然全换，应逐步进行，需要有1～2周的过渡。②不同鸡群水平可采用不同的过渡方式。

(二)育成蛋鸡日常管理

育成期的管理相对育雏期要轻松一些，但育成期管理的好坏，直接影响到产蛋性能的发挥，所以育成期的管理不能疏忽。

管理要点	具体操作
1. 保证足够清洁饮水	定期清洗消毒水槽和饮水器，保证育成蛋鸡的健康发育。
2. 温度适宜	育成鸡的最佳温度为21℃左右，寒冷季节转群，舍温应予补充到与转群前育雏舍内温度相近的水平或高1℃左右。
3. 加强通风换气	北方在寒冷季节，因鸡舍保温常忽视通风换气，因此造成鸡舍环境差，很容易引起呼吸道疾病的暴发，不仅影响鸡的生长发育，严重时可造成死亡，所以应加强通风换气。
4. 搞好卫生防疫工作	①做好免疫(有条件的最好进行抗体监测)工作以及定期驱虫外。 ②加强日常卫生管理，定期清扫鸡舍、更换垫料、及时清粪，注意通风换气，执行严格的消毒制度。 ③平时每周带鸡消毒2～3次，消毒药物每两周更换一次。谢绝参观，以免带进病菌。
5. 定期称重	在育成期内，最好每周或每两周称重一次，产蛋期每月一次，然后与标准体重表进行对照，根据体重变化及均匀度情况及时调整饲喂量，以得到比较理想的体重和提高鸡群整齐度。
6. 观察鸡群、及时淘汰	结合称重结果，尽早淘汰不符合标准的鸡以及病、弱、残鸡。
7. 保持环境安静、稳定	要尽量减少应激，避免外界的各种干扰，抓鸡、注射疫苗等动作要轻，不能粗暴，转群最好在夜间进行；不要随意变动饲料配方和作息时间，饲养人员也应相对固定。
8. 整理鸡群、调整饲养密度	育成前期应按体重、大小、强弱分群，不同群不同对待；并及时整理鸡群，检查每笼的鸡数，使每笼鸡数符合饲养密度要求，具体饲养密度如案例6。
9. 控制光照	每天光照时数应保持恒定或逐渐减少，切勿增加，最低不能少于8 h；光照强度5～10 Lx，不可增大。
10. 做好日常工作记录	记录表格如表4-1-3-9。

（三）育成蛋鸡开产前管理

项目	时间	操作	注意事项
转群	17～18周龄。	由育成鸡舍转入产蛋鸡舍。	①应在开产前完成。 ②转群当天，育成鸡舍只供水、不供料。 ③抓鸡应在关灯条件下进行（或尽量在夜间转群），抓鸡要抓脚，不能抓颈和翅，动作迅速，但不能粗暴。 ④转群时淘汰生长发育不良的弱鸡、残次鸡及外貌不符合品种标准的鸡。 ⑤鸡未转入产蛋鸡舍前，食槽中应均匀布料，让转入的鸡想吃时，就有料可吃。 ⑥转群后3 d内，所喂饲粮应与育成舍相同，饲喂次数可增加1～2次，并保证充足饮水。 ⑦为减少嗉囊积食的发生，转群后增加料量速度不能过快。
调整营养和注意补钙	18～22周龄。	该阶段体重增加350 g左右，应加强营养；预产期饲料中钙的含量要增加。	见前面"三、育成蛋鸡饲养"中"1.调整育成蛋鸡的营养水平"部分。
光照管理	7～17周龄。	光照时间和光照强度同育雏后期是一致的。	
	18周龄。	体重达标：在原光照的基础上，每周延长光照0.5～1 h，直至达到16 h后恒定不变，但不能超过17 h。	①体重低于1 000 g的鸡群，即便是年龄到了，也不能延长光照。 ②延长光照与增加饲喂量和提高饲粮钙水平应同时进行。 ③如果鸡群在20周龄时仍达不到标准体重，则可以推迟到21周龄时开始增加光照。
		体重不达标：对原为限制饲喂的改为自由采食，原为自由采食的则提高蛋白质和代谢能的水平。	

项目	时间	操作	注意事项
准备产蛋箱	平养鸡开产前两周。	4～5 只母鸡公用一个产蛋窝，产蛋箱底层距地面 40～50 cm，箱内铺垫草。	①应在墙角或光线较暗、通风良好的地方，安置好产蛋箱。 ②夜间关闭箱门，以防母鸡在箱内排粪。

技能拓展

称　重

(1)称重以及称重后，对资料进行统计分析，提出进一步改善鸡群质量的措施，是养鸡技术和管理者的一项重要工作。

(2)不同品种蛋鸡都有其标准体重。

(3)定期称重对种鸡尤为重要。

项目	具体操作
选择称重时间	轻型蛋鸡一般从 6 周龄开始每周称重 1 次，中型蛋鸡 4 周龄后每周称重 1 次；每次称重开始的时间应固定，一般在早晨空腹时称重。
确定称重鸡只数量	应多点取样，样本要具有代表性；每次至少称 50～100 只；一般情况下称测体重的鸡只数量占全群比例，万只鸡以上按 2% 抽样，小群按 5% 抽样，但不能少于 50 只。
选择称重方法	平养抽样时：先把栏内的鸡缓缓驱赶，使舍内大小不同的鸡只均匀分布。笼内饲养时：应取不同层次笼内的鸡称重，每层笼取样数量也要相等。
准确称量鸡只体重	采用家禽秤逐只进行称量，注意称量过程中不能损伤鸡只；称重后要对称重资料进行统计分析。

●●●●● 作业单

一、名词解释

1.限制饲喂，2.数量限制饲喂，3.质量限制饲喂，4.时间限制饲喂，5.每日限制饲喂，6.隔日限制饲喂，7.每周限制饲喂，8.脱温，9.转群，10.过渡饲养。

二、思考题

1.为什么要对育成鸡进行限制饲养？应用于什么情况下？蛋鸡多采用哪些限制饲养的方法？具体操作时应注意什么？

2.过渡饲养主要应用于育成蛋鸡的哪个阶段？生产中一般如何进行？

3.怎样进行从育雏到育成鸡舍的转群工作？

4.从育雏到育成阶段的换料可以采用哪些方法？什么时间进行？如何进行？

5.如何评定鸡群整齐度？

6.育成鸡群的光照是如何控制和管理的？

7.如何控制育成期母鸡的性成熟并确保其适时开产？

任务 4.1.5　产蛋鸡饲养管理

●●●●● **案例单**

任务 4.1.5	产蛋鸡饲养管理								学　时	4
案例	案例内容									案例分析

案例 1

周龄	19	20	21	22	23	24	25	26	—	40	42
光照（h）	10.3	11.3	12.0	12.3	13.0	13.1	13.2	13.3	—	15.5	16.0
周均产蛋率（%）	2.15	13.4	46.7	82.9	94.5	95.9	95.7	96.0	—	92	—
周均耗料（g/只）	73	87.5	102.3	106	110.3	113	114.2	115.5	—	125.5	126

案例分析：这是某鸡场 19～26 周龄光照时数与产蛋率。

试分析该鸡场周均产蛋率和耗料量的关系，同时思考光照的因素。

案例 2

产蛋阶段（周）	21～36	37～48	49～60	61～72
粗蛋白（%）	16.5	15.5	14.5	13.5

案例分析：这是 K. Eshavarz(1983) 提出的蛋鸡四阶段饲养方案。

案例 3

项目	产蛋阶段		
	Ⅰ	Ⅱ	Ⅲ
	1～20 周	21～40 周	41 周以上
蛋白质（%）	17	16.5	16.0
代谢能（kcal/kg）	2860	2860	2860
高峰时产蛋率（%）	0		
平均产蛋率（鸡·日）（%）	77.6	82.3	72.3
耗料量（g）/日·只	94	103	1.3

案例分析：这是马克·诺斯提出的蛋鸡产蛋期三阶段饲养方案。

案例 4

观察部位	产蛋鸡特征	休产鸡特征
鸡冠和肉髯	颜色鲜红，硕大而有弹力。	暗红无光，萎缩干皱。
肛门	椭圆形，湿润松弛，颜色粉红。	圆形，干燥紧缩，颜色发黄。
耻骨	直而薄，有弹性，间距 2～3 指。	弯而厚，弹性差，间距 1 指左右。

案例分析：产蛋鸡与休产鸡的生理特征区别。

4	腹	宽大柔软，耻骨与胸骨末端间距3～4指。	小而硬，耻骨与胸骨间距2～3指。	
	色素消退	肛门、眼圈、耳叶、喙、脚均呈白色。	肛门、眼圈、耳叶、喙、脚恢复黄色。	
	换羽	尚未换羽。	已经换羽。	
	性情	活泼温顺，觅食力强，接受交配。	呆板胆小，觅食力差，拒绝交配。	
5	观察部位	高产鸡特征	低产鸡特征	
	头	较细致，皮薄毛少无皱褶。	较粗糙，乌鸦头。	
	喙	短粗，稍弯曲。	细长而直。	这是高产鸡与低产鸡的外貌区别。
	胸	宽深，胸肌发达，胸骨直而长。	窄浅，胸骨弯或短。	
	背	宽平。	窄短或驼背。	
	脚	结实稍短，两脚间距宽，爪短而钝。	细长，两脚间距窄，爪长而锐。	
	羽毛	产蛋后期干污，残缺不全。	产蛋后期仍光亮整齐。	
	肥度	适中。	过肥或过瘦。	

● ● ● ● ● **工作任务单**

子任务 4.1.5.1	绘制与分析产蛋率曲线
任务目的	通过实时绘制蛋鸡产蛋率曲线与标准产蛋率曲线，在对比的过程中，能够分析并预测该鸡群产蛋率变化规律，判断鸡群产蛋水平是否正常，从而指导生产。
任务准备	地点：实训室。 　　动物：某鸡场同一品种不同产蛋阶段蛋鸡。 　　材料：该品种蛋鸡标准产蛋率值、不同阶段蛋鸡产蛋记录表、坐标纸、计算器、绘图工具或电脑及 Excel 程序等。
任务实施	1. 绘制该品种蛋鸡标准产蛋率曲线图。将该品种蛋鸡标准产蛋率值，在坐标纸上，以横坐标表示周龄，纵坐标表示产蛋率进行标注，然后将所标注的各点连接成线，此曲线即为该品种蛋鸡在一个产蛋年的标准产蛋率曲线图。 　　2. 绘制生产鸡群产蛋率曲线图。(1)将不同产蛋阶段蛋鸡群的实际产蛋率值标注在上述绘有该品种蛋鸡标准产蛋率曲线的同一坐标纸上，然后用区别于上面标准产蛋率曲线的绘图笔连接成线，该曲线即为该鸡群这段

任务实施	时间的实际产蛋率曲线。(2)可用不同颜色的绘图笔,将不同阶段蛋鸡产蛋率值绘制在同一张坐标纸上。(3)具备电脑条件的可直接使用 Excel 程序或其他软件绘制该品种蛋鸡标准产蛋率曲线图和不同阶段实际产蛋率曲线图。 3. 对比、分析标准产蛋率曲线和多条实际产蛋率曲线。看实际产蛋率曲线是否与标准产蛋率曲线形状一致,重合度有多少,中间有无突然拐点下降,下降持续时间如何,并调查相应阶段鸡群饲养管理状况。 4. 结论及建议。应结合当时生产实际情况分析判断,初步分析该鸡场饲养管理方面可能存在的问题及下一步饲养管理建议。

	考核内容	评价标准	分值
考核评价	绘制标准产蛋率曲线	1. 能够准确地在坐标纸上或电脑上绘制出该品种蛋鸡标准曲线图的,得 10 分。 2. 可根据绘制情况酌情减分。	10
	绘制生产鸡群产蛋率曲线图	1. 能够清晰、明确地将多个生产鸡群的实际产蛋率绘制在蛋鸡标准曲线图上的,得 20 分。 2. 可根据实际绘制情况酌情减分。	20
	对比、分析标准产蛋率曲线和多条实际产蛋率曲线	1. 能够指出实际产蛋率曲线全部或部分是否正常的,得 20 分。 2. 否则酌情减分。	20
	结论及建议	1. 能结合生产实践调查得出具体原因,得 20 分。 2. 能够结合生产实践情况,对于产蛋率曲线不合理之处提出有针对性建议的,每提出一条得 10 分,最多 30 分。	50

子任务 4.1.5.2	制订蛋鸡光照计划
任务目的	学会结合当地自然光照规律,制订不同饲养方式下不同出雏日期蛋鸡的光照计划方案。
任务准备	地点:实训室。 动物:某品种蛋鸡。 材料:(1)蛋用型鸡的光照原则。 (2)不同纬度地区日照时间表(如附录中附表 2)。 (3)蛋用型鸡出雏日期与 20 周龄查对表(如附录中附表 3)。
任务实施	1. 各小组明确蛋鸡育雏、育成及产蛋期的光照原则。 2. 各小组分别制订全程密闭式蛋鸡舍光照计划方案。 3. 各小组分别制订:北纬 35°地区,3 月 31 日(春季)和 9 月 1 日(秋季)出雏的蛋鸡,育雏育成期饲养在开放式鸡舍(如有窗式鸡舍或利用自然光的鸡舍)的光照计划方案。 4. 小组内分析、对比、讨论各光照计划的优劣,形成最后方案。

任务实施	5. 各小组间展示、品评。 6. 教师总结、评鉴。		
考核评价	考核内容	评价标准	分值
	蛋鸡光照原则	1. 能够准确说出育雏育成期蛋鸡光照原则的，得5分。 2. 能够准确说出产蛋期蛋鸡光照原则的，得5分。 3. 否则酌情减分。	10
	密闭式蛋鸡舍光照计划方案	1. 鸡舍光照制度制订方法选择正确，得5分。 2. 光照计划制订合理，得5分。 3. 在规定时间内完成，得5分。 4. 小组内成员合作良好，得5分。 5. 否则酌情减分。	20
	开放式蛋鸡舍光照计划制订	1. 能够正确选择春季与秋季育雏光照制度制订方法的，得10分。 2. 春季和秋季光照计划制订合理，得10分。 3. 在规定时间内完成，得20分。 4. 小组内成员合作良好，得10分。 5. 否则酌情减分。	50
	结论及建议	1. 能够对比得出同一地区不同季节开放式蛋鸡舍光照计划制订的规律及特点，得20分。 2. 能够结合上面光照制度制订的过程，针对不同饲养方式、不同季节蛋鸡，在各阶段饲养提出相关建议的，每提出一条得10分，最多20分。	40
子任务4.1.5.3	选择高产蛋鸡		
任务目的	能够根据鸡的一般外貌和生理特征区分出高产鸡和低产鸡、产蛋鸡和休产鸡，并能据此选择或淘汰鸡只。		
任务准备	地点：实训室、实训基地。 动物：高产鸡、低产鸡及休产鸡各数羽。 材料：鸡笼；高产鸡、低产鸡及休产鸡相关图表、视频等。		
任务实施	1. 教师展示不同状态的鸡只图片、视频，或在实训基地进行现场观察、触摸。 2. 各小组结合案例4（产蛋鸡与休产鸡外貌特征区别）、案例5（高产鸡与低产鸡外貌特征的区别）以及自己的实际观察和触摸，确定每只鸡的具体情况。 3. 完成每只鸡的下表中相关内容的填写。		

	部分	鸡号					
		1	2	3	4	5	...
任务实施	一般外貌						
	活力						
	冠及肉垂						
	肛门						
	腹部容积						
	耻骨						
	换羽						
	褪色						
	鉴定结果						

4. 小组间讨论评定结果。

5. 教师总结、评鉴，布置课后任务报告。

	考核内容	评价标准	分值
考核评价	课堂表现	1. 能够采用多种方式进行评鉴鸡只状态，得20分。 2. 鸡只情况记录清晰、明确，得20分。 3. 鉴定结果准确、合理，得20分。 4. 在规定时间内完成，得10分。 5. 小组内成员合作良好，得10分。	80
	任务报告	1. 将以上任务形成完整报告形式，得10分。 2. 能够根据以上评定结果总结出高产鸡及淘汰鸡的表型特征，得10分。 3. 依据内容完整程度及报告质量酌情减分。	20

必备知识

一、产蛋鸡生理特点

生理特点	具体表现	管理措施
1. 冠、髯等第二性征变化明显	单冠来航血统的品种从10~17周龄冠高由1.34 cm增长为2.06 cm；18~20周龄时冠高达2.65 cm；到22周龄冠高可达4.45 cm。冠、髯颜色由黄变粉红，再变至鲜亮的红色。	据研究，冠、髯的长度、颜色的变化，不仅和生殖系统发育密切相关；与体重的增长存在着很高的相关性，相关系数为0.518。
2. 体重的变化	各品种都有各自不同阶段的体重标准，转入产蛋阶段，不同品种的要求不尽相同。	体重是鸡各功能系统重量的总和，所以可将体重视为生长发育状况的综合性指标。

生理特点	具体表现	管理措施
3. 生殖机能的变化	生理机能的成熟与完善主要发生在产蛋前期。到 24 周龄时，鸡卵巢重量达 60 g 左右，与生殖有关的激素分泌机能进入最为活跃的时期。母鸡开产前后，由于雌激素的作用，耻骨扩大，促进肠道对钙的吸收，对形成母鸡性行为等均有影响。	生殖机能的成熟与完善，是产蛋期与育成期鸡只生理机能最显著的不同之处。母鸡卵巢和输卵管的体积、重量与其功能密切相关。
4. 鸣叫声的变化	快要开产和开产日期不太长的鸡，经常发出"咯——咯——"悦耳的长音叫声，鸡舍里此叫声不绝。	说明鸡群的产蛋率会很快上升了。此时饲养管理要更精心细致，特别要防止突然应激现象的发生。
5. 皮肤色素的变化	产蛋开始后，鸡皮肤上的黄色素从上向下呈现逐渐有序的消退现象。其消退顺序是眼周围→耳周围→喙尖至喙根→胫爪。	高产鸡黄色素消退得快，寡产鸡黄色素消退得慢。休产鸡黄色素会逐渐再次沉积。所以根据黄色素消退情况，可以判断产蛋性能的高低。
6. 产蛋的变化规律	产蛋情况的变化是生理变化的产物，直接地反映出鸡的生理状况。现代蛋用品种的产蛋性能在正常饲养管理情况下都很高，各品种之间的差异不大。开产时间、产蛋数量、总蛋量也很相近。	在体型、体重和平均产蛋率等方面，褐壳和白壳品种间有一定的差异，粉壳品种介于两者之间。

二、产蛋鸡饲养管理目标

饲养管理要点		饲养管理目标
产蛋时间		21 周～淘汰（一般为 72 周）。
饲养	适时转群，调整饲料营养和饲养管理措施。	①与鸡的生理机能相适应。 ②达到较高的产蛋性能、较低的死淘率。 ③获得更高的效益。
管理	为鸡群创造尽可能适宜与卫生的环境条件。	①充分发挥其遗传潜力，达到高产稳产的目的。 ②降低鸡群的死淘率与蛋的破损率。 ③尽可能地节约饲粮，最大限度地提高蛋鸡的经济效益。

三、产蛋率曲线

根据产蛋期内每周平均产蛋率绘制成的坐标曲线图（纵坐标表示产蛋率，横坐标表示周龄）称之为产蛋率曲线。

每个蛋鸡品种都有其特有的产蛋率曲线。某品种的标准产蛋率曲线和实际产蛋率曲线的比较，可以衡量鸡群产蛋性能是否正常，预测下一步产蛋表现，分析产蛋异常的可能原因，及时纠正各项饲养管理措施，挖掘产蛋潜力。

特点	具体表现
上升快	正常饲养管理条件下，产蛋率的上升速率平均为每天 1%～2%，产蛋率初期上升阶段可达 3%～4%；从 23～24 周龄开始，至 29 周龄左右即可达到产蛋高峰。
下降平稳	产蛋率下降的正常速率为每周 0.5%～0.7%，高产鸡群 72 周龄淘汰时，产蛋率仍可达 65%～70%。
不可完全补偿性	产蛋过程中由于营养、管理、疾病等方面的不利因素，导致母鸡产蛋率较大幅度下降时，在改善饲养条件和鸡群恢复健康后，产蛋率虽有一定上升，但不可能再达到应有的产蛋率。

四、产蛋鸡饲养

（一）产蛋阶段划分及采食量评定

鸡在第一年产蛋量最高，第二年和第三年每年递减 15%～20%；蛋重一般随着鸡周龄增大而增加，到第一个产蛋年末达到最大，以后趋于稳定，一直保持至第二产蛋年。第二产蛋年后，随年龄增加，蛋重逐渐减少。

蛋用品种鸡第一个产蛋周期大约为一年。

生产性能卓越的蛋鸡群，采食的饲料约为其体重的 20 倍，500 日龄入舍母鸡总产蛋量可达 20 kg，大约是它本身体重的 10 倍，在产蛋期间体重增加 30%～40%。

分期	概念	时间	特点	采食量	
				程度	适量标准
产蛋前期	指的是鸡只开始产蛋到产蛋率达到 80% 之前。	一般 21 周龄初～28 周龄末。	产蛋率增长很快，大致每周以 20%～30% 的幅度上升；体重平均每周仍可增长 30～40 g，蛋重每周增加 1.2 g 左右。	从开产到产蛋率达 50% 之间增幅较大；产蛋率达高峰后，每周的增幅相对较稳定。	第二天早晨开灯时，饲槽无剩料。
产蛋高峰期	指鸡群的产蛋率 ≥ 80% 时。	一般 29 周龄～60 周龄。	产蛋率上升仍很快，通常 3～4 周便可升到 92%～95%；维持时间长，90% 以上的产蛋率一般可以维持 10～20 周。现代蛋用品种产蛋高峰期通常可以维持 6 个月左右。		

分期	概念	时间	特点	采食量	
				程度	适量标准
产蛋后期	指从周平均产蛋率80%以下，至鸡群淘汰下笼。	通常是指 60～72 周龄。	周平均产蛋率幅度要比高峰期下降幅度大一些，但72周时产蛋率仍可保持在65%左右。	每周的增幅相对较稳定或减少(如案例1)。	在关灯前1～2h料槽中无剩料或剩料很少。

（二）产蛋鸡饲养方法

1. 产蛋鸡阶段饲养法

根据鸡的周龄和产蛋水平，可以把产蛋期划分为几个阶段，不同阶段采取不同的营养水平进行饲喂，尤其是蛋白质和钙的水平，称作阶段饲养法。

饲养方法		产蛋阶段（周）	蛋白质（%）	特点	意义或要求	适用鸡种	饲养方案
阶段饲养法	四阶段饲养法	21～36	16.5	根据产蛋曲线下降的趋势，逐渐减少饲粮中粗蛋白的水平，每期减少1%，但饲粮中含硫氨基酸0.59%、赖氨酸0.68%，始终如一。	可节约蛋白质及氨基酸饲料，但要求质量必须好，喂量必须保证。	中型或重型鸡种。	如案例2。
		37～48	15.5				
		49～60	14.5				
		61～72	13.5			轻型鸡种。	如案例3。
	三阶段饲养法	21～40	17	产蛋高峰出现早，上升快，高峰期持续时间长，产蛋量多。	此阶段鸡的营养和采食量决定着产蛋率上升的速度和产蛋高峰维持期的长短。		
		41～60	16.5	不控制采食量的条件下适当降低饲料能量浓度。	在抑制产蛋率下降的同时防止机体过多地积累脂肪。		
		61以上	16	降低饲料能量的同时对鸡进行限制饲喂；鸡淘汰前一个月可适当增加玉米用量。	提高淘汰鸡重。		

2. 调整饲养法

根据环境条件和鸡群状况的变化，及时调整日粮中主要营养成分的含量，以适应鸡的生理和产蛋需要的饲养方法称为调整饲养法。

方法	时间或情况	具体操作
按体重调整饲养	育成鸡体重达不到标准时，在转群后（18～20周龄）。	提高饲料蛋白质和能量水平，额外添加多维素。粗蛋白质控制在18%左右，使体重尽快达到标准。
按产蛋规律调整饲养	产蛋率达到5%时。	饲喂产蛋高峰期饲料配方，应促使产蛋高峰早日到来。
	达到产蛋高峰后。	维持喂料量稳定，保证每只鸡每天食入蛋白质的量，轻型鸡不少于18 g，中型鸡不少于20 g；在高峰期维持最高营养2～4周，以维持高峰期持续的时间。
	到产蛋后期，当产蛋率下降时。	应逐渐降低营养水平或减少饲喂量，具体参考限制饲养法。
按季节气温变化调整饲养	鸡舍气温在10～26℃条件下。	自由采食：鸡按照自己需要的采食量。
	鸡舍气温在10～26℃条件以外。	需要进行人工调整：在能量水平一定的情况下，冬季适当降低粗蛋白质水平；夏季，日粮中应适当提高能量和粗蛋白质水平，必要时添加1%的动植物油，以保证产蛋的需要。
采取管理措施时调整饲养	接种疫苗后的7～10 d。	日粮中粗蛋白质水平应增加1%。
出现异常情况时调整饲养	当鸡群发生啄癖时。	饲料中可适当增加粗纤维、食盐的含量，也可短时间喂些石膏。
	开产初期脱肛、啄肛严重时。	可加喂1%～2%的食盐1～2 d。
	鸡群发病时。	适当提高日粮中营养成分，如粗蛋白质增加1%～2%，多种维生素提高0.02%，还应考虑饲料品质对鸡适口性和病情发展的影响等。

3. 限制饲养法

项目	要点
意义	维持鸡的适宜体重，避免产蛋期鸡腹部沉积过多的脂肪而影响产蛋，提高饲料利用率、降低成本。
具体操作	在产蛋高峰后两周，将每只鸡规定的每天给料量减少2.27 g，维持3～4 d，如果产蛋率没有异常下降，则继续维持这一给料量。该方法也称为试探性减料法。产蛋率每下降4%～5%试探一次，只要产蛋率下降正常，这一方法可以持续使用下去，如果下降幅度较大，就将给料量恢复到前一个水平。当鸡群受应激刺激或气候异常寒冷时，不要减少给料量。

项目		要点
方法	分段饲养（三段饲养法）	根据环境温度的不同，不同阶段喂以不同水平的蛋白质等营养物质饲料；变更饲料需1～2周的过渡时间；产蛋高峰出现早，上升快，高峰期持续时间长，产蛋量多。
	调整饲养（季节气温变化时调整）	根据环境条件和鸡群状况变化，及时调整饲料配方中各种营养成分含量，以适应鸡的生理和产蛋需要，它是分段饲养的继续。 应围绕饲养标准进行，保持饲料配方的相对稳定，并注意观察调整结果，发现问题及时纠正。

五、产蛋鸡管理

（一）提供适宜的环境条件

母鸡由开产跃升到高峰期，并保持高产，这是很大的生理变化，也是艰辛付出的过程。高峰期时母鸡处于代谢最旺盛、物质转化最快的时期，也是抵抗力相对较弱，精神亢奋，易受应激影响的时期。若饲养管理不当，使高峰期受挫后，将影响鸡群全年的产蛋量。

环境条件	适宜范围		意义	注意事项
温度最佳	成年蛋鸡	5～28℃	温度对鸡的生长、产蛋、蛋重、蛋壳品质、受精率及饲料转化率都有明显的影响。	舍温要保持平稳；鸡舍设计要规范，并有环境控制设备，通风良好，光照布局合理。
	产蛋	13～20℃		
	产蛋率高	13～16℃		
	料蛋比高	16～20℃		
湿度适宜	适宜湿度	60%～65%	湿度对蛋鸡的影响是与温度相结合共同起作用的。	应注意与舍温、通风的关系，不要造成高温高湿、低温高湿等不利条件。
	影响小的相对湿度	40%～72%		
通风良好	氨气	≤20 mL/m³	通风换气是调控鸡舍空气环境状况最主要、最常用的手段。	在保证温度适宜条件下，通风越畅通越好。
	二氧化碳	≤0.15%		
	硫化氢	≤10 mL/m³		
光照稳定	光照原则	只能逐渐增加或恒定，最多不超过17 h	合理的光照对提高鸡的生产性能有很大作用，除了保证正常采食饮水和活动外，还能增强性腺机能，促进产蛋。	①产蛋高峰期光照程序一定要稳定，任何微小的变动，均会引起产蛋量的波动。 ②增加光照时间注意：在鸡群进入产蛋高峰之前，逐渐增加光照到16 h。
	光照制度 4.1.5.1			
	光照强度	10～20 Lx		

环境条件	适宜范围	意义	注意事项
居住舒适	单笼饲养数量 4.1.5.2	无论平养或笼养，对母鸡来说，居住环境尤为重要。研究表明，笼养密度与产蛋母鸡死亡率的关系密切。	4.1.5.3

（二）产蛋鸡日常管理

管理要点	具体操作	实践意义或注意事项
1. 保持操作的有序性	产蛋期日常管理有：开灯、关灯、开水、关水、擦水槽、匀料、集蛋、开关风机及带鸡消毒等。	①要求时间固定。 ②按规定的先后顺序依次进行。
2. 定时喂料、供足饮水	①早上投料最好在开灯后和日产蛋高峰前（即7~8时）。 ②下午投料应放在绝大多数母鸡产完蛋之后，即15~17时。 ③每天匀料至少3~4次。	①不能推迟投料时间。 ②投料要按顺序进行，速度要快，布料要均匀，边投料边匀料，投料过程中应同时观察鸡群采食状况是否正常。 ③每日应多次匀料。
3. 注意观察鸡群	①精神状态。 ②采食饮水情况。 ③鸡舍环境。 ④粪便情况。 ⑤产蛋情况（如表4-1-5-1）。 ⑥有无啄癖鸡。 ⑦及时发现低产鸡，淘汰休产鸡。	①当发现鸡精神状态异常，应及时检查，找出原因，及时处理。 ②掌握鸡群每天采食量、饮水量、饲料质量是否正常。 ③温度是否适宜、垫料是否潮湿、舍内有无严重恶臭及氨味等。 ④观察鸡粪颜色、形状及稀稠情况。 ⑤掌握母鸡产蛋习性，注意每天产蛋率和破蛋率（≤1%~2%）的变化是否符合产蛋规律。 ⑥应及时发现啄癖鸡，查找原因并及时采取措施；对有严重啄癖的鸡要立即隔离治疗或淘汰。 ⑦在产蛋过程中有部分鸡因啄癖、瘦弱、疾病、伤残而休产，这些无饲养价值的鸡要及时予以淘汰，以降低饲养成本。

管理要点	具体操作	实践意义或注意事项
4. 维持鸡舍环境条件相对稳定，尽量减少应激	①观察鸡舍环境，及时发现问题，并做出调整。 ②鸡舍内和鸡舍外周围要避免噪声产生。 ③饲养人员与工作服颜色尽可能稳定不变。 ④鸡舍周围不要燃放炮竹。 ⑤汽车不要鸣高音喇叭。 ⑥要定人定群，定时放鸡，按时饲喂。 ⑦不要让其他动物窜进鸡舍。	①通过观察鸡舍环境，了解温度、湿度、光照、通风、密度等情况。 ②鸡对环境的变化非常敏感，突然的声响、晃动的灯影等都可能引起惊群；所以要尽可能维持环境条件相对地稳定，减少各种应激因素。
5. 搞好卫生消毒和疾病净化	①搞好鸡舍内部及其周围环境卫生，经常刷洗，定期消毒，及时清除粪便，清洗食槽和水槽等。 ②鸡群开产之前必须投药1~2次进行疾病净化。 ③在整个产蛋期每3~4周进行药物预防一次。 ④有条件时最好每周2次带鸡消毒。	①若出现新城疫抗体效价不高或不均匀现象时，应立即注射一次油剂灭活苗或饮一次弱毒苗。 ②产蛋高峰期，鸡体代谢旺盛，所摄入的营养物质主要用于产蛋。因此，抵抗力较弱，除了做好药物预防之外，还应定期进行带鸡消毒。
6. 做好生产记录，检查生产指标	①每天对鸡群存活、淘汰、死亡只数，鸡群产蛋量、饲料消耗、破损蛋、蛋重、用药等做好记录（如表4-1-5-2）。 ②定期抽查母鸡体重。	①为了及时了解养鸡生产情况，统计经济效益和总结。 ②随时掌握生产情况，找出存在的问题，提高饲养管理水平。

表 4-1-5-1　母鸡日产蛋量与产蛋时间的关系

开灯后时间(h)	1	2~3	4~5	6~7	8~9	10~11
北京时间(h)	8	9~10	11~12	13~14	15~16	17~18
产蛋百分率(%)	少量	40	30	20	10	少量

注：一般早上7时开灯。

表 4-1-5-2　产蛋记录

入舍母鸡数				品种				舍号	
入舍日龄				入舍平均体重				饲养员	
周龄	日龄	存栏	死亡	淘汰	总耗料	产蛋数	产蛋率	蛋重	备注
	141								
21	142								
	…								
…	…								

注：备注栏主要注明免疫、用药及鸡群出现的意外情况及抽查的体重等。

(三)产蛋鸡季节管理

不同季节里环境因素有很大的差别，特别是开放式鸡舍和不能控制环境的鸡舍受季节变化影响大，为了减轻环境变化的不良影响，应根据不同季节对鸡群采取相应的管理措施。

季节		管理要点和具体操作	实践意义或注意事项
1. 气候温和季节	春季	①根据产蛋率变化的情况，及时调节日粮的营养水平。 ②初春出现刮大风、倒春寒现象时防止室温发生剧烈变化和舍内气流速度过急引起的冷应激。 ③在初春时对场内外进行一次大扫除，并进行一次彻底的环境消毒工作，灭除越冬残存下来的蚊蝇；清除舍周围、场内杂草污物，搞好环境卫生和春季防疫工作。	①使日粮营养水平适合产蛋变化时鸡只的营养需要。 ②初春气温变化比较大，一定要注意冷应激。 ③搞好环境卫生和春季防疫工作。
	秋季	①产蛋后期对鸡群进行一次选择，尽早淘汰低产鸡和病鸡。 ②晚秋季节早晚温差大，要注意在保持舍内空气卫生的前提下，适当降低通风换气量。 ③入冬前还要进行一次环境卫生大扫除和大消毒，消灭蚊、蝇等有害昆虫，并清除掉它们越冬的栖息场所。	①产蛋后期的鸡开始换羽，一般换羽和休产早的鸡多为低产鸡和病鸡，尽早予以淘汰，可以保持较好的产蛋率、节约饲料、降低成本。 ②避免冷空气侵袭鸡群而诱发呼吸道疾病，同时还要着手越冬的准备工作。 ③搞好秋季的防疫工作。

季节	管理要点和具体操作	实践意义或注意事项
2. 炎热季节	①产蛋鸡适宜环境温度的上限为 28℃。 ②在饲料或饮水中添加 0.02％维生素 C。 ③在日粮中添加抗热应激添加剂，如 0.3％～0.1％的碳酸氢钠、0.1％氯化钾、0.05％的阿司匹林等。	①蛋鸡饲养难度最大时期。 ②工作核心是防暑降温，促进采食。 ③气温达到 32℃时鸡群就会表现出强烈的热应激反应。
3. 寒冷季节	①产蛋鸡适宜的环境温度的下限为 13℃。 ②修好鸡舍，保持鸡舍的密闭性能。 ③调整好鸡群，淘汰过于瘦弱的鸡只。 ④在保证鸡群采食到全价饲料的基础上，提高日粮代谢能的水平。 ⑤早上开灯后，要尽快喂鸡，晚上关灯前要把鸡喂饱。 ⑥冬天早晚要补加人工光照。	①管理的要点是保证通风的前提下做好防寒保温工作，使舍温不低于 10℃。 ②缩短鸡群在夜间空腹的时间。 ③保持与其他季节相同的光照时数。 ④注意检查饮水系统，防止漏水打湿鸡体。

拓展阅读

4.1.5.4　新杨褐壳蛋鸡配套系(行业标准)

4.1.5.5　苏禽绿壳蛋鸡(行业标准)

●●●●● 作业单

一、概念题

1. 产蛋率曲线，2. 阶段饲养法，3. 调整饲养法。

二、思考题

1. 蛋鸡产蛋期有哪些规律？如何根据蛋鸡产蛋规律合理调整蛋鸡产蛋期饲养？

2. 蛋鸡产蛋期的光照原则是什么？制订蛋鸡全程光照方案时需要考虑哪些问题？

3. 如何结合蛋鸡育成后期开产前管理工作提高产蛋鸡整个产蛋期的产蛋率？

4. 根据产蛋鸡的特点，制订蛋鸡日常管理操作规程。

任务4.1.6　蛋种鸡饲养管理

●●●●● **案例单**

任务 4.1.6			蛋种鸡饲养管理			学　时	4
案例	案例内容						案例分析
1	种鸡类型	周龄	全垫料地面饲养（只/m²）	棚架饲养（只/m²）	4层重叠式笼养（只/m²）		这是不同品系种鸡育雏、育成期不同饲养方式的饲养密度，可见种鸡的饲养密度比商品鸡低。
1	海兰白	0~2	13	17	74		
1	海兰白	3~4	13	17	49		
1	海兰白	5~7	13	17	36		
1	海兰白	8~20	6.3	8.0	转入育成笼		
1	海兰褐	0~2	11	13	59		
1	海兰褐	3~4	11	13	39		
1	海兰褐	5~7	11	13	29		
1	海兰褐	8~20	5.6	7.0	转入育成笼		
2	周龄	光照时间(h/d)		周龄	光照时间(h/d)		这是密闭式鸡舍种鸡恒定渐增法光照管理方案，与商品蛋鸡还是略有不同的。
2	0~1 d	24		23	12		
2	2 d~3 d	23		24	13		
2	4 d~19	8~9		25	14		
2	20	9		26	15		
2	21	10		27~64	16		
2	22	11		65~72	17		
3	周龄	出雏日期					这是开放式鸡舍种鸡光照管理方案。
3	周龄	5月4日至8月11日出雏		8月12日至次年5月3日出雏			
3		光照时间(h/d)					
3	0~1 d	24		24			
3	2 d~3 d	23		23			
3	4~7	自然光照		自然光照			
3	8~19	自然光照		按日照最长时间恒定			
3	20~64	每周增加1 h，直到达16 h		每周增加1 h，直到达16 h			
3	65~72	17		17			

| 时间（d） | 主要措施 | | | 这是蛋鸡连续绝食强制换羽程序，注意：高温季节停水要慎重，绝食时间为大致范围，以达到确定的失重率为准。 |
	饲料	饮水	光照	
4				
1～2	绝食	停水	停光	
3	绝食	停水或供水	8 h	
4～12	绝食	供水	8 h	
13	喂给育成鸡料每只 30 g/d	供水	8 h	
14～19	隔 2 d 增加 20 g 育成鸡料，19 d 时达到每只 90 g/d	供水	8 h	
20～26	自由采食育成鸡料	供水	8 h	
27～42	自由采食育成鸡料	供水	每天增加 0.5 h	
> 43	自由采食育成鸡料	供水	16 h	

●●●●● 工作任务单

子任务 4.1.6.1	蛋鸡人工强制换羽技术		
任务目的	能够根据生产实际情况应用畜牧学法（如案例 4）对蛋鸡施行强制换羽技术。		
任务准备	地点：实训基地。 动物：第二年度的商品蛋鸡群或蛋种鸡群若干只。 材料：密闭式鸡舍、相对应饲粮、体重秤、记录本等。		
任务实施	1. 各小组明确任务的前提下，进行分工。 2. 充分了解鸡只现状，进行换羽前准备工作。 3. 制订方案，部署实施。 4. 全程跟踪记录，并密切观察鸡群状态。 5. 强制换羽结束后进行统计、分析，总结、汇报。 6. 小组内、小组间评分。 7. 教师总结、评鉴。		
考核评价	考核内容	评价标准	分值
	强制换羽实施前	1. 能够对鸡只进行认真挑选，得 10 分。 2. 方案准备充分，计划制订详细，得 10 分。 3. 否则酌情减分。	20
	强制换羽实施过程中	1. 时间选择适宜，得 10 分。 2. 能够定期合理进行称重，得 10 分。 3. 每天认真观察鸡群并详细进行记录，得 10 分。 4. 能够根据实际情况判定终止时间，得 10 分。 5. 在强制换羽期间能够切实按照鸡体状况进行饲养管理，得 10 分。 6. 否则酌情减分。	50

	考核内容	评价标准	分值
考核评价	强制换羽实施过程后	1. 对实验数据进行真实统计，得 10 分。 2. 能够根据结果总结经验，制订下一步鸡群管理计划，得 10 分。 3. 小组内成员合作良好，得 10 分。 4. 否则酌情减分。	30

必备知识

一、蛋种鸡饲养管理目标

饲养管理要点	饲养管理目标。
饲养管理时间	21 周～淘汰（一般为 60 周龄以上）。

后备蛋种鸡	饲养	①是在适当的时候提供足够的鸡生长所需的全部营养物质，以使鸡开产时体重适宜（符合种鸡标准），均匀度高，"上笼"合格率高，骨骼坚实，肌肉发达，体格健壮。 ②达到较高的产蛋性能、较低的死淘率。 ③获得更高的效益。
	管理	控制好养鸡环境、蛋种鸡体重和性成熟。
产蛋期蛋种鸡	饲养	为鸡群创造尽可能适宜与卫生的环境条件。
	管理	尽可能多地获得低成本、高品质的合格种蛋。

二、后备种鸡饲养管理

蛋用种鸡与商品蛋鸡的育雏期、育成期饲养方法相似。

（一）后备种鸡的饲养

项目	具体操作			实践意义或注意事项
饲养方式	网上平养			①是生产实践中常用的方式。 ②便于防疫注射和管理。 ③实行公母分栏饲养。
	笼养	重叠式育雏笼＋阶梯式育成笼。	达到一定规模的种鸡场。	
		育雏育成一体笼。	育雏批次少的种鸡场。	
饲养密度	①种鸡的饲养密度比商品鸡低，不同品系的种鸡各有指标要求（如案例 1）。 ②可在断喙、接种疫苗的同时，调整鸡群，并进行强、弱分饲。			①有利于雏鸡的正常发育。 ②有利于提高鸡群的成活率和均匀度。 ③应随种鸡的日龄增加，逐渐降低饲养密度。

项目			具体操作	实践意义或注意事项
日粮摄入量	与商品蛋鸡相比	相同点	①营养需要。②饲养方式。	①饲料的喂给量须依鸡群每周平均体重来决定。②如果体重本周达不到标准，则下周饲料应酌情增加，反之则维持原耗料水平。③加料时不可突然大幅度增加。
		不同点	不同饲养阶段的体重标准、均匀度和体躯发育指标要求非常严格。	
胫长指标	骨骼发育规律	0～10周龄	迅速发育。	①衡量骨骼的生长发育规律。②胫长不等于胫骨长度，胫长包括胫骨和跗骨。③在育雏期，主要目标应该是胫长的达标。④到8周龄时若胫长低于标准，需等到胫长达标后再换料。⑤在育成期，体重对性成熟起着限制性作用，要定期(最好是每周称重1次)检测和调整，使其符合标准。
		12周龄	完成骨架发育的90%。	
		20周龄	全部骨骼(包括趾骨、胫骨)已发育完成。	
适宜的开产时间和开产体重	适宜时间	见蛋时间	20～21周龄。	①蛋种鸡适宜的开产时间，应根据不同品系种鸡的特点，结合饲养管理条件、技术条件来定。②蛋种鸡适宜的开产体重，品系不同，标准也不一样，但在一般情况下海兰褐父母代种鸡达到产蛋率5%的时间为21周，体重1810 g。
		产蛋率达5%	22～23周龄。	
		产蛋率达50%	24～25周龄。	

(二)后备种鸡管理

蛋种鸡的管理与商品蛋鸡基本相同：如育雏前的准备工作以及育雏所要求的温度、湿度、通风、光照、饲养管理要求和方法等都大同小异。

项目	具体操作	实践意义或注意事项
环境控制	①按常规控制好育雏育成期的温度、湿度、通风和空气质量。②进雏和转群前，对鸡舍一定要彻底消毒，有条件时，要做消毒效果的检测工作。③从育雏的第二天开始，就要进行带鸡消毒，一般雏鸡要求隔日一次或每周两次。育成阶段每周一次带鸡消毒，价值较高的种鸡要求更严格。	①控制好养鸡环境是为了培育出健壮合格的种用后备鸡。②特别注意鸡舍(场)的清洁和消毒工作，不具备检测条件的，至少要消毒三次以上，力求彻底。③舍外环境的消毒要定期坚持进行，特别是春秋季节。④带鸡消毒轮换使用不同种类的消毒剂，最好选择无刺激、无腐蚀的消毒剂。

项目	具体操作		实践意义或注意事项
光照管理	①在现代育雏、育成技术中,对种鸡和商品鸡都采用控制光照法。 ②在实际生产中,种鸡与商品鸡略有不同(如案例2和案例3)。		控制蛋种鸡的体重和性成熟。
一般管理	饲喂砂粒	 4.1.6.1 蛋种鸡砂粒饲喂 建议标准	蛋种鸡饲喂砂粒有助于提高饲料效率。
	断喙	①第1次最好在6~9日龄之间断喙。 ②第2次在7~8周龄或10~12周龄修喙。 ③上喙从鼻孔到喙尖断去1/2,下喙断去1/3,一次同时切掉上下喙,切后在刀片上灼烙2~3 s。	①断喙可以在12周以内进行,最迟不得超过14周龄 ②断喙的鸡群应是健康无病的鸡群。 ③断喙后1~2 d内应在饲料或饮水中添加维生素K,添加量一般为5~8 g/t。 ④刀片温度断喙前后要适宜(适宜温度600~800℃),切烧结合,不能过快,以防出血。 ⑤断喙应与接种疫苗错开。 ⑥断喙后保证充足饮水。 ⑦断喙后料槽中的饲料多加些,便于采食。 ⑧多次用过的断喙器应注意消毒。
	剪冠	在1日龄雏鸡时实施	①对来航型的大冠形蛋鸡更为需要。 ②可用作配套系鸡种和品系间的标记。
	断趾	用断趾器在种公鸡爪和趾的连接处截断,并烧烙第4趾距部组织,使其不再生长。	防止成年种鸡自然配种时,因体大笨重抓伤母鸡背部。
	种鸡的检疫净化	①种鸡一生中最少要进行2~3次鸡白痢的检疫和两次白血病的检疫。 ②鸡白痢的第一次检疫可以在育成期,大约16周左右;第二次在留种蛋前进行,如果有条件的在上笼后的两周内再进行一次。 ③白血病的第一次检疫在上笼前进行,第二次在留种前进行。	①疾病的净化和检疫工作很重要,尤其是一些垂直传染的疾病(如鸡白痢、白血病、支原体等)。 ②种鸡场更新用的种蛋,必须来自检疫为阴性的种鸡群。 ③种鸡要逐只检疫,淘汰阳性鸡,以最大限度减少种鸡群中的带菌带毒鸡。 ④受污染的种鸡场应结合孵化、育雏、育成的隔离、消毒、检疫制度,逐步消灭经蛋传播的疾病。

项目	具体操作	实践意义或注意事项
一般管理	适时转群、上笼	①转群时间可比商品蛋鸡推后1～2周。 ②如果蛋种鸡是网上平养，则要求提前1～2周转群。 ③转群时对鸡群进行挑选，按照体重要求把鸡群分开。	①由于蛋种鸡比商品鸡通常迟开产1～2周。 ②目的是让育成母鸡对产蛋环境有认识和熟悉的过程，以减少窝外蛋、脏蛋、踩破蛋等，从而提高种蛋的合格率。 ③以便上笼后的日常管理。

三、蛋种鸡产蛋期饲养管理

饲养蛋用种鸡的目的是要取得尽可能多的低成本、高品质的合格种蛋。只有高品质的种蛋才可能孵化出高品质的初生雏。

（一）蛋种鸡产蛋期的饲养

项目	具体操作	实践意义或注意事项
营养需要特点	 4.1.6.2　蛋鸡与种鸡的饲养标准 4.1.6.3　产蛋鸡与种母鸡维生素与微量元素需要量	①与蛋鸡比较，种鸡在维生素中需要更多的是维生素 E、核黄素、泛酸、生物素、叶酸和吡哆醇。 ②在微量元素中需要更多的是锰、锌、铜与铁。
体重与饲养	①在饲养中除参照蛋鸡的饲喂量、掌握料量外，还需定期检查体重，尽量使种鸡保持适当的体重，发现体重减轻时应及时加料或采取增加饲喂次数等办法使其体重增上去。 ②具体运用时，可参照各育种公司提供的标准。	①种鸡必须维持适当的体重才能正常地发挥其遗传潜力。产蛋初期体重下降将会使产蛋持续性差，后期体重过大会使产蛋减少，死淘率上升，自然交配的种鸡过肥还会影响配种。 ②在生长期公鸡的能量需要稍低于母鸡的需要；公鸡成年后，用于维持需要的能量比母鸡高很多。

日粮饲喂	第一阶段	①从上笼到 5% 开产。 ②饲喂蛋前料，一般每天喂料 2～3 次，自由采食。		此时鸡群还没有完全开产，所以日粮中蛋白的含量较低。
	第二阶段	①从产蛋 5% 到 50 周龄左右或到产蛋高峰过后产蛋下降到 70%。 ②饲喂蛋 I 料。		这时的鸡群处于产蛋旺盛时期，需要的蛋白和能量及其他营养物质都相对增加，必须保证足够的采食量。
	第三阶段	①50 周龄至淘汰。 ②饲喂蛋 II 料。		这一阶段鸡体对营养物质的需要相对较低，即使给以高蛋白的饲料，产蛋量也不会很大地上升。

(二)蛋种鸡产蛋期的管理

项目			具体操作	实践意义或注意事项
种母鸡	饲养方式		目前，我国以笼养为主。	①多采用二阶梯式笼养。 ②劳动力成本较高的地区可采用四层重叠式产蛋种鸡笼养。
	饲养密度		不同饲养方式的饲养密度如表 4-1-6-1。	
	控制开产日龄		①一般要求种鸡的开产日龄比商品蛋鸡晚 1～2 周。 ②开产前期，光照增加时可以比商品蛋鸡延迟 2～3 周。	①种鸡开产过早，前期蛋重小，且停产也早，势必影响种蛋数量。 ②可使种鸡体型得到充分发育，获得较大的开产蛋重，提高种鸡的合格率。
	合理的公母比例		详见后面种公鸡的选择部分。	
	种蛋的收集与消毒		①一般在 25 周龄收集种蛋。 ②每天捡蛋 4～5 次，及时熏蒸消毒后再送往种蛋库保存。 ③集蛋时要将脏蛋、特小蛋或特大蛋、畸形蛋、破蛋剔出。	①现代轻型与中型蛋用种鸡性能相近，收集种蛋时期在 25～73 周龄。 ②种蛋要求定时收集。 ③可减少日后再挑选时人工污染机会。
种公鸡	选择	第 1 次选择	初选：即雏鸡的选择。	①体躯较大、绒毛柔软、眼大有神、反应灵敏、鸣声洪亮、食欲旺盛、健康活泼等。 ②应有系谱记录的雏鸡，具备该品种的特征(如绒毛、喙、脚的颜色和出壳重)。
			时间：出壳后 12 h 以内。	

项目				具体操作	实践意义或注意事项
种公鸡	选择	第2次选择	预选	即大雏的选择。	①生长迅速、体重大，羽毛丰满，身体健康，精神饱满。②符合品种或选育标准要求。③体质健康、无疾病史的个体。
			时间	6～8周龄。	
			比例	笼养：1∶10。自然交配：1∶8。	
		第3次选择	精选	即后备种鸡的选择。	①体型符合品系标准，体重在群体平均数"众数级"范围内的种公鸡。②发育良好，腹部柔然，按摩时有性反应（如翻肛、生殖器勃起和排精）的公鸡。
			时间	17～18周龄母鸡转群时进行。	
			比例	笼养：1∶10。自然交配：1∶8。	
		第4次选择	定种	即成年种鸡的选择。	①精液品质优良。②经过训练后采精效果好的种公鸡。③体重达标的种公鸡。④最终达到既符合品种特征又具备良好繁殖性能的目的。
			时间	21～22周龄，种鸡群生产阶段前。	
			比例	笼养：1∶（20～30），最多可达1∶50。自然交配：轻型蛋鸡为1∶（10～15）；中型蛋鸡为1∶（10～12）。	
	培育	分饲		公母鸡从雏鸡开始实施。	
		饲养位置		母鸡下风向。	
		饲养密度		小一些为好。	锻炼公鸡的体质。
		饲养管理		17周龄以前严格选种。	①测量胫长、调整均匀度等。②转入单体笼内饲养（人工授精）。③光照方案可按照种母鸡的进行。
	温度	成年公鸡		15～20℃。	可产生理想的精液品质。
				高于30℃。	可导致暂时抑制精子的产生。
				低于5℃。	公鸡的性活动降低。
	光照	光照时间		12～14 h。	可产生优质精液。
				少于9 h。	精液品质明显下降。
		光照度		10 Lx。	就能维持公鸡的正常生理活动。
	体重检查			①应每月检查一次体重。②凡体重降低100 g以上的公鸡，应暂停采精或延长采精间隔，并另行饲养。	①为了保证整个繁殖期公鸡健康和具有优质的精液。②可使公鸡尽快恢复体质。

表 4-1-6-1 不同饲养方式蛋种鸡产蛋期饲养密度

项目	地面平养(垫料)		网上平养		笼养(人工授精)	
	m²/只	只/m²	m²/只	只/m²	m²/只	只/m²
白壳蛋鸡	0.19	5.3	0.11	9.1	0.45	22
褐壳蛋鸡	0.21	4.8	0.14	7.1	0.45~0.50	20~22

技能拓展

4.1.6.4 人工强制换羽技术

拓展阅读

4.1.6.5 蛋鸡生产性能测定技术规范(行业标准)

● ● ● ● ● **作业单**

一、概念题

1. 胫长，2. 人工强制换羽。

二、思考题

1. 蛋种鸡的饲养管理目标与商品蛋鸡有什么不同？

2. 如何做好蛋种母鸡的饲养管理工作？

3. 怎样做好蛋种公鸡的选择和饲养管理工作？

4. 在生产中，哪些家禽可以应用人工强制换羽技术？需要考虑的技术指标是什么？需要注意什么？

子项目 4.2　肉鸡生产

●●●●● **学习任务单**

项目 4	鸡生产	学　时	34
子项目 4.2	肉鸡生产	学　时	12
布置任务			

学习目标	**知识目标：** 1. 能说明肉鸡品种的特征并了解我国肉鸡产业的发展现状。 2. 能说明肉鸡不同阶段的生长性能和营养需要特点。 3. 能说明肉用仔鸡的生产特点。 4. 能说明肉种鸡生产特点。 5. 能说明优质肉鸡的特点和分类。 **技能目标：** 1. 能识别国内外常见肉鸡品种，并能依据行业标准评鉴和选择肉鸡品种。 2. 能为不同品种、生理阶段的肉鸡配合饲料并制订饲料计划，能识辨肉鸡营养代谢性疾病。 3. 能合理选择肉用仔鸡饲养方式，会运用肉用仔鸡饲养管理技术。 4. 能比较不同饲养方式，会运用肉种鸡饲养管理技术解决生产实践问题。 5. 能分类及评定优质肉鸡，会饲养管理优质肉鸡。 **素养目标：** 1. 通过了解我国肉鸡产业发展，激发学习兴趣，建立保护提高我国肉鸡种质资源的责任感和使命感，培养学生"粮安天下、种源先行"的情怀。 2. 引导树立和践行食品安全理念，养成遵法守规、严谨认真、尊重科学、求实奉献、合理利用种质资源、科教兴农的职业素养。 3. 形成良好的团队沟通意识，增强服务农业农村现代化的使命感和责任感。
任务描述	通过解答资讯问题、完成教师布置作业，针对案例、工作任务单及其相关资料，进一步思考下面内容。 1. 如何进行肉鸡品种选择？ 2. 如何进行肉鸡饲粮筹备？ 3. 如何进行肉用仔鸡生产？ 4. 如何进行肉种鸡饲养管理？ 5. 如何进行优质肉鸡生产？
提供资料	1. 本任务中的必备知识和教学课件。 2.《国家畜禽遗传资源品种名录（2021 年版）》中鸡品种部分。 3. 国际畜牧网：　　　　　　　　4. 中国养殖网：

对学生要求	1. 能根据学习任务单、资讯引导，查阅相关资料，在课前以小组合作的方式完成任务资讯问题，体现团队合作精神。 2. 尊重科学，遵纪守法，本着科教兴农的理念。 3. 严格遵守《家禽饲养工（国家职业标准）》和相关养殖行业规定，以身作则实时保护生态。 4. 严格遵守操作规程，做好自身防护，防止疫病传播。

●●●●● 任务资讯单

项目4	鸡生产
子项目4.2	肉鸡生产
资讯方式	学习"工作任务单"中的"必备知识"和"拓展阅读"，思考案例内容及分析、观看相关视频；到本课程在线网站及相关课程网站、鸡场虚拟仿真实训室、实习鸡场、图书馆查询资料，向指导教师咨询。
资讯问题	1. 肉鸡的特征有哪些？目前肉鸡品种如何进行分类？分别是什么？ 2. 选择肉鸡品种的依据是什么？ 3. 举例说出目前我国集约化饲养的国外肉鸡品种和国内肉鸡品种。 4. 现代肉鸡的生长规律和营养需要是怎样的？ 5. 黄羽肉鸡的营养需要特点是什么？ 6. 土种肉用鸡的营养需要特点是什么？ 7. 肉用型鸡的饲养标准是怎样的？ 8. 应用饲养标准，实现优化饲粮配方的主要技术问题有哪些？ 9. 肉用仔鸡生产特点如何？具有怎样的营养需要特点？ 10. 肉用仔鸡的饲养方式有几种？目前普遍采用哪种？ 11. 肉用仔鸡饲养前需要准备什么？ 12. 肉用仔鸡饲养阶段如何进行划分？其特点是什么？ 13. 肉用仔鸡饲养技术的关键是什么？ 14. 肉用仔鸡关键管理技术是什么？ 15. 试述肉鸡的屠宰与分割过程。 16. 肉种鸡的生物学特性有哪些？ 17. 肉种鸡的饲养方式和饲养密度有什么特点？ 18. 肉种鸡限制饲养的目的是什么？主要采用哪种限制饲喂方式？如何实施？需要注意哪些事项？ 19. 肉种鸡育雏期、育成期、产蛋期管理要点是什么？ 20. 什么是优质肉鸡？如何进行分类？ 21. 如何对优质肉鸡进行评定？影响优质肉鸡肉质的因素有哪些？ 22. 优质肉种鸡的饲养阶段划分是怎样的？各阶段饲养管理的关键技术是什么？ 23. 优质肉仔鸡的饲养模式有几种？其饲养阶段如何进行划分？对其营养需要有何要求？其管理关键技术有哪些？

资讯引导	1. 在工作任务单中查询。 2. 进入相关网站查询。 3. 查阅相关资料。

任务4.2.1 肉鸡品种选择

● ● ● ● ● **案例单**

任务4.2.1		肉鸡品种选择				学　时	2
案例内容						案例分析	
品种	主要特征	优点	缺点	用途	图片		
白羽鸡	国外引进的鸡种，全身羽毛均为白色，体型呈丰满的元宝形，具有快大肉鸡的特点。	生长速度快、出肉率高、生产成本低等。	抗病能力较弱、口感欠佳等。	主要向快餐连锁企业销售。	 图4-2-1-1 白羽鸡	摘自知乎：知白游，农林牧渔——养殖业——肉鸡养殖行业分析，发布于2022-09-27 03:42,https://zhuanlan.zhihu.com/p/568474822。试分析这三类肉鸡品种是根据哪些品种培育而成。	
黄羽鸡	我国优良的地方品种杂交培育而成，羽毛带有颜色，体型较小。	抗病能力强、肉质鲜美等。	生产周期长、生产成本高等。	主要用于家庭、企事业单位食堂和酒店的消费。	 图4-2-1-2 黄羽鸡		
817杂鸡	采用大型肉鸡父母代的公鸡与常规商品蛋鸡进行杂交，是具有地方特色的小型肉用鸡品种。	生产门槛低、易操作、成本低等。	养殖风险较大、没有饲养标准，出栏的料肉比参差不齐等。	用于某些地方特色鸡制品，如扒鸡、烤鸡、熏鸡等。	 图4-2-1-3 杂鸡		

●●●●● 工作任务单

子任务 4.2.1.1	识别、归类并选择肉鸡品种		
任务目的	识别《国家畜禽遗传资源品种名录（2021 年版）》中的肉鸡品种并进行归类和选择。		
任务准备	地点：多媒体教室、实训室、养鸡场。 材料：1.《国家畜禽遗传资源品种名录（2021 年版）》中 240 个鸡品种、相关图片或视频；2. 必备知识中家禽品种分类；3. 养鸡场实际参观。		
任务实施	各小组课前认真准备《国家畜禽遗传资源品种名录（2021 年版）》中 240 个鸡品种部分，课上对于下面 2～9 完成小组内统一意见。 　　1. 识别其中地方品种中可作为肉用型的鸡品种并尽量指出其目前的实际价值。 　　2. 识别其中培育品种、培育配套系、引入品种和引入配套系中的肉鸡品种，指出其价值和目前市场应用情况。 　　3. 说明目前在我国肉鸡品种的进一步分类主要采用的是哪种方法。 　　4. 识别其中的白羽肉鸡和黄羽肉鸡品种，并将其归类于案例中的三种类型中。 　　5. 对比说明我国与国外白羽肉鸡的情况，并进一步说明黄羽肉鸡品种的国内外意义。 　　6. 根据品种需求确定筛选可供选择的肉鸡品种。 　　7. 根据当地消费特点、经济条件、气候特点，结合屠宰要求、品种特点等多个方面进行综合考虑后，确定肉鸡品种。 　　8. 各小组分别进行汇报，小组间进行互评。 　　9. 教师进行点评、总结。		
考核评价	考核内容	评价标准	分值
	识别肉鸡品种	1. 能够有理有据识别出可作为肉用型的地方鸡品种，每说出 1 个得 1 分，最多得 15 分。 2. 每识别 1 个肉鸡培育品种得 1 分，全识别得 5 分。 3. 每识别 1 个肉鸡培育配套系品种得 0.5 分，全识别出得 25 分。 4. 每识别 1 个肉鸡引入品种、引入配套系品种得 0.5 分，全识别出得 15 分。 5. 根据回答情况酌情减分。	60
	分类肉鸡品种	1. 能够说出我国肉鸡品种分类方法，得 6 分。 2. 能够识别说出国内外白羽和黄羽肉鸡品种，每说对一个得 0.5 分，最多得 14 分。 3. 能够说出白羽和黄羽肉鸡品种意义，得 5 分。	20
	选择肉鸡品种	1. 能够说出筛选肉鸡品种的依据，得 6 分。 2. 能够说明肉鸡品种选择应考虑的因素，正确一项得 2 分，最多得 14 分。	20

必备知识				
一、肉鸡品种分类				
按培育程度分		按经济用途分		蛋用鸡品种分类（按蛋壳颜色分）（按名录序号）
类型	数量	类型	数量	
地方品种	115	兼用型	109	如二维码 1.1.1《国家畜禽遗传资源品种名录（2021 年版）》。
培育品种	5	肉用	4	1. 新狼山鸡、2. 新浦东鸡、3. 新扬州鸡、4. 京海黄鸡。
培育配套系	80	肉用	59	白羽：75. 肉鸡 WOD168 配套系。 黄羽：2. 康达尔黄鸡 128 配套系、4. 江村黄鸡 JH-2 号配套系、5. 江村黄鸡 JH-3 号配套系、6. 新兴黄鸡Ⅱ号配套系、7. 新兴矮脚黄鸡配套系、8. 岭南黄鸡Ⅰ号配套系、9. 岭南黄鸡Ⅱ号配套系、10. 京星黄鸡 100 配套系、11. 京星黄鸡 102 配套系、13. 邵伯鸡配套系、14. 鲁禽 1 号麻鸡配套系、15. 鲁禽 3 号麻鸡配套系、16. 新兴竹丝鸡 3 号配套系、17. 新兴麻鸡 4 号配套系、18. 粤禽黄 2 号鸡配套系、19. 粤禽黄 3 号鸡配套系、22. 良凤花鸡配套系、23. 墟岗黄鸡 1 号配套系、24. 皖南黄鸡配套系、25. 皖南青脚鸡配套系、26. 皖江黄鸡配套系、27. 皖江麻鸡配套系、28. 雪山鸡配套系、29. 苏禽黄鸡 2 号配套系、30. 金陵麻鸡配套系、31. 金陵黄鸡配套系、32. 岭南黄鸡 3 号配套系、33. 金钱麻鸡 1 号配套系、34. 南海黄麻鸡 1 号、35. 弘香鸡、36. 新广铁脚麻鸡、37. 新广黄鸡 K996、38. 大恒 699 肉鸡配套系、41. 凤翔青脚麻鸡、42. 凤翔乌鸡、43. 五星黄鸡、44. 金种麻黄鸡、45. 振宁黄鸡配套系、46. 潭牛鸡配套系、47. 三高青脚黄鸡 3 号、51. 天露黄鸡、52. 天露黑鸡、53. 光大梅黄 1 号肉鸡、54. 粤禽黄 5 号蛋鸡、55. 桂凤二号黄鸡、56. 天农麻鸡配套系、59. 温氏青脚麻鸡 2 号配套系、61. 科朗麻黄鸡配套系、62. 金陵花鸡配套系、65. 京星黄鸡 103 配套系、67. 黎村黄鸡配套系、70. 鸿光黑鸡配套系、71. 参皇鸡 1 号配套系、72. 鸿光麻鸡配套系、73. 天府肉鸡配套系、74. 海扬黄鸡配套系、77. 金陵黑凤鸡配套系、78. 大恒 799 肉鸡。

按培育程度分		按经济用途分		蛋用鸡品种分类（按蛋壳颜色分）（按名录序号）
类型	数量	类型	数量	
引入品种	8	肉用	7	1. 隐性白羽鸡（法）、2. 矮小黄鸡（法）、4. 洛岛红鸡（美）、5. 贵妃鸡、6. 白洛克鸡（美）、7. 哥伦比亚洛克鸡（美）、8. 横斑洛克鸡（美）。
引入配套系	32	肉用	18	美国　3. 艾维茵肉鸡、16. 爱拔益加、23. 科宝 500 肉鸡、27. 尼克肉鸡、28. 皮尔奇肉鸡、29. 皮特逊肉鸡、31. 印第安河肉鸡。
				英国　4. 澳洲黑鸡、25. 罗斯（罗斯 308、罗斯 708）肉鸡。
				法国　19. 哈伯德、26. 明星肉鸡、30. 萨索肉鸡。
				德国　24. 罗曼肉鸡。
				澳大利亚　18. 迪高肉鸡。
				荷兰　20. 海波罗、21. 海佩克。
				加拿大　22. 红宝肉鸡。
				以色列　17. 安卡。

二、国外引入典型肉鸡品种介绍

品种	原产地	引入我国时间	培育过程	主要特征
艾维茵	美国艾维茵国际家禽育和有限公司	1987 年。	四系配套父本 A、B 属于白科尼什肉鸡体型；母本 C、D 两系体型中等。	图 4.2.1.1
爱拔益加	简称"AA"，美国爱拔益加育种公司	1980 年。	父系为考尼什型，母系为白洛克型。	图 4.2.1.2
科宝 500	美国泰臣食品国际公司	1993 年。	四系配套	图 4.2.1.3

品种	原产地	引入我国时间	培育过程	主要特征
罗斯 308	英国罗斯育种公司	1989 年。	隐性快大白羽肉鸡，是从白洛克（或白温多得）中选育出来的。	图 4.2.1.4
罗曼肉鸡	德国罗曼印第安河公司	1982 年。	四系配套白羽肉鸡品种。	图 4.2.1.5
迪高肉鸡	澳大利亚狄高公司	1982 年。	二系配套杂交肉鸡。	图 4.2.1.6
红宝肉鸡	加拿大谢弗种鸡有限公司，又名红布罗肉鸡	1972 年。	红羽型快大型肉鸡品种。	图 4.2.1.7

三、我国培育部分肉鸡品种介绍

品种	亲本类型	培育单位	培育时间	主要特征
新狼山鸡	澳洲黑×狼山鸡	华东农业科学研究所	1951—1959 年。	图 4.2.1.8
新浦东鸡	白洛克鸡、红考尼什鸡×浦东鸡	上海市农业科学院畜牧兽医研究所	1971—1981 年。	图 4.2.1.9
新扬州鸡	扬州地方鸡种选育而成	江苏农学院	1960—1983 年。	图 4.2.1.10

品种	亲本类型	培育单位	培育时间	主要特征
京海黄鸡	以当地地方黄鸡资源为育种素材培育而成的小型优质肉鸡新品种	江苏省京海禽业集团有限公司＋扬州大学＋江苏省畜牧总站	2001—2009 年。	图 4.2.1.11
肉鸡 WOD168 配套系	小型白羽肉鸡配套系	北京市华都峪口禽业有限责任公司＋中国农业大学	2018 年 9 月审定通过。	图 4.2.1.12
沃德 188 肉鸡	快大型白羽肉鸡配套系	北京市华都峪口禽业有限责任公司	2021 年 12 月审定通过。	
沃德 158 肉鸡	小型优质白羽肉鸡	北京市华都峪口禽业有限责任公司＋中国农业大学＋思玛特（北京）食品有限公司	2021 年 12 月审定通过。	
圣泽 901	快大型白羽肉鸡配套系	福建圣农发展股份有限公司	2011—2021 年。	图 4.2.1.13
广明 2 号	快大型白羽肉鸡配套系	中国农业科学院北京畜牧兽医研究所＋佛山新广农牧有限公司	2021 年 12 月审定通过。	图 4.2.1.14

注：沃德 188 肉鸡、沃德 158 肉鸡、圣泽 901、广明 2 号这 4 个白羽肉鸡配套系品种是在《国家畜禽遗传资源品种名录（2021 年版）》后认定的。

四、肉鸡品种选择依据

选择依据	项目	实践意义及注意事项
（一）当地消费特点	1. 产品用途	①白羽肉鸡主要是国内自销或者出口，分割产品，用于快餐类消费。 ②黄羽肉鸡主要以活鸡形式流通，一般是国内自销。
	2. 消费习惯	①白羽肉鸡主要是国内自销或者出口，经屠宰分割为鸡胸肉、鸡腿肉和鸡翅等产品形式销售，或者加工为熟食后上市。 ②黄羽肉鸡一般用整鸡煲汤或做白切鸡、烧鸡、扒鸡等。

选择依据	项目	实践意义及注意事项
（二）生产资源	1. 品种特点	①快大型肉鸡品种对饲料以及饲养环境要求相对较高。 ②黄羽肉鸡、特别是优质类型的品种适应能力和抗病能力较强。
	2. 经济条件	①白羽肉鸡场建设投入相对较高。 ②黄羽肉鸡建场资金较少，可以建简易大棚；如果在山林附近居住，可以考虑选择放养的饲养方式饲养优质肉鸡品种。
（三）其他方面	气候特点、屠宰要求等。	

拓展阅读

4.2.1.15　肉鸡养殖行业特点

4.2.1.16　标准化养殖场 肉鸡(行业标准)

● ● ● ● ● **作业单**

一、填空题

1. 我国于 20 世纪（　　）年代开始引进肉鸡，目前总产量名列世界第（　　）位。

2. 我国肉鸡主要包括两大类：（　　）肉鸡和（　　）肉鸡。

3.《国家畜禽遗传资源品种名录（2021 年版）》中共有 240 个鸡品种，其中我国培育的 5 个培育品种中有（　　）个肉鸡培育品种，分别是（　　）；80 个我国培育配套系品种中肉鸡培育配套系品种有（　　）个，分别是（　　）；8 个引入品种中有（　　）个肉鸡品种，分别是（　　）；32 个引入配套系中有（　　）个肉鸡引入配套系，分别是（　　）。

二、简答题

1. 生产实践中应如何选择肉鸡品种？

2. 试说明引入肉鸡品种在我国的应用状况。

3. 请将表 4-2-1 中的肉鸡品种的外貌特征和生产性能进行完善。

表 4-2-1　配套系名称与培育单位

名称	培育单位(排名第一或独立单位)
康达尔黄鸡 128	深圳康达尔有限公司家禽育种中心
江村黄鸡 JH-2 号	广州市江丰实业有限公司
江村黄鸡 JH-3 号	广州市江丰实业有限公司
新兴黄鸡Ⅱ号	广东温氏食品集团有限公司

续表

名称	培育单位(排名第一或独立单位)
新兴矮脚黄鸡	广东温氏食品集团有限公司
新兴竹丝鸡 3 号	广东温氏南方家禽育种有限公司
新兴麻鸡 4 号	广东温氏南方家禽育种有限公司
岭南黄鸡 I 号	广东省农业科学院畜牧研究所
岭南黄鸡 II 号	广东省农业科学院畜牧研究所
岭南黄鸡 3 号	广东智威农业科技股份有限公司
粤禽皇 2 号鸡	广东粤禽育种有限公司
粤禽皇 3 号鸡	广东粤禽育种有限公司
墟岗黄鸡 1 号	广东省鹤山市墟岗黄畜牧有限公司
金钱麻鸡 1 号	广东宏基种禽有限公司
京星黄鸡 110	中国农业科学院畜牧研究所
京星黄鸡 102	中国农业科学院畜牧研究所
邵伯鸡	江苏省家禽科学研究所
苏禽黄鸡 2 号	江苏省家禽科学研究所
雪山鸡	江苏省常州市立华畜禽有限公司
鲁禽 1 号麻鸡	山东省家禽科学研究所
鲁禽 3 号麻鸡	山东省家禽科学研究所
皖南黄鸡	安徽华大生态农业科技有限公司
皖南青脚鸡	安徽华大生态农业科技有限公司
皖江黄鸡	安徽华卫集团禽业有限公司
皖江麻鸡	安徽华卫集团禽业有限公司
良凤花鸡	广西南宁市良凤农牧有限责任公司
金陵麻鸡	广西金陵养殖有限公司
金陵黄鸡	广西金陵养殖有限公司

4. 请将我国引入肉鸡配套系品种从引入国家、外貌特征和生产性能三个方面列表说明。

5. 举例说明我国地方品种在肉鸡品种的利用情况。

任务4.2.2　肉鸡饲粮筹备

● ● ● ● ● **案例单**

任务4.2.2		肉鸡饲粮筹备					学　时	2
案例内容							案例分析	
配方1	饲料	育雏料		中雏料		后期料		
		配方1	配方2	配方1	配方2	配方1	配方2	
国内肉鸡饲粮配方（%）	玉米	58.8	59.5	61.7	64.1	65.1	67.8	该配方采用了低鱼粉或无鱼粉饲粮配方；这是20世纪90年代以来，与鱼粉价格高涨、掺杂掺假及高鱼粉对鸡健康、肉品风味有不良影响有关。
	大豆粕	33.0	34.0	30.0	28.0	27.0	20.0	
	膨化大豆	—	—	—	—	—	6.0	
	棉籽粕	—	—	—	2.0	—	2.0	
	小麦麸	—	—	—	—	—	—	
	鱼粉	2.0	3.0	1.5	2.0	1.0	—	
	磷酸氢钙	1.46	1.40	1.40	1.52	1.40	1.44	
	石灰石粉	1.2	0.6	1.3	0.8	1.4	1.1	
	食盐	0.3	0.3	0.3	0.3	0.3	0.3	
	油脂	2.0	—	2.5	—	2.5	—	
	胆碱(50%)	0.1	0.1	0.1	0.1	0.1	0.1	
	赖氨酸	—	—	0.06	0.08	0.06	0.14	
	蛋氨酸	0.14	0.10	0.14	0.10	0.14	0.12	
	添加剂	1.0	1.0	1.0	1.0	1.0	1.0	
	合计	100.00	100.00	100.00	100.00	100.00	100.00	
配方2	饲料	0～4周		5～8周		9～12周		该配方列出的是北方中型土种边鸡(山西右玉地区)配方，供参考(配方中添加剂选用与现代肉鸡相适应年龄的品牌)。
边鸡饲粮配方（%）	玉米	48.27		52.97		52.99		
	小麦	5.00		20.30		20.00		
	大豆粕	32.15		16.38		7.36		
	菜籽粕	—		—		4.94		
	禽下脚料	5.00		5.00		5.00		
	大豆油	5.00		1.86		5.00		

边鸡饲粮配方（％）	石灰石粉	1.17	0.96	1.07	
	磷酸氢钙	1.22	0.18	0.98	
	赖氨酸	—	0.17	0.48	
	蛋氨酸	0.24	0.23	0.23	
	食盐	0.23	0.23	0.23	
	小苏打粉	0.22	0.22	0.22	
	沸石粉	0.50	0.50	0.50	
	预混料	1.00	1.00	1.00	
	合计	100.00	100.00	100.00	
	营养水平				
	代谢能（MJ/kg）	12.76	12.55	13.26	
	粗蛋白质	21.20	17.00	15.60	
	赖氨酸	1.10	0.90	1.03	
	蛋氨酸＋胱氨酸	0.95	0.80	0.80	
	钙	1.11	1.00	1.00	
	有效磷	0.52	0.50	0.47	

●●●●● **工作任务单**

子任务 4.2.2.1	解析肉鸡饲粮配方
任务目的	解析案例中配方 1 的肉鸡饲粮配方。
任务准备	地点：多媒体教室或实训室。 材料：现代白羽肉鸡营养需要推荐量表、鸡饲养国家农业行业标准（NY/T33-2004）、肉鸡品种行业专用标准等。
任务实施	1. 各小组分工，明确任务。 2. 对比案例中配方 1 肉鸡三个饲养阶段中的两个饲粮配方的构成。 3. 说明每个阶段两个饲粮配方的特点，分析说明在生产实践中的意义。 4. 结合所掌握的知识，各小组对三个阶段的饲粮配方进行评析。 5. 结合所了解的当地情况，各小组对目前实际生产中应该选择的饲粮配方进行判定并说明理由。 6. 以小组为单位选派 1 名同学进行回答，其他同学可以进行补充。 7. 小组间互评，教师总结、评鉴。

	考核内容	评价标准	分值
考核评价	解释饲粮配方	1. 能够对配方中的成分进行明晰阐述的，得15 分。 2. 能够说出配方特点的，得 10 分。 3. 能够说明实际意义的，得 20 分。 4. 根据回答情况酌情减分。	45
	评析饲粮配方	1. 能够对饲粮配方进行评价，得 10 分。 2. 能够说出饲粮配方实际应用效果，得 10 分。 3. 能够结合实际确定饲粮配方并说明理由，得20 分。 4. 否则酌情减分。	40
	团队合作	1. 小组内能够互帮互助，得 10 分。 2. 各小组间能够相互补充、真诚相待，得 5 分。 3. 否则酌情减分。	15

子任务 4.2.2.2	设计肉仔鸡饲粮配方
任务目的	结合案例中配方 2 试制订以玉米、豆粕为主，给 4～5 周龄肉仔鸡配制饲粮。
任务准备	地点：多媒体教室或实训室。 材料：网络资源、教材、各阶段该鸡种所用预混料、计算器等。
任务实施	1. 教师布置任务：教师提供教材、网络资源。 2. 各小组查阅资料、小组内讨论，为此阶段肉鸡设计饲料配方。 3. 通过互联网、在线开放课学习相关内容。

	考核内容	评价标准	分值
考核评价	确定鸡群饲喂阶段	1. 利用交叉法配制饲料，得 5 分，最多得 10 分。 2. 小组内确定该鸡群人为划分阶段，得 10 分。	20
	方法步骤正确	1. 利用交叉法配制肉仔鸡饲粮，交叉法步骤每正确一项得 5 分，最多得 30 分。 2. 利用交叉法配制饲料结果，饲料由 68.57% 玉米和 31.43% 豆粕组成，每正确一项步骤得 5 分，最多得 20 分。 3. 能够合理充分考虑相关因素，每答对 1 个因素得 2 分，最多不超过 20 分。 4. 否则酌情减分。	70
	团队合作	1. 各个小组内合作良好，能够充分调动每一名同学的积极性，每人奖励 5 分。 2. 小组间能够互助互爱得 5 分。	10

必备知识

一、肉用型鸡的营养需要

(一)现代肉鸡的生长规律与营养需要

20 世纪初,人们在研究肉用型鸡的生长过程中,发现 8 周龄是育成乃至整个生长过程中,相对生长最快的折点,此后生长曲线下滑。于是,70 年代的肉仔鸡生产和研究,均追求 8 周龄体重 1.5 kg、料肉比 3:1 以下。目前,已发展到 6 周龄公鸡体重达 2.65 kg、母鸡体重 2.35 kg,料肉比 1.6:1,甚至更高。

1. 现代肉鸡的生长规律

现代肉鸡生长阶段的研究还发现,组织和器官的最大生长速度以消化道、内脏器官(指心、肝、脾、肺、肾、胰脏之总重)、骨骼肌、骨骼、皮和羽毛为顺序;达到 20 周龄重量 60％的先后顺序是:脑、腔上囊、消化道、内脏器官、骨骼、肌肉、皮和羽毛,揭示出生长期器官组织的生长与生命过程的重要性相一致。鸡脑在 4 周龄末生长基本完成,羽毛生长完成最晚。

2. 现代肉鸡的营养需要

肉鸡越是幼小,供生长发育的营养物质越是重要,若有不足即可导致缺乏症的发生;如果雏鸡 6 周龄前遭受营养不足,即使外观无明显症状,亦会给以后的生长、发育和生产留下隐患。所以,肉鸡 6 周龄前的饲养是第一个关键阶段中的重要环节。另外,肉鸡年龄越小,饲料利用率越好,耗费的饲料成本也越低。而在肉鸡育肥期,有些养殖户降低微量元素投量,却未降低育肥效果和鸡胴体质量。因为鸡体内,主要是肝脏中贮存了足够此阶段所需要的微量元素。现代肉鸡饲料配方的代谢能和粗蛋白质水平的变动范围在 12.5～13.5MJ/kg 和 16.5％～23.5％。

(二)黄羽肉鸡的营养需要特点

黄羽肉鸡品种是由我国原有土种鸡和现代肉鸡杂交改良而成。目前,我国育成的黄羽肉鸡配套系主要是仿土鸡类型。所谓优质肉鸡,也是相对于引进的现代肉鸡而言,其品质、风味远不及我国原有的土种肉鸡,只是生长速度加快、饲料效率提高,故其生长速度和营养需要也介于二者之间。饲粮能量浓度和粗蛋白质水平可较现代肉鸡品种降低 2％～4％和 5％～8％,氨基酸、维生素和微量元素水平与蛋白质水平也同步下降。

(三)土种肉用鸡的营养需要特点

土种肉用鸡指我国原有的地方品种肉用鸡(又称柴鸡、笨鸡),它与引进的现代肉鸡品种或优质肉鸡相比,体型小、生长慢。所需营养成分的种类与现代肉鸡品种基本相同,只是营养浓度较低;其饲粮代谢能浓度的大致范围是 11.2～12.5MJ/kg,饲粮粗蛋白质含量应在 12.0％～20.0％。这一范围内适合于放牧加补饲的饲养模式,可用现代肉鸡品种的同期饲料作为土鸡放牧前后和间隙的补充饲料。

二、肉用型鸡的饲养标准与参考饲粮配方

(一)肉用型鸡饲养标准

目前我国通行的饲养标准大致有三类,即我国农业部颁布的农业行业标准 NY/T33—2004(如二维码 4.1.2.6　鸡饲养标准)中给出的肉用鸡营养需要,包括现代白羽肉鸡品种(如表 4-2-2-1)和黄羽肉鸡品种(如表 4-2-2-2)的营养推荐量;1994 年发布的美国 NRC 鸡的饲养标准;第三类是各公司对具体肉鸡品种生产的专用标准,此类标准更贴近生产、使用

更佳方便。台湾畜牧学会(1993)和李东教授均提出优质肉鸡的建议标准，需要时可参考有关文献。

表 4-2-2-1　快大型肉鸡仔鸡和快大型肉鸡种鸡营养需要

原料	快大型肉鸡仔鸡（周龄）			快大型肉鸡种鸡（周龄）			
	0～3	4～6	7 周龄以上	0～6	7～18	19～开产	产蛋期
代谢能(MJ/kg)	12.75	12.96	13.17	12.12	11.91	11.70	11.70
粗蛋白(%)	22.0	20.0	17.0	18.0	15.0	16.0	17.0
赖氨酸(%)	1.2	1.0	0.82	0.92	0.65	0.75	0.8
蛋+胱氨酸(%)	0.92	0.76	0.63	0.72	0.56	0.62	0.64
亚油酸(%)	1.0	1.0	1.0	1.0	1.0	1.0	1.0
钙(%)	1.3	1.1	0.93	1.0	0.90	2.0	3.3
有效磷(%)	0.45	0.40	0.35	0.45	0.4	0.42	0.45
盐(%)	0.35	0.35	0.35	0.35	0.35	0.35	0.35

表 4-2-2-2　黄羽肉鸡仔鸡和黄羽肉鸡种鸡营养需要

原料	黄羽肉鸡仔鸡（周龄）			黄羽肉鸡种鸡（周龄）			
	0～4	5～8	8 周龄以上	0～6	7～18	19～开产	产蛋期
代谢能(MJ/kg)	12.12	12.54	12.96	12.12	11.70	11.50	11.50
粗蛋白(%)	21.0	19.0	16.0	20.0	15.0	16.0	16.0
赖氨酸(%)	1.05	0.98	0.85	0.90	0.75	0.8	0.8
蛋+胱氨酸(%)	0.85	0.72	0.65	0.69	0.61	0.69	0.80
亚油酸(%)	1.0	1.0	1.0	1.0	1.0	1.0	1.0
钙(%)	1.0	0.9	0.8	0.90	0.90	2.0	3.4
有效磷(%)	0.45	0.40	0.35	0.40	0.36	0.38	0.41
盐(%)	0.35	0.35	0.35	0.35	0.35	0.35	0.35

(二)正确应用饲养标准

应用饲养标准，选择适合的饲料原料，按照市场价格，通过手工或计算机计算，实现优化配方，其主要技术问题如下。

1. 安全系数

饲养标准是依据最适宜环境下，用符合标准、完全健康的鸡群和在标准饲养与精心管理条件下，所获取的相关数据制订的，只是提供了各种营养物质需要量的估计值。在实际生产中，有诸多不确定因素，如饲料营养成分与营养价值变化无常、加工贮存条件不良、饲喂不当等，都能使饲料营养物质的有效含量降至提供的估计值以下。所以，应当对规定的"需要量"加一个安全系数，以确保鸡群获得足够的营养。安全系数为表中规定的需要量的10%～20%，须视具体情况而定。

2. 适应季节变化

不言而喻，在寒冷季节，鸡只消耗能量多，采食量则增加；而炎热季节，采食量则减少。由于饲料中营养物质都是按百分比或重量中的含量配制的，鸡食入这些养分的绝对数量就随着采食量而变化。寒冷时超过需要的数量，炎热时则不足。因此，在不同季节，应根据实际采食量调节能量以外的各种养分的浓度。一年四季，应随季节变化配制不同的饲粮。

3. 适应饲料原料变化

我国幅员辽阔，饲料原料众多，品质参差不齐。在配制饲粮时，一是尽可能利用当地资源，二是有条件的养殖场（户）对所用饲料最好先经成分测定，用实测值按营养需要量来配料。对鱼粉、油饼粕及灰石灰等矿物质原料更应慎重，因其成分变化幅度有时会很大，甚至会有掺假、掺杂。

4. 视需要适当降低肉仔鸡饲粮的营养水平

肉仔鸡生长速度之快，超过其心、肺功能所能承担的水平，常常因发生腹水综合征招致大量死亡。在高海拔地区，那些养鸡环境较差、鸡疾病多发地区的养殖场（户），更应采取适当降低饲粮营养水平的措施。而维生素添加量不仅不能降低，还应适量增加。虽然肉仔鸡的生长速度可能因此而放慢，上市时间延长，但却提高了肉仔鸡的商品合格率和经济效益。

(三)肉鸡参考饲粮配方

1. 现代肉仔鸡的参考配方

参考美国NRC家禽营养需要(1984)，肉仔鸡营养建议量均有较高比例的高品质鱼粉，反映出我国肉仔鸡饲养开始阶段饲粮配方的特点。20世纪90年代以来，国内肉鸡饲养趋向于用低鱼粉（如案例配方1）或无鱼粉饲粮配方。2004年前，除参考NRC鸡饲养标准外，多依据我国专业标准鸡的饲养标准(ZB B43005－86)设计饲粮配方。在总结多年应用基础上，已修正、颁布了中华人民共和国农业行业标准鸡饲养标准(NY/T33－2004)(如二维码4.1.2.6)。肉鸡也具有在消化道生理容量范围内按饲粮营养水平调节采食量的能力，使营养水平降低一点大致不会降低肉仔鸡的增重；且在投料量适宜时，有可能降低腹水综合征的发病率。

2. 土鸡参考饲粮配方

我国地方品种鸡有100多种，由于地域、气候、饲料资源不同，导致各地土种肉鸡的体形大小差异很大，饲粮配方不尽相同。计算土鸡饲料配方有两种办法：一是用市售各龄现代肉鸡配合饲料，再添加10％～15％的玉米和麸皮，混合均匀后作为放牧的肉用土鸡的补加饲料；二是参考相关的营养需要推荐量设计配方（如案例中的配方2）。

拓展阅读

4.2.2.1 黄羽肉鸡营养需要量
（行业标准）

4.2.2.2 畜禽饲料安全评价 肉鸡饲养试验
技术规程（国家标准）

●●●●● **作业单**

> **思考题**
> 1. 现代肉鸡的饲粮配制需要考虑什么？
> 2. 地方肉鸡品种的饲粮配制应考虑什么？

任务4.2.3　肉用仔鸡生产

●●●●● **案例单**

任务4.2.3	肉用仔鸡生产		学　时	4
案例内容				案例分析
体重（kg/只）	地面饲养（只/m²）	网上饲养（只/m²）	笼养（只/m²）	这是肉仔鸡不同饲养方式下的参考饲养密度，请与蛋鸡该阶段的饲养密度进行比较。
1	40	45	40	
2	35	40	35	
3	25	30	30	
4	22	28	25	
5	20	20	20	
6	15	18	20	
7	10	12	18	
8	8～10	8～12	18	

●●●●● **工作任务单**

子任务4.2.3.1	测定肉鸡的屠宰指标
任务目的	对肉鸡进行宰前、屠宰和分割操作后，测定其屠宰指标。
任务准备	地点：实训室。 材料：肉鸡若干只、解剖刀、手术剪、镊子、解剖台、台称、电子秤、温度计、骨剪、胸角器、游标卡尺、皮尺、粗天平、盛血盆、吊鸡架。
任务实施	1. 布置任务，各小组讨论、分工、合作操作进行。 2. 肉鸡宰前准备。 3. 肉鸡屠宰操作及相关称量工作。 4. 肉鸡分割操作及相关称量工作。 5. 统计屠宰指标。 6. 各小组汇报结果，小组间互评。 7. 教师总结、评鉴。

	考核内容	评价标准	分值
考核评价	宰前准备	1. 能够判定肉鸡宰前状态，得5分。 2. 能够对肉鸡进行正确检验、候宰、断食、断水，得10分。 3. 抓鸡、保定鸡操作规范，对鸡只胴体未有任何影响，得10分。 4. 能够正确进行宰前称重，得5分。 5. 否则酌情减分。	30
	肉鸡屠宰	1. 屠宰前进行洗浴、放血充分并褪毛干净、修正完善，各得5分。 2. 肉鸡屠宰操作熟练、动作规范，得10分。 3. 否则酌情减分。	20
	肉鸡分割	1. 能够正确进行肉鸡各部位的分割操作，得10分。 2. 肉鸡分割动作、称重、分割步骤规范，得10分。 3. 否则酌情减分。	20
	统计屠宰指标	1. 能够正确统计屠宰率、半净膛率、全净膛率、胸肌率、腿肌率以及腹脂率，得20分。 2. 小组内配合默契、小组间合作良好，得10分。 3. 否则酌情减分。	30

必备知识

现代肉用仔鸡是指肉用配套品系杂交产生的雏鸡，不论公母，养到6～9周龄进行屠宰，是专门作为肉用的仔鸡。肉用仔鸡也称童子鸡或快大型(白羽)肉鸡商品鸡。由于各国消费习惯和烹调方式不同，其出售的仔鸡体重和饲养期也不同，一般为1.1～1.3 kg(德国、欧洲)或1.9～2.74 kg(日本)。美国在肉鸡业发展初期，按饲养期和体重大小分为：肉用仔鸡，系指8周龄左右的小鸡，体重不超过1.5 kg；炸用仔鸡指9～12周龄，体重1.8 kg；烤用仔鸡指4～6月龄，体重2.95～3.6 kg。

一、肉用仔鸡生产特点

(一)早期生长速度快

肉用仔鸡出壳时的体重一般为40 g左右，2周龄时为350～390 g，6周龄可达2 500 g，8周龄可达3 300 g或更大，为初生重的80多倍。随着肉用仔鸡育种水平的提高，现代肉鸡继续表现出遗传潜力的提高，即雄性肉用仔鸡体重达到2 500 g的时间每年减少约1 d。

(二)饲料利用率高

由于生长速度快，肉用仔鸡的饲料利用率很高。优良的肉鸡品种，体重达到2 kg时的料肉比为(1.6～1.9)：1，这是其他畜禽所不能比的，蛋鸡料肉比约为2.6：1，猪和兔的料肉比约3.1：1，肉牛的料肉比约5：1。畜牧业中，饲料的费用支出占畜产品成本的70%～80%，因此饲料转化率的高低决定着畜产品成本和利润的多少。

（三）生产周期短、周转快

肉用仔鸡达到 2 kg 出栏体重只需要 6～8 周的时间，加上 2～3 周鸡舍准备时间，一栋鸡舍每年至少可以饲养肉鸡 5～6 批，设备利用率和资金周转率高。

（四）适合集约化规模化生产

肉鸡性情温顺，具有良好的群体适应性，适合大群饲养。垫料平养的饲养方式饲养密度可达到 12～14 只/m²，如果采用立体笼养，密度会更大。同时鸡的繁殖力很高，短时间可提供大批量雏鸡进行集约化、规模化生产。

（五）屠宰率高

白羽肉鸡生长速度快、肉嫩、易加工，尤其适合快餐业。7 周龄的肉用仔鸡屠宰率可达 90%，半净膛率可达 86%，全净膛率可达 78%。肉猪的屠宰率在 72%～80%，肉牛的屠宰率在 50%～60%，肉羊的屠宰率在 45%～50%。

（六）产品性能整齐一致

肉用仔鸡的生产不仅要求生长速度快、饲料利用率高、成活率高，而且要求出栏体重均匀、体格大小一致，这样才具有较高的商品率，否则会降低商品等级，也给屠宰带来不便。一般要求出栏时 85% 以上的鸡的体重控制在平均体重 ±10% 以内。

（七）易发生营养代谢疾病

肉用仔鸡由于早期肌肉生长速度快，而骨组织和心肺相对迟缓，因此易发生腿部疾病和腹水综合征、猝死等营养代谢病，这对肉鸡业危害很大。

二、肉用仔鸡的营养需要特点

肉用仔鸡生长速度快，要求供给高能量、高蛋白的饲料，日粮中的各种养分需充足、齐全且比例平衡。由于肉用仔鸡早期器官发育需要大量蛋白质，生长后期脂肪沉积能力增强，因此在日粮配比时，生长前期蛋白质水平高，能量稍低；生长后期蛋白质水平稍低，能量较高。

从我国当前的肉鸡生产性能和经济效益来看，肉用仔鸡饲料的代谢能应≥13MJ/kg，蛋白质应以前期≥21%、后期≥19% 为宜，同时要注意满足必需氨基酸（特别是赖氨酸、蛋氨酸等）的需要量，以及满足各种维生素、矿物质的需要量（如表 4-2-3-1）。

表 4-2-3-1　肉用仔鸡公母雏的营养成分需要量

营养成分	育雏料 (0～21 d)		中期料 (22～37 d)		后期/宰前料 (38 d～上市)	
	公	母	公	母	公	母
粗蛋白质/%	23.0	23.0	21.0	19.0	19.0	17.5
代谢能/(MJ/kg)	13.0	13.0	13.4	13.4	13.4	13.4
钙/%	0.90～1.00	0.90～1.00	0.85～0.90	0.85～0.90	0.80～0.90	0.80～0.90
可利用磷/%	0.45～0.60	0.45～0.60	0.42～0.50	0.42～0.50	0.40～0.50	0.40～0.50
赖氨酸/%	1.25	1.25	1.25	0.95	1.00	0.90
含硫氨基酸/%	0.96	0.96	0.96	0.75	0.76	0.70

三、肉用仔鸡饲养前准备

(一)饲养方式选择

肉用仔鸡有平养、笼养和笼平养混合三种饲养方式,平养又分为厚垫料地面平养和网上平养,以"平养不换垫料"居多。养殖场可根据当地条件和自身经济状况,选择最适当的肉鸡饲养方式。

1. 厚垫料平养

这种方法简便易行,可节省劳力,设备投资少,胸囊肿的发生率低,残次品少,但球虫病较难控制,药品和饲料费用较大,鸡只占地面积大。

2. 塑料网面饲养

这种方式不用垫料,鸡只饲养在网上,利用温度控制和通风换气,可提高饲养密度25%~30%,降低了劳动强度。同时,鸡只与粪便分离,减少了疾病的发生,尤其是球虫病的发生。缺点是一次性投资大,肉鸡胸囊肿病和腿病的发病率高。

3. 笼养

这种方式饲养密度大,减少球虫病发生,提高劳动效率,便于公母分群饲养,但因笼底硬,鸡活动受限,胸囊肿严重,商品合格率低,应用少。

近年来,国内外的鸡场对2~3周内的肉用仔鸡实行笼养或网上平养,2~3周后再实行地面饲养。

(二)饲养设备准备

肉鸡舍冲洗消毒通风后,对肉用仔鸡生产所需设备和用具必须进行严格清洗、消毒和维修。肉用仔鸡饲养时间短,且是大群密集饲养,病菌侵入后传播极其迅速,往往会使全部鸡群发病。即使没有那样严重,也因感染病菌而使肉用仔鸡的生长发育率降低15%~30%,甚至造成部分死亡,从而遭致经济亏损。再加上有些药物、疫苗在体内有残留量,不但影响鸡肉品质,而且人吃了鸡肉后也会产生不良影响。因此,至少在出售前4周内不能使用疫苗(鸡瘟疫苗等),一些药物在出售前1周也不能用(如抗球虫剂等)。饲养肉用仔鸡的鸡舍及一切用具必须做严格的消毒处理,这是唯一能减少用药、提高效益的办法。表4-2-3-2列出了肉鸡常用饲养设备使用规格与数量。

表 4-2-3-2　常用饲养设备使用规格与数量

名称	规格	使用	备注
饮水器	3 kg 真空饮水器。	1~7 d 用。	50 只鸡 1 个。
	6 kg 自动饮水器。	8 d~出栏。	70 只鸡 1 个。
料槽	开食盘直径 30 cm。	1~7 d 用。	90 只鸡 1 个。
	大号料槽 10 kg。	8 d~出栏。	35 只鸡 1 个。
照明设备	灯头。	10 m² 安装 1 个。	离地面 2 m。
	灯泡。	40 W、15 W。	1~7 d 用 40 W;7 d 后换 15 W。
取暖设备	电保温伞直径 1.5~2 m。		500~600 只提供 1 个。

(三)饲料、疫苗和药物准备

1. 饲料的准备

通过鸡群饲养量和只耗料量估计鸡群总耗料量,通过饲料配方和总耗料量估计饲料原料量，计划原料储备和饲料加工、储备量。

2. 疫苗和药物的准备

根据抗体消长规律，同时参考本地区、本场疫病发生情况（疫病流行的种类、发病季节、易感日龄等）及抗体监测水平制订肉用仔鸡的免疫程序和药物预防计划，根据免疫程序和药物预防计划购买相关疫苗和药物进行储备。

四、肉用仔鸡饲养技术

(一) 肉用仔鸡饲养阶段划分

肉用仔鸡采用阶段式饲养。阶段式饲养不仅使所提供的营养水平更接近于肉用仔鸡的实际需要量，也更有效地促进了肉用仔鸡的生长速度，而且可以更经济地利用蛋白质饲料。阶段式饲养通常可分为两段式饲养和三段式饲养。

1. 两段式饲养

0～4周龄属育雏期，饲喂前期饲料；4周龄以后属肥育期，饲喂后期饲料。我国肉用仔鸡的饲养标准属两段制，已得到广泛应用。

2. 三段式饲养

当前肉鸡生产发展，总的趋势是饲养周龄缩短，提早出栏，并推行三段式饲养。0～3周龄属育雏期，饲喂前期料；4～5周龄属中期，饲喂肥育前期料；6周龄到出栏，饲喂肥育后期料。三段式饲养更符合肉用仔鸡的生长特点，饲养效果较好。

(二) 肉用仔鸡饲养

1. 早期饲喂

肉用仔鸡生长速度快，相对生长强度大，前期生长稍有受阻则以后很难补偿。实际饲养时，一定要使出壳后的雏鸡早入舍、早饮水、早开食。

2. 保证采食量

日粮的营养水平高，若采食量上不去，吃不够，则肉鸡的饲养同样得不到好的效果。因此，让肉用仔鸡自由采食；保证充足的采食位置和采食时间；夏季高温季节采取有效降温措施，加强夜间喂料；保证饲料品质。

3. 颗粒饲料喂饲

使用颗粒饲料喂饲肉用仔鸡有很多优点。首先，使用颗粒饲料可提高转化率2%左右，提高增重3%～4%；其次，对减少疾病和节省饲料也有一定意义。

4. 保证饮水

饲养肉用仔鸡应充分供水，并保证水质良好，保持新鲜、清洁，最初5～7 d饮温开水，以后改为凉水；并要注意饮水器的消毒和清洗。

5. 采用"全进全出"制

所谓"全进全出"制是指同一栋鸡舍内（全场更好）同一时间里投入同一日龄的雏鸡，养成后又在同一时间出售屠宰。现代肉用仔鸡生产几乎都采用"全进全出"的饲养制度。这种饲养制简单易行，管理方便，可实行统一的饲养标准、统一的技术和防疫措施，肉用仔鸡增重快、耗料少、死亡率低。"全进全出"制有利于仔鸡出场后彻底清扫、消毒、切断病原的循环感染。

6. 实行公母分群饲养

公母鸡生理基础不同，因而对生活环境、营养条件的要求和反应也不同，主要表现在以下几方面。

(1)生长速度不同。通常2周龄后公鸡生长的速度快于母鸡，4、6、8周龄时公鸡体重比母鸡分别高13%、20%、27%。公母分开饲养可使其生产性能表现得更加理想，也便于实行分期出售。母鸡在7周龄后生长速度相对下降，而饲料消耗急剧增加，因此7周左右出售；公鸡生长速度在9周龄以后才下降，故可在9周龄左右出售。

(2)公母鸡对营养要求不同。公鸡能更有效地利用高蛋白日粮，前期日粮中蛋白质可提高到24%~25%，母鸡则不能很好利用高蛋白日粮，而且将多余的蛋白质在体内转化为脂肪，很不经济。在饲料中添加赖氨酸后公鸡反应迅速，饲料效益明显提高，而母鸡则反应效果很小；喂金霉素可提高母鸡的饲料效率，而公鸡则没有反应。肉用仔鸡公母混养各周龄的喂料量与体重参见表4-2-3-3。

表 4-2-3-3 肉用仔鸡公母雏的营养成分需要量

周龄	体重(g)	每周增重(g)	料量累计(g)	料量(g)	料肉比
1	165	125	1443	144	0.87∶1
2	405	240	298	441	1.09∶1
3	730	325	478	920	1.26∶1
4	1130	400	685	1605	1.42∶1
5	1585	455	900	2504	1.58∶1
6	2075	490	1106	3611	1.74∶1
7	2570	495	1298	4909	1.91∶1
8	3055	485	1476	6385	2.09∶1
9	3510	455	1618	8003	2.28∶1
10	3945	435	1781	9784	2.48∶1

7. 预防过度沉积体脂肪

适度的肌间脂肪会增加鸡肉的适口性，可以改善风味。但体脂肪过度沉积(包括腹脂、皮下脂肪和肠脂肪团)不但影响食用价值，而且降低饲料效率。体脂肪的存在是禽类在野生条件下储存能量和维持体温所必需的，但人工养殖条件下过量脂肪块则成为负担。试验和生产实践均表明，就增重和料肉比而论，以高蛋白、高能量饲粮组合为佳；从脂肪蓄积来看，以高能、低蛋白为宜；而从经济效益考虑，低蛋白、中能量最好。防止体脂肪过度沉积的办法有以下几个。(1)降低育肥期饲粮能量浓度，避免过度追求生长速度和体重。(2)选择低脂肉鸡品种或品系，这是解决肉鸡过肥的途径。(3)注意饲粮的粒度，采食粒度大的饲料脂肪沉积较多，因此喂颗粒料时最好破碎。(4)加强通风，夏季脂肪肝较冬季多发，高温使机体甲状腺功能下降，促进脂肪沉积。夏季用2~3 m/s的风速，配合使用中能或低能饲粮，可望得到既防止脂肪过度蓄积又提高生产性能的效果。

五、肉用仔鸡管理技术

(一)肉用仔鸡环境控制

环境条件的优劣直接影响肉用仔鸡的成活率和生长速度，肉用仔鸡对环境条件的要求比蛋用雏鸡更为严格，影响更为严重，应特别重视。

1. 温度

适宜和正确的温度控制是首要的管理因素。肉用雏鸡出壳后的体温是 39～41℃。前 2 周雏鸡自身调节体温的机能较差，对外界温度变化十分敏感，需要依靠环境温度来维持。当外界温度与体温相差 8℃以上时，容易造成死亡。肉用仔鸡所需的环境温度比同龄蛋用雏鸡高 1℃左右。因此，养育肉用仔鸡的温度可参考蛋鸡育雏的温度，但要注意掌握温度不可偏高，特别是后期。肉用仔鸡生长快，饲养密度大，前两周温度高无甚影响，从第 3 周起应注意降温，否则会影响生长速度，增加死亡率和降低屠体等级。实际生产中，第 1～2 d 为 35℃，以后每天降低 0.5℃左右，从第五周龄开始维持在 21～23℃即可，也可根据鸡群和气温情况看雏施温。

2. 湿度

湿度对雏鸡的健康和生长影响也较大。高湿低温，雏鸡很容易受凉感冒，而且有利于病原微生物的生长繁殖，易诱发球虫病。湿度过低，则雏鸡体内水分随着呼吸而大量散发，影响雏鸡体内卵黄的吸收，反过来导致饮水增加，易发生拉稀，脚趾干瘪无光泽。第 1 周相对湿度应为 70%～75%，第 2 周为 65%，第 3 周及以后保持在 55%～60%即可，以舍内干燥为好，以防垫料潮湿，引起球虫病。同时，要加强通风换气，勤换垫料，使室内湿度控制在标准范围之内。

3. 通风

保持舍内空气新鲜和适当流通，是养鸡的重要条件。通风效果取决于鸡舍内外温度之差，应根据气温与肉用仔鸡的周龄和体重，不断调整舍内的通风量。

4. 光照

光照时间的长短及光照强度对肉用仔鸡的生长发育影响较大，肉用仔鸡的光照制度与蛋用雏鸡完全不同。

肉用仔鸡的光照制度有两个特点。其一，是光照时间较长，目的是延长采食时间。其二，是光照强度小，弱光降低鸡的兴奋性，使鸡保持安静的状态。这样有利于提高肉用仔鸡生长速度和饲料效率。

第 1 周 23 h 的光照，1 h 黑暗。黑暗的目的在于让鸡能够适应和习惯这种环境，以防在光照出现故障如停电等情况时发生惊群。从第 2 周龄起，开放鸡舍，白天利用自然光照，夜间每次喂料、饮水时开灯照明 0.5～1 h，然后黑暗 2～4 h。密闭鸡舍可实行 1～2 h 照明、2～4 h 黑暗的交替光照方法。

光照颜色对肉用仔鸡生产性能无重大影响。但由于鸡对红光或蓝光反应差，故抓鸡时常用红光或蓝光，以避免损伤，降低等级。有人提出，光照强度对雄性肉鸡的生长速度无什么影响；而雌性肉用仔鸡，当光照强度超过 3 Lx 时，其生长速度降低。

5. 密度

密度是指育雏室内每平方米所容纳的雏鸡数。密度对雏鸡的生长发育有着重大影响。密度应根据禽舍的结构、通风条件，饲养管理条件及品种来决定。随着雏鸡的日益长大，每只鸡所占的地面面积也应增加，具体密度可参考本任务的案例中相关内容。在鸡舍设施情况许可时尽量降低饲养密度，这有利于采食，饮水和肉鸡发育，提高增重的一致性。

(二)环境卫生与防疫

肉用仔鸡饲养周期短，周转快，密度大，一旦发病，传播很快，难以控制，即使痊愈，也会对生长发育造成难以弥补的损失。因此，饲养管理过程中的卫生防疫和疾病预防显得格外重要。

1. 加强环境消毒

(1)进鸡前消毒。进鸡前彻底搞好鸡舍及鸡舍内用具设备的消毒，采用"全进全出"的饲养制度。当每批肉鸡出场后，应将垫料及粪便全部清理出去，然后进行彻底冲洗，冲洗前应及时对地面和墙壁上结块的粪便铲除，因为消毒对于粪块里的病原是不起作用的。冲洗可以清除大量病原，为消毒打下良好的基础。冲洗后，料桶，饮水器等饲养设备应浸泡消毒，最后连同垫料，用具等放入鸡舍内，当温度升至25～30℃时，进行熏蒸消毒，密闭至少3天。

(2)日常消毒。日常要重视舍内外环境的消毒。饲养期间每天对舍内及周边地面清扫喷洒消毒液，将饮水器清洗消毒。鸡舍每周带鸡消毒1～2次，遇到疫情可每天1次。带鸡消毒可净化舍内的小环境，使舍内病原微生物降低到最低。带鸡消毒注意交叉选用广谱、高效、副作用小的消毒剂，以防病原微生物产生抗药性，造成消毒效果下降。

(3)肉鸡出场后。每批肉鸡出场时，由于抓鸡、装鸡、运鸡都会给舍外场地留下大量的粪便、羽毛及皮屑，应及时打扫、清洗、消毒场地。并定期对舍外环境进行消毒，可选用较为便宜、效果好的消毒剂。

2. 严格执行免疫程序

肉用仔鸡养殖场必须根据本场和周围环境的实际情况制订切实可行的免疫程序。有条件的养殖场对新城疫和传染性法氏囊病应进行抗体监测，根据抗体监测水平确定适宜的免疫时间。肉用仔鸡推荐参考免疫程序如表4-2-3-4。

表4-2-3-4 肉用仔鸡免疫程序(供参考)

日龄	疫苗种类	免疫方法
7	新城疫＋肾型支气管炎二联苗	点眼、滴鼻
12～14	传染性法氏囊病疫苗	饮水
18	新城疫＋传支(H_{120})二联苗	饮水
24	传染性法氏囊病疫苗二免	饮水
33～35	新城疫克隆30苗	饮水

3. 预防球虫病

地面平养肉鸡最易患球虫病。一旦患病，会损害鸡肠道黏膜，妨碍营养吸收，采食量下降，严重影响鸡的生长和饮料效率。如遇阴雨天或粪便过稀，应立即在饮水或饲料投药预防；若鸡群采食量下降、血便，应立即投药治疗，对个别严重不能采食者可肌内注射青霉素，每只4 000 IU，每天2次，2～3 d即可治愈。用药时，要注意交叉用药，且在出场前一两周停止用药，避免药物残留。

预防球虫病还必须从管理上入手，严防垫料潮湿，发病期间应每天清除垫料和粪便，以消除球虫卵囊发育的环境条件。

4. 预防肉鸡代谢病

(1)胸囊肿。胸囊肿是肉用仔鸡最常见的胸部皮下发生的局部炎症。它不传染也不影响生长，但影响屠体的商品价值和等级，造成一定经济损失，应针对产生原因采取以下有效措施。①尽力使垫草干燥、松软，及时更换黏结、潮湿的垫料，保持垫草应有的厚度。

②减少肉用仔鸡卧地的时间，肉用仔鸡一天当中有 68%～72% 的时间处于卧伏状态，卧伏时体重的 60% 左右由胸部支撑，胸部受压时间长、压力大，胸部羽毛又长得晚，长期卧伏易造成胸囊肿。应采取少喂多餐的方法，促使鸡站起来吃食活动。③若采用铁网平养或笼养，应加一层弹性塑料网。

(2)预防腿部疾病。随着肉用仔鸡生产性能的提高，腿部疾病的严重程度也在增加。引起腿部疾病的原因是各种各样的，归纳起来有以下几类。①遗传性腿病，如胫骨软骨发育异常、脊椎滑脱症等。②感染性腿病，如化脓性关节炎、鸡脑髓炎、病毒性腱鞘炎等。③营养性腿病，如脱腱症，软骨症、维生素 B 缺乏症等。④管理性腿病，如风湿性和外伤性腿病等。

预防肉用仔鸡腿病，应来取以下措施。①完善防疫保健措施，杜绝感染性腿病。②确保微量元素及维生素的合理供给，避免因缺乏钙、磷而引起的软脚病，避免因缺乏锰、锌、胆碱、维生素 B_3、叶酸、维生素 H、维生素 B_6 等所引起的脱腱症，避免因缺乏维生素 B_2 而引起的卷趾病。③加强管理，确保肉用仔鸡适宜的生活环境，避免因整料湿度过大、脱温过早以及抓鸡不当而造成的腿病。④早期实行适当的限制饲养，可使腿部疾病大为减少，甚至根除。

(3)肉鸡腹水综合征。肉鸡腹水综合征是一种非传染性疾病，引起腹水综合征的原因多种多样，如环境条件、饲养管理、营养及遗传等。其发生与肉仔鸡代谢过快引起组织缺氧密切相关，也与缺硒及某些药物的长期使用有关系。肉鸡腹水最早从 2 周龄开始，4 周龄严重直至死亡。控制肉鸡腹水综合征发生的措施如下。①改善环境条件，特别是在密度大的情况下，应充分注意鸡舍的通风换气。②适当降低前期饲料的蛋白质和能量水平。③防止饲料中缺硒和维生素 E。④饲料中呋喃唑酮不能长期使用。⑤发现轻度腹水综合征时，应在饲料中补加 0.05% 的维生素 C。

(4)猝死综合征。肉鸡猝死综合征又称暴死症、急性心脏病、翻筋斗症。是一些增重快、体形大、外观正常健康的鸡突然狂叫，仰卧倒地死亡。剖检常发现肺脏肿大、心脏扩大、胆囊缩小。发病原因很复杂，引起本病的环境因素很多，包括高度噪声、持续强光照射、通风不良、饲养密度大、惊吓，均能诱发等。一般建议在饲料中适量添加多种维生素；加强通风换气，防止密度过大；避免突然的应激。

5. 提高体重均匀度

饲养肉用仔鸡的关键在于提高饲养管理水平，使鸡只生长发育良好，快速增重，从而培育出群体体重均匀度高、出栏总重量大的肉用仔鸡群体。而肉用仔鸡均匀度的高低，直接影响生产成绩、商品率、出口率，从而影响肉用仔鸡生产的经济效益。因此不断地提高均匀度成为提高肉用仔鸡生产效益的的重要途径，具体可通过以下措施。

(1)入孵种蛋大小应一致、雏鸡开食应整齐度高，否则会直接影响肉用仔鸡出栏均匀度。生产中可根据体重对雏鸡进行分群饲养。

(2)提供充足的槽位和水位是提高肉用仔鸡均匀度的先决条件。

(3)适宜的饲养密度是保证鸡群均匀度的基本要求。

(4)饲料质量的稳定性、鸡群的健康程度、环境条件的适宜性等都是影响肉用仔鸡体重均匀度的因素。

生产中要定期检测饲料营养成分，实施有效的防疫措施，给鸡群提供适宜的环境条件等措施，以便提高肉用仔鸡的体重均匀度。

6. 及时淘汰

为了保持鸡群整齐度，生产出优质产品，提高经济效益，必须对鸡群实行优选。淘汰时应注意以下几点。(1)死亡率高度集中期间每天进行淘汰。(2)前3周进行严格淘汰，因为此时淘汰经济损失较小。(3)对于离群病雏，应经周密检查进一步证实无发展前途后进行淘汰。(4)当雏鸡一出现跗关节扭曲或瘫痪，就将其淘汰，以免消耗大量饲料。(5)患有慢性病的鸡只是传染的根源，会影响其他鸡体的健康，必须淘汰。

7. 高温季节的管理

高温季节下饲养肉用仔鸡，必须予以高度重视，否则将导致不可估量的经济损失。

8. 适时出栏

肉用仔鸡适时出栏是为了获得更大的经济效益。影响经济效益的因素很多，但主要的因素是饲料的价格和肉鸡的市场价格。因此，应掌握市场信息，了解消费市场的需求特点和趋势，安排最适合日龄出栏。目前，我国饲养的快大型肉鸡，无论是作为整鸡、带骨肉鸡用，还是作为分割净肉用，一般以56日龄左右出栏上市较为合算。国外肉用仔鸡的饲养期目前已缩短为6～7周龄出栏上市，但也有5～6周龄就出栏上市的。

9. 肉鸡出场

肉用仔鸡体重大，骨质相对脆嫩，在转群和出场过程中，抓鸡、装运时非常容易发生腿脚和翅膀断裂、损伤的情况，由此产生的经济损失是非常可惜的。据调查，肉鸡屠体等级下降有50%左右是由碰伤造成的，而80%的碰伤是在出场前后发生的。因此，肉鸡出场时应尽可能防止碰伤，这对保证肉鸡的商品合格率非常重要，具体做法如下。

(1)出场前4～6 h让鸡吃光饲料，吊起或移出饲槽，饮水器在抓鸡前撤除。

(2)尽量在弱光下进行抓鸡，如夜晚抓鸡；舍内安装蓝色或红色灯泡，以减少骚动。

(3)抓鸡方法要得当；用围栏圈鸡捕捉；抓鸡、入笼、装车、卸车、放鸡时应尽量轻放，防止甩扔动作；每笼不能装得过多，否则会造成不应有的伤亡；抓鸡最好抓双腿，条件好的可请抓鸡队协助或使用自动抓鸡设备。

(4)尽可能缩短抓鸡、装运和在屠宰厂候宰的时间。肉鸡屠前应停食8 h，以排空肠道，防止粪便污染屠宰场。但停食时间越长，则掉膘率越大，据实验测定，停食20 h比停食8 h掉膘率高3%～4%，如处理得当，掉膘率一般为1%～3%。

六、肉鸡的屠宰与分割

肉鸡产品是高蛋白、低脂肪的食物，深受人们的喜爱。为了生产优质的鸡肉产品，让消费者吃上放心鸡肉，除了要紧抓生产源头外，还要规范鸡的屠宰加工流程，把好鸡肉食品屠宰加工的每一道关，从而最终生产出合格的鸡肉产品。

(一)准备工作

1. 活鸡的卫生检验

所有进行屠宰、加工的活鸡宰前需要检查三证(检疫证、免疫证、用药卡)和饲养日记，应选择体表无外伤，眼睛明亮，头、四肢及全身无病变的活鸡进行屠宰和加工。

2. 候宰

活鸡在宰杀前最好先休息一段时间，使其恢复生理机能，解除疲劳紧张，以利于屠宰时充分放血，保证肉的质量。

3. 断食

在屠宰前一段时间内停止喂食，但应给予充分饮水。断食的时间一般是屠宰前6～12 h，在断食期间每隔3～4 h驱赶鸡群1次，促进其排便。屠宰前3 h左右断水。

（二）屠宰操作

1. 洗浴

肉鸡经过卫生检验、断食、断水后立即送入屠宰间淋浴，以清除体表污物，减少屠体的污染，也可以促进鸡体血液循环，提高放血质量。

2. 宰杀

宰杀可采用两种方法，一是颈部下刀法，二是口腔内下刀法。可根据不同要求选择使用。在工厂化屠宰场车间一般采用电麻法使鸡体昏迷，再用颈部下刀法进行屠宰。电击电压国内采用低电压 50～70V，以防鸡体灼伤或击死。

3. 放血

屠宰后的鸡体，必须经过充分的放血。放血程度是屠体质量的重要指标。放血完全的屠体：肉质鲜嫩，色泽鲜亮；放血不完全的屠体，色泽深暗，含水量高，易腐败变质。

4. 热烫褪毛

鸡宰杀放血后，在其彻底死亡而体温没有散失时应及时浸烫拔毛。适宜的水温和仔细除毛是保证胴体质量的关键。浸烫水温以 65～70℃为宜，时间 3～5 min，并根据鸡品种和日龄适当调节。

在工厂化屠宰场车间一般采用机械褪毛，经过热烫后的鸡放入脱毛机去毛。机械脱毛效率高，但不干净，需要配合手工去毛。

5. 修整淋洗

肉鸡褪毛后，将鸡体浸于凉水中，用镊子再仔细夹净细毛，清除血迹和粪污，使禽体洁白干净。工厂化生产是先冷却再修整。

（三）分割操作

1. 净膛

鸡在屠宰过程中取出内脏称为净膛，分为半净膛和全净膛。

2. 分割

肉鸡屠宰后，经食品卫生检验合格，为适应市场需要，提高肉鸡生产的阶加值，可以进一步分割、包装，其步骤如下。

第一步：净膛后，按产品用途收集整理肠、心、肝、肌胃等。

第二步：去头，从颌后环椎处平直切下鸡头。

第三步：去脚，从左右跗关节分别取下左右爪。

第四步：去腿，从胸关节剑状软骨至髋关节前缘的连线处分别取下左右腿，包括大腿和小腿。

第五步：去翅，从肩胛部位卸下左右翅。将翅膀分为三节，翅尖（腕关节至翅前端）、翅中（腕关节与肘关节之间）和翅根（肘关节与肩关节之间）。

第六步：去颈，第 14 颈椎处切下颈部。

第七步：分离肌肉。胸肌，从胸骨附近分离两侧胸肌肉；腿肌，左右腿去骨去皮。

鸡体经分割后，产品经过称重、包装、分级、冷藏、保鲜后，就可以出厂了。

（四）肉鸡产肉性能分析

1. 屠宰指标

(1)屠宰率。屠体重是指放血后，去除羽毛、脚角质层、趾壳和喙壳后的重量。活重是指屠宰前（停饲 12 h 后）的重量。

$$屠宰率＝（屠体重÷活重）×100\%$$

(2)净膛率。半净膛重是指屠体去除气管、食道、嗉囊、肠、脾、胰、胆和生殖器官、肌胃内容物以及角质膜后的重量。全净膛重是半净膛重减去心、肝、腺胃、肌胃、肺、腹脂和头脚(鸭、鹅、鸽、鹌鹑保留头脚)的重量。去头时在第一颈椎骨与头部交界处连皮切开;去脚时沿跗关节处切开。

$$半净膛率＝(半净膛重÷活重)×100\%$$

$$全净膛率＝(全净膛重÷活重)×100\%$$

(3)分割指标。胸肌重是指屠体胸肌剥离下的重量,腿肌重是指将禽体腿部去皮、去骨后的肌肉重量。腹脂重是指包括腹脂(板油)及肌胃外脂肪。

$$胸肌率＝(两侧胸肌重÷全净膛重)×100\%$$

$$腿肌率＝(两侧腿肌重÷全净膛重)×100\%$$

$$翅膀率＝(两侧翅膀重÷全净膛重)×100\%$$

$$腹脂率＝(脂肪重＋肌胃外脂肪)÷全净膛重×100\%$$

$$瘦肉率＝(胸肌重＋腿肌重)÷全净膛重(或胴体重)×100\%(鸭)$$

2. 肉品指标

(1)颜色。良好的肤色应是白色或浅黄色。

(2)多汁性。多汁性是肌肉保持水分的能力,以肉中结合水与肉重的相对百分率表示。肉的多汁性取决于肉中结合水的数量,间接决定于脂肪的含量,肉中结合水越多,肉的味道越好。新鲜的鸡肉中,白肉的多汁性在55%～75%。

(3)细嫩性。细嫩性取决于肌肉束的大小和肌纤维的粗细与拉力。通过测量胸部肌肉纤维的粗细和拉力以判断肉质老嫩,纤维粗和拉力大的肉质较差。一般腿肌的细嫩性比胸肌高5%～10%。

(4)气味。鸡肉的气味取决于饲养、周龄以及肉的化学成分,肉应具有特殊的香味,不能有鱼腥味或其他异味。

(5)屠体。外观美观、完整、无外伤、无胸囊肿、干净、饱满和有光泽。

拓展阅读

4.2.3.1 肉用仔鸡生产管理简表

4.2.3.2 商品肉鸡生产技术规程(国家标准)

4.2.3.3 鸡胴体分割(国家标准)

4.2.3.4 畜禽肉质量分级鸡肉(国家标准)

4.2.3.5 畜禽屠宰操作规程鸡(国家标准)

4.2.3.6 畜禽肉追溯要求(国家标准)

4.2.3.7 白羽肉鸡运输屠宰福利准则(行业标准)

●●●●● **作业单**

> **一、名词解释**
> 1. 全进全出制，2. 屠宰率，3. 半净膛率，4. 全净膛率，5. 胸肌率，6. 腿肌率，7. 腹脂率。
> **二、思考题**
> 1. 肉用仔鸡的光照特点是什么？如何制订光照计划？
> 2. 肉用仔鸡易患哪些疾病？应如何预防？
> 3. 如何提高肉用仔鸡的体重及均匀度？
> 4. 如何预防肉用仔鸡过渡沉积体脂肪？
> 5. 评定肉鸡产肉性能的指标有哪些？如何进行评定？

任务4.2.4　肉种鸡饲养管理

●●●●● **案例单**

任务 4.2.4	肉种鸡饲养管理		学　时	2
案例内容			案例分析	
周龄	限制饲喂方式	饲料种类	这是 AA 种鸡常用限制饲喂推荐程序，是多种限制饲喂方式的综合应用。	
0～1	自由采食	育雏料		
2～3	每日限	育雏料		
4～11	6～1 限	育成料		
12～17	5～2 限	育成料		
18～20	4～3 限或隔日限	产前料		
21～24	每日限	产前料		

●●●●● **工作任务单**

子任务 4.2.4.1	测定肉种鸡的体格均匀度
任务目的	通过评定肉种鸡生长发育状况的指标来判断鸡群生长发育情况，并且据此提出相应饲养管理方案。
任务准备	地点：实训室。 材料：开产前肉种鸡、卡尺、称鸡秤、记录表。

任务实施		1. 教师布置任务：教师提供肉种鸡、材料及网络资源，要求各小组讨论，评定肉种鸡的生长发育状况指标是什么？为什么是体格均匀度？这对于蛋种鸡、种鸭和种鹅是否适用？ 2. 各小组查阅资料、小组内讨论，说明目前生产实践中肉种鸡的体格均匀度的实测指标都有哪些，然后确定测定数量并进行实际测定。 3. 参照子任务 4.1.4.1 中确定称量肉种鸡的数量，测出并准确记录所需指标的具体数值。 4. 通过互联网、在线开放课学习相关内容，统计并阐述肉种鸡生长发育状况，最后总结提出自己的饲养管理方案。 5. 各小组分别进行汇报，小组间进行互评。 6. 教师进行点评、总结。		

	考核内容	评价标准	分值
考核评价	确定肉种鸡生长发育评定指标	1. 能够指出体格均匀度是评定肉种鸡生长发育状况的指标，得 5 分；能够说明原因，每说出一条得 2 分，最多得 10 分。 2. 能够分别说明在蛋种鸡、种鸭、种鹅上的应用，得 10 分。	25
	测定指标并统计	1. 能够确定测定肉种鸡数量，得 5 分。 2. 能够正确测量肉种鸡的体重和评定生长发育指标，得 10 分。 3. 能够准确统计各项指标得 20 分。 4. 否则酌情减分。	35
	阐述肉种鸡生长发育状况	1. 能够根据统计结果分析肉种鸡生长发育是否达标，得 10 分。 2. 能够分析不同指标对肉种鸡的影响，得 10 分。 3. 否则酌情减分。	20
	提出饲养管理方案	1. 能够对该鸡群的饲养管理方案提出自己的建议和方案，得 20 分。 2. 根据所提方案酌情减分。	20

必备知识

快大型肉鸡是采用配套系杂交进行培育而成，大部分鸡种为白色羽毛，少数鸡种为黄（或红）色羽毛，它以提高肉用性能为中心，以提高增重速度为重点，因此又被称为快大型白羽肉鸡。该品种肉用种鸡体型大、肌肉发达、采食量大，饲养过程中易发生过肥或超重，使正常的生殖机能受到抑制，表现为产蛋减少、腿病增多、种蛋受精率降低，导致肉种鸡自身的特点与肉种鸡饲养者所追求的目标不一致。解决肉种鸡产肉性能与产蛋任务的矛盾，重点应提高种公鸡的性功能、保证精液质量与数量，使母鸡群在最佳年龄开产、产蛋多、蛋重达标，以利于提供健康、优质的雏鸡。

一、肉用种鸡生产特点

(一)肉用种鸡的生物学特性

1.增重快、易沉积脂肪

在进行品系的培育中，引入了快速增重品系，种鸡在饲养过程中容易出现脂肪的沉积，影响种蛋的品质，因此在培育中应加强体重的控制。

2.容易患病

种鸡在饲养过程中，易患肢腿病、猝死症等。并且，在养殖过程中还有较强的限制饲喂，应加强对疾病的预防。

3.种蛋的孵化率低

为了保证较好的后代质量，获得较多的后代个体，应该从提高种蛋的质量管理入手，保证种蛋的孵化成功率。

(二)肉用种鸡的饲养方式与饲养密度

肉用种鸡生产性能的高低与饲养方式及设备的使用和管理水平有很大关系。目前，比较普遍采用的方式有地面平养、网地结合饲养(比较典型的是棚架式平养)和笼养3种。

1.地面平养

地面平养是传统肉种鸡饲养方式。优点是设备要求简单、投资少，种鸡体质保持和体重控制较好，可减少肉鸡胸囊肿、腿病等高发疾病。缺点是饲养密度小、鸡只接触粪便，不利于疾病防治，因窝外蛋较多种蛋合格率低。

2.棚架式平养

棚架式平养是将垫料平养和漏缝地板结合，垫料地面与漏缝地板之比通常为2：3或1：2。舍内布局主要采用"两低一高"(如图4-2-4-1A)或"两高一低"(如图4-2-4-1B)。"两高一低"是国内外使用最多的肉种鸡饲养方式。

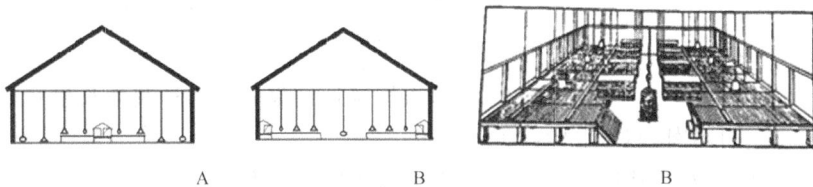

图 4-2-4-1　棚架式平养示意图
A."两低一高"；B."两高一低"

3.笼养

由于土地资源越来越匮乏以及人工授精的需要，近年来肉种鸡笼养方式有逐渐增加的趋势。多采取3~4层笼养，每个笼位饲养2只种母鸡、1只种公鸡，提高了饲养密度，充分利用了土地资源；配种采用人工授精，可获得较高且稳定的受精率。但是这种饲养方法容易引发胸囊肿和腿病，种鸡体质保持和体重控制有一定难度。

在生产中，以上3种饲养方式可以结合使用，在育雏期、育成期采用网上平养，在种用期采用网地结合饲养或笼养，这样可以节省一次性投资。总之，在选用设备方面应以适用为原则，并保证每只鸡的采食、饮水位置。采用平养和棚架饲养方式，在育成期限制饲养比较严格，应保证食槽和饮水器的足够数量。

4.肉种鸡饲养密度与设备

因肉鸡父母代种鸡类型、品种、性别、年龄、养殖方式和所处地域的气候等不同，肉种鸡饲养密度与设备要求也有差异。表 4-2-4-1 列出现代父母代肉种鸡育雏、育成和产蛋阶段的饲养密度及饲喂、饮水器械合理使用的建议。改良优质肉鸡的体形较此小 20%～30%，推荐的密度和饲喂、饮水器具数量可上下变动 15%～20%。我国本地土鸡体重为现代肉鸡的 1/2 左右，亦可参照表 4-2-4-1 进行调整。

表 4-2-4-1　现代父母代肉种鸡不同阶段饲养密度和饲料、饮水用具的建议

项目		饲养密度（只/m²）		
		育雏期 10	育成期 5	产蛋期 4
饲料槽位	圆形料桶（只/个）	20～30	10～12	8～10
	盘式喂料器（只/个）	26～30	12～15	8～10
	链条喂料器（cm/只）	4～6	15～20	18～20
饮水槽位	条式水槽（cm/只）	1.5～1.8	3～8	10～12
	钟式饮水器（只/个）	80～100	60～80	56～60
	乳头饮水器（只/个）	10～15	8～10	6～8

（三）肉种鸡限制饲养

肉用鸡最大特点是生长快且沉积脂肪的能力很强。无论在生长阶段还是在产蛋阶段，如果不执行适当的限制饲养制度，种母鸡会因体重过大、脂肪沉积过多而导致产蛋率下降。种公鸡也会因过肥过大而导致配种能力差、精液品质不良，致使受精率低下，甚至发生腿部疾病而丧失配种能力。为了提高肉用种鸡的繁殖性能及种用价值，养鸡场通常从第 2 周龄开始，采用限制饲喂的方法进行饲养。

1. 限制饲喂的目的

（1）控制肉种鸡体况过肥，使其体重符合本品种标准。

（2）推迟肉种鸡性成熟的时间，使其性成熟和体成熟同步化。肉种鸡一般在 24 周龄左右即开始产蛋，到 27～28 周龄产蛋率可达 50%，30～32 周龄进入产蛋高峰期。按技术要求，肉种鸡产蛋不宜早于 21 周龄，也不宜迟于 27 周龄。合理限制饲喂，可使种鸡开产日龄比较整齐，开产适时，产蛋率上升快，产蛋高峰期持续时间长，种蛋的合格率高。

（3）限制饲喂可使种鸡腹部脂肪沉积量减少 20%～30%，从而降低其开产后脱肛、难产的发生率，并且可以提高其耐热能力，不易中暑。

（4）限制饲喂可减缓种鸡体重增长速度，减少饲料消耗 10%～30%，可使培育成本下降 8% 左右。

2. 限制饲喂方式的选择

限制饲喂方式主要有限质法和限量法，常用的限量法有每日限制饲喂、隔日限制饲喂和每周限制饲喂三种。

（1）每日限制饲喂。每天喂给鸡只一定量饲料，或规定饲喂次数和采食时间。此法对鸡只应激较小，适用于幼雏转入育成期前 2～4 周（即 3～6 周龄）和育成鸡转入产蛋鸡舍前 3～4 周（即 20～24 周龄）时，同时也适用于高速喂料机械。

（2）隔日限制饲喂。把 2 d 的饲料量合在一起，一天饲喂，一天停喂。此法限制饲喂强度较大，适用于生长速度较快、体重难以控制的阶段，如 7～11 周龄。另外，体重超标的鸡群，特别是公鸡也可使用此法。但是要注意两天的饲料量的总和不能超过高峰期用料量或不超过 120 g。同时应于停喂日限制饮水，防止鸡群在空腹情况下饮水过多。

（3）每周限制饲喂。每周喂 5 d，停喂 2 d，星期日和星期三不喂。此法限制饲喂强度较小，一般用于 12～19 周龄。

从鸡只生理上来讲，最好的饲喂程序应该是每日限制饲喂的程序。然而，为控制肉种鸡的体重，必须使其每日喂料量远远低于其自由采食的料量。由于每日喂料量太少，很难确保在整个饲喂系统中均匀分配，从而影响到鸡群的增重和均匀度。为解决这一问题，在实际生产中可根据鸡只周龄和生长发育情况采取案例中的多种限制饲喂方式饲喂综合应用。

3. 限制饲喂需注意事项

（1）限制程序的使用。从育雏开始，要根据雏鸡初生重和强弱情况将鸡群分群饲养，促使雏鸡在早期尽量消除因种蛋大小、初生重的差异而对雏鸡体重整齐度造成的影响。

（2）不同限制饲喂方式的过渡。为减少饲喂程序所带来的应激，又不影响每只鸡每周总的料量，不同限制饲喂方式过渡要平稳。特别注意的是，当鸡群突发疾病、转群或遇到恶劣气候时，应及时调整限制饲喂程序，最大限度地避免鸡群的应激。无论采用何种限制饲喂程序，饲喂日的喂料量都不应超过产蛋高峰期的喂料量。另外，为保障鸡群体重持续增长，获得理想的丰满度，并及时地开产，每周增加料量是十分必要的。

（3）防止饱食性休克。饱食性休克是由于嗉囊中存在过多的饲料，对颈动脉挤压过大，使鸡只大脑供血不足，而导致鸡只麻痹。有时候，鸡只气管也会被压扁，导致窒息，甚至死亡。

饱食性休克通常发生在育成期限制饲喂日过后的第一个喂料日，由于强烈的饥饿感促使部分鸡只在短时间内抢食大量的饲料所致。

发生饱食性休克时，可通过人工给鸡只饮些水，轻轻按摩嗉囊，即可缓解症状，防止鸡只死亡。为防止发生饱食性休克，应尽量在清晨温度凉爽的时候喂料，并在喂料前至少供水一小时，使鸡只有足够的时间饮水，润滑消化道。同时，要检查限制饲喂程序是否合理，喂料量是否过大，并应及时进行调整。

二、育雏期饲养管理

肉鸡父母代种鸡生长阶段是从初生到大约 25 周龄开产（产蛋 5%）之间的全过程。饲养管理包括喂料、供水、控制体重、限制饲喂等，环境管理包括光照、温度、湿度、通风，疾病防治包括免疫、防病、消毒和清洁以及选择、淘汰技术。

（一）面积确定

参照下列表格（表 4-2-4-2）正确计算饲养、采食和饮水面积。

表 4-2-4-2　育雏阶段面积要求（公母分开饲养）

项目	方式	母鸡	公鸡
饲养面积	垫料平养（只/m²）	10.8	10.8
采食面积	链式饲喂器（cm/只）	5.0	5.0
	圆形料桶（只/个）	23～30	20～30
	盘式喂料器（只/个）	30	30
饮水面积	水槽（cm/只）	1.5	1.5
	乳头饮水器（只/个）	10～15	10～15
	钟形饮水器（只/个）	80～100	80

（二）做好接雏准备工作

雏鸡到达之前要仔细检查所有设备，确保其工作正常，具体同蛋种鸡育雏部分。

（1）要检查并确保整个饮水系统工作正常。鸡舍空闲时，饮水系统易出现污物或杂质堵塞，因而要在雏鸡入舍前再次消毒。可将全部饮水系统排放干净并加入高含量氯化物的水（50 ppm）冲洗整个系统。饮水中氯化物含量如表4-2-4-3。

表 4-2-4-3　饮水中氯化物含量

饮水系统类型	距水源最远端水中含氯量
开放式饮水系统	3 ppm
封闭式饮水系统	1 ppm

（2）选择垫料。灵活选用吸水性好、松软的垫料，地面平养或1/3地面混合饲养都需铺设15～20 cm厚的洁净干燥垫料。由于舍温高、干燥，因此应适当喷水，以防呼吸道疾病。

其他的准备参见蛋鸡育雏部分。

（三）小心接雏

最理想的是雏鸡出雏后应在6～12 h放于育雏伞下。出雏与入舍间隔的时间越长，对鸡只产生的不良影响就越大。

将雏鸡小心谨慎地从运雏车卸下并按照正确的箱数放于育雏围栏外。通常，雏鸡饲养面积越宽裕，生产性能就越好（如表4-2-4-4）。

表 4-2-4-4　肉种鸡育雏期最大饲养密度

供热系统方式	最大饲养密度
电热育雏伞	400～600 只/个
红外线燃气伞	750～1 000 只/个
正压热风炉	21 只/m²

将雏鸡置于育雏伞下并将空雏鸡盒码放在合适的地方，便于搬出销毁。任何时候如有可能，应使雏鸡先饮水2～3 h，当出现啄食表现时，再将开食饲料放在饲盘上喂饲。

每日要多次寻访鸡舍，特别是第一周至第10日龄时，要保证雏鸡舒适、采食饮水正常。

（四）环境控制

温度、湿度、光照、通风、断喙、饲养密度、饲喂方式、饮水等均可参考肉仔鸡部分。

（五）公、母雏分群饲养

这是肉种鸡饲养管理上的重要措施。分养有利于增重，提高鸡群均匀度和饲料利用率。一般要求4周龄前每周称重2次，以控制好体重。母鸡4周龄前必须分群，分成3～5个不同的栏，越早分群均匀度越好。

（六）根据体重进行饲喂

公、母雏必须自由采食至体重达到标准。一般母雏自由采食1周就能达到标准体重。公雏采食较慢，应尽可能地提供高质量的颗粒破碎料并延长光照时间，使其体重尽快达标。根据饲料配方和所使用的饲喂设备，一般第1周龄采用自由采食，第2周龄以后，当每只母鸡每天消耗大约 30 g 时，开始每日限制饲喂。

(七)促进骨架发育

育雏期是骨架发育的最快阶段，要保证每周平稳增重以获得较好的骨架发育。胫骨发育与增重有很大的关系：1～12 周龄时，每多增加 100 g 体重，胫长多增加 3.19 mm；12～22 周龄时，每多增加 100 g 体重，胫长多增加 0.98 mm。可以通过适当提高温度，刺激公雏采食，促进其骨架发育。

三、育成期饲养管理

肉种鸡母雏达 7 周龄时转入育成鸡舍，进入育成阶段(7～24 周龄)。此期间，消化系统发育完善，采食量渐增，性器官发育加快，直至达到性成熟。所以，肉种鸡生长阶段饲养管理技术的关键是控制好体重，严格执行限制饲喂计划，使其在品种标准规定的范围内生长发育。

(一)饲养面积确定(如表 4-2-4-5)

表 4-2-4-5   育成饲养面积、采食面积和饮水面积推荐值

项目	方式	公母分开饲养		公母混养
		公鸡	母鸡	
饲养面积	开放式鸡舍(只/m²)	3	5.2	5.2
	遮黑式(封闭式)(只/m²)	4	6.2	6.2
采食面积	链式料槽(cm/只)	20	15	15
	圆形料槽(直径为 42 cm)只/个	8～12	12	12
	圆形料盘(直径为 33 cm)只/个	8～10	14	12～14
饮水面积	水槽(cm/只)	4.0	4.0	2.5
	乳头饮水器(只/个)	8	8	10
	钟形饮水器(只/个)	60	60	80

(二)体重控制

每个品种都有其生长阶段适宜的体重标准和建议方案，必须遵循此建议培育育成鸡。种母鸡育成程序必须适当管理，以获得每周持续稳定的体重增长。为使后备肉用种鸡达到体重的最终控制目标，在育成阶段必须按照其生长发育的状况分阶段进行调节，控制增重速率与整齐度，以保证其身体生长与性成熟达到同步发展。

使体成熟与性成熟同步：一般根据 19 周龄、20 周龄的体重状况与推荐的标准生长曲线相对照比较，预测其产蛋达 5%的周龄时体重能否达到 2400 g(罗斯种鸡)或 2470～2650 (星波罗种鸡)。各公司均有达 5%产蛋率周龄时的标准体重，根据其达标情况，分别按标准饲喂或增加饲喂量，或修正开产日龄进行调整，使之体成熟与性成熟达到同步发育。

(三)定期称重

饲料量调整的依据是称重。称重最迟从 4 周龄起，每周定期称重 1 次，根据实际体重决定下一周的喂料量和喂料方法。体重均匀度应在 80%以上，这样才有一个较好的群体体重。

（四）调整饲料量

在实际饲养中，由于鸡舍、营养、管理、气候和鸡群状况的影响，各周的实际喂料量是根据当周称的体重结果与该周龄的标准体重对比，然后根据符合体重标准、超重或不足的程度，在下周推荐料量的基础上，决定是否增减或维持原定的饲料量，以使体重控制在标准范围之内。在 10 周龄前，体重小（大）的鸡群最多低（高）于标准 100 g，最好 12 周龄前体重达标。10 周龄后，体重超标的鸡群，应重绘体重曲线，按照标准曲线的趋势平滑增长；体重低于标准的鸡群，应逐渐接近标准体重，最迟要在 15 周龄达标，然后沿标准曲线增长。

虽然喂料量是根据每周鸡群平均体重来决定，但不能只看周末体重超标就减料或体重不够就加料，要连续观察 3 周的体重变化和走势来决定喂料量的改变。

四、种母鸡产蛋期饲养管理

父母代肉种鸡产蛋期应该全程关注种鸡的产蛋率、体重和体重变化、鸡舍温度和气温变化。以 AA 肉鸡为例，18～24 周龄为预产期，24～25 周龄为开产期（产蛋率达 5％），28 周龄产蛋率为 50％，30 周龄左右（1 周的跨度）达到产蛋高峰（80％以上）；至 38 周龄开始下降，每周下降约 1％，在 62～66 周龄产蛋率降到 55％以下，即行淘汰。

（一）开产前的饲养管理

1. 饲喂预产料

18～24 周龄是由育成期向产蛋期过渡的关键时期，这时应调整日粮，以满足生长和生殖器官的发育，适时开产。如使用产前料，可在 20 周时开始更换粗蛋白为 15％～16％、代谢能为 11.93MJ/kg 的预产料；到 25 周龄时再更换为平衡的种鸡产蛋料。

2. 合理设置产蛋箱（平养）

产蛋箱（如图 4-2-4-1 中 B）在种母鸡产蛋前 2～3 周（一般 22 周龄）放入，产蛋箱底部应距地面高 60 cm，棚架应高于地面 55～60 cm，要确保母鸡方便进入产蛋箱。一般 4 只母鸡提供 1 个产蛋箱，其侧壁有孔通风，底部铺垫料（每 2 天补充一次，每月更换一次），可拆洗。

产蛋期最初几周，应及时将地面蛋和棚架上的种蛋收集起来，这有助于减少整个产蛋期在地面或棚架上产蛋的发生率。

如果能够关闭产蛋箱，应在最后一次捡蛋并将窝内种鸡移出后关闭，防止种鸡弄脏产蛋窝并可防止鸡只在栖木上歇息；清晨在种鸡产蛋前再打开，防止产生地面蛋。

3. 公母合群

如果平养饲养的肉种鸡，公鸡需先一周转入，再转入母鸡更好。20 周左右，应在较弱光线下放入公鸡；开始两周要细心管理，以帮助公鸡建立领导地位。

4. 适时进行光照刺激，严格进行光照管理

根据种鸡的体重增重情况来调整光照，如果鸡群体重不达标、均匀度差、胸肌丰满度不够等，必须推迟光照刺激。光照每推迟 1 周，开产时间推迟 3 d。对没有达到体况要求的鸡群加光会造成很多问题，如出现脱肛、腹膜炎、双黄蛋多、产蛋维持性差等。第一次加光 3～4 h，即由 8 小时增加到 11～12 h，1～2 周后增加 1 h，以后每周增加 1 h，建议最长增加到 16 h。光照度从 3～5 Lx 增加到 30～60 Lx。

在产蛋期，决不能减少光照时间和光照度。鸡舍应配备光照定时设备，保证每日所需固定的光照时数。光照定时设备至少每周检查一次，经常停电的地区，有必要每天检查光照定时设备。

（二）产蛋期饲养管理

1. 喂料量

一般肉种鸡从 22 周龄开始增加光照，到 25 周龄鸡群产蛋率就能达到 5%，即开产日龄。如使用产前料，在 22 周或 23 周龄应更换为平衡的种鸡产蛋料。

（1）饲喂高峰料。鸡群产蛋率上升快，通常鸡群日产蛋率达到 30% 时应给予高峰期料。如果鸡群产蛋率每天上升 4%～5% 时，则需提早给予高峰期料；反之，若鸡群产蛋率上升较缓慢，则应推迟给予高峰料。

（2）高峰后减料。肉种鸡产蛋期多采用每天限制饲喂方案。一般根据产蛋率和体重来调整饲喂量。鸡群平均每周产蛋率不再上升时即应开始减料，最初减料应每只鸡每周减料 2～3 g。

每次减料后应仔细观察产蛋量，如果产蛋量下降正常（每周大约 1%）可继续按每只每周 0.5～1 g 减料。如果产蛋量下降超过正常且无其他明显原因，则应立即恢复到原有料量饲喂。减料应减到高峰料量的 10%～12% 即可。如果采食时间过长，也需要减料；同时减料也要考虑气温变化。

2. 采食时间

鸡群吃完料所需时间是料量是否充足的指征。每日应记录此项时间，该时间的变化可提示是否需要重新计算料量。一般种鸡应在 2～4 h 内吃完每天的饲料量。肉种鸡采食时间快，说明需要饲喂更多的饲料。

3. 称重

肉种鸡产蛋期也需要每周称重，以完善饲喂程序。如果鸡群体重超标，产蛋期就要增加喂料量，增加部分主要用于维持需要。

4. 光照

光照时间每天 16～17 h。

5. 舍温

应保持在 21～25℃，及时通风，保持产蛋箱的清洁。

6. 种蛋的管理

及时收集种蛋，每天至少捡蛋 4 次；种蛋重至少 54 g；先捡合格种蛋，再捡其他蛋；捡完脏蛋必须洗手消毒；脏蛋占合格种蛋的比率不能超过 0.8%；脏蛋和地面蛋禁止入孵；种鸡场要有专门种蛋库。

五、肉用种公鸡的管理要点

（一）选种和修喙

1. 选种

见蛋种鸡相关知识部分。

2. 修喙

修喙主要是修理上喙带钩，轻微歪嘴的，使上下喙能紧密合拢，有利于交配。

（二）育成期

1. 饲料

育成期间种公鸡应以育雏料饲喂 4～6 周，然后改换为育成料。

2. 限制饲喂

在此期间公鸡的体重增长很快，容易出现脂肪沉积，要注意触摸鸡胸和大腿肌肉的结实程度，均匀度应控制在 85%～90%。因此，应该对种公鸡进行限制饲喂。限制饲喂程序（隔日、4/3、5/2 或 2/1 饲喂法）应用于整个育成期，以获得所需的体重成长。

3. 注意事项

切勿超过公鸡饲养面积、饮水空间和采食空间的最低要求。在育成期如上述面积或空间不充足，会增加公鸡在产蛋期的争斗性。

（三）混群

在 22 周龄混群，公母比例如表 4-2-4-6。为防止混群后公鸡抢母鸡料导致公鸡体重增加过快，而母鸡体重增长过慢，应采取措施，实行公母混群分饲。

表 4-2-4-6　产蛋期公母比例推荐表

日龄	周龄	种公鸡数/100 只种母鸡
140～154	20～22	9.0～8.5
210	30	8.5～8.0
245	35	8.0～7.5
280	40	7.5～7.0
315～350	45～50	7.0

（四）控制体重

自 31 周龄，公鸡的增重每周应控制在 15～20 g。同时补充维生素 A、维生素 E 和维生素 D。

拓展阅读

4.2.4.1　肉种鸡参考光照计划　　4.2.4.2　后备肉种鸡的体格发育均匀度　　4.2.4.3　AA 父母代种鸡体重、喂料量标准及体重增长曲线图

4.2.4.4　哈伯德父母代肉种鸡饲养管理技术规程(地方标准)　　4.2.4.5　肉鸡饲养技术规程(甘肃省现行地方标准)

●●●●● **作业单**

> **一、名词解释**
> 1. 每日限制饲喂法，2. 隔日限制饲喂法，3. 每周限制饲喂法，4. 饱食性休克。
> **二、思考题**
> 1. 生产中肉种鸡多采用哪种饲养方式？在选用设备时有什么原则？
> 2. 肉种鸡限制饲喂的目的是什么？主要采用哪种方式？如何实施？需要注意哪些事项？
> 3. 什么情况下鸡只容易发生饱食性休克？生产中如何避免？
> 4. 肉种母鸡和肉种公鸡的体重应如何进行控制？

任务4.2.5　优质肉鸡生产

●●●●● **案例单**

任务4.2.5	优质肉鸡生产		学　时	2
案例内容				案例分析
类型	快速型	中速型	优质型	这是普遍应用的按生长速度对优质肉鸡进行分类。
上市日龄	40～50 d	♂60～70 d ♀80～90 d	♂80～90 d ♀100～120 d	
上市体重	1.3～1.5 kg	1.5～2.0 kg	1.1～1.5 kg	
代表品种	快大三黄鸡、快大青脚麻鸡、快大黄脚麻鸡等。	中速型黄麻羽鸡，中速型黄羽鸡，中速型黄脚麻鸡，中速型青脚麻鸡等。	通常未杂交，以优良地方鸡种为主。	
分布地区	长江中下游、上海、江苏、浙江和安徽等省市。	香港、澳门和广东珠江三角洲地区。	广西、广东湛江地区和部分广州市场。	
特征	有色羽，胫色黄、青、黑。	冠红而大，毛色光亮，典型"三黄"。	通常未杂交，以优良地方鸡种为主。	
烹调方式	白切、炸烤。	白切、烧烤。	煲汤。	

●●●●● **工作任务单**

子任务 4.2.5.1	优质肉鸡的肉质评定		
任务目的	通过实训能够对优质肉鸡的肉质进行评定：肉色、系水力、风味、嫩度、pH、肌间脂肪的含量、肌纤维直径和密度		
任务准备。	地点：实训室。 材料：优质肉鸡、切片机、圆形取样器、0.01 kg 的天平、纱布、滤纸、膨胀压缩仪、冰箱、蒸锅、沃-布剪切仪、pH 测定仪、组织切片、电子显微镜。		
任务实施	1. 教师布置任务：教师提供材料、网络资源。 2. 各小组查阅资料、小组内讨论，讨论如何对优质肉鸡的肉质进行评定。 3. 按照步骤测定肉色、系水力、风味、嫩度、pH、肌间脂肪的含量、肌纤维直径和密度。 4. 通过互联网、在线开放课学习相关内容。 5. 各小组分别进行汇报，小组间进行互评。 6. 教师进行点评、总结。		
考核评价	考核内容	评价标准	分值
	肉质评定操作步骤	肉质评定操作步骤，每个规范动作得 4 分，最多得 28 分。	28
	肉质评定结果	肉色、系水力、风味、嫩度、pH、肌间脂肪的含量、肌纤维直径和密度，每正确一项得 9 分，最多得 72 分。	72

必备知识

优质肉鸡是指其肉品在风味、鲜味和嫩度上优于快大型肉鸡，具有适合当地人消费习惯所要求的特有优良性状的肉鸡品种或品系，生长速度相对缓慢。

一、优质肉鸡概述

（一）优质肉鸡的概念

随着生活水平的提高，人们对鸡肉食品有了一定的要求和选择。根据烹饪方法的不同，人们选择具有不同风味、外观、嫩度、营养品质的鸡肉。目前，不同地区因为经济发展程度、人文环境、饮食习惯等不同，对优质肉鸡的定位不同。一般认为饲养周期长、肉质鲜美、风味独特、体型外貌符合消费者的喜好和烹调要求的地方鸡种或培育鸡种称为优质肉鸡。

（二）优质肉鸡的分类

优质肉鸡生产呈现多元化的格局，不同的市场对外观和品质有不同的要求，因此分类方法也较为繁多。按羽色分为黄羽、麻羽、黑羽以及白羽；按腿胫色又分为青腿和黄腿；按皮肤和肌肉颜色又分为黄皮黄肉和黑皮黑肉；按照生长速度，可分为快速型、中速型和优质型（具体参见案例）。

(三)优质肉鸡的评定

1. 客观方法

(1)物理特性,包括肌肉的系水性、嫩度、肌肉纤维结构、胶原蛋白含量等。

(2)化学特性,包括 pH、脂肪酸、氨基酸、风味成份、药残等。

2. 主观方法

可通过色、香、味来判定。

3. 实际育种

一般要有 50％左右的地方鸡种血缘,适合某地区的消费习惯和烹调方法。

(四)影响肉质的因素

风味是影响肉质的主要因素,鸡肉中脂肪的含量及其分布、肌纤维的粗细都会影响风味。

1. 品种

品种是优质肉鸡的主要决定因素,优质鸡的鲜嫩度、营养品质以及风味等方面都明显优于肉仔鸡。

2. 饲料营养

饲料中的营养物质是构成鸡肉产品的物质基础,供给肉鸡理想的全价饲料,同时又能严格地控制饲料中有害物质的含量是保证肉质品质的最重要措施之一,如控制鱼粉、动物脂肪、色素、药物或添加剂(维生素、矿物质、氨基酸)等的不当添加。

3. 饲养期

一般来说,生长速度快的肉鸡,其产量虽高,但鸡肉品质往往较差;肌肉纤维直径的增大以及肌肉中糖解纤维比例增高,蛋白水解力下降,还会引起肌肉苍白,系水力降低。而这些指标都是评价优质肉鸡的重要指标。饲养期以 90～120 d 为好。

4. 饲养方式

笼养的胸部症状或创伤更多,因此,实践中,自由放牧＞地面散养＞笼养。

5. 性别

不同的消费群体,性别往往被认为是影响肉质的一个重要因素,如在中国南方,母鸡比公鸡的价格高很多,主要认为母鸡的肉质、风味和营养比公鸡好;而在北方某些地区则正好相反。一般母鸡接近性成熟时肉质最佳;公鸡最好阉割后肥育。

还有屠宰过程以及存放时间和温度对其肉质都会产生影响。

二、优质肉鸡的饲养管理

(一)肉种鸡饲养阶段划分

因品种稍有差异,肉种鸡饲养一般分为 3 个阶段进行,即育雏期(0～7 周龄)、育成期(8～22 周龄)、产蛋期(23 周龄至淘汰)。另外,种公鸡的饲养管理也需要特别的注意。

(二)种雏鸡饲养管理

1. 育雏期饲养

(1)饮水。雏鸡开饮、常饮以及其他事项等均同快大型肉种鸡。

(2)饲养。育雏期自由采食,锻炼消化能力,以促进其体况的充分发育,务必达到各周龄推荐的标准体重。

(3)公母分群饲养。父母代通常不同品系公母差异大。

(4)种鸡饲养标准。各种优质肉种鸡都有自己的饲养标准,有的营养成分推荐量可参考白羽父母代肉种鸡有关资料。

2. 育雏期管理

(1)育雏温度。推荐育雏温度如表 4-2-5-1。

表 4-2-5-1 黄鸡"128"配套父母代种鸡推荐的育雏温度(℃)

周龄	1	2	3	4	5	6
适宜温度	32～35	29～32	26～29	23～26	20～23	18～20

(2)育雏湿度。推荐育雏湿度如表 4-2-5-2。

表 4-2-5-2 黄鸡"128"配套父母代种鸡雏鸡要求的适宜相对湿度

日龄(d)	0～10	11～30	31～45	46～60
相对湿度(%)	70	65	60	55～55

(3)饲养密度。根据种鸡体型、饲养方式灵活掌握，如表 4-2-5-3。

表 4-2-5-3 种鸡育雏育成期不同饲养方式下的饲养密度

周龄	地面平养(只/m²)	网上平养(只/m²)	立体笼养(cm²/只)
1～6	10	12	220
7～12	6	7	380
13～20	5	6	400

(4)饲养季节。我国大部分地区采用半开放的种鸡舍，生产水平受季节影响大。在不考虑其他因素(如市场行情)时，以春季最好，初夏与秋冬次之，盛夏最差。

(三)育成种鸡饲养管理

1. 选种(育成结束时)

淘汰误鉴的、外貌不合格的、身小体弱的公母鸡，转为商品肉鸡饲养。注意翻肛法有 5% 的鉴别误差，最好结合切趾标记进行淘汰。

2. 限制饲喂(限饲)

(1)限制饲喂方案。按照已推荐的限制饲喂方案，参考相应品种的限制饲喂方案。

(2)限制饲喂时注意事项。①限制饲喂开始时间。优质黄羽肉种鸡与白羽肉种鸡相比，生长速度相对较慢，母鸡限制饲喂应在 7 周龄进行，在 6 周龄前自由采食。②鸡的选择与淘汰标准同快大型肉种鸡。③限制饲喂鸡群要求断喙。④限制饲喂时称量体重。⑤注意确定给料量。⑥在鸡群患病或遇到巨大应激时，应暂停限制饲喂，恢复自由采食或增加给料量，保证体重能达到标准要求。⑦注意均匀度控制。⑧保证适宜的饲养密度，足够的饮水和采食位置。⑨平常根据目测经常调整鸡群。⑩注意体重控制，每周必须获得稳定的体重增长。

(四)产蛋种母鸡饲养管理

黄羽肉鸡父母代种鸡产蛋期管理的主要任务是为种鸡繁殖提供一个舒适稳定的环境，保证其营养需要，充分发挥其遗传潜力，生产出尽可能多的合格种蛋。

1. 产蛋种母鸡的营养需要

粗蛋白含量稍高于同期蛋鸡和肉种鸡；Ca 稍低于同期蛋鸡，与肉种鸡接近。

2. 光照管理

参照同期的蛋鸡和肉鸡光照方案,结合各品种的性成熟时间进行。

3. 产蛋母鸡的饲喂

(1)原则。宁可瘦一点也不要过肥;不肥不瘦产蛋最好。

(2)饲喂方法。可通过饲养试验,与相应品种种母鸡产蛋期限制饲喂方案对比。此期管理要点有以下几点。第一,从20～22周龄开始限制饲喂的同时,将生长料转换为产蛋料或产蛋前期料(含钙量2%,其他营养成分与产蛋料完全相同)。第二,在开产后的第3～4周(27～28周龄)喂料量应达到最高。第三,产蛋高峰(30～31周龄)后的第4～5周内,喂料量不要减少,因为虽产蛋数减少,但蛋重仍在增加,故鸡对能量的实际要求仍在增加。第四,一般20～23周龄换为预产料或产蛋前期料。第五,开产后3～4周(27～28周龄)给予最高喂料量。第六,产蛋率70%左右时,逐渐降低喂料量,产蛋率每减少4%～5%,减料量<5 g/只·d。

此时,应注意母鸡的反应及相关影响因素。

4. 及时催醒就巢母鸡

具体可采用以下方法。

(1)物理方法。隔离到通风明亮处,给予物理干扰,如冷水泡脚、单脚吊起、鼻孔穿鸡毛等。

(2)化学方法。1%的硫酸铜(皮注1 mL/只)、丙酸睾丸素(注射12.5 mg/kg·wt)、复方阿司匹林(1～2片×3 d)。

(3)育种方法。选育无就巢性母鸡,以便减轻母鸡抱性。

(五)种公鸡的饲养管理

1. 黄羽种公鸡的管理要点

(1)淘汰误鉴公鸡。

(2)育雏期、育成期公母鸡宜分开饲养。

(3)严格选种。

(4)公母配种比例应合理。建议平养鸡舍每100只母鸡在育雏期、育成期和产蛋期配套的公鸡数分别为20、16、12～14只。笼养鸡舍,人工授精,每100只母鸡在育雏期、育成期和产蛋期配套的公鸡分别为10、8、5只。

(5)在配种期间如有可能,应采用公母分饲技术,以保证公鸡适当的体况和配种能力。

2. 黄羽种公鸡的限饲

黄羽种公鸡的体型较小,但也需限制饲喂。

三、优质肉仔鸡的生产

1. 饲养模式

(1)雏鸡共育,可采用分户饲养。

(2)雏鸡放养,可采用中鸡半开放饲养。

(3)全程笼养。

(二)饲养阶段

优质商品鸡一般是快大型肉鸡与地方良种鸡杂交配套而成,含有25%～50%的快大鸡血缘,生长发育介于两亲本之间。

1. 饲养期划分

一般分为3个阶段，分别是0～6周龄育雏期、7～10周龄生长期、11～14周龄育肥期。

2. 影响因素

影响因素包括品种、营养条件和气候等。

(三)营养要求

要注意肉仔鸡营养需要量及饲料的多样化，以改善肉质。

(1)一般前期蛋白质高至22%，以后逐期降低。

(2)通常加入聚磷酸氨基酸0.54%，可提高瘦肉率。

(3)含硫氨基酸前期可达0.46%，后期降至0.41%，这样有利于羽毛生长。

(4)为了增加肉仔鸡皮肤、羽毛颜色，可适当添加增色剂，如维生素B_2、硫酸铜和硫酸铁；胡萝卜素或叶黄素、露康定、加丽黄等；以及天然饲料(苜蓿粉、黄玉米、松针粉、红辣椒粉、松针粉、万寿菊粉、紫菜粉、桔皮粉)等。

为使肌肉增香保鲜，可适当添加鲜蒜(捣烂)1%～2%、蒜粉0.2%以及胡椒、生姜，但不能使用有腥味的原料，如鱼粉、血粉、蚕蛹粉等。

拓展阅读

"优质鸡"一词，在我国最早源于20世纪60年代计划经济时代，是在广东地区收购地方鸡销往港澳地区的过程中产生的，是对肉鸡按等级分类制订标准时的提法，是相对于国外快大型白羽肉鸡而言的。优质型肉鸡一般指我国地方良种鸡(黄羽或麻羽)进行本品种选育、品系选育或配套系杂交培育而成的肉鸡，也有不少是用我国地方良种与引进的品种(如红布罗、安卡红、海佩科等)进行配套杂交育成的。多数是两系杂交和三系杂交，也被称为黄羽肉鸡。黄羽肉鸡在世界肉鸡生产中所占的比例很小。然而，中国的情况却大不相同，黄羽肉鸡在我国养鸡业中占有相当大的比重，在我国南方一些地区甚至居主导地位。那么优质肉鸡与快大型白羽肉鸡具体有哪些区别？该如何进行生产？

4.2.5.1 优质肉鸡的营养价值和商品价值

4.2.5.2 黄羽"128"父母代肉种母鸡育成期的限制饲喂方案

4.2.5.3 "128"黄羽父母代种母鸡产蛋期的限制饲喂方案

4.2.5.4 黄羽父母代种公鸡的限喂方案

4.2.5.5 清远麻鸡肉鸡饲养技术规程(地方标准)

4.2.5.6 杏花鸡肉鸡饲养技术规程(地方标准)

4.2.5.7 温氏青脚麻鸡2号配套系商品代肉鸡饲养管理规范(地方标准)

●●●●● 作业单

一、填空题

1. 优质肉鸡按羽色分为（　　）羽、（　　）羽、（　　）羽以及白羽；按腿胫色又分为（　　）腿和（　　）腿；按皮肤和肌肉颜色又分为（　　）皮（　　）肉和（　　）皮（　　）肉；按照生长速度，可分为（　　）型、（　　）型和（　　）型。

2. 决定优质肉鸡肉质的主要因素是（　　）。

3. 优质肉种鸡的饲养阶段分为三个阶段，分别是育雏期是（　　）周龄，育成期是（　　）周龄，产蛋期是（　　）周龄至淘汰。

4. 优质肉仔鸡也分为三个饲养阶段，分别是（　　）周龄的育雏期，（　　）周龄的生长期以及（　　）周龄的育肥期。

5. 一般优质肉鸡的母鸡（　　）时肉质最佳。

二、思考题

1. 优质肉鸡主要以哪种分类方式为主？分别具有哪些特征？
2. 怎样提高优质肉鸡的肉质？
3. 黄羽肉鸡产蛋种母鸡的主要任务是什么？其饲喂原则如何？
4. 黄羽肉鸡种公鸡的管理要点是什么？

●●●●● 学习反馈单

评价内容		评价标准	评价方式	分值
课前（15%）（知识目标达成度）	线上考查参与度	任务指南完成情况；在线资料浏览时长；任务资讯完成情况；参与讨论情况与质量。	教学平台自动生成。	5分
	线上任务测试题	该任务在线测试题完成的质量。		5分
	课前测试	完成质量。		5分
课中（55%）（技能目标达成度）	课堂参与情况	出勤、课堂纪律、学习态度、参与情况等。	教学平台自动生成。	5分
	工作任务单完成情况	每个工作任务单完成的质量、效率、职业素养等。	学生自评、组内互评、组间互评、教师评价。	50分
课后（15%）（知识｜技能目标达成度）	线上作业	线上巩固作业完成质量。	教学平台自动生成。	5分
	线下作业	作业单完成质量。	生生互评	5分
	反思报告	完成的质量。	教师打分	5分

评价内容	评价标准	评价方式	分值
思政素养目标达成度(15%)	考查学生勤于思考、善于思考、尊重科学、保护生态、爱护动物的职业素养，吃苦耐劳、爱岗敬业、服务农业农村的职业精神。	组间互评、教师评价。	15分
反馈情况	每个项目结束后通过线上无名问卷调查。		
反思改进	1. 根据学生课前、课中、课后任务完成和反馈情况以及在课程实施过程中的具体发现，在接下来的教学过程中，还要进一步体现"以学生为中心"的教学理念，给予学生更大的自主权，充分发挥其主动性。 2. 本项目作为本门课程中第一个家禽品种（鸡）而且还是应用和普及最为广泛的家禽，在信息技术应用方面，仍有很大的改进空间，应实时进行该领域技术的引入与更新，并设计出能够针对每个学生能力的工作任务单评价系统，这样就可解决教师课中无法进行一对一教学的痛点。		

项目 5
水禽生产

子项目 5.1 鸭生产

●●●●● **工作任务单**

项目 5	水禽生产	学　时	22
子项目 5.1	鸭生产	学　时	10
布置任务			
学习目标	**知识目标：** 1. 能识别鸭的外貌特征并能说明我国鸭分布。 2. 能说明鸭的生活习性、羽毛生长规律及营养需要特点。 3. 能说明蛋鸭生产特点及明确蛋雏鸭培育目标。 4. 能说明肉仔鸭生产特点。 **技能目标：** 1. 能识别国内外常见鸭品种，能识别并评鉴蛋鸭品种和肉鸭品种。 2. 能解析、配制鸭饲粮并识别鸭营养缺乏症。 3. 能饲养管理蛋雏鸭、育成蛋鸭、产蛋鸭以及蛋种鸭，会应用鸭人工强制换羽技术。 4. 能饲养管理肉用仔鸭和肉种鸭并解决生产实践问题，会舍饲肉鸭以及填鸭育肥。 **素养目标：** 1. 登录网络平台搜索、查阅、对比、了解我国地方鸭品种起源、发展和现状，感受我国地方鸭品种从《中国家禽品种志(1982 年版)》的 12 个到《国家畜禽遗传资源品种名录(2021 年版)》的 37 个地方鸭品种以及 10 个培育配套系鸭品种，激发专业自豪感和热爱专业的初心，树立文化自信，建立专业认同感。 2. 养成勤于思考、善于思考，尊重科学、保护生态、爱护动物的职业素养。 3. 增强服务农业农村现代化的使命感和责任感，培养知农爱农创新人才。		
任务描述	通过解答资讯问题、完成教师布置作业，针对案例、工作任务单及其相关资料，进一步思考下面内容。 1. 鸭品种选择。 2. 鸭饲粮筹备。 3. 蛋鸭生产。 4. 肉鸭生产。		

提供资料	1. 本任务中的必备知识和教学课件。 2.《国家畜禽遗传资源品种名录(2021 年版)》中鸭品种部分。 3. 国际畜牧网：　　　　　　　4. 中国养殖网：
对学生 要求	1. 能根据学习任务单、资讯引导，查阅相关资料，在课前以小组合作的方式完成任务资讯问题，体现团队合作精神。 2. 尊重科学，遵纪守法，本着科教兴农的理念。 3. 严格遵守《家禽饲养工(国家职业标准)》和相关养殖行业规定，以身作则实时保护生态。 4. 严格遵守操作规程，做好自身防护，防止疫病传播。

●●●● 任务资讯单

项目 5	水禽生产
子项目 5.1	鸭生产
资讯方式	学习"工作任务单"中的"必备知识"和"拓展阅读"，思考案例内容及分析、观看相关视频；到本课程在线网站及相关课程网站、鸭场虚拟仿真实训室、实习鸭场、图书馆查询资料，向指导教师咨询。
资讯问题	1. 家鸭的祖先是什么？ 2. 家鸭最早驯化地域是哪里？ 3. 中国鸭品种分布如何？ 4. 家鸭品种主要有哪几种分类方式？按经济用途主要分为哪几类？ 5. 鸭在外貌上与鸡有哪些差别？ 6. 举例说明我国主要的蛋鸭品种和肉鸭品种。 7. 举例说明我国地方鸭品种中的特色品种。 8. 鸭消化器官具有哪些特点？ 9. 鸭的主要生活习性有哪些？ 10. 鸭的羽毛生长规律如何？ 11. 鸭不同阶段所需要的营养物质是怎样的？ 12. 蛋鸭具有怎样的生产特点？ 13. 蛋鸭生长发育大体分为哪几个阶段？各阶段的目标是什么？ 14. 春鸭、夏鸭和秋鸭的主要价值是什么？为什么？ 15. 蛋鸭的产蛋期一般分为几个阶段？各阶段应注意什么？ 16. 如何管理蛋种鸭？ 17. 肉仔鸭饲养方式有哪些？各应注意什么？ 18. 肉种鸭怎样进行阶段划分？各阶段应注意什么？

资讯引导	1. 在工作任务单中查询。 2. 进入相关网站查询。 3. 查阅相关资料。

任务 5.1.1　鸭品种选择

●●●●● 案例单

任务 5.1.1	鸭品种选择	学　时	2
案例内容		案例分析	
《国家畜禽遗传资源品种名录(2021 年版)》中分为传统畜禽和特种畜禽两个部分,收录畜禽地方品种、培育品种、培育配套系、引入品种及引入配套系共计 948 个。其中在"传统畜禽""九"中是鸭品种(共计 55 个品种),包括:(一)地方品种 37 个:1. 北京鸭、2. 高邮鸭、3. 绍兴鸭、4. 巢湖鸭、5. 金定鸭、6. 连城白鸭、7. 莆田黑鸭、8. 龙岩山麻鸭、9. 大余鸭、10. 吉安红毛鸭、11. 微山麻鸭、12. 文登黑鸭、13. 淮南麻鸭、14. 恩施麻鸭、15. 荆江鸭、16. 沔阳麻鸭、17. 攸县麻鸭、18. 临武鸭、19. 广西小麻鸭、20. 靖西大麻鸭、21. 龙胜翠鸭、22. 融水香鸭、23. 麻旺鸭、24. 建昌鸭、25. 四川麻鸭、26. 三穗鸭、27. 兴义鸭、28. 建水黄褐鸭、29. 云南麻鸭、30. 汉中麻鸭、31. 褐色菜鸭、32. 枞阳媒鸭、33. 缙云麻鸭、34. 马踏湖鸭、35. 娄门鸭、36. 于田麻鸭、37. 润州凤头白鸭;(二)培育配套系 10 个:1. 三水白鸭配套系、2. 仙湖肉鸭配套系、3. 南口 1 号北京鸭配套系、4. Z 型北京鸭配套系、5. 苏邮 1 号蛋鸭、6. 国绍 1 号蛋鸭配套系、7. 中畜草原白羽肉鸭配套系、8. 中新白羽肉鸭配套系、9. 神丹 2 号蛋鸭、10. 强英鸭;(三)引入品种 1 个:咔叽·康贝尔鸭;(四)引入配套系 7 个:1. 奥白星鸭、2. 狄高鸭、3. 枫叶鸭、4. 海加德鸭、5. 丽佳鸭、6. 南特鸭、7. 樱桃谷鸭。		这是目前我国最新版鸭品种,该名录"九、鸭品种"中的第一、第二部分是国内鸭品种,第三和第四部分是国外鸭品种。	

●●●●● 工作任务单

子任务 5.1.1.1	识别鸭及鸭品种
任务目的	识别案例中的鸭品种类型。
任务准备	地点:多媒体教室、实训室、养鸭场。 材料:1. 鸭、鸡外貌特征图;2.《国家畜禽遗传资源品种名录(2021 年版)》中 55 个鸭品种部分,部分品种相关图片或视频;3. 必备知识鸭品种分类。

任务实施	1. 教师播放鸭、鸡外貌特征图，然后布置任务，请各组列出鸭、鸡各部分外貌名称并指出其不同点。然后对于下面 2~5 完成小组内统一意见。 2. 说明案例中 37 个地方鸭品种按照经济用途可以分为几类，列出每类中的鸭品种，说出其特征并指出其价值。 3. 识别案例中 10 个培育配套系鸭品种中的蛋鸭品种和肉鸭品种，并指出各品种价值和市场行情。 4. 识别唯一一个引入鸭品种的经济用途。 5. 识别引入配套系中的蛋鸭品种和肉鸭品种，说出其特征并阐述在我国的市场占有情况。 6. 各小组分别进行汇报，小组间进行互评。 7. 教师进行点评、总结。		
考核评价	考核内容	评价标准	分值
	识别外貌区别	1. 能够准确说出鸭、鸡的外貌名称，每说对 1 个得 0.5 分，最多得 10 分。 2. 能够指出鸭与鸡的不同点，每说对 1 个得 0.5 分，最多得 10 分。	20
	识别地方鸭品种	1. 能够对 37 个地方鸭品种进行合理分类，每说对一个鸭品种经济用途得 0.5 分，最多得 20 分。 2. 每说出一个地方鸭品种的价值或开发利用得 0.5 分，最多得 10 分。	30
	识别培育配套系鸭品种	1. 能够说明案例中 10 个鸭品种培育配套系的经济用途，每说出一个得 1 分，最多得 10 分。 2. 每指出一个培育配套系鸭品种的价值或市场行情得 1 分，最多得 10 分。	20
	识别国外鸭品种	1. 能够准确说出国外鸭品种的经济用途，每说出一个得 1 分，最多得 10 分。 2. 能够说出国外的鸭品种在我国的市场占有或利用情况，每说出一个得 1 分，最多得 10 分。	20
	团队合作	1. 小组内成员合作良好得 10 分。 2. 否则酌情减分。	10
子任务 5.1.1.2	试分析国内外养鸭业现状		
任务目的	查阅资料试分析近 10 年国内外养鸭业现状，找出存在的问题，提出自己的建议。		
任务准备	地点：实训室、图书馆、多媒体教室、实训基地、养鸭场等。 材料：各种资料、网络、记录本、碳素笔等。		

任务实施	1. 课前给学生布置任务"试分析国内外养鸭业现状"。 2. 每个小组可以充分利用各种资源，分别从以下几方面进行阐述，然后多个方面进行比较。 （1）国内外养鸭业概况：①鸭数量及分布；②鸭肉、蛋、羽绒产量；③养鸭业研究进展；④鸭产品的加工利用。 （2）目前存在哪些问题。 （3）养鸭业未来发展战略（以下供参考）。 ①建立鸭良种繁育体系，分区保护品种资源；②建立大型商品鸭生产基地，形成行业集团；③研究并制订出我国鸭的饲养标准；④研究蛋鸭、肉仔鸭集约化饲养工艺；⑤开展鸭产品深度加工，拓展国内外市场：蛋品加工业、鸭肉制品加工、羽绒加工业、鸭肥肝产业；⑥加强应对国外技术壁垒的研究。 3. 教师进行点评、总结。			

考核评价	考核内容	评价标准	分值
	国内外养鸭业概况	1. 能够翔实说明鸭数量及分布数据，得10分。 2. 能够全面统计鸭肉、蛋、羽绒产量，得10分。 3. 能够简述养鸭业研究进展，得10分。 4. 能够总结鸭产品的加工利用情况，得10分。 5. 根据相关内容完成情况酌情给分。	40
	存在问题	1. 能够根据自己或每个小组课前查阅的资料，完成上面任务的情况下，每个小组至少提出一项目前我国（或我省或某地）养鸭业存在的问题；每提出一项可行性问题加10分，最高加30分。 2. 否则酌情减分。	30
	形成报告（题目自拟）	能针对养鸭业存在的问题进一步分析、对比，在讨论的基础上结合自己的见解，每个小组形成一篇具有建设性意见、并有针对性、反应我国（或我省或某地）养鸭业现状的调查报告。根据报告的内容量、实践性和可行性等多方面情况，酌情加分，最高加30分。	30

必备知识

一、鸭品种分类

按培育程度分		按经济用途分	按羽色（或数量）分	鸭品种（按名录序号）
类型	数量			
地方品种	37	蛋用型	麻（羽）鸭 13	5. 金定鸭（福建）、3. 绍兴鸭（浙江）、2. 高邮鸭（江苏）、17. 攸县麻鸭（湖南）、15. 荆江鸭（湖北）、26. 三穗鸭（贵州）、8. 龙岩山麻鸭、11. 微山麻鸭（山东）、13. 淮南麻鸭（河南）、14. 恩施麻鸭（湖北）、23. 麻旺鸭（重庆）、34. 马踏湖鸭（山东）、36. 于田麻鸭（新疆）。
			白（羽）鸭 2	3. 白羽绍兴鸭、6. 连城白鸭（福建）。
			黑（羽）鸭 3	7. 莆田黑鸭（福建）、12. 文登黑鸭（山东"白嗉"）、21. 龙胜翠鸭（广西）。
		肉用型	白羽 1	1. 北京鸭。
		兼用型	肉蛋麻（羽）鸭 10	2. 高邮鸭（江苏）、24. 建昌鸭（四川）、9. 大余鸭（江西）、4. 巢湖鸭（安徽）、19. 广西小麻鸭、18. 临武鸭（湖南）、10. 吉安红毛鸭（江西）、27. 兴义鸭、28. 建水黄褐鸭（云南）、35. 娄门鸭（江苏昆山）等。
			蛋肉麻（羽）鸭 5	16. 沔阳麻鸭（湖北）、22. 融水香鸭（广西）、25. 四川麻鸭、29. 云南麻鸭、31. 褐色菜鸭（台北）。
			肉蛋或蛋肉麻鸭 5	19. 广西小麻鸭、20. 靖西大麻鸭、30. 汉中麻鸭、32. 枞阳媒鸭、33. 缙云麻鸭。
			观赏、肉蛋药 白羽 1	37. 润州凤头白鸭。
培育配套系	10	蛋用 3		5. 苏邮1号蛋鸭、6. 国绍1号蛋鸭配套系、9. 神丹2号蛋鸭。
		肉用 7		1. 三水白鸭配套系、2. 仙湖肉鸭配套系、3. 南口1号北京鸭配套系、4. Z型北京鸭配套系、7. 中畜草原白羽肉鸭配套系、8. 中新白羽肉鸭配套系、10. 强英鸭。
引入品种	1	蛋用 1		咔叽·康贝尔鸭。
引入配套系	7	肉用 7		1. 奥白星鸭、2. 狄高鸭、3. 枫叶鸭、4. 海加德鸭、5. 丽佳鸭、6. 南特鸭、7. 樱桃谷鸭。

二、我国主要地方鸭品种介绍

品种	原产地	羽毛颜色		用途	初生重 (g)	成年重(g)		开产日龄 (d)	一公配母数	产蛋量 (个)	蛋形指数	蛋重 (g)	受精率 %
		公鸭	母鸭			公	母						
绍兴鸭	浙江绍兴	深褐	麻雀羽	蛋用	36~40	1 360	1 260	100~110	20~30	250~300	1.40	68	90
金定鸭	福建龙海	灰褐		蛋用	47.5	1 760	1 730	100~120	25	260~300	1.45	72.3	90
攸县麻鸭	湖南攸县		爪黑	蛋用	38	1 170	1 230	100~110	25	200~250	1.36	62	94
荆江麻鸭	湖北荆江	红褐	麻雀羽	蛋用	39	1 340	1 440	100	20~25	214	1.40	63.6	93
三穗鸭	贵州三穗	白颈圈		蛋用	44.6	1 690	1 680	110~120	—	200~240	1.42	65.1	—
连城白鸭	福建连城	白羽	白羽	蛋用	40~44	1 440	1 320	120	20~25	220~230	1.46	58	90
莆田黑鸭	福建莆田	浅黑	浅黑	蛋用	40	1 340	1 630	120	20~35	270~290	—	70	95
山麻鸭	福建龙岩	白颈圈	麻色	蛋用	45	1 430	1 550	100	25	243	1.30	54.5	75
微山麻鸭	山东微山	红麻	红麻	蛋用	42.3	2 000	1 900	150~180	25~30	180~200	1.35	80	95
文登黑鸭	山东文登	黑色	黑色	蛋用	48.9	1 900	1 800	150	—	203~282	1.38	80	—
北京鸭	北京	白羽	白羽	肉用	58~62	3 490	3 410	150~180	7~8	180~200	1.41	90	90
靖西大麻鸭	广西靖西	深浅麻黑	三类型	肉用	48	2 700	2 500	130~140	10~20	140~150	1.40	86.7	95
高邮鸭	江苏扬州	褐芦花	浅棕黑	兼用	—	2 365	2 625	108~140	20~30	140~160	1.43	75.9	93
建昌鸭	四川凉山	白颈圈	浅褐麻	兼用	47.3	2 410	2 035	150~180	7~9	144	1.37	72.9	90
大余鸭	江西大余	颈背红褐	褐色	兼用	42	2 147	2 108	205	10	121.5	—	70.1	83

品种	原产地	羽毛颜色		用途	初生重(g)	成年重(g)		开产日龄(d)	一公配母数	产蛋量(个)	蛋形指数	蛋重(g)	受精率%
		公鸭	母鸭			公	母						
巢湖鸭	安徽巢湖	颈墨绿	浅褐色	兼用	48.9	2 420	2 130	105~144	25~30	160~180	1.42	70	92
淮南麻鸭	河南固始		褐麻	兼用	42	1 550	1 380	—	—	130	—	61	—
恩施麻鸭	湖北鄂西	青褐色	麻色	兼用	45	1 362	1 615	180	20	183	1.38	65	81
沔阳麻鸭	湖北沔阳	棕褐	麻色	兼用	48.6	1 693	2 088	115~120	20~25	163	1.41	77	93
临武鸭	湖南临武	棕褐	麻黄	兼用	42.7	2 750	2 225	160	20~25	180~220	1.40	67.4	83
中山麻鸭	珠江三角	褐麻	褐麻	兼用	48.4	1 700	1 700	130~140	20~25	180~220	1.50	701	93
广西小麻鸭	广西西江	黑灰	麻花	兼用	42.7	1 600	1 500	120~150	15~20	160~220	1.50	65	90
四川麻鸭	四川重庆		麻褐	兼用	48.4	1 890	1 930	—	10	120~150	1.40	73.4	90
兴义鸭	贵州西南	褐色	深麻	兼用	45	1 620	1 560	145~150	10	170~180	1.40	70	84
云南麻鸭	云南	深褐	麻黄	兼用	48.4	1 580	1 550	150	12	120~150	1.44	72	92
汉中麻鸭	陕西汉江	麻褐	麻褐	兼用	38.7	1 172	1 238	160~180	8~10	220	1.40	68	72
台湾麻鸭	台湾各地			兼用	42.7	1 100	1 350	120~150	40	250	—	—	—

三、国内外主要鸭品种介绍

国别	分类	鸭品种	鸭品种介绍
国内	专门化蛋用型鸭种	绍兴鸭	5.1.1.1　绍兴鸭
		金定鸭	5.1.1.2　金定鸭
		荆江麻鸭	5.1.1.3　荆江麻鸭
		攸县麻鸭	5.1.1.4　攸县麻鸭
		三穗鸭	5.1.1.5　三穗鸭
	特色型鸭品种	连城白鸭	5.1.1.6　连城白鸭
		莆田黑鸭	5.1.1.7　莆田黑鸭

国别	分类	鸭品种	鸭品种介绍
国内	兼用型鸭品种	高邮鸭	5.1.1.8　高邮鸭
		巢湖鸭	5.1.1.9　巢湖鸭
		建昌鸭	5.1.1.10　建昌鸭
	培育鸭种	天府肉鸭	5.1.1.11　天府肉鸭
		骡鸭	5.1.1.12　骡鸭
	专门化肉用型鸭种	北京鸭	5.1.1.13　北京鸭

国别	分类	鸭品种	鸭品种介绍
国外	引入的专门化肉用型鸭种	樱桃谷鸭	5.1.1.14　樱桃谷鸭
		奥白星鸭	5.1.1.15　奥白星鸭
		丽佳鸭	5.1.1.16　丽佳鸭
	引入的瘤头鸭种	瘤头鸭	5.1.1.17　瘤头鸭
		克里莫瘤头鸭	5.1.1.18　克里莫瘤头鸭
	引入的专门化的蛋用型鸭种	咔叽·康贝尔鸭	5.1.1.19　咔叽·康贝尔鸭

四、鸭品种选择

选择依据	项目需求或特点	实践意义及注意事项
市场需求（选择鸭产品适销对路的鸭品种）	有消费烤鸭的习惯且需求量较大。	应选择饲养大型肉鸭，如北京鸭、天府肉鸭等。
	在一些鸭肉出口基地。	应饲养配套品系杂交鸭，如樱桃谷鸭、奥白星肉鸭、天府肉鸭等。
	制作传统的卤鸭、板鸭、熏鸭。	宜选择中型杂交肉鸭及本地麻鸭。
	在一些有鸭蛋消费习惯且鸭蛋加工方式多样的地区。	宜选择饲养蛋鸭，如绍鸭、金定鸭等。
生产性能	①肉鸭：要看其生长速度、料肉比。②蛋鸭要看其产蛋量、蛋重、料蛋比。③看鸭的适应性、生活力和抗病力。	①在同一类型的品种中，要选择生产性能好的品种。②优良的生产性能是取得良好经济效益的基础。
自然环境和经济条件	大中城市近郊及资金雄厚。	可选择饲养大型肉鸭。
	边远丘陵山区。	宜选择饲养中型杂交肉鸭和蛋鸭。

拓展阅读

　　水禽业是家禽业的一个重要组成部分。从世界范围来看，水禽业以鸭、鹅的饲养和经营为主。鸭适应性广，抗逆性强，耐粗饲，觅食力强，蛋和肉的品质优良，品种资源丰富。按经济用途分类，鸭可概括分为肉用型、蛋用型和肉蛋兼用型三大类。肉用型鸭以北京鸭为代表，这是遍及世界各地的优良鸭种；蛋用型和肉蛋兼用型几乎全部是麻鸭及其变种，是我国养鸭业使用最广泛的鸭种。

5.1.1.20　家鸭的起源与驯化

5.1.1.21　我国家鸭品种分布

5.1.1.22　鸭的外貌特征识别

●●●●● 作业单

一、填空题

　　1. 家鸭属于（　　　）目、（　　　）科、（　　　）属，染色体 $2n=$（　　　）。

　　2. 家鸭的野生祖先是野鸭；世界野鸭的种类比较多，而其中的（　　　）鸭和斑嘴（　　　）鸭被全球公认为家鸭的祖先。

　　3.（　　　）国是世界野鸭最早的驯化地域，驯化鸭的历史早在 4500 年以前。

4. 我国的鸭品种原产地及饲养地区基本上分布在大兴安岭、太行山、河南和湖北（　　）部、贵州（　　）部以东的（　　）海拔地区，分布最集中的是在（　　）江、（　　）江流域及沿海地区，这一地区内的鸭品种占全国鸭品种的68%。

5. 我国的鸭品种按经济用途主要分为三个类型，即（　　）型、（　　）型和兼用型；按羽色分，有（　　）羽、（　　）羽、黑羽等类型。

6. 肉用型鸭的代表是遍及世界各地的优良鸭种——（　　）鸭。

7.《国家畜禽遗传资源品种名录（2021年版）》中共有鸭品种（　　）个，其中国内鸭品种（　　）个，国外鸭品种（　　）个；我国地方鸭品种有（　　）个，其中蛋用鸭品种（　　）个，肉用鸭品种（　　）个，兼用鸭品种（　　）个，还有（　　）个药用鸭品种；培育配套系中蛋用鸭品种有（　　）个、肉用鸭品种有（　　）个；咔叽·康贝尔鸭是（　　）品种，引入配套系中蛋用鸭品种（　　）个、肉用鸭品种（　　）个。

二、简答题

1. 目前生产实践中鸭品种主要采用哪种分类方法？

2. 目前常见的蛋鸭品种和肉鸭品种是什么？

3. 如何利用我国的地方鸭品种资源？

任务5.1.2　鸭饲粮筹备

●●●●● **案例单**

任务5.1.2		鸭饲粮筹备	学　　时	2
案例内容				**案例分析**
称呼	时间	特征		
鸭黄	1~7 d	绒毛为黄色。		这是我国劳动人民在长期的养鸭实践中，总结出不同日龄鸭的生长发育体态和羽毛脱换规律，掌握了鸭的羽毛生长规律，就可以通过检查了解鸭的生长发育情况，及时发现问题，调整饲养管理。
翻白	7~13 d	绒毛由黄变白。		
黑脊背	14~18 d	背部有一条黑色小羽开始着生。		
四点毛	18~25 d	肩部和两肋开始生出羽毛。		
两面刀	25~30 d	腰部两侧生出刀式的羽毛。		
肚底光	30~35 d	腹部羽毛长齐。		
头面光或穿马甲	35~45 d	头部羽毛长齐并和肩部羽毛连接。		
发管	45~50 d	翼羽长出毛管。		
放叶接翎	50~60 d	两翼端羽毛靠近，背部羽毛在腰角处与尾、腰部羽毛相接。		
齐毛	60~70 d	羽毛全部长齐，此时可食用。		
落毛	70 d以后	如继续留养，臀腹部羽毛即开始脱落。		
大落毛	70~75 d	第二次换羽。		
草鞋底	75~80 d	腹部换羽。		
滑底	80~85 d	腹部羽毛换齐。		
三面光	85~90 d	二肋、背部羽毛换齐。		
四面光	90~100 d	换上成年羽。		

●●●●● 工作任务单

子任务 5.1.2.1		识辨与归类鸭特点及营养缺乏症	
任务目的		识辨并归类鸭消化器官、营养需要等特点及鸭的营养缺乏症。	
任务准备		地点：多媒体教室、实训室、养鸭场。 材料：1. 某些鸭品种营养缺乏症的视频或图片。 2. 鸭营养需要特点必备知识。 3. 养鸭场实际参观。	
任务实施		1. 各组归纳出鸭的器官特点(以消化器官为主)并指出对应的营养需要特点(可与鸡进行对比说明)。 2. 各小组可进一步归纳出鸭与鸡不同的其他特点，如生活习性、羽毛生长规律(可结合案例进行)。 3. 总结除 1～2 以外的鸭其他方面特点。 4. 各小组查阅资料、小组内讨论，识辨并归纳出鸭典型营养缺乏症。 5. 小组展示，小组间互评，教师总结、评鉴。	
考核评价	考核内容	评价标准	分值
	归类特点	1. 能够准确说出鸭的特点，每说对 1 项得 1 分。 2. 能够准确说出鸭的营养需要特点，每说对 1 项得 1 分，能指出其原因再得 1 分。 3. 本项最多得分 40 分。	40
	其他方面特点	每总结出 1 项鸭的其他特点(要求需要全班 80% 以上同学认可)得 2 分，总分不超过 10 分。	10
	识辨、归类鸭营养缺乏症	1. 小组内成员讨论积极热烈，能够充分比较、识辨、归类鸭的各种营养缺乏症状，并得出结论，得 20 分。 2. 每组成员能准确地识别出其他组提供的资料中的症状，每正确一项加 5 分，最多不超过 20 分。	40
	团队合作	1. 小组内成员回答时，本组成员在规定时间内能够互帮互助并回答正确，每答对 1 个加 2 分。 2. 各小组间能够相互补充，每答对 1 个，该组每人加 2 分。 3. 本项分值可超出预计分值，按实际计算。	10 (可大于 10)

必备知识

一、鸭的营养需要特点

(一)鸭的消化器官特点

鸭消化器官的组成和主要生理功能与鸡大体相同,但亦有差异。鸭的喙长宽而扁平,末端钝圆,呈凿状;喙的边缘有许多的沟脊,便于在水中觅食时滤水、撕断青草和压碎食物,舌较宽而大,较柔软,边缘有许多突起,可使捕获的鱼、虾不至于逃脱;颈端的食管仅有纺锤形的扩大部分(嗉袋),不及鸡嗉囊发达,贮存食物较少,故饲喂次数应较多,夜间一定要补饲。鸭肌胃收缩时的压力分别是 24kPa(180 mmHg),大于鸡。为增强鸭肌胃的功能,降低死亡率,应定期补饲砂砾。

(二)鸭的主要生活习性

1. 生命力强,耐粗放饲养

鸭对不利的环境条件和应激因素有较强的适应能力,对养禽业威胁较大的常见传染病,按自然感染发病的种类,鸭比鸡少 1/3。无论舍饲或放牧饲养,只要按照卫生防疫程序正常进行预防注射,鸭因传染病受到的损失要比鸡小很多。

2. 喜水怕潮

鸭为水禽,喜水是其显著不同于鸡的特点。常在水中嬉戏、觅食、洗浴、交配、梳理羽毛、清洗鼻孔等。鸭虽喜水却怕潮湿,休息和产蛋时即上岸寻找干燥、清爽的地方。因此,宽阔的水域、良好的水源是养鸭的重要环境条件之一。鸭有水中交配的习性,特别是早晨和傍晚,水中交配次数占 60%以上。鸭经常用喙压迫尾脂腺,并将挤出的分泌物涂抹全身羽毛,用以滋润与保持羽毛油亮,使羽毛不被水浸湿,以防水御寒。

3. 耐寒怕热

成年鸭无汗腺,皮下脂肪较厚、羽绒厚实保温性能良好,故耐寒怕热;尤其是雌禽,炎热的夏季常喜长时间待在水中,或者在树荫下休息,觅食时间与采食量减少,产蛋量下降。一些鸭种往往在夏季停止产蛋。

4. 摄食性广

鸭喜荤,食谱广。鸭嗅觉、味觉不发达,对食物选择性不强;肌胃发达,消化力强,耐粗饲,可充分利用河塘、湖泊、海滩、稻田等区域的水生动植物和落谷做饲料。

5. 合群性

鸭都有合群性,有群居的习惯。因此,鸭适于大群放牧饲养和圈养,比较容易管理与调教。经调教后,对饲养员的引叫、吆喝声敏感,便于驱赶和指挥,也为围栏养鸭提供了方便。

6. 敏感性

鸭均对外界环境反应敏感,警觉性强,其视觉、听觉灵敏,反应快。鸭较易受惊而高声鸣叫,导致互相挤压、践踏,影响产蛋,甚至造成伤残或死亡。故饲养场应给鸭创造一个良好、安静环境,不要轻易搬迁或更换产蛋期种鸭的饲养场地;否则,产蛋率将大幅度下降,甚至脱毛停产。

7. 就巢性

大多数鸭已不存在就巢性。

(三)鸭的营养需要特点

鸡所需的各种营养素均为鸭、鹅所需。与鸡相比,鸭、鹅将摄入的部分脂肪和碳水化合物转化成体脂肪的能力较好，其体内脂肪含量较高，因而所需的饲粮蛋白质浓度较低。鸭、鹅容易消化富含淀粉的饲料，肥育期可多供应这类饲料。在鸭、鹅饲粮中添加一定量的脂肪，能提高饲料的适口性和利用率。鸭脂肪代谢能力更强于其他家畜，对米糠中油脂（含量大于 16%）的消化率极高。但对种用和生长期的鸭、鹅及蛋鸭，应少喂碳水化合物和油脂丰富的饲料，以免过肥，影响生长和繁殖。鸭、鹅对低能量饲粮的耐受力及对纤维素的消化能力均较鸡强，故其饲粮中糠麸类饲料可占较大的比例（12%～25%）。

1. 水

鸭体所需要的水分，大部分是通过饮水获得，其余部分则来自饲料中的水分和营养素。鸭对水的需要量取决于年龄、环境温度、相对湿度、饲料中蛋白质、食盐含量以及产蛋率等因素。在最适温度条件下，成年鸭每采食 1 kg 饲料需要饮水 5 L，雏鸭需要 4 L，番鸭和半番鸭也需要 4.7 L 左右。

2. 蛋白质

生长期鸭特别需要赖氨酸，生长速度越快，生长强度越高，需要赖氨酸就越多，所以，赖氨酸被称为第一限制性氨基酸，又叫生长性氨基酸，在蛋鸭日粮中占 0.9% 左右，在肥育鸭中占 0.8%～1.2%。蛋氨酸在鸭体内的作用是多方面的，有 80 种以上的反应都需要蛋氨酸参与，故蛋氨酸又称为生命性氨基酸，在蛋鸭饲粮中占 0.3%，在肥育鸭中占 0.3%～0.35%。

要确定蛋白质需要量首先应明确日粮的能量水平，因为日粮的能量水平决定于鸭的采食量。按日粮中每单位能量的蛋白质需要量计算：肉雏鸭以每 4184kJ 的代谢能量含有蛋白质 75～78 g 为理想，随着雏鸭生长逐渐下降为 64～67 g；产蛋鸭从初产到高产期需要量最大为 67～69 g，而后随着产蛋量下降也相应减少；如果每 4184kJ 能量的蛋白质含量在 55 g 左右，就不能满足产蛋需要。

3. 能量

鸭消化纤维的能力低于家畜，因此，日粮中粗纤维的含量以 3%～5% 为宜，粗纤维过高则影响消化，降低鸭的生产性能。鸭的能量需要由其体重、产蛋水平和气候 3 个因素决定。体重大的产蛋鸭所消耗的能量比体重小的要多，养鸭户爱养体重小的蛋鸭就是这个道理。

4. 维生素

鸭必须从日粮中摄取的维生素有 13 种，其中脂溶性维生素有维生素 A、维生素 D、维生素 E、维生素 K 4 种，水溶性维生素有维生素 B_1、维生素 B_2、烟酸、吡哆醇、泛酸、生物素、胆碱、叶酸和维生素 B_{12} 9 种，其中最易缺乏的是维生素 A、维生素 B_2、维生素 B_3。生产实际中，鸭的日粮中每 50 kg 需要添加 7～10 g 的禽用复合维生素。

5. 矿物质

鸭比较重要的矿物质元素有钙、磷、钠、氯、锰、硫等几种。

(1)钙和磷。鸭对钙的需要量，雏鸭和青年鸭为日粮的 0.9%，产蛋鸭为日粮的 3%～3.75%，过多或过少，对鸭的健康、生长和产蛋都有不良影响。鸭在日粮中对有效磷的需要量，雏鸭为 0.46%，青年鸭为 0.35%，产蛋鸭为 0.5%。钙和磷（有效磷）的适当比例，雏鸭为 2：1，青年鸭为 2.5：1，产蛋鸭为 6.5：1。

(2)氯和钠。鸭对食盐的需要量为日粮的 0.3%～0.5%，不能多喂，喂多了会引起中毒。如雏鸭饮水中食盐含量达到 0.7%，就会出现生长停滞和死亡；产蛋鸭饮水中食盐含量达 1% 时，会导致产蛋量下降。因此，在鸭的日粮中添加食盐时，用量必须准确，以免引起食盐中毒。

（3）锰。鸭对饲料中纯锰的需要量，雏鸭为 55 mg/kg，种鸭为 33 mg/kg。锰在麦麸中含量较多，一般用硫酸锰进行补充，饲料中的用量，雏鸭为 150 mg/kg，成鸭为 90 mg/kg。

（4）硫。硫存在于鸭体蛋白质和蛋内，羽毛中约含 2%，蛋含 0.2%，其他组织器官和体液中也有含硫的化合物。缺乏时，雏鸭生长缓慢，羽毛发育不良，成鸭产蛋减少。硫的供给不是靠饲料的无机成分，而是靠有机成分，主要是蛋白质内的胱氨酸和蛋氨酸。饲喂硫磺或无机硫酸盐是不能被鸭体吸收利用的。放牧的鸭群能吃到动物性蛋白质饲料，不会缺硫，但在舍饲期，则应补充些鱼、虾、蚯蚓、鱼粉、豆饼、干酵母等含有机硫较多的饲料，以满足鸭对硫的需要。

二、鸭的饲粮配制

（一）鸭的饲养标准

常见的肉用型北京鸭、番鸭、英国樱桃谷鸭、狄高鸭以及蛋用型鸭的饲养标准，这些均是推荐用量，在实际使用时，应因地制宜，灵活掌握，并通过生产实践加以调整。例如，在夏季温度高时，鸭的采食量往往减少，为了使鸭能采食到足够的蛋白质，则饲料配方中的蛋白质及能量的含量也得相应提高。

（二）鸭的饲粮配制与参考配方

1. 鸭的饲粮配制

饲粮配制直接关系到鸭的健康、生长发育、生产性能和养鸭的经济效益，尤其对雏鸭和舍饲蛋鸭更具有重要意义。因此，首先要了解鸭各生长阶段的饲养标准，找出其所需要的各种营养物质的数量，再结合当地的饲料资源，确定采用饲料的种类和大致比例，然后查对饲料的营养成分和营养价值表，分别计算出各种饲料的营养物质，并加以合计，最后与饲养标准进行比较，若配合日粮中营养物质与饲养标准不符，应进行调整，使之与饲养标准基本吻合。

2. 参考配方

拓展阅读中分别列出了部分肉用鸭和蛋用鸭饲粮配方，供参考。

拓展阅读

5.1.2.1　鸭用饲料能值的
参考值

5.1.2.2　不同国家和地区北京
肉仔鸭营养需要量推荐值

5.1.2.3　蛋鸭的饲养
标准（资料）

5.1.2.4　肉鸭饲养标准
（行业标准）

5.1.2.5　蛋鸭饲粮推荐配方
（国家标准）

5.1.2.6　北京鸭饲粮
推荐配方

5.1.2.7 大型肉鸭饲粮推荐配方	5.1.2.8 蛋鸭配合饲料（地方标准）	5.1.2.9 攸县麻鸭营养需要（地方标准）

●●●● 作业单

思考题

1. 为什么鸭的饲喂次数应比鸡多？
2. 鸭的羽毛生长规律如何？
3. 鸭的主要生活习性有哪些？
4. 配制鸭饲粮时应主要考虑哪些营养物质？

任务5.1.3 蛋鸭生产

●●●● 案例单

任务5.1.3	蛋鸭生产	学 时	2
	案例内容		案例分析

种蛋 → 孵化 → 雏鸭 → 育成鸭 → 种鸭 → 种蛋

来自原种鸭场　28天　0~30日龄　31~150日龄　151~513日龄

淘汰鸭

雏鸭 → 育成鸭 → 产蛋鸭 → 屠宰或销售

0~30日龄　31~140日龄　140~500日龄

商品蛋鸭

图 5-1-3-1　综合性蛋鸭场生产工艺流程图

案例分析：这是综合性蛋鸭场生产工艺流程图。

●●●● 工作任务单

子任务5.1.3.1	对比蛋鸭与蛋鸡的饲养管理
任务目的	能够根据蛋鸭各个阶段生理特点，通过与蛋鸡育雏、育成和产蛋阶段等饲养管理的对比，养好蛋鸭。

任务准备	地点：实训室、实训基地。 材料：蛋鸡育雏、育成、产蛋鸡饲养管理手册，蛋鸭（如绍兴鸭等）育雏、育成、产蛋等阶段生理特点及饲养管理手册等。				
任务实施	1. 各小组明确任务的前提下，进行分工。 2. 各小组列出蛋鸡、蛋鸭育雏、育成以及产蛋（包括蛋种鸡）阶段的各个要点（下表可作为参考），然后对不同点进行讨论。				

	时间	目标	准备	饲养要点	管理要点
育雏期					
育成期					
商品蛋（鸡）鸭					
蛋种（鸡）鸭					

3. 各小组制订对比方案、设计，展示（也可对上表进行适当修改）。
4. 小组内、小组间评分。
5. 教师总结、评鉴。

考核评价	考核内容	评价标准	分值
	各阶段要点	1. 能够准确列出蛋鸡各个阶段的要点，得 10 分。 2. 能够准确列出蛋鸭各个阶段的要点，得 20 分。 3. 能够说出饲养管理过程中上面表格中没有的关键点，每列出一项得 5 分，最多可得 20 分。 4. 否则酌情减分。	50
	对比、分析	1. 能够将蛋鸡和蛋鸭的各个阶段要点进行对比、归纳、总结、分析，然后设计出合理的方案，得 20 分。 2. 各小组间进行方案评分，最高分得 20 分，其次 15 分，再次 10 分，第四得 5 分。 3. 能够对其他组方案进行合理化建议，得 10 分。 4. 可根据各组情况酌情加减分。	50

子任务 5.1.3.2	制订产蛋期蛋鸭操作规程
任务目的	针对自己所在地区、自选当地饲养量最大的一个蛋鸭品种，试制订该品种蛋鸭各个季节的每日操作规程
任务准备	1. 不同蛋鸭品种市场调查：包括鸭饲养日龄、饲喂饲料及饲粮情况、饲养方式、饲喂数量、饲养人员等。 2. 蛋鸭饲养标准（如二维码 5.1.2.3 绍兴鸭饲养技术规程）。 3. 绍兴鸭春、夏、秋、冬季每日操作规程（如二维码 5.1.3.1）。

任务实施	1. 课前布置上述任务。 2. 各小组由组长分工，进行市场调查，然后商讨确定蛋鸭品种（可充分利用网络）。 3. 各小组内成员汇总资料，结合蛋鸭饲养标准，参照绍鸭各个季节操作规程，制订该品种蛋鸭春、夏、秋、冬季每日操作规程。 4. 通过各个季节操作规程的制订，说明蛋鸭产蛋期在不同季节的注意事项。 5. 教师进行总结、评鉴。

考核评价	考核内容	评价标准	分值
	任务课前 完成情况	1. 小组内成员分工明确，得 10 分。 2. 市场调查充分，得 10 分。 3. 蛋鸭品种确定合理，得 10 分。 4. 否则酌情减分。	30
	操作规程制订	1. 充分结合当地饲料原料进行制订，得 10 分。 2. 操作规程具有地域、企业以及蛋鸭品种特色，得 10 分。 3. 能够区辨不同季节该品种蛋鸭的操作过程注意事项，得 10 分。 4. 操作规程清晰、合理、具有可行性，得 10 分。 5. 在规定时间内完成，得 5 分。 6. 小组内成员合作良好，得 5 分。 7. 否则酌情减分。	50
	结论及建议	通过该规程的制订能够类比评鉴其他组制订的操作规程，并提出建设性意见，得 20 分。	20

必备知识

一、蛋鸭生产的特点

我国蛋鸭生产历史悠久，产蛋水平很高，其生产特点可大致归纳如下。

1. 我国的蛋鸭分布

我国蛋鸭主要集中于长江中下游省区，尤以江苏、浙江、福建等省最为发达。西南地区以当地麻鸭品种生产肉用仔鸭为主，利用孵化淡季或孵化时节多余的种蛋上市作食用鸭蛋。蛋用型鸭和从事蛋鸭生产的专业场（户）较少。

2. 蛋鸭的生产周期较长

相对于肉鸭而言，蛋鸭产品和收益是累集性的增加。优良蛋鸭品种在 150 日龄左右达到 50% 的产蛋率，利用期多为 1.5～2.0 年。从事蛋鸭生产的规模经营应有充足的周转资金和饲料储备。

3. 蛋鸭的产蛋期要求较高的粗蛋白质水平

日粮中特别要注意动物性蛋白质的供给，以保证长期高产稳产的需要。

4. 食用鸭蛋价格偏低

在我国一些地区食用鸭蛋价格偏低，按重量计算低于食用鸡蛋。因此，在从事蛋鸭生产的规模经营时，应与蛋类加工厂或出口贸易公司订立期货合同，使食用鸭蛋增值，以利于蛋鸭业的规模性生产。

二、雏鸭培育

鸭的生长发育大致可分为雏鸭、育成鸭和成鸭（产蛋鸭或种鸭）三个时期。雏鸭是指从孵化出壳到 4 周龄前的小鸭。这一阶段的鸭生长最快，培育的好坏不仅直接关系雏鸭本身的生长速度和成活率，而且还影响以后的生产性能和健康生长。雏鸭的培育目标是通过精心的饲养管理，使其逐步适应外界环境条件，健康地生长发育，保持良好的体质和较高的成活率，为将来的育成鸭和产蛋鸭（或种鸭）打下良好的基础。所以，必须科学饲养管理雏鸭。

（一）育雏前的准备

1. 育雏室的准备

进雏之前，应及时维修育雏室的门窗、墙壁、通风孔、网板等。采用地面育雏的也应准备好足够的垫料。准备好分群用的挡板、饲槽、水槽或饮水器等育雏用具。

2. 清洗消毒

育雏之前，先将室内地面、网板及育雏用具清洗干净、晾干。墙壁、天花板或顶棚用 10％～20％ 的石灰乳粉刷。饲槽、水槽或饮水器等冲洗干净后放在消毒液中浸泡，然后冲洗干净。

3. 环境净化

在育雏室消毒的同时，对育雏室周围道路和生产区出入口等进行环境消毒净化，切断病源。在生产区出入口设一消毒池，便于饲养管理人员进出消毒。

4. 制订育雏计划

育雏计划应根据所饲养鸭的品种、进鸭数量、时间等而确定。首先要根据育雏的数量，安排好育雏室的使用面积，也可根据育雏室的大小来确定育雏的数量。其次要建立育雏记录等制度，记录指标包括进雏时间、进雏数量、育雏期的成活率等。

（二）育雏季节的选择

1. 春鸭

从 3 月下旬开始至 5 月末饲养的雏鸭称为春鸭。此期间天气逐渐转暖，气温、水温逐渐升高，水草丰盛，放牧场地也多，是培育雏鸭的黄金季节。春鸭生长快、省饲料、开产早，产蛋高峰出现快。3 月至 4 月孵出的雏鸭，当年 8 月至 9 月就可开产，每只母鸭在当年可产蛋 5 kg 左右。在气温较低地区，由于寒冷，新母鸭在第一个产蛋高峰过后，体质衰弱、抗寒能力差，遇到寒流就易停产，到第二年春季才能留种，比秋季鸭作种用消耗饲料多。故春季鸭一般作商品蛋鸭和菜鸭，很少作种用。

2. 夏鸭

6 月至 8 月中旬饲养的鸭称为夏鸭。此期间气温高，多雨闷热，不利于雏鸭生长，由于农作物生长旺盛，放牧地较少，但有的地区早稻收割后，可利用茬地放牧，对于有放牧条件的地方可以考虑饲养夏鸭。夏鸭不需要保温，可降低成本。鸭下水早，开产也早，适于留做商品蛋和催肥肉鸭。

3. 秋鸭

8月下旬至9月饲养的雏鸭称为秋鸭。此期气温逐渐降低，正适合雏鸭生理需要，是育雏的好季节。可利用晚稻收割的季节，长时间放牧秋鸭，节省饲料。但秋鸭的育成期正值寒冬，气温低，天然饲料少，放牧场地少，故开产晚，应注意防寒和适当补料。秋鸭作种用，产蛋高峰期正值春孵，种蛋价值高。

（三）雏鸭的饲养管理

1. 掌握适宜的温度

温度要平稳，切忌忽冷忽热。蛋用雏鸭由于给温方法不同，分为自温育雏和给温育雏。自温育雏主要利用雏鸭本身要求的温度与外界环境温度差异不大，在自然条件下培育雏鸭的方式。这种育雏方式，节省能源，不需加热设备，但受环境和季节的影响较大，对于夏鸭和秋鸭适合这种育雏方式。人工给温育雏是利用育雏室和供温育雏器的保温条件，通过人工给温达到所需要的温度，这种育雏方法不分季节，不论外界温度高低，均可育雏。但要求条件较高，需要消耗一定的能源。蛋鸭育雏期的温度要求如表5-1-3-1。

表 5-1-3-1　蛋鸭育雏期的温度

日龄	1～3	4～6	7～10	11～15	16～20	21～25
温度（℃）	28～31	25～28	22～25	19～22	17～19	脱温

2. 适时开水、下水

刚孵出的小鸭第一次饮水称"开水"。雏鸭有随吃随喝的习性，可用浅盘或饮水器饮水。水要保持清洁，并要避免溅湿饲料及小鸭身体。"下水"是将雏鸭连同鸭篓慢慢浸入水中，使水没过脚趾，但不能超过膝关节，让雏鸭在水中站立5～10 min，一边饮水，一边嬉戏。出壳后第三天可让小鸭下水，每次不超过10 min，5 d后水可深些，自由活动。

3. 及时开食

雏鸭出壳后24 h，可用大米或小米煮成硬饭，也可用全价配合饲料，在地上或盒中撒上料，让其相互啄食，经过2～3次调教，雏鸭即可"自食"。开食时不能让雏鸭吃得太饱，六七成即可，发现吃得较猛、较多的雏鸭，要提前取出，以免过饱伤食。

4. 饲养密度

雏鸭以每群300～500只为宜，群内密度要求如表5-1-3-2。

表 5-1-3-2　地面平养雏鸭饲养密度

日龄	1～15	16～30	30～40	40 日龄以上
密度（只/m²）	25～20	15～12	8	6

5. 注意清洁卫生

随雏鸭日龄增大，排泄物不断增多，圈舍极易潮湿、污秽，应注意及时清扫，勤换垫料，保持舍内干燥。食槽、水槽每次喂饮前要进行刷洗，并定期消毒。垫草要经常晾晒。

6. 建立稳定的管理程序

鸭喜集群，合群性很强，较敏感，极易形成条件反射。在雏鸭阶段培养的生活习性可保持终生，所以雏鸭的饮水吃料、下水游泳、放牧觅食、上滩理毛、入舍歇息等都要定时定地，形成一套管理程序，并保持不变。

三、育成鸭的培育

育成鸭是指 5～18 周龄的中鸭，也称青年鸭。育成鸭培育的好坏直接影响产蛋鸭的生产性能和种鸭的种用价值。生产实践中，育成鸭多采用圈养。

1. 圈养鸭的优点

圈养鸭可以人工控制环境条件，受自然界制约因素少，利于科学养鸭；还可以节省劳力，提高劳动生产率；降低传染病的发病率，减少中毒等意外事故。

2. 圈养鸭的饲养

圈养鸭与放牧完全不同，完全依靠人工饲喂，需要供给充足完善的各种营养物质，特别是骨骼、羽毛生长所需的营养，育成鸭的饲料配合应根据生长发育规律酌情制订，并根据不同品种采取适当的限饲，增加粗青饲料的比例，适量加入动物性鲜活饲料，以促进生长。限饲期间，要定期随机称重，每周一次，每次抽测鸭群的 5%～7% 进行。圈养育成鸭在育成期每只约需配合料 10 kg，每昼夜喂饲 3～4 次。每次喂饲间隔时间尽量相等，应保证清洁饮水，饲料形态多以粉料拌湿喂给。

3. 圈养鸭的合群与密度

圈养鸭的规模，可大可小，但每群的组成不宜太大，以 500 只左右为宜。分群时要尽可能做到日龄相同、大小一致、品种一样、性别相同。密度随鸭龄、季节和气温的不同而变化，一般育成期末保证 6 只/m² 即可。

4. 适当加强运动

运动的目的是促进骨骼肌肉生长，防止过肥，每天定时赶鸭在舍内作转圈运动，每次 5～10 min，每天 2～4 次。

5. 减少各种应激因素

育成鸭富神经质，性急胆小，因此在饲养过程中要注意以下几点：饲料品种不可频繁变动，饲料品质优良；饲养环境尽量保持稳定；饲喂次数与饲喂时间相对不变；每天保持鸭舍干燥。

6. 合理光照

育成鸭不用强光照射，每天光照稳定在 8～10 h，30 m² 可亮一盏 15 W 灯泡。

7. 加强鸭病的预防工作

60～70 日龄，注射一次禽霍乱菌苗；70～80 日龄，注射一次鸭瘟弱毒疫苗。120 日龄前后，再注射一次禽霍乱菌苗。同时注意舍内清洁卫生，保持舍内舒适干燥，切忌潮湿。饲槽、水槽经常刷洗与消毒。

四、产蛋期的饲养管理

(一)蛋鸭生殖器官的生长发育特点

1. 生殖器官的生长发育强度最大

输卵管的重量从初生到 20 周增重约 3 190 倍，卵巢增重约 5 423 倍；消化器官增重约 28 倍，体重增加约 47 倍。输卵管的长度从初生到 20 周增长约 20 倍，消化器官增长 4～5 倍。

2. 生殖器官生长前期相对静止，后期迅速增长

卵巢的生长在 14 周前十分缓慢，14 周龄后卵巢迅速增长直到性成熟。输卵管在 0～8 周龄时的生长比卵巢快得多，10～14 周龄输卵管增重相对缓慢，16 周龄前后，生长加快，绝对增重和相对增重均呈直线上升，直至性成熟。

(二)产蛋期的分期和饲养管理要点

鸭产蛋的特点是,开产后几乎每天产蛋,连产期比鸡长,消耗体能多,应加强产蛋期的饲养管理。根据对绍兴鸭、金定鸭和咔叽·康贝尔鸭产蛋性能的测定,150 日龄时产蛋率可达 50％,至 200 日龄时可达 90％以上,在正常饲养管理条件下,高产鸭群高峰期可维持到 450 日龄左右。因此,蛋鸭的产蛋期可分为以下四个阶段:

150～200 日龄——产蛋初期;

201～300 日龄——产蛋前期;

301～400 日龄——产蛋中期;

401～500 日龄——产蛋后期。

1. 产蛋初期和前期的饲养管理要点

(1)精心养护。要严格按饲养标准配制饲粮,注意夜间补饲。日粮营养水平,特别是粗蛋白质含量要随产蛋率的递增而调整,产蛋初期(产蛋率 50％左右)的蛋白质水平一般在 15％～16％即可满足需要,以不超过 17％为宜。并注意能量蛋白比的适度,促使鸭群尽快达到产蛋高峰,达到高峰期后要稳定饲料种类和营养水平,使鸭群的产蛋高峰期尽可能保持长久些。此期内白天喂 3～4 次料,晚上 9～10 点给料一次。同时采用任食制,每只蛋鸭每日约耗料 150 g 左右,一个产蛋期约需配合饲料 60 kg 左右。建议在 210～300 d 期间,每月应空腹抽测母鸭的体重,如超过或低于此时期的标准体重 5％以上,应检查原因,并调整日粮的营养水平。

产蛋初期产蛋率发生波动(其至下降),产蛋前期蛋重增幅过小或过大,产蛋时间推迟,其至白天产蛋不集中(系采食不够,应补喂精料),体重较大幅度增加或下降,均应从饲养管理上查找原因,并及时调整。鸭怕下水,下水后不梳理羽毛,羽毛沾湿,甚至沉下,上岸后双翅下垂,行动无力,预示产蛋将下降。此时应立即加强营养,增加动物性饲料,或补充脂溶性维生素,可加喂鱼肝油,每只每日 0.5 mL,连续喂 10 d。

(2)合理的光照制度。开产后,在自然光照的基础上,酌情逐渐增加光照至 16 h,强度以 5～8 Lx 为宜。当灯泡距地面 2 m 高时,按 1.3～1.5 W/m² 计算配置灯泡,灯间距应相等。

(3)掌握产蛋规律。据观察,母鸭产蛋有定位性,应在舍内地面铺细沙,设产蛋窝,勤捡蛋。产蛋多集中在凌晨 1～5 时。饲养管理正常、无应激干扰的情况下,早 7 时产蛋结束,放牧应安排在其后。傍晚收牧后应补足精料,可减少白天产蛋。应统计每天的产蛋量和总蛋重,做好记录;最好能绘成实时产蛋率曲线图,并与标准比较,作为改善饲养管理的依据之一。

(4)减少应激和注意观察。产蛋期不宜注射疫苗、不驱虫,不使用对产蛋有影响的药物,如喹乙醇等。粪便是否正常,常常是健康和饲粮适当与否的标志。粪便在水中呈蓬松状,白色不多,表示动物性饲料喂量恰当;反之,表明动物性饲料未吸收。

2. 产蛋中期的饲养管理要点

(1)精心饲养管理。此期内的鸭群因已进入高峰期产量并已持续产蛋超过 100 d,体力消耗较大,对环境条件的变化敏感,如不精心饲养管理,难以保持高峰产蛋率,甚至引起换羽停产,这是蛋鸭最难养好的阶段。此期内的营养水平要在前期的基础上适当提高,日粮中粗蛋白质的含量应达 19％～20％;并注意钙量的添加。日粮中含钙量过高会影响适口性,可在粉料中添加 1％～2％的颗粒状矿物质饲料(如石灰石、牡蛎壳等),或在舍内单独放置碎壳片槽(盒),供其自由采食,并适量喂给青绿饲料或添加多种维生素。

(2)适当补饲。饲养管理合理时,此期产蛋率应保持不降,蛋重不低于 62 g 或稍有增加,体重亦基本稳定。若体重增大,可降低饲粮代谢能浓度,增加青饲料,控制饲料补给量;若体重减轻,可增喂动物性饲料。产蛋鸭处于产蛋旺盛期每天可饲喂 3 次,每天每只补料 50~100 g,如产蛋率处于下降阶段,可减少饲喂次数至 2~3 次。

(3)放牧饲养。要使鸭产蛋多,最好采用放牧加补饲的饲养方式;放牧饲养能增强鸭的体质和抵抗力,防止过肥,从而提高产蛋量。产蛋鸭放牧饲养必须根据不同季节和天气以及产蛋鸭的产蛋率不同,考虑放牧场地和放牧时间以及补喂次数。

(4)适当比例投入公鸭。在开产后按 2%~3% 或 5% 的比例投入公鸭,以嬉水促"性",可增加产蛋量。

(5)适宜的环境条件。产蛋鸭适宜的环境温度为 5~27℃,最佳温度为 13~20℃;圈舍要求干燥通风,清洁卫生,及时清粪,经常更换垫料,保持干燥,注意通风。光照总时长稳定保持在 16~17 h。在日常管理中要注意观察蛋壳质量有无明显变化,产蛋时间是否集中,精神状态是否良好,洗浴后羽毛是否沾湿等,以便及时采取有效措施。并注意在不同季节实行相应管理措施。

3. 产蛋后期的饲养管理要点

蛋鸭经长期持续产蛋之后,产蛋率将会不断下降。此期内饲养管理的主要目标,是尽量减缓鸭群的产蛋率下降幅度。如果饲养管理得当,此期内鸭群的平均产蛋率仍可保持75%~80%。此期内应按鸭群的体重和产蛋率的变化调整日粮营养水平和给料量。如果鸭群体重增加,有过肥趋势时,应将日粮中的能量水平适当下调,或适量增加青绿饲料,或控制采食量。如果鸭群产蛋率仍维持在 80% 左右,而体重有所下降,则应增加一些动物性蛋白质的含量。如果产蛋率已下降到 60% 左右,已难于使其上升,则无需加料,应予及早淘汰。

五、种鸭的饲养管理

我国蛋鸭产区习惯从秋鸭(八月下旬至九月孵出的雏鸭)中选留种鸭。秋鸭留种正好满足次年春孵旺季对种蛋的需求。同时产蛋盛期的气温和日照等环境条件最有利于高产稳产。种鸭饲养管理的主要目标是获得尽可能多的合格种蛋,能孵化出品质优良的雏鸭,同时保持种鸭具有健康而良好的种用体质和旺盛的繁殖能力。

(一)种母鸭的饲养

饲养种母鸭的主要任务是防止早熟或过肥,提高种蛋的合格率和受精率。

1. 提高饲粮的饲养水平

临近性成熟时,应终止限饲,按产蛋期的饲养标准配制饲粮。母鸭对矿物质的需要量大,特别是对钙的需求大于公鸭,应适当增加矿物质饲料。可在鸭的活动场或鸭舍的一角,设颗粒状钙源饲料盒,任其自由啄食。

2. 定时喂料

种鸭产蛋期一般日喂 4 次(白天 3 次、晚上 1 次);每天饲喂量约 200 g/只,高峰期或雨天不能下水觅食时,可酌情增加(约 250 g)。休产期的种母鸭日喂 2 次即可。

(二)种公鸭的饲养

种公鸭的饲养与母鸭相同,但公鸭采食量大于母鸭。在配种季节,应保证公鸭有健壮的体质,但不能过肥。饲养不当造成过肥,可使公鸭爬跨困难。体重过大或过小均影响其精液品质,降低种蛋的受精率,应通过饲养管理来调整。

(三)种鸭的管理技术

1. 配偶比例与利用年限

鸭的类型和季节不同,配偶比例也不同。我国麻鸭类型的蛋鸭品种,体型小而灵活,性欲旺盛,配种性能极佳。在早春季节公母比为1:10;夏秋季节公母比为1:(25~30)。重型鸭、中型鸭、轻型鸭的配偶比例(公:母)依次为1:(8~10),1:(10~15),1:(15~20);可视公鸭的精液品质和种蛋实际受精率酌情调整。种鸭利用年限一般为2~3年,但产蛋量和受精率呈逐年下降的规律。因此,种母鸭以利用一个产蛋年最经济,特别优秀的鸭群,可适当延长其使用年限。

2. 严格选择,养好种公鸭

种公鸭对提高种蛋的品质有直接关系。因此,种公鸭要求体质强壮,繁殖性能好,性欲旺盛,精液品质好。一般种公鸭至少需要进行3次选择。

第1次选择是在初生雏鸭时期。应选留体躯较大、绒毛柔软、头大颈粗、眼大有神、反应灵敏、鸣声洪亮、食欲旺盛、胸深背阔、腹圆脐平、尾钝翅贴、脚粗而高、胫蹼油润、健康活泼的雏鸭。此外,雏鸭的初生体重和毛色应符合该品种、品系标准。

第2次选择一般在50~60 d时进行。选择体型外貌符合本品种标准;体质强健,生长发育良好;此次选择应比实际需要数量多一倍。

第3次选择一般在6月龄左右。选留的种鸭应生长发育良好、阴茎发育正常(3 cm以上)、性欲旺盛,按摩15~30 s就能勃起射精,并且精液品质达到标准。

种公鸭通常比母鸭提早1~2个月饲养,以便在母鸭产蛋前达到性成熟。每年3~4月选留种母鸭,10月开产,产蛋高峰处在11月至来年2月最理想,还可利用秋季出现的第二个小旺季延长产蛋期,填平"驼峰"。蛋用种母鸭的选择,要求头颈细长,眼亮有神,喙长而直,身长背阔,胸深腹圆,后躯宽大,耻骨扩张,羽毛致密,两翅紧贴,脚稍粗短,蹼大而厚,健康结实,体不过肥,活泼好动。生殖器官发育良好,腹部容积大,两耻骨之间的距离在三指以上,即"三指裆"。

在育成阶段,公、母鸭最好分开饲养,一般采用放牧为主的饲养方法,使其充分采食野生饲料,多活动,多锻炼,使得骨骼、肌肉协调发展。当公鸭性成熟,但未到配种期,尽量放牧,但少下水活动,以免公鸭之间互相嬉戏,形成恶癖。配种前20 d公、母鸭混群,此时多放水。

3. 确保种蛋受精率

受精率高低是公鸭质量好坏和饲养管理是否正确的标志。当公、母鸭混群后,应注意观察,将受伤及失去竞配能力的公鸭及时替换。进入产蛋后期,公鸭性欲减退,也应部分更换。孵化期内应统计鸭群种蛋受精率,若发现偏低,应立刻查明原因。早、晚是种鸭频繁交配的时期,且交配常在水上进行。因此,应早放鸭,迟关鸭,延长下水活动时间,提高受精率。同时还可采用人工授精技术提高其受精率。

4. 预防种公鸭的腿脚病

自然交配时正常的脚趾(尤其是中趾)对公鸭交配及其重要,患腿脚病会影响交配,降低种蛋受精率。应保持鸭舍和活动场清洁卫生,舍内空气流通、垫料干燥;冬季防寒保暖,夏季及时防暑降温,但应避免洒水造成湿度过大。同时,须防止公鸭因外伤、感染而引起跛行或脚趾弯曲变形等。

5. 减少种蛋污染

应保持鸭舍及产蛋窝清洁,减少种蛋污染。垫料不清洁、产蛋窝不足及未经训练的初产母鸭随处产蛋或产窝外蛋，也会造成污染。

所谓窝外蛋就是产在产蛋箱以外的蛋，也可产在舍内地面和活动场内。开产前应尽早在舍内安放好产蛋箱，最迟不得晚于24周，每4～5只母鸭配备一个产蛋箱，产蛋箱的规格为30 cm(长)×35 cm(宽)×45 cm(高)，可4～6个连在一起；保持产蛋箱内垫料新鲜、干燥、松软；放好的产蛋箱要固定，不能随意搬动；初产时，可在产蛋箱内设置一个"引蛋"；及时把舍内和活动场的窝外蛋捡走；严格按照作息程序规定的时间开关灯。

6. 加强防疫与疫病净化

种鸭场严禁参观，无关人员不得进入鸭舍；饲养人员也不能互相串舍，以防形成交叉感染。应对一些可通过蛋垂直传染的疾病进行定期检疫，严格淘汰检出的阳性个体，确认为阴性个体的才能留种，以求净化。

在管理上要特别注意舍内垫草的干燥和清洁，及时翻晒和更换；每日早晨及时收集种蛋，尽快进行烟熏消毒和存入蛋库(室)。气候良好的天气，应尽量早放鸭出舍，迟收鸭，保持鸭舍环境的安静，勿使惊群、骚乱；气温低的季节注意舍内避风保湿，气温高的季节，特别是我国南方梅雨季节要注意通风降温。

(四)种鸭的人工强制换羽

为了获得更多的优良后代，常常延长优秀种鸭利用年限。欲促使第二个产蛋期及早到来，生产更多的种蛋，必须做好休产期的饲养管理工作，最重要的是推行人工强制换羽，以调控产蛋季节，缩短休产期，提高种蛋品质。

1. 时期的选择

换羽是鸭的天然习性，受外界环境变化的影响很大，多在秋季进行。人工强制换羽可调节种鸭换羽期及盛产期，做到各个季节主要以市场对雏鸭的需求来决定。每年的2～8月是全年孵化的旺季，又是种鸭的产蛋盛期，因此，一般不采取强制换羽，以免影响种蛋的供应。秋末冬初这段时间家禽自然换羽速度慢，休产期达3～4个月，如此时种鸭群采取强制换羽，可使换羽休产期缩短在两个月以内(40～50 d)，降低饲养成本；同时鸭群产蛋率比自然换羽有较大提高，蛋的质量也较好。

2. 强制换羽方法

可采取畜牧学和药物的方法，蛋鸭生产常用停料(停料2～3 d，粗料7 d)，控光(舍内关养、遮光)，拔羽(主、副翼羽、尾羽)等措施进行人工强制换羽。

(1)限制饲喂、限饮、限光、限动。人工强制换羽的第1 d，将鸭赶入遮光的鸭舍(只有弱光)，停止供应饲料和饮水，不除粪，不换垫草。第2 d只在上午喂1次水。第3 d让鸭充分饮水。第4、5 d，分1次或2次喂予每只鸭糠麸类饲料100 g和少量青饲料，并供给充足的饮水。第6～10 d，分上、下午喂给糠麸类饲料2次，其量增至125 g，另给少量的青绿饲料。10 d内不让鸭群出舍、不放水。10 d后，每隔3 d放水1次，促使鸭自行换羽。

(2)人工拔羽。限制饲喂、限饮、限光、限动后的第15～20 d，鸭开始换羽，一般先换小羽，后换大羽。为缩短换羽进程，可拔去鸭的主翼羽、副翼羽和尾羽。必须在两翼肌肉收缩，主翼羽的羽轴干枯与毛囊开始萎缩时进行拔羽。过早或过晚拔羽都会影响鸭体重和新羽生长。拔羽宜选择晴天的上午进行。应沿着羽毛尖端的方向，用瞬时力拔除所有未脱落的主、副翼羽和尾羽。拔羽后第1 d，禁止鸭群下水。

(3)恢复期的饲养管理。拔羽后5 d内避免暴晒，保护毛囊组织，以利于新羽的长出。应尽快改善饲养管理，逐步增加饲料喂量和改善饲料营养水平，促使恢复体力。拔羽后第2 d即开始运动和放水，放牧鸭的放牧地应由近及远，逐渐延长放牧时间，同时增加运动不使过肥。在拔羽后 20 d 左右，恢复蛋鸭的正常饲养管理。一般在拔羽后的 30～40 d 蛋鸭开始产蛋。此阶段应及时清扫鸭舍，保持其清洁、干燥，保证适宜的温湿度和通风良好。

3. 人工强制换羽的注意事项

实施人工强制换羽的鸭群第 1 个产蛋期的生产水平较高，身体应健康。应淘汰病、瘦、弱、残鸭，并将开始换羽的鸭隔出单独饲养。强制换羽期间公、母鸭应分开饲养，且同时拔羽。这样可使公母鸭换羽期同步，以免造成未拔羽的公鸭损伤拔羽的母鸭，或拔羽的母鸭到恢复产蛋时，公鸭又处于自然换羽，不愿与母鸭交配，影响种蛋受精率。人工强制换羽前 1～2 周，应对未进行免疫注射的鸭群补注鸭瘟、禽霍乱等疫苗，并进行驱虫、除虱，以适应人工强制换羽所造成的应激，并保持下一个产蛋年鸭群的健康。

拓展阅读

20 世纪 70 年代以来，我国水禽通过本品种选育使一些地方优良品种的生产性能得到了一定提高，并开展了杂交利用。80 年代以来在肉鸭和蛋鸭中进行了专门化品系的选育和配套系的商品生产，生产水平大幅度提高，取得了显著的经济效益和社会效益。随着科学技术的进步和普及，我国水禽品种资源的潜力在精心的饲养管理下将得到更充分利用。

5.1.3.1　绍兴鸭饲养技术规程（行业标准）

5.1.3.2　苏邮 1 号蛋鸭（行业标准）

5.1.3.3　蛋鸭规模化养殖技术规程（地方标准）

5.1.3.4　蛋鸭笼养技术规程（地方标准）

5.1.3.5　蛋鸭规模圈养技术规程（地方标准）

5.1.3.6　蛋鸭发酵床养殖技术规范（地方标准）

●●●●● 作业单

一、名词解释

1. 雏鸭，2. 青年鸭，3. 开水，4. 下水。

二、思考题

1. 蛋鸭在饲养的过程中应重点关注哪些方面？

2. 影响蛋鸭生产的因素有哪些？

3. 如何提高蛋种鸭的繁殖效率？

任务 5.1.4　肉鸭生产

● ● ● ● ● **案例单**

任务 5.1.4	肉鸭生产	学　　时	4
案例内容			案例分析

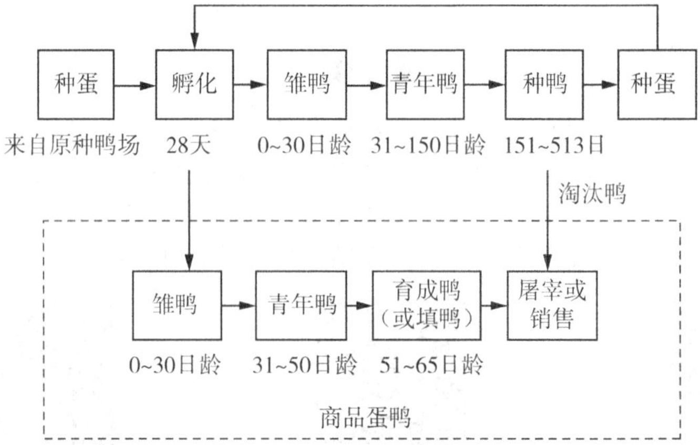

图 5-1-4-1　综合性肉鸭场生产工艺流程图

这是某综合性肉鸭场生产工艺流程图，按照鸭的生长发育规律，肉用仔鸭分为育雏鸭、育成鸭和育肥鸭等阶段。

● ● ● ● ● **工作任务单**

子任务 5.1.4.1	对比肉鸭与肉鸡的饲养管理
任务目的	能够通过类比掌握肉仔鸭和肉种鸡的饲养管理技术。
任务准备	地点：实训室、实训基地。 材料：肉仔鸡生产资料，白羽肉种鸡和优质肉种鸡饲养管理资料，蛋鸭生产资料，肉鸭生产必备知识，樱桃谷鸭饲养管理手册，北京鸭饲养管理手册等。
任务实施	1. 课前布置任务，各小组选择一个肉仔鸭和肉种鸭品种，查阅该品种资料。 2. 各小组列出本组确定的肉仔鸭和肉种鸭品种的饲养管理技术要点，并类比说出该肉仔鸭或肉种鸭的哪个饲养管理阶段和前面学习的哪类动物的哪个阶段更为接近，并指出其异同点和自己的观点（自行设计方案）。 3. 各小组进行展示、评比。 4. 小组间评分，教师总结、评鉴。

考核内容	评价标准	分值
考核评价 品种确定	1. 课前充分准备，能够有理有据地说出所选肉仔鸭和肉种鸭品种的，得 20 分。 2. 能够充分列出肉仔鸭和肉种鸭饲养管理要点，得 20 分。 3. 否则酌情减分。	40
类比、分析	1. 能够选出合适的类比对象，得 10 分。 2. 能够进行合理的比较、归纳、总结、分析，然后设计出合理的方案，得 20 分。 2. 各小组间进行方案评比，最高得 20 分，其次 15 分，再次 10 分，最低得 5 分。 3. 能够对其他组方案进行合理化建议，得 10 分。 4. 可根据各组情况酌情加减分。	60

子任务 5.1.4.2　鸭人工填饲技术

任务目的	能够调制填鸭饲料并熟练操作人工填饲技术。
任务准备	地点：实训基地或肉仔鸭场。 动物：40～50 日龄的肉鸭若干。 材料：配合饲料、填饲设备及相关用具等。
任务实施	1. 以小组为单位调制填鸭饲料。取若干配合饲料，按料水比例 1∶2 拌湿调匀。 2. 熟悉并实践填饲设备的使用。 3. 各小组成员自行安排人工填饲操作，其他人员配合完成，并做好记录工作。 (1)抓鸭。抓鸭的食道膨大部，抓时四指并拢，拇指握颈部，用力适当，即可将鸭提起提稳。不能抓鸭的脖子或翅膀或脚，因为鸭会挣扎，造成伤残。 (2)填饲。填食时，左手执鸭的头部，掌心握鸭的后脑，拇指与食指撑开上下喙，中指压住鸭舌，右手握住鸭的食道膨大部，将填食胶管小心送入鸭的咽下部，注意鸭体应与胶管平行，然后将饲料压入食道膨大部，随后放开鸭，填饲完成。 4. 各小组分别汇报人工填饲操作过程及注意事项。 5. 教师总结、评鉴，并布置实训报告，讨论该项技术的实际应用意义。

	考核内容	评价标准	分值
考核评价	调制填鸭饲料	1. 能够根据肉鸭数量，结合一次饲喂量，快速确定需调制配合饲料数量的，得10分。 2. 准确确定用水量的，10分。 3. 合理拌湿调匀的，得10分。 4. 否则酌情减分。	30
	人工填饲操作	1. 能够熟练操作填饲设备，得10分。 2. 抓鸭部位正确、用力适度，得10分。 3. 填饲过程顺畅、填饲量适当，得20分。 4. 小组内成员配合默契，得10分。 5. 否则酌情减分。	50
	汇报及评鉴	1. 能够结合实际操作总结鸭人工填饲的操作程序及注意事项，同时说出该项技术的现实意义，得10分。 2. 根据个人及小组的表现酌情加分，最高得10分。	20

必备知识

一、肉用仔鸭生产

肉用仔鸭是指配套系生产的杂交商品代鸭，采用集约化方式饲养、批量生产的肉用仔鸭。这是当代优质肉鸭生产的主要方式。

（一）肉用仔鸭生产的特点

肉用仔鸭具有生产特别迅速，体重大，出肉率多，肉质优，饲料转化率高，生产周期短和全年性批量生产等突出特点。

（二）肉用仔鸭的生长速度、耗料量、饲料消耗比例和屠宰性状

（1）肉用仔鸭的生长速度、耗料量和饲料消耗比例要适当，北京肉鸭的平均日采食量和料肉比如表5-1-4-1。

（2）肉用仔鸭的屠宰性状随年龄的增长而变化，北京鸭（Ⅳ）系胴体百分率随年龄变化的测定如表5-1-4-2。

表5-1-4-1　北京肉鸭的平均日采食量和料肉比

周龄	体重(g)	平均每日采食量(g)	累计采食量(g)	累计料肉比
1	178	23	161	0.9∶1
2	500	81	728	1.46∶1
3	820	143	1729	2.11∶1
4	1 270	191	3 066	2.41∶1
5	1 834	242	4 760	2.60∶1

续表

周龄	体重(g)	平均每日采食量(g)	累计采食量(g)	累计料肉比
6	2 200	231	6 377	2.90：1
7	2 500	214	7875	3.15：1
8	2750	191	9212	3.35：1

表 5-1-4-2　北京鸭(Ⅳ)系胴体百分率随年龄变化的测定

性状	周龄				
	4	5	6	7	8
屠体率(%)	83.0	84.4	83.6	87.6	87.7
毛血率(%)	17.0	15.6	16.4	12.6	12.3
胴体率(%)	60.9	63.9	67.8	65.1	67.2
胸肉率(%)	6.1	8.9	11.5	14.6	16.1
腿肉率(%)	19.9	18.0	15.6	14.3	12.6
瘦肉率(%)	26.2	26.9	27.2	28.8	23.8
皮脂率(%)	30.2	30.9	29.5	31.2	32.8
腹脂率(%)	1.4	2.1	1.9	2.8	2.8
腿骨率(%)	5.6	4.3	3.8	3.2	2.6

(三)肉用仔鸭的饲养管理技术

(1)育雏期的饲养管理。肉用仔鸭的育雏期为 0～3 周龄,即 21 d 左右。这是肉鸭生产的重要环节。肉用仔鸭的雏鸭生长特别迅速,对饲养管理条件要求高,对环境很敏感,又比较娇嫩,稍有不慎便容易引起生长不良,甚至导致成活率不高。这对肥育期增重和经济效益会造成很大影响。

①育雏前的准备:同蛋雏鸭。

②掌握好育雏温度。肉用仔鸭是长期以来用舍饲方式饲养的鸭种,不像麻鸭那样能适应环境温度的变化。因此,在育雏期间,特别是在出壳后 1 周内要保持适当高的温度环境。这是育雏能否成功的关键。育雏的温度随供热方式而不同。采用保温伞供热时,1 日龄时的伞下温度应控制在 34～36℃,伞周围区域为 30～32℃,育雏室内的温度为 24℃。如果用地下烟道和电热板室内供热,则 1 日龄时的室内温度保持在 29～31℃就够了。不管采用哪种方式供热,育雏温度随日龄增长,由高到低逐渐降低,雏鸭养到 20 d 左右时,应把育雏温度降到与室温相一致的水平。不要等到育雏结束时突然脱温,这样容易造成雏鸭感冒或体弱。

在生产实践中,应根据雏鸭的活动状态来判断育雏温度,雏鸭的适宜温度如表 5-1-4-3。

表 5-1-4-3　雏鸭的适宜温度

日龄	1～3	4～6	7～10	11～15	16～20	21～25
温度(℃)	28～31	25～28	22～25	19～22	17～19	脱温

③适当的密度。适当的密度既可以保证高的成活率,又可充分利用育雏面积。雏鸭的饲养密度如表5-1-4-4。

表 5-1-4-4   雏鸭的饲养密度

周	地面垫料饲养(只/m²)	网上饲养(只/m²)
1	20～30	30～50
2	10～15	15～25
3	7～10	10～15

④合理的光照。光照可以促进雏鸭的采食和运动,有利于雏鸭的健康成长。出壳后的头三天内可采用23～24 h光照,以便于雏鸭熟悉环境,寻食和饮水。在4日龄以后,可不必昼夜开灯。白天可利用自然光照,早、晚开灯喂料(或第一周采用23 h光照,1 h黑暗。8 d以后每天减少1 h,直至自然光照)。但要注意的是,采用保温伞育雏时,伞内的照明灯要昼夜开着。因此雏鸭在感到寒冷时要到伞下去,伞内照明灯有引导雏鸭进伞的作用。

⑤良好的通风。雏鸭的饲养密度大,排泄物多,育雏室容易潮湿,积聚氨气和硫化氢等有害气体。因此,在保温的同时要注意通风。

⑥尽早饮水和开食。肉用仔鸭早期生长特别迅速,应尽早饮水、开食,有利于雏鸭的生长发育,锻炼雏鸭的消化道,开食过晚体力消耗过大,失水过多而变得虚弱。先饮水,后开食。头三天可在饮水中加入电解多维,并且饮水器离雏鸭近些,便于雏鸭的饮水。饮水后1 h即可开食。开食料为颗粒料。第一天可把饲料撒在塑料布上,以便雏鸭学会吃食,做到随吃随撒,第二天后就可改用料盘或料槽喂料。

⑦投料次数时间。一周内的雏鸭采用自由采食,经常保持料盘(槽)内有饲料,吃完后随时添加。不要一次投料过多,堆积在料盘(槽)内。这样不仅会造成饲料的浪费,而且容易污染饲料。一周以后可采用定时喂料,2周昼夜6次,其中一次在晚上,3周以上昼夜4次。如发现上次喂的料到下次喂料时还有剩余,则应酌量减少一些,反之则应增加一点。

⑧保持清洁的饮水。雏鸭体内的含水量约为体重的70%左右,加以又生活在温度较高的环境里,因此雏鸭对水的需求是十分迫切的。缺少10 h以上就会使雏鸭食欲减退,体重下降,影响增重。所以要有足够的饮水器,保持清洁的饮水供雏鸭随时饮用。肉鸭采用舍饲旱养,更要特别注意饮水的供应。

(2)肥育期的饲养管理。大型肉鸭的肥育期为4～8周,在此时期雏鸭的骨骼和肌肉生长旺盛,消化机能已经健全,采食量大大增加,体重增加很快,在饲养管理上要抓住这一特点,使肉鸭迅速增加体重,生长肌肉,沉积脂肪,改善肉质,达到上市体重,以提高经济效益的目的。具体可采用放牧育肥法、舍饲育肥法以及填喂育肥法3种方法。

①放牧育肥法。这种方法在我国南方农村应用较为广泛,主要应用于麻鸭和半番鸭。这种育肥方法季节性较强,主要是结合夏收、秋收,在水稻或小麦收割后,将肉鸭赶至田中,觅食遗粒和各种草籽、昆虫以及矿物质饲料,使肉鸭获得较为全面的营养,迅速生长,达到育肥的目的。也可利用天然池沼湖泊放牧育肥,视觅食饥饱情况适当补料或不补料。用这种方法生产肉鸭,耗料少、成本低。

在管理上,白天则放牧于稻(麦)田、河汊、池沼、湖泊或海滩,任其自由采食,放牧时间视季节和天气而定,一般上、下午各4 h,中午赶上岸休息。每日补料3次,即早上放牧前、中午休息时和傍晚收牧后各喂 1 次，喂量视放牧觅食情况而定。如利用池沼、湖泊长期放牧，宜在湖内选择四面环水，又带有缓坡的土墩建造简易舍，便于鸭群歇息和宿夜。

②舍饲育肥法。这种方法主要应用于肉用型鸭，如北京鸭或现代杂交配套系鸭品种（如骡鸭）。随着现代养禽业的发展和农业种植产业的经营变化，放牧场地越来越少，舍饲育肥是非常有发展前景的肉用鸭育肥方法。育肥鸭舍可以因地制宜，就地取材，在有水塘的地方建造。

这种方法主要是通过适当限制鸭的活动和饲喂稻谷、碎米、米糠、高粱、玉米等含碳水化合物较多的饲料，使肌肉迅速丰满和积聚脂肪，以利于增重和育肥。

管理上要限制肉鸭活动和放水时间，以减少热能的消耗。这里还需注意的是，不同的饲喂方式对舍饲育肥肉鸭经济效益有较大影响。

③填喂育肥法（填鸭）。这种方法主要是用人工强制鸭子吞食大量高能量饲料，使其在短期内快速增重和积聚脂肪，北京鸭及其杂交鸭均采用这种方法育肥。填肥期一般为 2 周左右。填（肥）鸭是一种快速肥育的方法，主要供制作烤鸭用。北京鸭经填肥后制作烤鸭已有数百年历史。填鸭是一种用高热能饲料强制肥育的方法，可使鸭体重快速增加并大量积聚脂肪，特别是肌间脂肪含量增加，从而改善屠体品质。烤鸭的技术经验证明，填饲的肥鸭与未填饲的鸭在肉的品质上有很大差异。填饲肥鸭肌肉纤维间均匀地分布着丰富的脂肪层，俗称"间花"肉。同时，皮下脂肪层也增厚。人工填鸭育肥北京鸭多采用此法，用来制作风味独特的北京烤鸭。

填肥鸭是在中雏鸭养到 40～42 d，体重达 1.7 kg 以上时进行。一般经 10～15 d 填饲期后，体重达到 2.6 kg 以上即可上市，供制作烤鸭用。

二、肉用种鸭生产

（一）育雏、育成期培育

现代肉鸭的父母代种鸭育雏期为初生至 4 周，育成期是指 5～25 周，结束之后即是产蛋期，能否保持产蛋期的产蛋量和孵化率，关键是育雏期和育成期的培育。因此必须采取科学的饲养管理，才能培育出优良的种雏。具体可参见蛋鸭相关部分。

1. 肉用种鸭的营养水平和饲养标准

参见本项目任务 5.1.2 中的二维码 5.1.2.4 肉鸭饲养标准（行业标准）、二维码 5.1.2.6 北京鸭饲粮推荐配方和二维码 5.1.2.7 大型肉鸭饲粮推荐配方。

2. 肉用种鸭典型饲粮示例

雏鸭、育成鸭、后备鸭和种鸭的典型饲粮请参阅相关书籍。

3. 种鸭的限饲

肉用种鸭必须采用限饲，以防止种鸭过肥，以致影响产蛋量和受精率。

（1）限制饲喂周和给饲量。种鸭从 4 周起开始限饲。每日每只种鸭的给饲量为：4～6 周 120～140 g，6～11 周 130～150 g，12～20 周 140～165 g，21～24 周 150～170 g，25 周至产蛋为 160～180 g。

（2）体重的抽测。限制饲喂期内每周随意抽测公、母鸭（不少于 5%）体重，以实测的平均体重与标准体重（由育种公司提供）比较。如两者的体重相差在 5% 的范围内，可不变动饲喂量；如实测体重超过或低于标准体重 5% 以上，则减增给饲量。

（3）限制饲喂方法（参见项目 4 任务 4.4 中相关部分）。从实践证明，以隔日限制饲喂法的效果为佳。在限制饲喂期内必须保证有充足的槽位，每只种鸭占有饲槽的长度应不少于 12 cm。

（二）产蛋期的饲养管理

产蛋期是 26 周至产蛋结束。此期的饲养目的是产蛋量高、受精率和孵化率高。要做到这一点，也必须进行科学的饲养和管理。正式进入产蛋后，各种饲养管理日程要稳定，不轻易变动，以免产蛋率急剧下降。产蛋高峰时更应如此。

1. 设置产蛋箱

每个产蛋箱尺寸为 40 cm（长）×40 cm（高）×30 cm（宽），每个产蛋箱供 4 只母鸭产蛋，可以 5～6 个产蛋箱连在一起组成一列。产蛋箱底部铺上干燥柔软的垫料，垫料至少每周更换 2 次，越清洁则蛋越干净，孵化率越高。产蛋箱于种鸭 24 周前（一般在 22 周）放入鸭舍，在舍内四周摆放均匀，位置不可随意更改。

2. 光照管理

每日提供 16～17 h 光照，时间固定，不可随意更改，否则严重影响产蛋。开放式鸭舍 2 日龄前的雏鸭，舍内每天要有 23 h 人工光照。以后逐渐减少光照时间，到 10 日龄时舍内只利用自然光照，不必补充人工光照。在 20～26 周间，每周逐渐增加人工光照时间，直到总光照时间达 16～17 h 保持不变。不同品种种鸭达到最大光照时间稍有差异，因根据其饲养管理手册执行。表 5-1-4-5 列出了种番鸭不同周光照时数。

表 5-1-4-5　种番鸭不同周光照时数

周	光照时数（h/d）	周	光照时数（h/d）
26	13	33	14.75
27	13.25	34	15
28	13.5	35	15.25
29	13.75	36	15.5
30	14	37	15.75
31	14.25	38	16
32	14.5	39～淘汰	16

3. 垫料管理

地面垫料必须保持干燥清洁，当舍内潮湿时应及时清除，换上新垫料，可以每日增添新垫料，并尽可能保持鸭舍周围环境的干燥清洁。

4. 种蛋收集

母鸭的产蛋时间集中在后半夜 2～5 时。随着母鸭产蛋日龄的延长，产蛋时间稍稍推迟。种蛋收集越及时，种蛋越干净，破损率越低。初产母鸭产蛋时间比较早，几乎在上午 7 时以前产完蛋；产蛋后期，母鸭的产蛋时间可能集中在 6～8 时之间。夏季气温高，冬季气温低，及时检蛋，可避免种蛋受热或受冻，可提高种蛋的品质。收集好的种蛋应及时进行消毒，然后送入蛋库储存。

5. 种公鸭的管理

配种比例为 1∶4，有条件的可按 1∶5 或 1∶7 的比例混养。但公鸭过少，可能精液质量不均衡；而若公鸭过多，会引起争配使受精率降低。对性成熟的种鸭还可进行精液品质鉴定，不合格的给予淘汰。

6. 预防应激反应

要有效控制鼠类和寄生虫，并维持种鸭场周围环境清洁安静，保持环境空气尽可能的新鲜，必要时可使用通风设备，使环境温度调节在适宜范围内。寒冷地区温度应维持在0℃以上。

7. 做好记录

做好产蛋记录及疾病等记录，以便需要时查阅。

●●●●● 拓展阅读

5.1.4.1 北京鸭-商品鸭养殖技术规范(地方标准)

5.1.4.2 北京鸭-种鸭养殖技术规范(地方标准)

5.1.4.3 樱桃谷肉鸭饲养技术操作规范(地方标准)

5.1.4.4 樱桃谷鸭饲养管理技术手册.doc5.28-豆丁网

5.1.4.5 绿色食品-肉鸡饲养技术规程(甘肃省地方标准)

5.1.4.6 肉鸭网上生态养殖技术规程(地方标准)

5.1.4.7 肉鸭高床养殖技术规程(地方标准)

5.1.4.8 肉鸭网上平养饲养技术规程(地方标准)

5.1.4.9 大余鸭商品鸭饲养技术规范(地方标准)

●●●●● 作业单

思考题

1. 当代优质肉仔鸭品种如何进行选择？
2. 填喂育肥肉仔鸭如何操作？有哪些注意事项？
3. 肉用种鸭饲养过程中需要注意哪些？

子项目 5.2　鹅生产

●●●●●● **学习任务单**

项目 5	水禽生产	学　时	22
子项目 5.2	鹅生产	学　时	12
布置任务			
学习目标	**知识目标：** 1. 能说明鹅起源并识别鹅外貌特征。 2. 能说明鹅生活习性，能总结鹅营养需要特点。 3. 能说明雏鹅、中鹅的特点。 4. 能说明鹅肥肝的营养价值。 5. 能说明种鹅特点。 6. 能说明羽绒的形状和结构分类以及活拔羽绒的特点。 **技能目标：** 1. 能说明我国鹅分布及识别国内外常见鹅品种，能评鉴常见鹅品种。 2. 能根据鹅饲养标准和饲粮配制解析并配制鹅饲粮。 3. 会培育雏鹅和中鹅，会饲养管理肉用仔鹅，能评定活体肉用仔鹅肥育效果。 4. 会饲养管理肥肝鹅，能生产鹅肥肝。 5. 能挑选后备种鹅并应用限制饲喂，能饲养管理后备种鹅和产蛋期种鹅，会应用鹅反季节繁殖技术 6. 能识别鹅羽绒，能正确挑选活拔羽绒鹅只，会应用活拔羽绒技术并饲养管理拔羽后的鹅只。 **素养目标：** 1. 登录网络平台搜索、查阅、对比、了解我国地方鹅品种起源、发展和现状，感受我国地方鹅品种从《中国家禽品种志(1982 年版)》的 13 个到《国家畜禽遗传资源品种名录(2021 年版)》的 30 个地方鹅品种、1 个培育鹅品种以及 2 个培育配套系鹅品种，激发专业自豪感和热爱专业的初心，树立文化自信，建立专业认同感。 2. 养成勤于思考、善于思考，尊重科学、保护生态、爱护动物的职业素养。 3. 增强服务农业农村现代化的使命感和责任感，培养知农、爱农创新人才。
任务描述	通过解答资讯问题、完成教师布置的作业，针对案例、工作任务单及其相关资料，进一步思考下面内容。 1. 鹅品种选择。 2. 鹅饲粮筹备。 3. 肉用仔鹅生产。 4. 鹅肥肝生产技术。 5. 种鹅饲养管理。 6. 鹅活拔羽绒技术。

提供资料	1. 本任务中的必备知识和教学课件。 2.《国家畜禽遗传资源品种名录（2021 年版）》中鹅品种部分。 3. 国际畜牧网：　　　　　　　4. 中国养殖网：
对学生 要求	1. 能根据学习任务单、资讯引导，查阅相关资料，在课前以小组合作的方式完成任务资讯问题，体现团队合作精神。 2. 尊重科学，遵纪守法，本着科教兴农的理念。 3. 严格遵守《家禽饲养工（国家职业标准）》和相关养殖行业规定，以身作则实时保护生态。 4. 严格遵守操作规程，做好自身防护，防止疫病传播。

●●●●● **任务资讯单**

项目 5	水禽生产
任务 5.2	鹅生产
资讯方式	学习"工作任务单"中的"必备知识"和"拓展阅读"，思考案例内容及分析、观看相关视频；到本课程在线网站及相关课程网站、实习鹅场、图书馆查询资料，向指导教师咨询。
资讯问题	1. 家鹅的祖先是什么？中国鹅的驯化历史如何？ 2. 中国鹅品种分布怎样？鹅与鸭有哪些区别？ 3. 鹅品种主要有几种分类方式？目前主要采用哪种分类方式？ 4. 举例说明我国鹅品种与国外鹅品种的区别。 5. 举例说明我国地方鹅品种中的特色品种。 6. 举例说明鹅配套系品种的推广应用。 7. 鹅的消化器官特点和营养需要特点如何？ 8. 鹅的繁殖性能特点和主要生活习性是怎样的？ 9. 如何灵活掌握鹅饲养标准？ 10. 肉用仔鹅的生产阶段是如何划分的？ 11. 雏鹅的生理特点有哪些？鹅育雏前需要做哪些准备工作？ 12. 雏鹅饲养管理关键技术有哪些？ 13. 育成鹅有哪些特点？需要加强哪方面的管理？ 14. 肉用仔鹅的肥育时间、育肥原理以及育肥前需要做哪些准备工作？ 15. 肥育仔鹅的育肥方法有哪些？如何进行操作？ 16. 鹅肥肝具有怎样的营养价值？ 17. 如何选择肥肝鹅？

	18. 怎样调制加工肥肝鹅饲粮？
	19. 肥肝鹅饲养管理技术有哪些？
	20. 种鹅有何特点？
	21. 种鹅的产蛋规律如何？
	22. 后备种鹅什么时间进行选择？如何选择？饲养管理关键技术如何？
	23. 产蛋期和休产期母鹅的饲养管理技术有哪些？
	24. 种公鹅饲养管理技术有哪些？
	25. 羽绒是如何进行分类的？
	26. 活拔羽绒具有哪些优点？
	27. 如何确定活拔羽绒的季节和周期？
	28. 怎样选择活拔羽绒鹅只？
	29. 试述活拔羽绒的操作过程。
	30. 活拔羽绒后鹅只的饲养管理技术有哪些？
资讯引导	1. 在工作任务单中查询。 2. 进入相关网站查询。 3. 查阅相关资料。

任务 5.2.1　鹅品种选择

● ● ● ● ● **案例单**

任务 5.2.1	鹅品种选择	学　时	2
案例	案例内容		案例分析
1	《国家畜禽遗传资源品种名录（2021 年版）》中分为传统畜禽和特种畜禽两个部分，收录畜禽地方品种、培育品种、培育配套系、引入品种及引入配套系共计 948 个。其中在"传统畜禽""十"中是鹅品种（共计 39 个），包括：（一）地方品种 30 个：1. 太湖鹅、2. 籽鹅、3. 永康灰鹅、4. 浙东白鹅、5. 皖西白鹅、6. 雁鹅、7. 长乐鹅、8. 闽北白鹅、9. 兴国灰鹅、10. 丰城灰鹅、11. 广丰白翎鹅、12. 莲花白鹅、13. 百子鹅、14. 豁眼鹅、15. 道州灰鹅、16. 酃县白鹅、17. 武冈铜鹅、18. 溆浦鹅、19. 马岗鹅、20. 狮头鹅、21. 乌鬃鹅、22. 阳江鹅、23. 右江鹅、24. 安定鹅、25. 钢鹅、26. 四川白鹅、27. 平坝灰鹅、28. 织金白鹅、29. 云南鹅、30. 伊犁鹅；（二）培育品种 1 个：扬州鹅；（三）培育配套系 2 个：1. 天府肉鹅、2. 江南白鹅配套系；（四）引入配套系 6 个：1. 莱茵鹅、2. 朗德鹅、3. 罗曼鹅、4. 匈牙利白鹅、5. 匈牙利灰鹅、6. 霍尔多巴吉鹅。		这是目前我国最新版鹅品种名录，该名录中前三个部分是国内鹅品种，第四部分是国外鹅品种。

2	部位	中国鹅	欧洲鹅	这是目前普遍认为中国鹅和欧洲鹅的主要区别。
	头部	有肉瘤和肉垂。	无额包和咽袋。	
	颈部	较长，微弯呈弓形。	颈直，较粗短。	
	体躯	前躯提起，腹部下垂。	与地面平行，后躯不发达。	

●●●●● 工作任务单

子任务 5.2.1.1	识别鹅品种		
任务目的	在充分熟悉并掌握案例中鹅品种的基础上能够识别出相应鹅品种。		
任务准备	地点：实训室、多媒体教室、实训基地、养鹅场等。 动物：不同品种鹅。 材料：《国家畜禽遗传资源品种名录（2021 年版）》鹅品种部分，部分鹅品种的图片或视频，相关资料、网络、记录本、碳素笔等。		
任务实施	1. 教师结合实训场地带领学生现场实地观察部分鹅品种。 2. 利用实训室多媒体等资源播放部分鹅品种视频和图片。 3. 各小组讨论、归纳案例 1 中 39 个鹅品种外貌特征（可结合案例 2）和生产性能指标异同，说明其分类依据及其主要的经济价值，并结合相关资料进行归类，根据每个人的实际贡献率，小组成员间进行打分。 4. 各小组识别案例中目前市场占有率较高的鹅品种，并说明其经济用途。 5. 小组进行汇报，同组成员可进行补充，然后各组间进行评分。 6. 教师总结，对学生争议问题进行阐释，并做最后评分。		
考核评价	考核内容	评价标准	分值
	识别鹅品种	1. 能够对其主要特征进行描述，且贴近实际，得 10 分。 2. 能够全面分析该鹅种生产性能，得 10 分。 3. 能够对白羽鹅品种进行特征区辨，得 10 分。 4. 鹅品种判定准确，得 20 分。 5. 小组内成员合作良好，得 10 分。 6. 否则酌情减分。	60
	汇报总结	1. 能够清晰、明确进行汇报，得 10 分。 2. 小组内各成员补充全面，得 10 分。 3. 各组间评分公正、合理，得 10 分。 4. 对表现突出、合作完美的团队，加 10 分。 5. 否则酌情减分。	40

子任务 5.2.1.2	试分析国内外养鹅业现状		
任务目的	查阅资料试分析近 10 年国内外养鹅业现状，找出存在的问题，提出自己的建议。		
任务准备	地点：实训室、图书馆、多媒体教室、实训基地、养鸭场等。 材料：各种资料、网络、记录本、碳素笔等。		
任务实施	1. 课前给学生布置任务"试分析国内外养鹅业现状"。 2. 每个小组可以充分利用各种资源，分别从以下几方面进行阐述，然后多个方面进行比较。 (1)国内外养鹅业概况。 ①鹅数量及分布；②鹅肉、蛋、羽绒产量；③养鹅业研究进展；④鹅产品的加工利用。 (2)目前存在的问题。 (3)养鹅业未来发展战略。 ①建立鹅良种繁育体系，分区保护品种资源；②建立大型商品生产基地，形成行业集团；③研究并制订出我国鹅品种的营养标准；④研究鹅集约化饲养工艺；⑤开展鹅产品深度加工，拓展国内外市场：鹅肉制品加工、羽绒加工、肥肝加工；⑥加强应对国外技术壁垒的研究。		
考核评价	考核内容	评价标准	分值
	国内外养鸭业概况	1. 能够翔实说明鹅数量及分布数据，得 10 分。 2. 能够全面统计鹅肉、蛋、羽绒产量，得 10 分。 3. 能够简述养鹅业研究进展，得 10 分。 4. 能够总结鹅产品的加工利用情况，得 10 分。 5. 根据相关内容完成情况酌情减分。	40
	存在问题	1. 能够根据自己或每个小组课前查阅的资料，完成上面任务的情况下，每个小组至少提出一项目前我国(或我省或某地)养鹅业存在的问题。每提出一项可行性问题加 10 分，最高加 30 分。 2. 否则酌情减分。	30
	形成报告（题目自拟）	能针对养鹅业存在的问题再进一步分析、对比，在讨论的基础上结合自己的见解，每个小组形成一篇具有建设性意见的并有针对性的反映我国(或我省或某地)养鹅业现状的调查报告；根据报告的内容量、实践性和可行性等多方面，酌情加分，最高加 30 分。	30

必备知识

一、鹅品种分类

<table>
<tr><th colspan="2">分类依据</th><th colspan="2">要点</th><th>鹅品种(按名录序号)</th></tr>
<tr><td rowspan="3">体型大小</td><td>大型品种鹅</td><td colspan="2">公鹅体重为 10～12 kg，母鹅为 6～10 kg。</td><td>20. 狮头鹅。</td></tr>
<tr><td>中型品种鹅</td><td colspan="2">公鹅体重为 5.1～6.5 kg，母鹅为 4.4～5.5 kg。</td><td>4. 浙东白鹅、5. 皖西白鹅、6. 雁鹅、18. 溆浦鹅、26. 四川白鹅等。</td></tr>
<tr><td>小型品种鹅</td><td colspan="2">公鹅体重为 3.7～5 kg，母鹅为 3.1～4.0 kg。</td><td>1. 太湖鹅、14. 豁眼鹅、16. 酃县白鹅、21. 乌鬃鹅等。</td></tr>
<tr><td rowspan="3">羽毛颜色</td><td rowspan="2">国内</td><td colspan="2">灰羽。</td><td>6. 雁鹅、20. 狮头鹅、21. 乌鬃鹅等。</td></tr>
<tr><td colspan="2">白羽。</td><td>1. 太湖鹅、4. 浙东白鹅、5. 皖西白鹅、26. 四川白鹅等。</td></tr>
<tr><td>国外</td><td colspan="2">白、灰、浅黄、黑色等。</td><td></td></tr>
<tr><td rowspan="9">经济用途</td><td rowspan="4">肉用</td><td rowspan="3">国内</td><td>地方品种</td><td>1. 太湖鹅、3. 永康灰鹅、4. 浙东白鹅、6. 雁鹅、7. 长乐鹅、8. 闽北白鹅、9. 兴国灰鹅、10. 丰城灰鹅、11. 广丰白翎鹅、12. 莲花白鹅、13. 百子鹅、15. 道州灰鹅、16. 酃县白鹅、17. 武冈铜鹅、18. 溆浦鹅、19. 马岗鹅、20. 狮头鹅、21. 乌鬃鹅、22. 阳江鹅、23. 右江鹅、24. 安定鹅、25. 钢鹅、26. 四川白鹅、27. 平坝灰鹅、28. 织金白鹅、29. 云南鹅、30. 伊犁鹅。</td></tr>
<tr><td>培育品种</td><td>扬州鹅</td></tr>
<tr><td>培育配套系</td><td>1. 天府肉鹅、2. 江南白鹅配套系</td></tr>
<tr><td>国外</td><td>引入配套系</td><td>1. 莱茵鹅、3. 罗曼鹅、4. 匈牙利白鹅、5. 匈牙利灰鹅</td></tr>
<tr><td>蛋用</td><td>国内</td><td>地方品种</td><td>2. 籽鹅、14. 豁眼鹅等</td></tr>
<tr><td rowspan="2">生产肥肝</td><td>国外</td><td>引入配套系</td><td>2. 朗德鹅、图卢兹鹅(2021 版名录中无，编者分类)</td></tr>
<tr><td>国内</td><td>地方品种</td><td>18. 溆浦鹅、20. 狮头鹅</td></tr>
<tr><td rowspan="2">绒用</td><td>国内</td><td>地方品种</td><td>5. 皖西白鹅</td></tr>
<tr><td>国外</td><td>引入配套系</td><td>6. 霍尔多巴吉鹅</td></tr>
</table>

二、国内外名种鹅产蛋性能比较

品种名称	原产地	公鹅体重 (kg)	母鹅体重 (kg)	产蛋数(枚)		蛋重(g)		年产蛋总重 (kg)	与豁鹅对比 (%)	产蛋名次
				平均	范围	平均	范围			
豁鹅	辽宁	4.58	3.67	150	130~180	121	105~137	18.15	100	1
铜鹅	湖南	6.0~7.5	4.0~5.0	37.5	30~45	260	210~310	9.75	53.7	2
太湖鹅	浙江	3.5~4.5	3.25~4.25	65	60~70	140	120~160	9.10	50.1	3
阿非利加鹅	非洲	7.5	6.8	30	20~40	206	185~227	6.18	34.0	4
狮头鹅	广东	10~12	9~10	30	25~35	190	180~200	5.7	31.4	5
阳江鹅	广东	5~6	3.5~4.5	29	28~30	195	172~218	5.66	31.2	6
霍尔莫哥尔鹅	苏联	7.8~11	7.5~10	27.5	25~30	190	180~200	5.23	28.8	7
都罗塞鹅	法国	9.8	7.5	24	12~36	200	180~220	4.8	26.4	8
清远鹅	广东	3~3.5	2.5~3.0	30	28~32	140.5	125~156	4.2	23.1	9
阿尔查马斯鹅	苏联	5.8	4.7	23	18~28	175		4.03	22.2	10
爱登登鹅	德国	7.5	6.8	20	10~30	163.5	157~170	3.27	18.0	11
乌拉尔鹅	苏联	5.6	4.6	17.5	15~20	145	140~150	2.54	14.0	12
加拿大鹅	加拿大	4.5	3.8	6	4~8	145	140~150	0.87	4.8	13
埃及鹅	埃及	3.8	3.0	6	4~8	145	140~150	0.87	4.8	13

三、我国主要地方鹅品种介绍

类型	名称	成年体重（kg）		56~60日龄重（kg）	开产期（月龄）	年产蛋量（个）	平均肥肝重（g）	羽毛颜色	产地
		公	母						
大型	狮头鹅	9~10	8~9	5.1~5.5	6~7	20~28	600~750	灰褐	广东省
	皖西白鹅	5.5~6.5	5~6	3.0~3.5	6	25个左右		白色	安徽省河南省
	雁鹅	6.0~7.0	5~6	3.0~3.5	8~9	25~35		灰褐	安徽省
中型	溆浦鹅	6.0~6.5	5~6	3.0~3.5	7	30个左右	500~650	多数白羽，少数灰色羽	湖南省
	浙东白鹅	5	4	3.0~3.5	5~6	35~45	400克左右	白色	浙江省
	四川白鹅	4.4~5.0	4.3~4.9	2.5	7~8	60~80		白色	四川省
	长乐鹅	4~5	3.5~4.5	3.0	7	30~40		多数灰色羽，少数白色羽	福建省
	鄱县白鹅	4~5	3.5~4.5	2.5~2.8	6	40~45		白色	湖南省
	乌鬃鹅	3.1~3.5	2.6~3.0	2.0~2.4	5	25~35		灰褐	广东省
小型	豁眼鹅	3.5~4.5	3.2~3.8	1.5~2.8	7~8	100个左右		白色	辽宁省山东省吉林省
	太湖鹅	4.0~4.5	3.0~3.5	2.2~2.5	6	60~80		白色	江苏省浙江省
	籽鹅	4.0~4.5	3.0~3.5	2.6	6	100个左右		白色	黑龙江省
	伊犁鹅	4.3	3.5	2.7~3.1	9~10	10~15		灰、白两种	新疆自治区

注：上述性能不是在相同条件下的测定结果。教材主要来自《中国家禽品种志》。

四、国内外主要鹅品种介绍

国别	鹅品种	经济用途	鹅品种介绍
国内	狮头鹅	生产肥肝	5.2.1.1 狮头鹅
	四川白鹅	肉蛋兼用	5.2.1.2 四川白鹅
	皖西白鹅	肉绒兼用	5.2.1.3 皖西白鹅
	豁眼鹅	蛋肉兼用	5.2.1.4 豁眼鹅
国外	图卢兹鹅	生产肥肝	5.2.1.5 图卢兹鹅
	朗德鹅	肥肝专用	5.2.1.6 朗德鹅
	霍尔多巴吉鹅	绒蛋兼用	5.2.1.7 霍尔多巴吉鹅

五、主要鹅品种的优良特征

项目	特点	意义
生长速度快	鹅的早期生长速度比鸡鸭都快，中、小型仔鹅活重可达 3.5～4.0 kg。	生产周期短，经济效益高。
适应性强	①对不利的环境条件和应激因素有较强的适应能力。 ②具有较厚的皮下脂肪，羽绒厚密，耐寒性强，耐热性差。 ③同鸭一样具有利用游水洗浴降温的特性。	①发病率低，死亡率小。 ②可经受 －25～－30℃ 的严寒。 ③在亚热带，甚至热带地区生长良好，仍可保持较高的生产性能。
高档食品——肥肝	①风味特殊，质地细嫩，脂香醇厚。 ②营养丰富。	①成为西方消费者十分喜爱的高热能食品。 ②卵磷脂含量比普通鹅肝多 4 倍，酶的活性增加 3 倍，脱氧核糖核酸与核糖核酸含量多 1 倍，脂肪以不饱和脂肪酸为主。
生产高级羽绒	鹅羽绒富有弹性，脱水率低，隔热性好，耐磨。	是高级衣被的填充料。
生产高级裘皮	①鹅裘皮具有皮板结实柔软，毛绒洁白如雪等特点。 ②抗脱毛程度强于兔毛，蓬松性能优于貂皮，防潮防寒性能可同狐皮媲美。	可制做各式服装，帽子，围巾，披肩等。

六、鹅品种选择

选择依据	特点		地区或品种	
市场需求	鹅肉消费习惯差异	偏好灰羽、黑头、黑脚的鹅。	广东、广西、云南、江西、香港、澳门、东南亚地区。	饲养的品种主要以当地的灰鹅品种为主。
		主要鹅种要求为白羽。	我国绝大部分省区市消费市场。	饲养的品种主要是当地的白羽肉毛兼用鹅种。
	对鹅绒的需求	肉毛兼用品种。	以皖西白鹅为主，引入四川白鹅、莱茵鹅等进行杂交。	
生产性能	肉鹅		可依据鹅的适应性、生活力、抗病力以及市场需求等。	
	蛋鹅			
	肥肝鹅			

拓展阅读

　　鹅是水禽业中饲养量仅次于鸭的重要水禽。在一些地区和国家，人们十分喜食鹅肉。鹅肥肝和鹅羽绒更是畅销产品。在漫长的岁月里，鹅所处的生态条件各异、社会需要的多样性以及人工选择程度的不同，形成了多样化的众多品种。中国鹅种资源特别丰富，大、中、小型齐全。近些年来，我国鹅的饲养量成倍增长，发展速度超过鸭，成为我国发展节粮型畜牧业的重要组成部分。

5.2.1.8　鹅起源、驯化及我国鹅品种分布　　　　　　5.2.1.9　鹅的外貌特征识别

●●●●● 作业单

一、填空题

1. 家鹅属于（　　）目、（　　）科、（　　）属，染色体 $2n=$（　　　）。

2.（　　）是鹅的野生祖先，它的种类有十多种，其中的（　　）、（　　）和（　　）被公认为是全世界家鹅的祖先，其中前两种是中国两大系统家鹅——中国鹅（分布于全国各地）和伊犁鹅（分布于新疆伊犁河流域和塔城一带）的直系祖先，而后两种是欧洲各品种鹅的直系祖先。

3. 一般认为我国驯养中国鹅的历史大约在（　　）年以前，而伊犁鹅是由新疆少数民族在（　　）年以前驯化的。

4. 鹅品种的原产地和生产地区的分布大致与（　　）相同，除伊犁鹅外，全部集中在我国低海拔农业发达地区的长江、珠江流域及沿海地区。

5. 国内外鹅一般都以活重的大小作为划分体型的标准，一般分为（　　）、（　　）和（　　）品种鹅。

6. 中国鹅品种按羽毛颜色分为（　　）色、（　　）色两种，国外鹅品种羽色较丰富，除了前面两种颜色以外，还有（　　）色、（　　）色等。

7.《国家畜禽遗传资源品种名录（2021年版）》中共有鹅品种（　　）个，包括地方鹅品种（　　）个、培育鹅品种（　　）个、培育配套系（　　）个、引入配套系（　　）个，其中国内鹅品种（　　）个，国外鹅品种（　　）个。

二、思考题

1. 目前生产实践中鹅品种主要采用哪种分类方法？

2. 目前我国鹅品种的主要经济用途是什么？

3. 如何更好地利用我国的地方鹅品种资源？

任务 5.2.2　鹅饲粮筹备

●●●●● **案例单**

任务 5.2.2	鹅饲粮筹备					学　时	2
案例内容							案例分析
饲料的物质品种	3 周龄前	4 周龄后	种鹅	配方 4	配方 5	配方 6	
玉米	40.60	40.00	23.70	40.60	28.20	55.00	
大麦	—	—	—	10.00	10.00	10.00	
碎米	20.00	—	50.00	—	26.40	—	
次粉	—	39.90	—	—	—	—	
小麦麸	9.60	—	2.80	10.00	10.00	10.00	
大豆粕	5.00	9.10	5.00	33.20	21.00	24.00	
花生仁粕	20.00	2.30	5.00	0.90	—	0.35	
菜籽粕	—	—	5.70	0.50	2.00	—	
鱼粉(进口)	0.30	4.90	—	2.00	2.00	0.60	
蚕蛹(未脱脂)	—	—	1.00	—	—	—	
蛋氨酸	0.10	0.06	0.10	0.10	0.05	0.025	这是种鹅饲粮推荐配方。
赖氨酸	—	—	0.02	—	—	—	
石灰石粉	—	—	5.00	2.00	—	—	
磷酸氢钙	3.85	3.19	1.13	0.35	—	—	
加碘食盐	0.35	0.35	0.35	0.35	0.35	—	
添加剂预混料	0.20	0.20	0.20	—	—	0.025	
合计	100.00	100.00	100.00	100.00	100.00	100.00	
代谢能(MJ/kg)	12.55	12.10	12.13	11.59	11.90	11.99	
粗蛋白质(%)	18.0	17.0	15.0	22.7	18.9	18.9	
钙(%)	1.00	1.00	2.25	0.80	0.80	0.82	
有效磷(%)	0.28	0.38	1.97	0.39	0.38	0.39	
赖氨酸(%)	0.95	0.80	0.60	1.29	0.97	0.98	
蛋氨酸(%)	0.30	0.35	0.36	0.46	0.36	0.36	

●●●●● 工作任务单

子任务 5.2.2.1	识辨与归类鹅营养缺乏症			
任务目的	通过查阅资料、图片、视频或不同阶段鹅饲养场实时高清舍内监控视频,识辨鹅营养缺乏症的表现,能够区辨出鹅典型营养缺乏症并进行归类。			
任务准备	地点:实训室。 材料:图片、视频、鹅饲养场舍内监控视频文件以及相关资料。			

<table>
<tr><td rowspan="9">任务实施</td><td colspan="4">1. 教师布置任务:教师提供鹅不同阶段的营养缺乏症图片、视频。
2. 各小组查阅资料、小组内讨论,识辨鹅营养缺乏症的表现。
3. 根据其表现,区辨出鹅典型营养缺乏症。
4. 根据鹅不同阶段营养需要特点,将上面的鹅典型营养缺乏症进行归类,填入下表。</td></tr>
</table>

任务内容	营养代谢性疾病	主要症状	备注
雏鹅			
中鹅			
肉用仔鹅			
肥肝鹅			
种鹅			

5. 小组件总结、评价。

	考核内容	评价标准	分值
考核评价	课前任务完成情况	检查每个人课前对于鹅营养缺乏症的相关资料准备情况,根据实际准备情况酌情打分,最多不超过20分。	20
	课上完成情况	1. 小组内成员讨论积极热烈,能够充分比较、区辨、归类各种鹅营养缺乏症状,并得出结论,得20分。 2. 每组都能展示出不同于老师提供的相关资料,每增加一项,小组内每人增加5分,最多不超过20分。 3. 每组成员能准确地识辨出其他组提供的资料中的症状,每正确一项加5分,最多不超过20分。	60
	课后作业	每个人根据自己组总结的相关情况,将以上资料中的症状及名称等列于一张自行设计的表格中,根据设计的美观程度、实用性以及是否全面酌情打分,最多不超过20分。	20

拓展阅读

一、鹅的营养需要特点

(一)鹅的消化器官特点

鹅消化器官的组成和主要生理功能与鸭大体相同，鹅没有牙齿，仅有角质化的喙进行采食。鹅的喙呈楔形，喙的边缘呈锯齿形上下相嵌合。鹅的舌同鸭一样，较柔软，舌根附近的游离神经末梢和触觉小体较多而分散。舌神经对水温的反应极为敏感，鹅通常不喜欢饮高于气温的水，但不拒绝饮冷水。

鹅肌胃是肌性器官，收缩时能产生很大压力，可达 $35\sim37$ kPa($265\sim280$ mmHg)(鸭约 24 kPa，鸡为 $13\sim16$ kPa)。

总体上水禽的肠道相对较短。鹅、鸭的肠道为体长的 $4\sim5$ 倍；鹅、鸭的十二指肠较长，呈双层马蹄形弯曲；鹅的盲肠较发达，具有吸收水分、含氮物质和少量脂肪的功能。故鹅消化粗纤维的能力最强，鸭次之，鸡最小。鹅对青草中粗纤维的消化率可达 45%～50%，消化青饲料中蛋白质的能力很强。所以，鹅的饲养应以放牧或半放牧为主，以便充分地发挥其利用野生饲料的特性。鹅无嗉囊，须有足够的采食次数，一般白天应每隔 2 h 采食 1 次，小鹅则应日采食 $7\sim8$ 次或以上，夜间补饲更为重要。为增强鹅肌胃的功能，降低死亡率，应定期补饲砂砾。

鹅、鸭肝脏的右叶约为左叶的 2 倍。水禽的肝脏可储存大量脂肪，采取填饲方法可使鹅、鸭的肝脏增加到正常肝重的 6 倍或以上，而体重只增加 1/3 左右。

(二)鹅的主要生活习性

鹅与鸭的生活习性极为相似，均是"肯吃、好动、喜水、爱干净"。养鹅有句谚语"要鹅长的壮，一天要换三个塘""养鹅无巧，有水、有草就好"。鹅和鸭同样具有生活力强、喜水怕潮、耐寒怕热、具有合群性和敏感性；摄食性也广，不只喜食素。实践证明，鹅对昆虫、蚯蚓等小动物也特别喜食，同时鹅还具有以下生活习性。

1. 节律性

鹅具有良好的条件反射能力，日常真实生活表现出较明显的节奏性。放牧鹅群每日经历：出牧——游水——交配——采食——休息——收牧……相对稳定地循环出现。舍饲鹅群对一日的饲养程序一旦习惯也很难改变。因此，一旦实施的饲养管理日程不要随意改变，特别在种母鹅的产蛋期间更要注意。

2. 警觉性

鹅的听觉敏锐，反应迅速，叫声响亮，性情勇敢、好斗。鹅遇到陌生人则高声鸣叫，展翅啄人。有人用鹅代替狗看家，至今浙江某些地方把白鹅称为"白狗"。

3. 等级性

在鹅群中，等级观念还相当严重。在新鹅群中常常通过争斗产生出等级序列。在生产实践中，饲养者对鹅群要保持相对稳定，因为频频调整鹅群，打乱原已存在的等级序列，不利于鹅群生产性能的发挥。

(三)鹅的繁殖性能特点

1. 季节性

繁殖的季节性是鹅繁殖规律的具体体现。一般从当年的秋末开始，直到次年的春末为母鹅的产蛋期。也就是说，每年春季是鹅的主要繁殖季节，夏秋季休产。

与鸡、鸭等家禽相比，鹅的产蛋周期短，一般鹅种全年只产 3～4 窝蛋，而且每产一窝蛋后就发生就巢性。

2. 就巢性

我国鹅种一般就巢性很强，绝大多数大中型鹅种及部分小型鹅种都有抱窝性。在一个繁殖周期中，每产一窝蛋(约 8～12 枚)后，就要停产抱窝，直至小鹅孵出。鹅经过长期选育，有的品种也丧失了就巢性(如太湖鹅、豁眼鹅等)。

3. 迟熟性

鹅是长寿家禽，存货时间可达 20 年以上。鹅的成熟期和利用年限都比较长，一般中小型鹅的性成熟期为 6～8 个月，大型鹅种则更长。母鹅的产蛋量随年龄的增长而逐年提高，到第三年达到最高。因此，种母鹅的经济利用年限可长达 4～5 年之久，种鹅群以 2～3 年的鹅为主最为理想。

4. 夜间产蛋性

母鹅产蛋常在夜间，主要集中在凌晨，这一特性为种鹅的白天放牧提供了方便。鹅仅在产蛋前 30 min 左右进入产蛋窝，产蛋后稍歇片刻即离去。若窝被占用，会导致推迟产蛋时间，以致影响了鹅的正常产蛋。

5. 择偶性

公母鹅有固定配偶交配的习惯，这亦是鹅的一种繁殖特性。在小群饲养时，每只公鹅常与几只固定的母鹅配种，当重新组群后，公鹅与不熟识的母鹅互相分离，互不交配，这在年龄较大的种鹅中更为突出。在不同个体、品种、年龄和群体之间都有选择性，这一特性会严重影响受精率。因此，在养鹅生产实践中就要注意，组群一定要早，让它们在年轻时就生活在一起，产生"感情"，并形成默契，能提高受精率。

(四)鹅的营养需要

1. 能量

能量是一切生物机体活动的源泉，没有能量则不会有生命的存在。鹅在一生中的全部生理过程(呼吸、血液循环、消化吸收、排泄、神经活动、体温调节、生殖和运动)，都离不开能量。其能量主要来源于日粮中的碳水化合物和脂肪，以及部分来源于体内蛋白质分解所产生的能量。鹅食入饲粮所提供的能量超过生命活动的需要时，其多余的部分转化为脂肪，在体内贮存起来。鹅有通过调节采食量的多少，来满足自身能量需要的能力。日粮能量水平低时采食量较多，反之则少。环境温度对能量需要影响较大，初生雏鹅在 32℃ 环境条件下，产生的热量最低；在气温为 23.9℃ 环境下产热比在 32℃ 时多 1 倍。成年鹅最低的基础代谢产热量在 18.3～23.9℃，如果环境温度低于 12.8℃，则大量的饲粮消耗用于维持体温。

2. 蛋白质

鹅的必需氨基酸有苯丙氨酸、亮氨酸、组氨酸、缬氨酸、甘氨酸、酪氨酸等。其中，蛋氨酸、赖氨酸、精氨酸、苏氨酸和异亮氨酸又被称为鹅的限制性氨基酸。鹅对蛋白质水平的要求比鸡、鸭低，鹅对日粮蛋白质水平的变化及反应也没有对能量水平变化的反应明显。一般认为，对种公鹅、种母鹅，特别是雏鹅，日粮蛋白质水平很重要。在通常情况下，成年鹅饲料的粗蛋白质含量控制在 15% 左右为宜，能提高产蛋性能和配种能力。雏鹅日粮粗蛋白质含有 20% 就可保证最快生长速度对蛋白质的需要。因此，提高日粮蛋白质水平,对于肉鹅 6 周以前的增重有促进作用,以后各阶段粗蛋白质水平的高低对增重没有明显影响。

3. 矿物质

矿物质是保证鹅生长发育和产蛋必不可少的营养物质。所以饲粮中要配合贝壳粉、石粉、骨粉等无机盐饲料,补充少量食盐。此外,鹅还需要钾、钠、锰、铁、锌、碘、铜、钴、硒等元素。

(1)钙和磷。它们占体内矿物质总量的 65%～70%。如果日粮中钙、磷缺乏,就会出现产软壳蛋、薄壳蛋,导致孵化率下降,幼鹅出现佝偻病和软骨病等。鹅的矿物质饲料,不但钙、磷的数量要充足,而且比例要适宜,一般应保持 1.3∶1,产蛋期为(3～4)∶1,同时也应供给足够的维生素 D。

(2)微量元素。微量元素对鹅的健康和生长起着重要的作用。铁与血红蛋白和肌红蛋白的形成有关;铜与骨骼的正常发育及鹅的羽绒品质有关。如果日粮中铁、铜物质缺乏,就会出现贫血现象。锰缺乏时会发生骨短粗症,脱腱,蛋壳品质及孵化率下降。如果缺锌,会使雏鹅生长迟缓,羽毛发育不全;种鹅产蛋率下降,种蛋孵化时出现胚胎畸形。但锌过多也会引起食欲减退,羽毛脱落,停产。日粮中一般不缺锌。缺碘时可引起甲状腺肿大,影响鹅的生长和健康。缺硒易患渗出性素质病。

4. 维生素

在鹅群放牧采食大量青绿饲料时一般不缺维生素。但在圈养条件下,缺乏青绿饲料时可能会缺维生素,此时应另外添加,否则鹅代谢失调,仔鹅生长受阻,抗病力弱,种鹅产蛋性能下降,受精率降低。

5. 水

水是鹅体组成的重要成分,是鹅维持生命和生长、生产所必需的营养素,水分约占鹅体重的 70%。据测定,鹅吃 1 g 饲料要饮水 3.7 g,在气温 12～16℃时,鹅平均每天饮水 1 000 mL。故有"好草好水养肥鹅"的说法。

二、鹅的饲粮配制

(一)鹅的饲养标准

我国养鹅历来以放牧为主,近年来虽有部分地区已进行圈养,有的曾进行集约化养鹅试验,但就全国而言,目前鹅的饲养标准不统一,仍在审定中。

为了给广大养鹅者提供饲养参考,可以查阅拓展阅读中二维码 5.2.2.1 和二维码 5.2.2.2,再结合我国各地的养鹅经验,制订出适合自己的饲养标准。

饲养标准是现代科学养鹅的主要措施之一。但随着国家、地区、生产水平等的差异,在参考使用某一标准时应灵活掌握以下几点。第一,饲养标准的应用,应根据本地区生产水平、经济条件,因地制宜,灵活运用。第二,在应用饲养标准时必须观察实际饲养效果,鹅群生长状态,不断总结经验,适当调整日粮,使标准更接近实际。第三,饲养标准不是永恒不变的,它是鹅对营养物质需要量的近似值。随着科学的进步和生产水平的提高,实际标准应进行不断的修订、充实和完善。

(二)鹅的饲粮参考配方

案例以及拓展阅读中二维码 5.2.2.3 分别列出了种鹅和鹅的参考配方,供参考。

拓展阅读

随着鹅产业的发展，我国的养鹅业正逐渐由粗放式向集约化饲养过渡。鹅的营养需要包括用以维持其健康和正常生命活动，以及用于供给产蛋、长肉、长毛，肥肝等生产产品的营养需要等，都是由鹅的饲粮来提供。因此，实际生产中应根据鹅的不同种类、年龄、生产用途等，科学地规定应给予的能量和各种营养物质的数量，以达到预期的生产目的。

5.2.2.1 美国 NRC 鹅的
饲养标准

5.2.2.2 澳大利亚（1976）建议的
鹅营养需要量

5.2.2.3 鹅饲粮推荐配方

● ● ● ● **作业单**

思考题

1. 鹅的消化器官与鸭比较有哪些不同？生产中应注意什么？
2. 鹅的繁殖性能特点有哪些？生产中哪些方面可以改进或提高？
3. 根据鹅的营养需要特点，说说生产中应如何提高。
4. 如何根据鹅的饲养标准进行灵活饲养？

任务 5.2.3 肉用仔鹅生产

● ● ● ● **案例单**

任务 5.2.3	肉用仔鹅生产	学　时	2
案例	案例内容		案例分析
1	图 5-2-3-1 养鹅生产工艺流程图		这是养鹅生产工艺流程图。

阶段	时间	疾病防治	
2 雏鹅	第 1 周	小鹅瘟、鹅副黏病毒病、雏鹅大肠杆菌病、鹅曲霉菌病、鹅沙门氏菌病、鹅流行性感冒、雏鹅水中毒、硬嗉病等。	这是饲养鹅各个阶段应注意的鹅病防治。
	第 2 周	第一周常见疾病＋雏鹅新型病毒性肠炎、啄癖等。	
	第 3～4 周	第 1～2 周常见疾病＋禽流感、鹅球虫病、鹅矛形剑带绦虫病、缺硒症、维生素 D 缺乏症、亚硒酸钠中毒、软脚病等。	
中鹅	第 5～10 周	育雏期部分疾病＋有机磷中毒、肉毒梭菌中毒、中暑和水中毒等。	

●●●●● 工作任务单

子任务 5.2.3.1	归纳肉用仔鹅各阶段饲养管理要点
任务目的	能够根据肉用仔鹅各阶段生理特点和生长发育规律归纳相应饲养管理要点。
任务准备	地点：实训室、实训基地。 材料：天府肉鹅(江南白鹅配套系或霍尔多巴吉鹅)饲养管理手册等。
任务实施	1. 各小组明确任务的前提下，进行分工。 2. 各小组讨论育雏鹅、育成鹅的生理特点，然后指出其在饲养管理过程中的意义。 3. 结合生产实践列出下表中各项内容，可以与前面学过的鸡或鸭进行适当对比、归类、讨论。 {{TABLE2}} 4. 各小组根据本组讨论结果对上表进行修改或重新拟定均可。 5. 小组内、小组间评分。 6. 教师总结、评鉴。

其中任务实施中的表格：

阶段划分	时间	目标	准备工作	饲养要点	管理要点	备注
育雏鹅						
育成鹅						
育肥鹅						

	考核内容	评价标准	分值
考核评价	生理特点及意义	1. 能够说出育雏鹅的生理特点并指出其实际意义，得 10 分。 2. 能够说出育成鹅的生理特点并指出其实际意义，得 10 分。 3. 否则酌情减分。	20
	列出表中各项内容	1. 能够准确说出表中各项内容，得 30 分。 2. 能够对非表中内容有所说明，得 10 分。 3. 能够自行设计上表，有独到见解，得 10 分。 4. 否则酌情减分。	50
	对比、归类、讨论	1. 能将肉用仔鹅和鸡、鸭进行对比、归类，得 10 分。 2. 能够讨论说出一定见解，得 10 分。 3. 小组内成员合作良好，得 10 分。 4. 否则酌情减分。	30

子任务 5.2.3.2	评定活体肉用仔鹅肥育等级
任务目的	能够结合育肥仔鹅的体型外貌进一步将其肥育膘情进行等级划分。
任务准备	地点：实训基地。 动物：饲养 80～120 d 以本地品种为主的多个品种的若干只公鹅和母鹅。 材料：一次性手套、绑绳、消毒液、记录表、体重秤、游标卡尺、碳素笔等。
任务实施	1. 教师布置任务，以小组为单位实施。 2. 小组成员分工，对每一只公、母鹅按品种逐只每人均进行活体触摸，感受仔鹅肥育程度，针对每一只鹅，全员统一确定其日龄及等级，并进行详细记录。 3. 各小组分别汇报本组最后结果，其他组成员进行评定。 4. 对存在歧义的鹅只，全体同学共同进行讨论，确定其等级。 5. 教师进行总结，对有争议的鹅只进行现场评定，对表现突出的同学给予表扬加分。

	考核内容	评价标准	分值
考核评价	活体触摸	1. 各组成员都能实际参与各项工作，得 10 分。 2. 能够正确触摸相应部位，描述清晰、精准，得 20 分。 3. 操作规范、认真，符合规定，得 10 分。 4. 小组内成员配合默契，得 10 分。 5. 否则酌情减分。	50

	考核内容	评价标准	分值
考核评价	等级评定	1. 等级评定真实、标准，得 20 分。 2. 讨论积极、热烈，得 10 分。 3. 各组评定认真、客观，得 10 分。 4. 各小组间团结合作，得 10 分。 5. 否则酌情减分。	50

必备知识

根据肉用仔鹅的生长发育规律和饲养特点，一般将肉用仔鹅的生产划分为育雏期(0～4周)、中雏期(5～10周)和育肥期(11～12周)三个阶段。

一、雏鹅培育

雏鹅是指孵化出壳后到第 4 周内的鹅，又叫小鹅。雏鹅的培育，是整个饲养管理的基础。雏鹅饲养的好坏直接关系到雏鹅的生长发育和成活率，继而影响到中鹅的生长发育和鹅的生产性能。因此，育雏是鹅饲养管理成败的第一关，也是养鹅生产中首要的一个环节。此期间饲养管理的重点是培育出生长发育快、体质健壮、成活率高的雏鹅，充分发挥所选品种的最大生产潜力，提高养鹅生产的经济效益。因此，在养鹅的生产中要高度重视雏鹅的饲养管理工作。

(一)雏鹅的生理特点

培育雏鹅，必须了解雏鹅的生理特点和生活要求，这样才能施以相应合理的饲养管理措施。雏鹅的特点，概括起来有以下几个方面。

1. 生长发育迅速

雏鹅生长速度快，21 日龄的体重为初生重的 10 倍左右，1 月龄为 20 倍；肌肉沉淀也最快，肌肉率为 89.4%，脂肪为 7.1%。为保证雏鹅的快速生长，应保证充足的饮水，及时供料和喂青料。

2. 体温调节机能不完善

雏鹅出壳后，全身仅被覆稀薄的绒毛，保温性能差，消化吸收能力又弱，因此对外界温度的变化缺乏自我调节能力，特别是对冷的适应性较差。随着日龄的增加，这种自我调节能力虽有所提高，但仍较薄弱，必须采用人工保温。

3. 雏鹅消化道容积小，消化能力弱

30 日龄以内的小鹅，特别是 20 日龄以内的雏鹅，不仅消化道容积小、消化力差，而且吃下的食物通过消化道的速度比雏鸡快得多(雏鹅平均保留 1.3 小时，雏鸡为 4 小时)。群众说的"边吃边拉，60 天可杀(出栏)"就是这个意思。因此，在给喂时要少喂多餐，多以易消化、全价的配合饲料为主，以满足其生长发育的营养需要。

4. 雏鹅易扎堆，饲养温度要适当

雏鹅在正常育雏温度条件下，仍有扎堆现象(但与低温情况下姿态不一样)，所以在育雏期间应日夜监控，饲养密度要适当控制，防止雏鹅受捂、压伤。否则会出现生长缓慢的"僵鹅"。

5. 公、母雏生长速度不一致

公、母雏鹅生长速度不同，同样饲养管理条件下，公雏比母雏增重多 5%～25%，单位增重耗料也少。所以，在条件许可的情况下，育雏时应尽可能做到公、母雏鹅分群饲养，以便获得更高的经济效益。

6. 雏鹅个体小，抗病力差

雏鹅的抵抗力和抗病力较弱，容易感染各种疾病，加上密集饲养，一旦发病损失严重。因此放牧饲养应适时，同时要认真做好卫生防疫工作。

(二)鹅的体重增长规律

雏鹅从第 3 周起生长速度开始加快，第 5~7 周达到高峰，第 8 周后开始减慢，第 10 周时增重更慢。鹅一生中，生长最快的时期是 10 周前，肉用仔鹅的生产以 70 日龄为最佳。

(三)育雏前准备工作

1. 育雏季节选择

育雏季节要根据当地的气候状况与饲料条件，人员的技术水平，市场的需要等因素综合确定。其中，市场需要尤为重要。

(1)春季育雏。一般来说，都是春季捉苗鹅，即"清明捉鹅"。这时，正是种鹅产蛋的旺季，可以大量孵化；气候由冷转暖，育雏较为有利；百草萌发，苦荬、莴苣可作为雏鹅开食吃青的饲料。当雏鹅长到 20 日龄左右时，青饲料已普遍生长，质地幼嫩，能全天放牧。

到 50 日龄左右，仔鹅进入育肥期，刚好大麦收割，接着是小麦收割，可以放麦茬育肥，到育肥结束时，恰好赶上我国传统节日端午节，正好可以上市。

(2)秋季育雏。广东省四季常青，一般是 11 月前后捉雏鹅，这时饲养条件好，鹅长得快，仔鹅育肥结束刚好赶上春节市场需要。也有少数地方饲养夏鹅的，即在早稻收割前 60 d 捉雏鹅，到早稻收割时利用稻茬田育肥，开春产蛋也能赶上春孵。

(3)冬季育雏。在四川省隆昌县一带历来有养冬鹅的习惯，即 11 月开孵，12 月出雏，冬季饲养，快速育肥，春节上市。冬季养鹅，要解决好饲料供应问题，只要技术水平能适应、饲料供应能解决，可以充分利用栏舍、设备养冬鹅。

2. 育雏方式选择

雏鹅的培育，按照给温方式的不同，分为自温育雏和人工给温育雏；按照空间利用方式的不同，分为平面育雏和立体笼式育雏。其中平面育雏包括地面平育、网上平育和塑料大棚育雏。

3. 初生雏鹅准备，初生雏鹅的雌雄鉴别

现代养鹅业都非常重视雏鹅的雌雄鉴别工作，但初生雏鹅的雌雄鉴别比较困难，因为雏鹅身上的绒毛较多，泄殖腔小，不易根据生殖器官来鉴别。具体鉴别方法见相关知识部分。

4. 育雏设备、饲料、药品等准备

接雏前要对育雏室进行全面检查，安装好取暖设备；进雏前需要进行预温，雏鹅舍的温度达到 28~30℃，才能进鹅苗。育雏室内外在接雏前 10~15 d 应进行彻底的清扫，冲洗消毒。应有计划地备好配合饲料，应注意饲料的适口性，不能粘嘴，若能制成颗粒饲料，饲喂效果更好。还应满足雏鹅对青绿饲料的需要(占饲料的 60%~70%，每只雏鹅需要 1.0~1.5 kg 青绿饲料和 2.0 kg 左右全价饲料)。除此之外，还要备好养鹅常用的疫苗和药品。

(四)雏鹅饲养技术

1. 及早初饮

当雏鹅从孵化场运来后，立即安排到事先准备好并消毒过的育雏室里(育雏保温设备在雏鹅到达前先预热升温)，稍事休息，应立即喂水。先训练一部分雏鹅学会饮水，因雏鹅能相互学习，其他雏鹅在模仿中也学会饮水。

此时，饮水器放置位置要固定，切忌随便移动。一经饮水后，决不能停止，保证随时都可喝到水，天气寒冷时宜用温水。初次饮水要在开食之前进行，有的地方称"潮口"，这是很重要的一关。

如果雏鹅较长时间缺水，为防止因骤然供水引起暴饮造成的损失，宜在饮水中按0.9%的比例加入食盐，调制成生理盐水。这样的饮水即使暴饮也不会影响血液中正负离子的浓度，故无须担心暴饮造成的"水中毒"。

2. 适时开食

开食必须在第一次饮水后，当雏鹅表现有啄食行为时进行。一般是在出壳后 24～36 h 内开食。开食的精料多为细小的谷实类，常用的是碎米和小米，经清水浸泡 2 小时，喂前沥干水。开食的青料要求新鲜、易消化，常用的是苦荬、莴苣叶、青菜等，以幼嫩、多汁的为好。青绿饲料喂前要剔除黄叶、烂叶和泥土，去除粗硬的叶脉、茎秆，并切成 1～2 mm 宽的细丝状。

3. 良好放牧

放牧就是让雏鹅到大自然中去采食青草，饮水嬉水，运动与休息。通过放牧，可以促进雏鹅新陈代谢，增强体质，提高适应性和抵抗力。

雏鹅身上仅长有绒毛，对外界环境的适应性不强。雏鹅从舍饲转为放牧，是生活条件的一个重大改变，必须掌握好，循序渐进。雏鹅初次放牧的时间，可根据气候而定，最好是在外界与育雏室温度接近、风和日丽时进行。通常热天是在出壳后 3～7 d，冷天是在出壳后 10～20 d 进行初次放牧。

放牧前喂饲少量饲料后，将雏鹅缓慢赶到附近的草地上活动，让其采食青草约 0.5 h，然后赶到清洁的浅水池塘中，任其自由下水几分钟，再赶上岸让其梳理绒毛，待毛干后赶回育雏室。

初次放牧以后，只要天气好，就要坚持每天放牧，并随日龄的增加而逐渐延长放牧时间，加大放牧距离，相应减少喂青料次数。为了争取放牧良好，要掌握牧鹅技术要点，主要是：掌握指挥技巧；选好放牧场地；合理组织鹅群；妥善安排放牧时间；加强放牧管理。

4. 饲喂沙砾

雏鹅 3 d 后料中可掺些沙石，以能吞食又不致随粪便排出的大小为度。因鹅没有牙齿，主要完成机械消化的器官是肌胃，除肫皮可磨碎食物外，还必须有沙砾协助(可提高消化率，防止消化不良症)。添加量应在 1% 左右，10 日龄前沙砾直径为 1～0.5 mm，10 日龄后改为 2.5～3 mm。每周喂量 4～5 g。也可设沙砾槽，雏鹅可根据自己的需要觅食。放牧鹅可不喂沙砾。

(五)雏鹅管理技术

雏鹅的管理是育雏成败的关键之一，对提高雏鹅成活率和增重有直接影响。俗语说"雏鹅请到家，7 天 7 夜不离它""人懂鹅性，鹅听人话"。只有真正做到"三分饲养，七分管理"才能够获得理想的生产效果。所以，必须要抓好第一周的饲养管理工作。

1. 环境要求

雏鹅阶段（0～3周）必须提供适宜的温度、湿度和密度（如表5-2-3-1）。光照对雏鹅的健康影响较大，适宜的光照是雏鹅采食、饮水和活动所必需的，且初生雏鹅视力较弱，光线不良不利于采食和饮水，所以可用人工光照补充光照不足。一般可用白炽灯泡，灯高2 m，安灯罩，灯泡与灯罩经常擦亮。为有利于雏鹅夜间采食，舍内要求昼夜需弱光照明（宵灯），用2个25 W灯泡比用1个60 W灯泡的效果好。第1周光照时间为20～24 h，光照强度4 W/m²，夜灯瓦数为15 W/100 m²。不应忽视通风换气的重要性，可在温度较高的中午打开门或窗通风；但不能有贼风，即不能让进入舍内的风直接吹到雏鹅身上，防止雏鹅因受凉而引起感冒。

表5-2-3-1　鹅的适宜育雏温度、湿度和密度

日龄(d)	温度(℃)	相对湿度(%)	密度(只/m²)
1～5	30～28	65～70	25
6～10	28～25	65	20
11～15	25～22	60～65	15～12
16～21	22～20	60～65	10～8

2. 注意适时脱温

一般雏鹅的保温期为20～30日龄，适时脱温可以增强鹅的体质。过早脱温，雏鹅容易受凉，影响发育；保温太长，则雏鹅体质弱，抗病力差，容易得病。雏鹅在4～5日龄时，体温调节能力逐渐增强。因此，当外界气温高时，雏鹅在3～7日龄可以结合放牧与放水的活动，逐步外出放牧，就可以开始逐步脱温。但在夜间，尤其在凌晨2点～3点，气温较低，应注意适时供热，以免受凉。

冷天在10～20日龄，可外出放牧活动。一般到20日龄左右可以完全脱温，冬季育雏可在30日龄脱温。完全脱温时，要注意气温的变化，在脱温的头2～3 d，若外界气温突然下降，也要适当保温，待气温回升后再完全脱温。

3. 及时分群防堆

由于种蛋、孵化技术等多种因素的影响，同期出壳的雏鹅体质强弱差异仍不小，以后又会因饲养等多种因素的影响造成强弱不均，必须定期按强弱、大小分群，并将病雏及时挑出隔离，对弱群加强饲养管理。雏鹅分群饲养时，鹅群不宜太大，每群的数量以100～200只为宜。弱雏也可养在温度稍高的地方。为了避免拥挤，减少死亡，还可采用小群看护饲养法，即随着日龄的增长每小群的只数变动为：1周的15只，2周的20只，3周的25只，4周的30只。

4. 疫病防治

在育雏阶段，雏鹅第1周易发生的疾病主要是小鹅瘟、鹅副黏病毒病、雏鹅大肠杆菌病、鹅曲霉菌病、鹅沙门氏菌病、鹅流行性感冒、雏鹅水中毒和硬嗉病等。第2周又增加了鹅新型病毒性肠炎、啄癖等疾病。第3～4周除第1～2周易发生的疾病以外，主要还有禽流感、鹅球虫病、鹅矛形剑带绦虫病、缺硒症、维生素D缺乏症、亚硒酸钠中毒和软脚病等。

购进的雏鹅，一定要确认种鹅是否进行过小鹅瘟疫苗免疫，若没有应尽快进行小鹅瘟

疫苗接种，以免造成重大经济损失。雏鹅的抵抗力较低，一定要做好清洁卫生工作。青饲料要新鲜卫生，饮水要清洁，场地要勤扫，垫料要勤换勤晒，用具要经常清洗消毒。总之要以防为主，发现疾病立即隔离治疗，保证雏鹅健康生长。

5. 防止应激

在 5 日龄内的雏鹅，每次喂料后，除了保证其 10～15 min 在室内活动外，其余时间都应让其休息睡眠。所以，育雏室里环境应安静，严禁粗暴操作、大声喧哗，以免引起惊群。光线不宜过亮，灯泡功率不要超过 40 瓦，只要能让雏鹅看见饮水吃料就行，夜晚点灯，以驱避老鼠、黄鼠狼等。有色电灯泡特别是蓝色比较好，它可减少雏鹅彼此间啄毛癖的发生；而且蓝色较为温和对雏鹅眼睛刺激小。

30 日龄后逐渐减少照明时间，直到停止照明使用自然光照为止。如果采用红外线灯泡作保温源时，悬挂高度必须离垫料不低于 30 cm，否则易引起火灾。在放牧过程中，不要让狗及其他兽类突然接近鹅群，注意避开火车、汽车的高声鸣笛。

二、中鹅培育

中鹅，俗称仔鹅，又称生长鹅、青年鹅或育成鹅，是指从 30 日龄起到选入种用或转入肥育时为止的鹅。对于中、小型品种而言，就是指 30～70 日龄左右的鹅（品种之间有差异）；大型品种，如狮头鹅则是指 30～90 日龄的鹅。其后，留作种用的中鹅称为后备种鹅，不能作种用的转入育肥群，经短期育肥供食用，即所谓肉用仔鹅。

雏鹅经过舍饲育雏和放牧锻炼，进入了中鹅阶段。中鹅阶段生长发育的好坏，与上市肉用仔鹅的体重、未来种鹅的质量有密切的关系。

1. 生理特点

这个阶段的特点是，鹅的消化道容积增大，消化力和对外界环境的适应性及抵抗力增强了。该阶段也是鹅的骨骼、肌肉和羽毛生长最快的时期，并能大量利用青绿饲料。这时以多喂青料或进行放牧饲养最为适合，也最为经济。

2. 饲养特点

中鹅的饲养，主要有三种形式，即放牧饲养、放牧与舍饲结合、关棚饲养（即舍饲）。这个时期应充分利用放牧条件，加强锻炼，以培育出适应性强、耐粗饲、增重快的鹅群，为选留种鹅或转入育肥鹅打下良好基础。正如饲养者所说"鹅要壮，需勤放；要鹅好，放青草"。这充分说明放牧对促进中鹅生长发育的重要作用。

如果牧地不够或牧草数量与质量达不到要求，就采取放牧与舍饲相结合的形式。对于集约化饲养的鹅群也可采用舍饲（即关棚饲养）；或在冬季养鹅时，如因天气冷，没有青饲料，也可采用关棚饲养。如果采取关棚饲养，即全舍饲，则应用全价配合饲料。中鹅吃食的习性是先吃一顿，然后就要找水喝，喝足水后，卧地休息。鹅能消化青草中 76% 的蛋白质，将营养成分溶解在水中，被鹅吸收。因此，在饲养过程中，缺水较缺料对生产性能的影响更大。

3. 选择和合理利用放牧场地

（1）认真选择放牧场地。中鹅的放牧场地要有足够数量的青绿饲料，对草质要求可以比雏鹅的低些。一般来说，300 只规模的鹅群需自然草地约 7 公顷或人工草地约 3.5 公顷。农区耕地内的野草、杂草以及周边草地，每亩约可养鹅 1～2 只。有条件的可实行分区轮牧制，每天放 1 块草地，放牧间隔在 15 d 以上，把草地的利用和保护结合起来。

(2)合理使用放牧场地。放牧场地中要包括一部分茬口田或有野草种子的草地,使鹅在放牧中能吃到一定数量的谷物类精料,防止能量不足。群众的经验是"夏放麦场,秋放稻场,冬放湖塘,春放草塘"。

4. 放牧管理

(1)放牧时间。放牧初期要控制时间,每天上下午各放1次,每次活动时间不要太长,如在放牧中发现仔鹅有怕冷的现象,应停止放牧。以后随日龄增大,逐渐延长放牧时间,直至整个上下午都在放牧,但中午要回棚休息2 h。鹅的采食高峰是早晨和傍晚。早晨露水多,除小鹅时期不宜早放外,待腹部羽毛长成后,早晨尽量早放。傍晚天黑前,是又一个采食高峰,所以应尽可能将茂盛的草地留在傍晚时放牧。

(2)适时放水。放牧要与放水相结合,当放了一段时间,鹅吃到八九成饱后(此时有相当多鹅停止采食时),就应及时放水,把鹅群赶到清洁的池塘中充分饮水和洗澡,每次约半小时左右,然后赶鹅上岸、抖水、理毛、休息。放水的池塘或河流的水质必须干净、无工业污染;塘边、河边要有一片空旷地。

(3)鹅群调教。鹅的合群性比鸭差,放牧前应进行调教,尤其要注意培训和调教"头鹅",中鹅的调教方法同前述雏鹅。

(4)放牧鹅群的大小。根据管理人员的经验与放牧场地而定,一般100~200只一群,由1人放牧;200~500只为一群的,可由两人放牧;若放牧场地开阔,水面较大,每群亦可扩大到500~1 000只,需要2~3人管理。如果管理人员经验丰富,群体还可以扩大。但同年龄、不同品种的鹅要分群管理,以免在放牧中大欺小、强凌弱,影响个体发育和鹅群均匀度。

(5)放牧与点数方法。①放牧方法。放牧方法有领牧与赶牧两种。小群放牧,一人管理用赶牧的方法;两人放牧时可采取一领一赶的方法;较大群体需3人放牧时,可采用两前一后或两后一前的方法,但前后要互相照应。遇到复杂的中段或横穿公路,应一人在前面将鹅群稳住,待后面的鹅跟上后,循序快速通过。②点数方法。出牧与归牧要清点鹅数,通常利用牧鹅竿配合,每3只一数,很快就数清,这也是群众的实践经验。

(6)采食观察与补饲。如放牧能吃饱喝足,可以不补饲;如吃得不饱,或者当日最后一个"饱"未达到十成饱,或者肩、腿、背、腹正在脱落旧毛、长出新羽时,应该给予补饲。补饲量应视草情、鹅情而定,以满足需要为佳。补饲时间通常安排在中午或傍晚。刚由雏鹅转为中鹅时,可继续适当补饲,随时间的延长,应逐步减少补饲量。白天补料可在牧地上进行,这可减少鹅群往返而避免劳累。

三、肥育仔鹅的饲养管理

(一)育肥时间

中鹅饲养到70日龄左右,虽然体重因品种不同而有差异,但都有一定的膘度,小型太湖鹅和豁眼鹅体重可达2 kg左右,皖西白鹅3 kg左右,埃姆登鹅3.7 kg左右,基本上都可上市。但从经济角度考虑,体重仍偏小,肥度还不够,肉质含有一定的草腥味。为了进一步提高鹅肉质量和屠宰体况,应采用投给丰富能量饲料,短时间快速育肥,肥育的时间以半个月至1个月为宜。

经过短期育肥后,仔鹅膘肥肉嫩,胸肌丰厚,味道鲜美,屠宰率高,可食部分比例增大。

因而,经过肥育后的鹅更受消费者的欢迎,产品畅销,同时增加饲养户的经济收益。由于肥育仔鹅饲养管理的状况,直接影响上市肉用仔鹅的体重、膘度、屠宰率、饲料报酬以及养鹅的生产效率和经济效益,因此,对于肉用仔鹅来说,早期的育雏和后期的育肥,具有同样的重要作用。

(二)育肥原理

鹅的育肥多采用限制活动来减少体内养分的消耗,喂给富含碳水化合物的饲料,养于安静且光线暗淡的环境中,使其长肉并促进脂肪沉积。

育肥期间,鹅所需的是大量的碳水化合物。碳水化合物包括糖类和淀粉,是一种能量物质。这些物质进入体内经消化吸收后,产生大量的能量,供鹅身体需要。

过多的能量大量转化为脂肪,在体内储存起来,使鹅育肥。当然,在大量供应碳水化合物的同时,也要供应适量的蛋白质。

蛋白质在体内充裕,可使肌纤维(肌肉细胞)尽量分裂繁殖,使鹅体内各方面的肌肉,特别是胸肌充盈丰满起来,整个鹅变得肥大而结实。

因此,对育肥的鹅,必须给予特殊的管理和饲料条件。

(三)育肥前的准备

1. 肥育鹅选择及分群饲养

中鹅饲养期过后,从鹅群中选留种鹅,送至种鹅场或定为种鹅群定向培育。剩下的鹅为肥育鹅群。选择作肥育的鹅只不分品种、性别,要选精神活泼、羽毛光亮、两眼有神、叫声洪亮、机警敏捷、善于觅食、挣扎有力、肛门清洁、健壮无病的70日龄以上的中鹅作肥育鹅。新从市场买回的鹅,还需在清洁水源放养2~3 d,饲喂0.5 g/kg的高锰酸钾溶液进行肠胃消毒,确认其健康无病后再予育肥。为了使育肥鹅群生长齐整、同步增膘,须将大群分为若干个小群。分群原则是将体型大小相近、采食能力相似的公母混群,分成强群、中群和弱群三等。在饲养管理中要根据各群实际情况,采取相应的技术措施,缩小群体之间的差异,使全群达到最高生产性能,一次性出栏。

2. 驱虫

鹅体内的寄生虫较多,如蛔虫、绦虫、泄殖吸虫等,育肥前要进行驱虫,对提高饲料报酬和育肥效果极有好处。驱虫药应选择广谱、高效、低毒的药物。

(四)育肥方法

肥育的鹅群确定后,移至新的鹅舍,这是一种新环境应激,鹅会感到不习惯,有不安表现,采食减少。肥育前应有肥育过渡期,或称预备期,逐渐适应即将开始的肥育饲养,一般为1周左右。采用的育肥方法有放牧加补饲育肥法和圈养限制运动育肥法。

1. 放牧加补饲育肥法

实践证明放牧加补饲是最经济的育肥方法。放牧育肥俗称"蹓茬子",根据肥育季节的不同,进行蹓野草籽、麦茬地、稻田地,采食收割时遗留在田里的粒穗,边放牧边休息,定时饮水。如果白天吃得很饱,晚上或夜间可不必补饲精料。放牧蹓茬育肥是我国民间广泛采用的一种最经济的育肥方法,5月鹅9月肥,即可上市。

如果育肥的季节赶到秋前(子粒没成熟)或秋后(蹓茬子季节已过),放牧时鹅只能吃青草或秋黄死的野草,那么晚上和夜间必须补饲精料,能吃多少喂多少,吃饱的鹅颈的右侧又出现一假颈(嗉囔膨起),吃饱的鹅有厌食动作,摆脖子下咽,嘴角不停地往下点。补饲必须用全价配合饲料,或压制成颗粒料,可减少饲料浪费。补饲的鹅必须饮足水。尤其是夜间不能停水。

2. 圈养限制运动育肥法

将鹅群用围栏圈起来,每平方米5~6只,要求栏舍干燥,通风良好,光线暗,环境安静，每天进食 3～5 次，从早 5:00 到晚 10:00。育肥期 20 d 左右，鹅增重迅速，为 30%～40%。常用方法有填饲育肥法和自由采食育肥法。

(1)填饲育肥法。采用填鸭式肥育技术，俗称"填鹅"，即在短期内强制性地让鹅采食大量的富含碳水化合物的饲料，促进育肥。如可按玉米、碎米、甘薯面 60%，米糠、麸皮 30%，豆饼(粕)粉 8%，生长素 1%，食盐 1%配成全价混合饲料，加水拌成糊状，用特制的填饲机填饲。具体操作方法是：由两人完成，一人抓鹅，另一人握鹅头，左手撑开鹅嘴，右手将胶皮管插入鹅食道内，脚踏压食开关，一次性注满食道，一只一只慢慢进行。

如没有填饲机，可将混合料制成直径为 1～1.5 cm、长 6 cm 左右的食条，待阴干后，用人工一次性填入食道中，效果也很好，但费人工，适于小批量肥育。其操作方法是：填饲人员坐在凳子上，用膝关节和大腿夹住鹅身，背朝人，左手把嘴撑开，右手拿食条，先蘸一下水，用食指将食条填入食道内，每填一次用手顺着食道轻轻地向下推压，协助食条下移，每次填 3～4 条，以后增加至填饱为止。

开始 3 d 内，不宜填得太饱，每天填 3～4 次。以后要填饱，每天填 5 次，从早 6:00 到晚 10:00，平均每 4 h 填 1 次。填后供足饮水。每天傍晚应放水 1 次，时间约 0.5 h，将鹅群赶到水塘内，可促进新陈代谢，有利消化，清洁羽毛，防止生虱和其他皮肤病。每天清理圈 1 次，如使用褥草垫栏，则每天要用干草对换，湿垫料晒干、去污后仍可使用。

若用土垫，每天须添加新干土，7 d 要彻底清除 1 次，堆积起来发酵，不但可防止环境污染，而且可提高肥效。

(2)自由采食育肥法。有栅上育肥和地平面加垫料育肥 2 种方式，均用竹竿或木条隔成小区，食槽和水槽设在围栏外，鹅伸出头来自由采食和饮水。

我国广东省和华南一带多用围栏栅上育肥，距地面 60～70 cm 高处搭起栅架，栅条距 3～4 cm，鹅粪可通过栅条间隙漏到地面上，鹅在栅面上可保持干燥，清洁的环境有利于鹅的肥育。育肥结束后一次性清粪。

在东北地区，因没有竹条，多采用地面加垫料，用木条围成囷栏，鹅在囷内活动，伸头至囷外采食和饮水，每天都要清理垫料或加新垫料，劳动强度相对较大，卫生较差，但投资少，育肥效果也很好。采用自由采食育肥，可先喂青料 50%，后喂精料 50%，也可精青料混合饲喂。

在饲养过程中要注意鹅粪的变化，当逐渐变黑，粪条变细而结实，说明肠管和肠系膜开始沉积脂肪，应改为先喂精料 80%，后喂青料 20%，逐渐减少青粗饲料的添加量，促进其增膘，缩短肥育时间，提高育肥效益。

(五)育肥标准

经育肥的仔鹅，体躯呈方形，羽毛丰满，整齐光亮，后腹下垂，胸肌丰满，颈粗圆形，粪便发黑，细而结实。根据翼下体躯两侧的皮下脂肪，可把肥育标准分为三个等级：

1. 上等肥度鹅

皮下摸到较大、结实、富有弹性的脂肪块，遍体皮下脂肪增厚，尾椎部丰满，胸肌饱满，突出胸骨嵴，羽根呈透明状。

2. 中等肥度鹅

皮下摸到板栗大小的稀松小团块。

3. 下等肥度鹅

皮下脂肪增厚，皮肤可以滑动。

当肥育鹅达到上等肥度即可上市出售。肥度都达中等以上，体重和肥度整齐均匀，说明肥育成绩优秀。

长期以来，我国养鹅的目的主要是肉用，鹅肉主要来自肉用仔鹅、淘汰种鹅以及活拔羽绒的淘汰鹅、肥肝生产后的鹅等。其中，肉用仔鹅及其加工产品具有规格整齐、肉质鲜嫩、适于规模化生产等特点，因此是鹅肉以及鹅加工产品的主要来源。

5.2.3.1 畜禽屠宰操作规程
鹅(行业标准)

5.2.3.2 畜禽肉分割技术规程
鹅肉(行业标准)

● ● ● ● 作业单

思考题

1. 雏鹅和中鹅具有哪些特点？
2. 肥育仔鹅育肥前需要做哪些准备？怎样进行育肥？
3. 如何提高肥育仔鹅的育肥标准？

任务 5.2.4 鹅肥肝生产技术

● ● ● ● 案例单

任务 5.2.4		鹅肥肝生产技术				学　时	2
案例内容						案例分析	
名称	重量(g)	水分(%)	蛋白质(%)	脂肪(%)	矿物质(%)	卵磷脂(%)	这是鹅肥肝与正常鹅肝的营养成分比较。
正常肝	60～100	66.99～68.49	22.30～23.89	6.40～6.60	1.46～1.68	1.00～2.05	
肥肝	350～1400	35.70～47.49	6.90～12.56	37.50～56.53	0.80～0.94	4.26～6.90	

● ● ● ● 工作任务单

子任务 5.2.4.1	配制肥肝鹅饲粮
任务目的	尝试采用两种方法加工、调制玉米，并结合实践配制肥肝鹅饲粮。

任务准备	地点：实训室、实训基地。 动物：110 日龄的肉鹅若干。 材料：黄玉米、白玉米若干，铁锅，食盐、油脂、肉禽微量元素和复合维生素、填饲设备及相关用具等。		
任务实施	1. 教师布置任务，提出针对填饲玉米粒的两种加工方法。 2. 小组抽签决定，形成黄玉米干炒组、白玉米干炒组、黄玉米水煮组、白玉米水煮组共计 4 个小组。 3. 干炒组、水煮组分别统一采用课上介绍的方法进行，操作期间相互进行督促、评鉴。 4. 各组将玉米加工处理后，采用同一配制方案进行饲粮配制。 5. 各组均对 110 日龄已经预饲期处理后的同一品种肉用仔鹅进行填饲处理 3 周。 6. 在填饲期间，每天观察记录每只鹅只的生长状态、饲喂量等相关信息。 7. 统计、分析、讨论两种加工方式下的黄、白玉米填饲效果。 8. 教师总结，评鉴。		
考核评价	考核内容	评价标准	分值
	配制填饲饲粮	1. 能够将玉米进行前期处理，得 10 分。 2. 干炒组能够及时判断 8 成熟时期，水煮组水煮过程中能够始终保持玉米被水淹没，得 20 分。 3. 干炒组炒后、水煮组加工后处理适宜，得 10 分。 4. 4 个小组配给相同数量的油脂和食盐，并采用相同剂量的肉禽微量元素和复合维生素进行混匀，得 20 分。 5. 否则酌情减分。	60
	评定饲粮填饲效果	1. 填饲期间能够认真观察填饲鹅只、详细记录填饲效果，得 10 分。 2. 能够及时判定填饲鹅只成熟期，得 10 分。 3. 能够应用相关软件进行评定填饲效果，得 10 分。 4. 小组内成员操作积极认真、配合默契，得 10 分。 5. 否则酌情减分。	40

必备知识

一、鹅肥肝的营养价值

鹅肥肝中脂肪含量显著高于正常肝，蛋白质含量相对较低。肥肝脂肪含量比正常肝高出 6～9 倍，且脂肪中为不饱和脂肪酸占 65%～68%，其中油酸 61%～62%，亚油酸(人的必需脂肪酸)1%～2%，棕榈油酸 3%～4%；甘油三酯含量较正常肝高 176 倍，卵磷脂增加 4 倍，脱氧核糖核酸与核糖核酸增加 1 倍，酶的活性提高 3 倍，并含有多种维生素。鹅肥肝营养丰富，对促进人体生长发育十分有益(如案例中营养成分的比较)。

二、生产鹅肥肝的主要措施

(一)肥肝鹅的选择

1. 品种选择

(1)优良品种。品种对肥肝的大小影响很明显，应尽可能选择大型品种填饲。一般讲，凡肉用性能的大型鹅种都可用于生产肥肝。国际上用于肥肝生产的鹅种，主要是图卢兹鹅、朗德鹅、莱茵鹅、匈牙利白鹅，意大利鹅、以色列鹅、德国埃姆登鹅等。其中，首推法国的图卢兹鹅和朗德鹅。我国用于生产肥肝的鹅种，除豁眼鹅外，都具有较好的肥肝生产性能。其中，以狮头鹅和溆浦鹅表现最好，已达到国际先进水平，且肝质较好、繁殖力高，平均肥肝重可达 700 g 左右。

(2)杂交品种。在实践中，为了提高肥肝的生产能力，常采用杂交方式，即以生产肥肝较好的品种为父本，以产蛋性能较好的品种为母本，用杂交仔鹅生产肥肝。这种方式可获得较多的肥肝雏鹅，加之杂交仔鹅生长发育快、适应性强，更有利于肥肝生产。目前，常用的母本鹅有太湖鹅、四川白鹅、五龙鹅等。

2. 个体选择

应选用颈粗而短的鹅做肥肝鹅，便于操作，不易使食管伤残。填饲鹅的体躯要长，胸腹部大而深，使肝脏增长时体内有足够的空间。

(二)肥肝鹅的体重

肥肝鹅的体重因体型而异，大、中型品种填饲体重以 4～5 kg，小型品种以 3～3.5 kg 为宜。若体重较小，肝脏中沉积的脂肪相对较少，生产的肥肝较小，饲料转化率也较低。

(三)肥肝鹅的性别

一般来说，母鹅比公鹅易育肥。这与其雌性激素分泌有关，但母鹅的耐填性与抗病力较差。

(四)肥肝鹅的年龄

选择适宜的填饲年龄，不仅关系着肥肝的品质和重量，还影响胴体质量和肥肝的填饲成本。应在体成熟后，即肌肉组织停止生长时，用于生产肥肝。就我国鹅种来看，大、中型品种宜在 4 月龄开始，发育良好的肉用仔鹅养至 3 月龄、体重达到 4.5～5 kg 时，也可以提前进入填饲期，小型品种或杂交种宜在 3 月龄时开始填饲。成年和老年鹅也可用来生产肥肝，但必须体格健壮，还应有 2～3 周的过渡预饲期，以调整体况。此外，在填饲前 2～3 周，应给放牧的鹅供应粗蛋白质 20% 的饲粮，促使其骨骼、肌肉更好地发育，内脏器官得到充分的锻炼，为填饲打下良好的基础。

(五)肥肝鹅的饲粮及加工

1. 肥肝鹅的饲粮

整粒玉米是填饲肥肝鹅最理想的饲粮，适当添加肉禽微量元素、维生素添加剂、食盐和油脂效果更佳。但肥肝的颜色常因玉米颜色而异，对肥肝质量有一定影响。饲喂黄玉米生产的肥肝呈深黄色，而以白玉米生产的肥肝呈粉红色。生产 1 kg 肥肝，需用玉米 35～40 kg。

2. 饲粮加工调制

玉米须加工处理后才能用于填饲生产肥肝鹅。加工玉米的方法主要有炒和煮两种。

(1)干炒法。这是我国四川民间的传统调制方法。将玉米粒过筛去除杂质后，放在铁锅内用文火不停地翻炒至玉米粒呈深黄色，大约八分熟(切忌炒焦)；将其冷却后装袋备用。填饲前用温水浸泡 $1\sim1.5$ h，若用冷水浸泡则应适当延长时间，以玉米粒表皮泡涨为度；然后滤去水分，加 $0.5\%\sim1\%$ 的食盐及油脂，按肉鹅标准添加肉禽微量元素和复合维生素，拌匀，装入盛料箱填饲。

（2）水煮法。将玉米粒倒入沸水中煮 $5\sim10$ min，捞出滤去水分，趁热向玉米中加入 $1\%\sim5\%$ 的动植物油和 $0.3\%\sim1\%$ 的食盐，并按肉鹅标准添加肉禽微量元素和复合维生素，充分拌匀，待凉后供填饲用。

三、肥肝鹅的饲养管理

肥肝鹅在育成期内，最好放牧饲养，多喂青饲料，以扩大食管容积，其饲养管理分为培育期（初生至 110 日龄）、预饲期、填饲期三个阶段。

（一）预饲期的饲养管理

预饲期通常为 $2\sim3$ 周，是填饲期的准备。从饲养群中选出体大、健壮、无病的个体组成填饲群。预饲期以舍饲为主，但每天要放出活动 2 次，逐天减少活动时间，至填饲开始前 $3\sim5$ d 停止活动。每日饲喂 3 次，自由采食，并补充一些青绿饲料。预饲期配合饲料可参考以下配方：玉米 65%、麸皮 6%、大豆饼 20%、菜籽饼 5%、石灰石粉 2%、骨粉 1.4%、食盐 0.5、复合维生素 0.1%。填饲前 15 d，应接种禽霍乱疫苗，并进行驱虫。

（二）填饲期的饲养管理

1. 填饲期

鹅的填饲期因品种和填饲方法而略有不同，大型品种填饲期稍长，小型品种较短，但个体之间也有很大差异。纯种不耐填，时间长了伤残率高，填饲期应短些；杂种生活力强，填饲期可长些。填饲期的长短与日填饲量和增重关系密切，一般控制在 $3\sim4$ 周。

由于个体间存在差异，有的早熟，所以生产肥肝与生产肉用仔鹅不同，不能确定统一的屠宰期。填饲到一定时期后，应注意观察鹅群，分别对待，成熟一批，屠宰一批。成熟的特征为：体态肥胖，腹部下垂，两眼无神，精神萎靡，呼吸急促，行动迟缓，步态蹒跚，跛行，甚至瘫痪，羽毛潮湿而零乱，体躯与地面的角度从 45°变成平行状态。出现积食和腹泻等消化不良症状，此时应及时屠宰取肝。否则，轻则填料量减少，肥肝不但未增重，反而萎缩；重则死亡，给肥肝生产带来损失。对精神好，消化能力强，还未充分成熟的可继续填饲，待充分成熟后屠宰。

2. 填饲次数与填饲量

填饲次数关系到日填饲量，进而影响到肥肝增重。填饲需要 $5\sim7$ d 的适应期。填饲次数和填喂量要由少到多。最初 $2\sim3$ d，每天只填饲 2 次，每次饲料量宜少，3 d 后逐步增加饲料量。开始时不可填饲过多过猛，适应后要尽量多填，且要根据不同个体状况灵活掌握。每次填饲前应检查鹅的颈下部，观察消化情况。如饲料没有被消化，可减少填饲量或停填 1 次；对体质好、消化快的鹅可增加填饲量。每日填饲次数多为 $4\sim5$ 次，有的达 $6\sim7$ 次。大、中型鹅日填饲量为 $800\sim1200$ g（大型肉鹅 $500\sim600$ g），小型鹅 $500\sim800$ g（小型肉鹅 $450\sim550$ g），应在 1 周内逐步达到此量。

3. 填饲方式

填饲方式有手工和机械两种方式。目前，普遍采用机械填饲机，填饲机有立式和横式两类。

（1）手工填饲。填饲人员用左手握住鹅（鸭）头并用手指打开喙，右手将玉米粒塞入口腔内，并由上而下将玉米粒捋向食道膨大部，直至距咽喉约 5 cm 为止。手工填饲费力费时。

（2）机械填饲。通常需要两人配合，助手用双手将鹅保定好，填饲员坐在填饲机前，左手抓住鹅头，用右手食指和拇指挤压喙基部两侧，使喙张开，用右手食指伸入口腔内压住舌基部，将填饲管插入口腔，沿咽喉、食道直插至食道膨大部。填饲员右脚踩填饲开关踏板，螺旋推运器运转，玉米从填饲管中向食首膨大部推送，填饲员左手仍固定鹅头，右手触摸食道膨大部，待玉米填满时，边填料边退出填饲管，自上而下填饲，直至距咽喉约 5 cm 为止。右脚松开脚踏开关，玉米停止输送，将咽部慢慢从填饲管中退出。插管时必须小心，填饲管插入口腔后，应顺势使填饲管缓慢通过咽喉部和食道部，如感觉有阻力，说明方向不对，应退出重插，要随时推拉颈部使其伸直，以保证填饲管顺利进入。在整个填饲期间，每只鹅共插管 28～42 次，甚至更多，任何一次疏忽和粗心，都会给鹅造成伤害，伤残率增高。填饲时应注意手脚协调并用，脚踩填饲开关填饲玉米应与鹅食道从填饲管中退出的速度一致，退慢了会使食道局部膨胀形成堵塞，甚至食道破裂；退得太快又填不满食道，影响填饲量，进而影响肥肝增重。当鹅挣扎颈部弯曲时，应松开脚踏开关，停止送料，待恢复正常体位时再继续填饲，以避免填饲事故发生。

4. 填饲期的管理

以舍饲为好，舍外不设运动场，也不让鹅下水洗浴。鹅舍须保持干燥、安静，光线略暗，通风良好，并加铺干燥的厚垫草，并及时更换。供给充足的清洁饮水，应经常清洗、消毒饮水器。填饲鹅的饲养密度以 2～3 只/m^2 为宜。驱赶鹅只宜缓慢，避免挤压、碰撞。

5. 填饲期的温度

气温影响肝脏内脂肪的沉积，肥肝生产不宜在炎热的季节进行。填饲季节的最适宜温度为 10～15℃，20～25℃尚可进行，超过 25℃则很不适宜。相反，填饲家禽对低温的适应性较强。在 4℃气温条件下对肥肝生产无不良影响，但舍温低于 0℃时，一定要做好防寒工作。

6. 肥肝鹅的运输

肥肝鹅的运输应由专业工厂负责屠宰、取肝与分级。但运输肥肝鹅应特别留意，经数十天的强制填饲，鹅体质已十分虚弱，若装卸、运输不当，可导致大量伤亡或肝脏大量出现淤血。

拓展阅读

5.2.4.1　鹅肥肝生产技术规范
（行业标准）

5.2.4.2　肝用鹅生产性能测定
技术规程（行业标准）

●●●●● 作业单

思考题

1. 如何选择肥肝鹅品种？

2. 怎样生产鹅肥肝？

任务 5.2.5　种鹅饲养管理

●　●　●　●　● **案例单**

任务 5.2.5			种鹅饲养管理		学　时	2
	案例内容				案例分析	
鹅品种	开产日龄（月）	产蛋量（枚）	蛋重（g）	使用年限（年）		
小型	5	100～120	125～150	3～5	这是母鹅的繁殖性能。	
中型	6	60～100	150～220	2～4		
大型	7	35～50	220～250	1～3		

●　●　●　●　● **工作任务单**

子任务 5.2.5.1	试用鹅反季节繁殖技术
任务描述	能够结合任务 5.1.2 中（二、光照对禽类生殖机能的影响）的家禽繁殖中的光照管理技术，进行鹅反季节繁殖技术的尝试应用。
准备工作	地点：实训基地鹅场。 　　动物：处于产蛋期种鹅。 　　材料：产蛋期种鹅相关生产资料、鹅舍改造、配制相关营养要求配合饲料等。
实施步骤	1. 教师布置任务，各小组成员分工，查阅资料，实践考核。 　　2. 小组内讨论、确定鹅反季节繁殖主要技术环节（可通过调整光照制度、饲粮营养结合温度或采取强制换羽），并提出相关保证措施。 　　3. 进一步结合实践具体制订鹅反季节繁殖计划方案，并深入探讨其可行性。 　　4. 小组间进行讨论、思辨，最后推敲出一套切实可行方案。 　　5. 选定季节、具体时间，适龄鹅只，争取推行该方案的尝试应用。 　　6. 全程采用预设方案、相关营养饲粮，加强饲养管理，详细备案全程。 　　7. 应用预设主要技术，直到鹅群体况再次达到健康且按照预定时间内产蛋，进行统计效果。 　　8. 选派代表进行汇报，其他同学补充。 　　9. 教师全程指导，最后进行总结、评鉴。

	考核内容	评价标准	分值
考核评价	反季节繁殖方案制订	1. 在方案制订之前调研充分，考虑全面，得 10 分。 2. 方案主要技术环节准确可行，得 10 分。 3. 具体实施方案制订严谨、合理，具有充分的可行性，得 20 分。 4. 积极参与方案制订和讨论，得 10 分。 5. 否则酌情减分。	50
	反季节繁殖方案实施	1. 实施时间选择正确，得 5 分。 2. 能够判定鹅只情况，得 5 分。 3. 能够全程参与方案实施并详细进行记录，得 20 分。 4. 能对方案结果进行正确统计，并提出合理建议，得 10 分。 5. 小组内成员配合默契，得 10 分。 6. 否则酌情减分。	50

必备知识

　　种鹅分为后备种鹅、产蛋期种鹅和休产期种鹅。后备种鹅的特点与肥育仔鹅大致相同，在生理上也处于生长发育期。只是，与肥育仔鹅饲养管理的目的不同，后备种鹅饲养管理的目的是培育具有优良繁殖体况、健康无病、整齐一致、体重符合标准的鹅群以提高种用价值，为生产繁殖做准备。因此，制订合理的饲养管理模式，充分发挥种鹅的生产潜力，是饲养种鹅的关键环节之一。

一、种鹅特点

　　种鹅食欲强，食量大，应保证让鹅吃饱，否则会影响产蛋和繁殖。母鹅有在固定地点产蛋的习惯，所以开产前准备好产蛋窝。产蛋期鹅行动迟缓，放牧不宜赶得太快。

二、种鹅产蛋规律

　　鹅产蛋有明显的季节性，通常是 9 月至来年 5 月为产蛋繁殖季节。由于鹅的就巢性强，就巢前所产的蛋称"窝蛋"。每窝约经 20 多天，产 10～14 枚，就巢一个月再产第二窝蛋，一般每年产蛋 3～5 窝。鹅的产蛋量第 3～4 年最高，第 1 年最低，只相当于第 3 年的 65%～70%，第 2 年相当于第 3 年的 75%～80%，第 4 年以后，产蛋量则逐年下降。初产时蛋重最小，产 2～3 窝时达最大并持续到第 3 年，第 4 年时蛋重又逐渐减小。

　　母鹅产蛋的时间一般在下半夜至上午。小型白鹅开产日龄约为 5 个月，产蛋量 100～120 枚，蛋重 125～150 g；大型鹅开产日龄约为 7 个月，产蛋量 35～50 枚，蛋重 220～250 g。

三、后备种鹅的饲养管理

(一)后备种鹅的选择

1. 选择时间

　　后备种鹅，也就是 10 周以后到产蛋或配种之前准备作为种用的仔鹅。选好后备种鹅，是提高种鹅质量的重要生产环节。公鹅性成熟比母鹅晚，因而选留公鹅的时间要早 2 个月左右。这样做，不仅在繁殖上比较有利，而且可以少养 2 个月左右，节省较多的饲料和时间。

2. 选择条件

中鹅养到了 70 d 左右，要按照各品种体型外貌，选出体躯匀称、体重相似的整齐鹅群作为产蛋鹅的后备群。

选择时除考虑种鹅的优良性状、外貌特征、体重、体格发育状况等性能指标外，还应考虑种鹅的生产季节和将来的种用季节，提高饲养种鹅的经济效益。

(二)后备种鹅的限制饲养

1. 限制饲养目的

后备种鹅的饲养管理重点是对种鹅进行限制性饲养，其目的在于控制体重，防止体重过大过肥，使其具有优良的体况；控制性成熟时间，做到适时开产；育成良好的生产性能的种鹅，延长种鹅的有效利用年限；节省饲料，降低成本，提高种鹅饲养的经济效益。

2. 分期

根据后备种鹅生长发育的特点，通常将整个后备期分为前期、中期和后期三个阶段，分别采取不同的饲养管理措施。

(1)前期。前期是生长阶段，是指 70~100 日龄，晚熟品种延长至 120 日龄前后。此期主要任务是调教合群。

来自不同鹅群的后备种鹅，合并到新群后，原有群序等级被打破，常常不合群，甚至有"欺生"现象。因而，必须先通过调教让它们合群，逐渐减少补饲的次数，并逐步降低补饲日粮的营养水平，使青年鹅机体得到充分发育。

(2)中期。中期是指上阶段末至开产前 40~50 d 结束。此阶段主要任务是公母分开，限制饲养。

这样既可适应各自的不同饲养管理要求，又可防止早熟的鹅滥交乱配。目前，种鹅的限制饲养方法主要有两种：一种是减少日粮的饲喂量，实行定时定量饲喂；另一种是控制饲料的质量，降低日粮的营养水平。限制饲养阶段，母鹅的日平均给料量比生长阶段减少 50%~60%。

饲料中可添加较多的填充粗料(如米糠、酒糟等)，目的是锻炼鹅的消化能力，扩大食道容量。种鹅育成期喂料量的确定以种鹅的体重为基础。从限制饲养开始，每周一空腹称5%的母鹅和 50~100 只公鹅，计算出公、母鹅的平均体重，并对照标准体重，确定本周补饲料量。限制饲养要做到控制母鹅在换羽结束以后开始产蛋。

(3)后期。后期是从 150 日龄左右起到开产。这一阶段在管理上的重要工作之一是进行防疫接种，加料促产，以提高雏鹅的母源抗体水平。

在饲养上要逐步由粗变精，使鹅恢复体力，促进生殖器官的发育。做到饲料多样化，青饲料要充足，增喂矿物质饲料并逐渐增加饲料的用量，让其自由采食，争取及早进入临产状态。

后备公鹅的精料补饲应提早进行，促进其提早换羽，以便在母鹅开产前已有充沛的体力。后备种鹅后期的用料要精。

光照对公、母鹅的性成熟有较大的影响。育雏、育成期光照的原则是：光照时长保持恒定不变或逐渐缩短。以防止鹅性成熟过早。在育成后期，逐渐延长光照时间，可以促使母鹅适时开产，并保持较高的产蛋水平。

四、产蛋期母鹅的饲养管理

(一)临产母鹅的识别

临产前母鹅表现为羽毛紧凑、有光泽，尾羽平直，腹部饱满，松软而有弹性，耻骨间距离增宽，肛门呈菊花状，采食量增大，喜食矿物质饲料。母鹅有经常点头寻求配种的姿态，母鹅之间互相爬踏。母鹅如有衔草做窝现象，说明即将开产。

(二)产蛋期母鹅的饲养

1. 饲养方式

以舍饲为主，实行科学饲养，满足产蛋母鹅的营养需要，提高母鹅的产蛋率。

2. 营养需要及配合饲料

营养是决定母鹅产蛋率高低的重要因素。在产蛋鹅的日粮上，要充分考虑母鹅产蛋所需的营养。目前，各地对产蛋鹅的日粮配合及喂量，主要是根据当地的饲料资源和鹅在各生长、生产阶段营养要求因地制宜自行拟定的。产蛋母鹅要饲喂适量的青绿多汁饲料，饲喂青绿多汁饲料对提高母鹅的繁殖性能有很好的作用。另外，产蛋母鹅日粮中搭配适量的优质干草粉，也可以提高母鹅的繁殖性能。

3. 饲养方法

舍饲的产蛋母鹅饲喂方法，通常采用定时不定量，自由采食的喂饲法。

4. 饲喂量

要求饲料多样化，谷实类与粗糠的比例为 2∶1，每天晚上要多加些精料。大型鹅每只每天喂精料(谷实类)0.2～0.25 kg，小型鹅喂 0.15～0.2 kg。喂饲时，先喂青料，后喂精料，然后休息。

5. 饲喂时间

第一次在 5∶00～7∶00 开始喂混合料，然后喂青饲料；第二次在 10∶00～11∶00；第三次在 17∶00～18∶00。在产蛋高峰时，保证鹅吃好吃饱，供给充足、清洁的饮水。在产蛋后期，更要精心饲养，保证产蛋的营养需要，否则，易造成产蛋停止而开始换羽。因此，可增加喂饲次数，或任产蛋母鹅自由采食。

6. 充足的饮水

对产蛋鹅供应充足的饮水，经常保持舍内有清洁的饮水。产蛋鹅夜间饮水与白天一样多，所以夜间也要给足饮水，满足鹅体对水分的需求。我国北方早春气候干冷，产蛋母鹅饮用冰水对产蛋有不利影响，应给与 12℃ 的温水，防止饮水结冰。

(三)产蛋母鹅的管理

1. 适宜的温度

鹅耐寒而不耐热，对高温反应敏感。在管理产蛋鹅的过程中，应注意环境温度。夏季气温高，母鹅停产，公鹅精子无活力；春节过后气温较低，母鹅陆续开产，公鹅精子活力较强，受精率也较高。母鹅产蛋的适宜温度是 8～25℃，公鹅繁殖的适宜温度是 10～25℃。

2. 适宜的光照

鹅对光照反应敏感，适宜的光照对产蛋有良好的影响。产蛋鹅的适宜光照时间一般为 12～14 h。在一定条件下，给母鹅增加光照可提高产蛋量。舍饲产蛋鹅在日光不足时，可人工补充电灯光源。光源强度 2～3 W/m² 为适宜，即 20 m² 面积安装 1 盏 40～60 W 灯泡，灯与地面距离 2 m 左右为宜。补充光照应从开产前 1 个月开始，逐渐延长光照时间，直至达到适宜光照时间后再恒定。

3. 通风换气

舍饲鹅群长期生活在舍内，会使舍内空气污浊，既影响鹅体健康，又影响生产。为保持鹅舍内空气新鲜，在保证饲养密度（舍饲 $1.3\sim1.6$ 只/m²，放牧条件下 2 只/m²）适宜的基础上，要保证鹅舍通风换气，及时清除粪便、更换垫草。

4. 种蛋收集

训练母鹅在窝内产蛋并及时收集种蛋。地面饲养的母鹅，大约有 60% 的鹅习惯于在窝外地面产蛋，且有少数母鹅产蛋后有用草埋蛋的习惯，往往污染或踩坏蛋，造成损失。因此，在母鹅开产前半个月左右，应在舍内墙周围安放木板产蛋箱或砖石砌成小隔，并训练母鹅定点产蛋。产蛋箱的规格是 $60\ \mathrm{cm}\times40\ \mathrm{cm}\times50\ \mathrm{cm}$，门槛高 8 cm，箱底铺垫柔软的垫草。每 $2\sim3$ 只母鹅设一产蛋箱。

母鹅在产蛋前，一般不爱活动，东张西望，不断鸣叫，这是将要产蛋的行为。发现这样的母鹅，要捉入产蛋箱内产蛋，以后鹅便会自动找窝定点产蛋。母鹅产蛋时间大多在午夜至次日 8:00 左右。有的品种在 $9:00\sim17:00$ 仍有 $20\%\sim30\%$ 的母鹅产蛋。因此，从凌晨 2 时以后，每隔 1 h 用蓝色灯光照明收集种蛋 1 次。

5. 保持舍内外卫生，减少应激

舍内垫草须勤换，垫草一定要洁净，不霉不烂，以防发生曲霉病。污染的垫草和粪便要及时清除。舍内要定期消毒，定期刷洗消毒饲槽、饮水器，以防疾病的发生。饲养环境中存在着许多应激因素，如环境条件变化（高温、强光、噪声等）、饲料变换、人员变更、操作程序变化、防疫等技术操作等。所有这些应激都会影响鹅的生长发育和产蛋量。饲养过程中应杜绝或减少应激因素发生，饲料中添加维生素 C 和维生素 E 具有减缓应激的作用。

五、休产期母鹅的饲养管理

种鹅的产蛋期一般有 $5\sim6$ 个月。母鹅的产蛋期除品种外，各地区气候不同，产蛋期也不一样，我国南方集中在冬、春两季产蛋，北方则集中在 2—6 月。产蛋末期产蛋量明显减少，畸形蛋增多，公鹅的配种能力下降，种蛋受精率降低，大部分母鹅的羽毛干枯。在这种情况下，种鹅进入持续时间较长的休产期。

（一）休产期饲养

进入休产期的种鹅应以放牧为主，将产蛋期的日粮改为育成期日粮。其目的是消耗母鹅体内的脂肪，提高鹅群耐粗饲的能力，降低饲养成本。

（二）休产期拔羽

种鹅休产期时间较长，没有经济收入，致使养鹅的经济效益低。在种鹅休产期可进行人工活拔羽绒。休产期一般可拔羽 $2\sim3$ 次，增加可观的经济收入，刺激饲养种鹅的积极性，对提高种鹅质量起到促进作用。

（三）种鹅的利用年限和鹅群结构

1. 种鹅的利用年限

鹅的寿命长，繁殖年龄也比其他家禽长。母鹅在第 1 年产蛋量较低，第 2 年比第 1 年多产 $15\%\sim25\%$，第 3 年比第 1 年多产 $30\%\sim45\%$，4 年以后产蛋量逐渐下降，所以母鹅的利用年限为 $3\sim4$ 年，优秀的可利用 5 年。公鹅的性成熟日龄比母鹅晚，利用年限为 $2\sim3$ 年，较好的能用 4 年。公、母鹅的利用年限还与品种、育成期的饲养管理、合理的种用年龄及繁殖季节的合理使用有关。

2. 鹅群结构

一般种鹅群的结构为 1 年母鹅 30％，2 年母鹅 35％，3 年母鹅 25％，4 年母鹅 10％。

六、种公鹅饲养管理技术

(一)种公鹅饲养技术

1. 加强种公鹅的营养水平

种公鹅的营养水平和体质状况，直接影响鹅群的种蛋受精率。加强种公鹅的饲养管理对提高种鹅群的繁殖力有至关重要的作用。在种鹅群的饲养过程中，始终应注意种公鹅的日粮营养水平和公鹅的体重与健康情况。

在鹅群的繁殖期，公鹅由于体力消耗很大，体重有时会明显下降，从而影响种蛋的受精率和孵化率。

2. 对种公鹅进行补饲

为了保持种公鹅良好的配种体况，除了和母鹅群一起采食外，从组群开始，应每天对种公鹅进行补饲配合饲料。配合饲料中应含有动物性蛋白饲料，有利于提高公鹅的精液品质。补喂的方法一般是在一个固定时间，将母鹅赶到运动场，把公鹅留在舍内补喂饲料，任其自由采食。这样，经过一段时间，公鹅就习惯于自行留在舍内等候补喂饲料。对公鹅的补饲可持续到配种期结束。

在人工授精的种鹅场，在种用期开始前 1～2 个月，对公鹅进行种用期标准饲养。例如，为提高种蛋受精率，公、母鹅在产蛋周期内，可每只每天喂谷物发芽饲料 100 克、胡萝卜和甜菜 250～300 g、优质青干草粉 35～50 g。同时，在春、夏季节供给足够的青绿饲料。

(二)种公鹅管理技术

1. 定期检查种公鹅

除了前面讲的对种公鹅的 4 次选择之外，还应在产蛋期间定期检查种公鹅。及时淘汰有性机能缺陷的公鹅，此类公鹅主要表现为生殖器萎缩，阴茎短小，甚至出现阳痿，交配困难，精液品质差。但有些在外观上较难分辨，甚至还表现得很凶悍。公、母鹅组群时，通过检查公鹅的阴茎，并对精液品质进行鉴定来选留公鹅，淘汰有缺陷的公鹅。并且在配种过程中及公鹅换羽时，还需要定期对种公鹅的生殖器官和精液品质进行检查，保证种公鹅的品质，提高种蛋的受精率。

2. 公鹅的配种年龄

公鹅的配种年龄过早不但对其自身的生长发育有不良的影响，而且受精率低。一般早熟品种的公鹅不早于 150 日龄配种，晚熟品种在 240～270 日龄配种为宜。

3. 加强种公鹅的饲养

公鹅在采精过程中要消耗大量营养，因此采精前 1 个月要加强饲养管理，增加营养物质供应的同时加强鹅体质训练，不能使鹅过肥和过瘦。

4. 克服种公鹅择偶性

有些公鹅还保留有较强的择偶性，这样将减少与其他母鹅配种的机会，从而影响大群种蛋的受精率。在这种情况下，公母鹅要提早进行组群，如果发现某只公鹅与某只母鹅或是某几只母鹅固定配种时，应及时将这只公鹅隔离，经过 1 个月左右，使公鹅忘记与之配种的母鹅，而与其他母鹅交配，从而提高鹅群种蛋的受精率。

拓展阅读

5.2.5.1　种鹅反季节繁殖技术
规程(安徽省地方标准)

5.2.5.2　种鹅生产技术规范
(四川省地方标准)

5.2.5.3　种鹅生产技术规程
(江苏省地方标准)

5.2.5.4　种鹅全程封闭式旱养
技术规程(安徽省地方标准)

5.2.5.5　种鹅舍饲技术规程
(南京市地方标准)

5.2.5.6　短日照种鹅连续繁殖
技术规程(安徽省地方标准)

●●●●● 作业单

思考题
1. 种鹅具有哪些特点和产蛋规律?
2. 怎样选择后备种鹅?
3. 如何提高种鹅的利用率?

任务5.2.6　活拔羽绒技术

●●●●● 案例单

任务5.2.6		活拔羽绒技术		学　时	2
案例内容					案例分析
羽绒类型		作用			这是鹅、鸭羽毛羽绒的经济价值。
羽绒	制品填充料	服装、被子、枕头、垫褥、靠垫、睡袋等。			
羽毛	工艺美术品	西方:圣诞树上的树花等。 我国:羽毛屏风等。			
	日用品	羽毛扇。	雕翎、鹅的刀翎和窝翎。		
	衣帽装饰品	西方:女士常用野禽彩色羽毛。 我国古代:文官武将。			

羽绒类型	作用			
羽毛	加工文体用品	羽毛球。	鹅刀翎。	
		羽毛笔、毽子和渔具。	鹅翅。	
		教学用的样本教具。	彩色羽毛中的禽皮类。	
羽毛梗	医药原料	各种蛋白胨。	抗生素不可缺少原料。	
		多效美容滋肤霜。	防冻防裂。	
	饲料添加剂	羽毛粉。	高蛋白饲料添加剂。	
	肥料	农业有机肥料。	施于柑橘、甘蔗田。	
羽毛下脚料	肥料	极好的肥料。	农田。	

●●●●● 工作任务单

子任务 5.2.6.1	活拔鹅羽绒技术	
任务目的	能够充分做好活拔羽绒前的准备工作，并掌握人工拔羽的操作方法及相关注意事项，能够对拔羽后的鹅进行相应饲养管理。	
任务准备	地点：实训基地。 动物：出栏上市前的白色肉用仔鹅、休产期种鹅或淘汰鹅若干只。 材料：药棉、消毒用的药水、塑料布、板凳、秤、围栏和放羽绒的容器等。	
任务实施	1. 教师布置任务，并播放活拔羽绒的视频。 2. 各小组学生自行进行选择鹅只，每组至少选择1只。 3. 进行拔羽前的准备工作。 4. 活拔羽绒实际操作，学生边操作，教师边进行指导。 5. 活拔羽绒后对羽绒及拔羽后鹅只的处理。 6. 各小组汇报、总结、互评。 7. 教师总结、评鉴。	
考核评价	考核内容	评价标准	分值
	拔羽前准备工作	1. 能够正确选择待拔羽鹅只，得5分。 2. 对待拔羽鹅体进行检查，得5分。 3. 拔羽前鹅只停食停水时间适宜，得5分。 4. 拔羽前对鹅只进行洗浴，得5分。 5. 拔羽前对鹅只灌酒适量，得5分。 6. 操作室按照要求布置，得5分。 7. 盛装羽绒的容器安放正确，得5分。	

考核内容		评价标准	分值
考核评价	拔羽前准备工作	8. 其他物品，如凳子、称、碘酒、药棉等安置到位，得 10 分。 9. 小组合作默契，得 5 分。 10. 否则酌情减分。	50
	活拔羽绒操作	1. 待拔羽鹅保定正确，得 5 分。 2. 拔羽方向和顺序正确，得 10 分。 3. 拔羽手法熟练，力度适当，得 10 分。 4. 对拔羽过程中出现的问题处理得当，得 10 分。 5. 否则酌情减分。	35
	活拔羽绒后处理	1. 能够对拔后的羽绒进行正确的处理和储存，得 5 分。 2. 能够对拔羽后的鹅只根据其具体情况分别处理，得 5 分。 3. 表现突出的小组加 5 分。	15

必备知识

一、鹅的羽绒类型

一般来说，羽绒主要有按羽绒的形状和结构以及商业需求两种分类方法。

（一）按羽绒的形状和结构分类

1. 正羽

正羽又称被羽（如图 5-2-6-1），是覆盖体表绝大部分的羽毛，如翼羽、尾羽以及覆盖头、颈、躯干各部分的羽毛。正羽由羽轴和羽片两部分组成，羽片是由上行性羽小枝与下行性羽小枝互相钩连而形成的膜状羽片，如果小钩脱开，就像提链那样很容易恢复交织状态。

2. 绒羽

绒羽又称绒毛（如图 5-2-6-2），包括初生雏的初生羽和成鹅绒羽。绒羽被正羽所覆盖，密生于鹅皮肤表面，外表看不见。绒羽只有短而细的羽基，柔然蓬松的羽枝直接从羽根发出，呈放射状。绒羽有羽小枝，但枝上缺小钩。绒羽起保温作用，主要分布在鹅体胸、腹和背部，是羽毛中价值最高的部分。

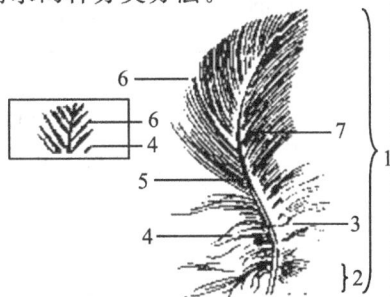

图 5-2-6-1　正羽示意图
1. 正羽；2. 羽根；3. 羽茎；4. 羽片；5. 羽枝；6. 绒丝；7. 羽小枝

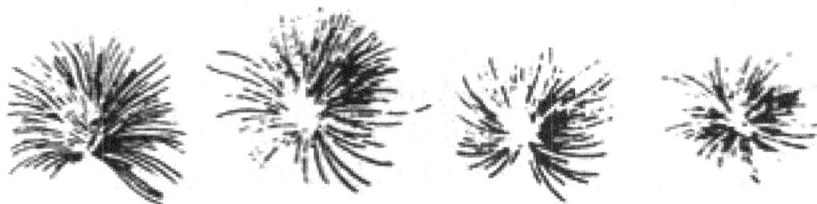

图 5-2-6-2　绒羽示意图

3. 纤羽

纤羽又称毛羽（如图 5-2-6-3），分布于身体各部，羽毛长短不一，细小如毛发状，比绒羽还细小，羽基长，只有羽基顶端才有少而短的羽枝。纤羽保温性能差，利用价值低。

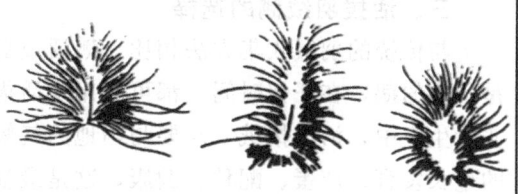

图 5-2-6-3　纤羽示意图

4. 半绒羽

半绒羽具有大的羽干，上部是羽片，下部是绒羽，大多数处于正羽下面，起到保温隔热的作用。

（二）按商业需求分类

按商业需求划分，羽绒分为毛片和绒子。毛片是羽干上部为羽面，下部为羽丝。绒子没有羽干，有一绒核，放射出绒丝呈朵状，又称绒朵。

二、活拔羽绒的特点

（一）活拔羽绒的优点

1. 羽绒产量高

活拔羽绒能在不影响鹅健康和不增加鹅的饲养量的情况下，比以往"杀鹅取毛法"多增产 2～3 倍的优质羽绒。

2. 羽绒质量好

活拔的羽绒不经过热水浸烫，因此绒毛蓬松度好，柔软干净，色泽一致。

3. 增加养鹅收入

利用休产期的种鹅、后备鹅、公鹅等，可活拔羽绒 1～3 次以上，不需要消耗大量的饲料，就能增产优质的鹅羽绒，增加了养鹅的收入。

总之，鹅活拔羽绒方法简单，易于操作，设施简单，周期短，投资少，见效快。

（二）活拔羽绒的季节和周期

1. 季节

活拔羽绒多在夏、秋季进行，冬季寒冷，没有保温的条件下不能拔羽绒。羽绒开拔的时间应在鹅体各器官发育成熟时进行。仔鹅至少 3 月龄后才能进行活拔羽绒，此时翅膀羽毛全部长齐并拢，全身羽毛丰满。无论是后备鹅或是休产期种鹅，都应掌握好最后一次活拔羽绒的时间，与母鹅开始进入产蛋期之间至少应有 50 d 左右的时间间隔，以便鹅有充分的时间补充营养、恢复体力、长齐羽毛而不致影响其繁殖性能。鹅的寿命较长，有的可以存活十几年。5 年内是鹅活拔羽绒的黄金时期。5 年以后，鹅机体逐渐老化，羽绒质量下降，经济效益也差。

2. 周期

一般拔羽后的鹅，在正常饲养管理的条件下，第 4 d 腹部露白，第 10 d 腹部长绒，第 20 d 背部长绒，第 25 d 腹部绒毛长齐，第 30 d 背部绒毛长齐，35～40 d 绒毛全部复原，50 d 全身布满丰厚的羽毛，所以拔毛周期约为 50 d。需要有充足的间隔时间，鹅的羽绒才能生长成熟，这样羽绒质量好，产量也高。但间隔时间过长，则因拔绒次数少也会影响羽绒产量。间隔时间过短，则羽绒生长发育不良。

一般后备期和休产期的种鹅分别进行 2～3 次活拔羽绒为宜。但最后 1 次拔羽的时间与开产、配种时间的间隔至少要在 50 d 以上，以便恢复体力，不影响繁殖。

三、活拔羽绒鹅的选择

与传统的羽绒收集方法相比，鹅活拔羽绒是一项极有推广价值的实用新技术，但并不是所有的鹅，在任何时间，都可以用来活拔羽绒，也不是任何部位的羽绒都有必要拔。在实际生产中，活体拔绒一定要与当地的气候及养鹅的季节相结合，尽可能做到不影响种鹅的生长发育、产蛋、配种、健康，这是最基本的前提。

（一）不适合活拔羽绒的鹅

1. 雏鹅、中鹅

由于羽毛尚未长齐，雏鹅、中鹅不能活拔羽绒。

2. 体弱多病或营养不良的鹅

在羽毛已经长齐的鹅中，也不是每只鹅都能活拔羽绒，如体弱多病或营养不良的鹅，拔出的羽毛常会带有肌肉、皮肤的微块，影响羽绒的质量，加之拔羽的刺激会加重病情，易引起感染，严重者甚至会造成死亡。

3. 产蛋期的公、母鹅

处于产蛋期的公、母鹅不能拔羽，否则种蛋受精率和产蛋率会明显下降。

4. 正在换羽的鹅

此时的鹅血管毛较多，含绒量少，活拔时极易拉破皮肤，造成羽绒质量和胴体质量均较差。

5. 整只出口的肉鹅

对于整只出口的肉鹅不宜进行活拔羽绒，因拔绒后可能损伤皮肤，易在胴体上留下瘢痕，影响外观品质。

6. 饲养超过 5 年的鹅

饲养 5 年以上的鹅不宜拔绒，因其新陈代谢能力弱，羽绒量少，毛绒再生能力也差。

值得注意的是，近年来国内外市场上的羽绒制品，面料大都采用薄型，淡颜色，对填充羽绒的质量要求越来越高，所以白色羽绒在市场上较为畅销，价格相对贵些。因此，鹅活拔羽绒最好选择白色的鹅种。

（二）活拔羽绒鹅的种类

1. 肉用仔鹅

出栏上市前的白色肉用仔鹅，在不影响其质量的前提下，可以拔羽绒 1 次。

2. 肥肝鹅

生产鹅肥肝的白色鹅，用于肥肝生产的仔鹅养到 80～90 日龄，羽毛虽然长齐，但鹅体还未长足，还不能立即用于填肥生产鹅肥肝，要再养 1 个多月，此时恰好可以活拔 1 次鹅绒，等新毛长齐后再填饲。

3. 后备期种鹅

如果是留作后备的白色种鹅，在其 90～100 日龄羽绒长齐时可进行第 1 次拔羽绒。一般情况下，在北方四五月孵出的雏鹅，生长到秋季就可以进行拔羽绒。

4. 休产期种鹅

进入休产期的白色种鹅可以考虑进行拔羽绒，北方鹅种一般可在 6 月中下旬进行。

5. 淘汰鹅

羽毛生长成熟的淘汰白色鹅，可先进行活拔羽绒后再进行育肥上市。

四、活拔羽绒技术操作

（一）拔羽前的准备工作

拔羽时间最好选择风和日丽、晴朗干燥的天气进行，尽量不在雨天拔。为了保证鹅活拔羽绒工作的顺利进行，提高工作效率和羽绒质量，在拔羽之前一定要做好有关的准备工作。

1. 人员准备

鹅活拔羽绒一般多采用手工操作，因此操作人员必须熟练掌握活拔羽绒的操作技术，以便减轻鹅的应激反应，提高活拔羽绒的质量。为此在拔羽前，应对初次参加的操作人员进行技术培训。

2. 鹅体准备

（1）抽样检查。在拔羽绒前，应对鹅群进行抽样检查，如果绝大部分的羽绒根干枯，无血管毛，表明正是拔羽绒时期。

（2）停食停水。拔羽前 1 d 要停止喂食，只供饮水。在拔羽当天饮水也停止，其目的是防止拔羽时鹅粪的污染。

（3）洗澡。清洁鹅体，对羽毛不清洁的鹅，在拔羽的前 1 d 要让其洗澡，以便去掉泥沙和脏物。

（4）灌酒。初次进行拔羽的鹅，在拔羽前 10 min，每只灌服 10 mL 白酒（不能用酒精），能使其毛囊扩张，皮肤松弛，不但易拔，还可减轻鹅的痛苦。

3. 其他准备

（1）操作室。要求门窗关好，室内地面平坦、干净，地上铺上一层干净的塑料薄膜，以免羽绒污染；如果是室外应该选择避风向阳的场地，地面打扫干净。

（2）盛装羽绒的容器。可以用硬纸箱或塑料桶及塑料袋。要求放鹅绒的容器光滑、清洁、不勾毛带毛、不污染羽绒。

（3）药品和器具。如操作人员坐的凳子，称量用的秤，消毒用的碘酒和药棉等。有条件的可给工作人员配备衣裤、帽子和口罩。

（二）活拔羽绒的操作方法

1. 选择拔羽绒部位

活拔的鹅羽绒主要用作羽绒服或卧具的填充，需要的是含"绒朵"量高的羽绒和一部分长度在 6 cm 以下的"片绒"，所以拔羽绒的部位应集中在胸部、腹部、体侧面，绒毛少的肩、背、颈处少拔，绒毛极少的脚和翅膀处不拔。鹅翅膀上的大羽和尾部的大尾羽原则上不拔（种鹅休产换毛期强制拔羽除外）。

2. 拔羽绒操作

（1）鹅体的保定。操作者坐在 25 cm 左右高的凳子上，用绳捆住鹅的双脚，将鹅头朝操作者，背置于操作者腿上，两腿夹住鹅的身体，一只手握住鹅的腿、双翅或头，另一只手拔羽绒。此外还有半站立式保定和卧地式保定。

（2）拔羽的方向。一般来说，顺毛及逆毛拔均可，但以顺毛拔为主。因为鹅的毛绝大部分是倾斜生长的，如果顺毛方向拔，不会损伤毛囊组织，有利羽绒的再生。

（3）拔羽的顺序。一般先拔腹部的羽绒，然后依次是两肋、胸、肩、背颈等部位。

（4）拔羽的方法。以拇指、食指和中指，紧贴皮肤，捏住羽毛和羽绒的基部，用力均匀，迅猛快速。所捏羽毛和羽绒宁少勿多，一把一把地有节奏地进行。胸腹部的羽毛拔完后，再拔体侧、腿侧和尾根旁的羽绒，拔光后把鹅从人的两腿下拉到腿上面。左手抓住鹅颈下部，右手再拔颈下部的羽毛，接下来拔翅膀下的羽毛。拔下的羽绒要轻轻放入身旁的容器中，放满后再及时装入布袋中，装满装实后用细绳子将袋口扎紧储存。

（5）拔羽需要的时间。第 1 次给鹅拔羽绒时，鹅的毛孔较紧，比较费劲，以后再拔毛孔松动就好拔了。因此，第 1 次给鹅拔羽绒，初学者则需超过 10 min，技术熟练以后 4～5 min 即可拔完 1 只鹅的羽毛。拔羽操作如图 5-2-6-4 所示。

图 5-2-6-4　拔羽示意图

3. 羽绒的处理和储存

拔下的羽绒不能马上出售时，需经处理并暂时储存起来。鹅羽绒是一种蛋白质，保温性能好，不易散热，如果储存不当，容易发生结块、虫蛀、发热变黄、发潮霉变，影响羽绒的质量，降低售价。因此，要做好羽绒的处理和储存工作。

（1）羽绒的处理。拔后的羽绒一定要及时处理，必要时可进行消毒，待羽绒干透后再用干净不漏气的塑料袋包装，外面套以编织塑料袋，并用绳子分层捆紧，装包储存。

（2）羽绒的储存。羽绒要放在干燥、通风的室内保存。储存过程中要经常检查，保持环境清洁，注意防潮、防霉、防蛀、放热，以保证羽绒质量。

（三）拔羽中易出现的问题及处理

1. 毛片难拔

对能避开的毛片，可避开不拔，只拔绒朵。当毛片不好避开时，可将其剪断。

2. 脱肛

在活拔羽绒操作时，由于受到强烈刺激，个别鹅会出现脱肛现象。一般不需任何处理，过 1～2 d 就能自然收缩恢复正常。或可用 0.1％的高锰酸钾溶液冲洗肛门，以防肛门溃烂，再人工按摩推进，使其恢复原状。

3. 伤皮和出血

在拔毛过程中，如果血管出血或小范围皮伤，应立即用消毒药水（紫药水、碘酊等）涂抹消毒。

五、活拔羽绒后鹅的饲养管理

活拔羽绒对鹅来说是一个比较大的外界刺激，鹅的精神状态和生理功能均会因之而发生一定的变化。一般表现为精神有些委顿（俗称发蔫），活动减少，喜站不愿卧，走路摇晃，胆小怕人，翅膀下垂，食欲减退，个别鹅体温升高。上述的生理反应一般 2 d 可见好转，第 3 d 就基本恢复正常，通常不会引起疾病或造成死亡。

但经过活拔羽绒，鹅体失去了一部分体表组织，对外界环境的适应性和抵抗能力均有所下降。因此，为保证鹅的健康，使其尽早恢复羽毛生长，应加强活拔羽绒后 1 周的饲养管理。

（一）饲养

活拔羽绒后，鹅体不仅需要维持体温和各器官所需要的应用，还要有足够的营养成分供羽绒再次生长发育，所以对鹅要加强营养。最好喂给鹅全价的配合饲料，增加饲粮中蛋白质、能量、含硫氨基酸和微量元素的含量，以促进新羽的生长。下列配方可供参考：玉米33%，麦麸30%，稻糠13%，豆饼15%，鱼粉5%，水解羽毛粉3%，微量元素0.5%，食盐0.5%，每天喂150～200 g，同时供给一定的青绿饲料。7 d以后逐渐减少精料，增加粗料，给足青绿饲料。

（二）管理

1. 创造适宜的生活空间

活拔羽绒后3 d内，被拔去羽绒的鹅放在舍内或屋内，让其在舍内活动。舍内应保暖、幽暗、无风、地面平坦、干燥、清洁，并铺上干净柔软的垫草。夏季要防止蚊虫叮咬；冬季舍内应保暖，温度不能低于0℃，以免拔羽绒后的鹅受凉感冒。如果拔羽绒后鹅表现摆头，鼻孔甩水，不食，甚至不喝水，这是感冒的症状，说明舍温过低，应采取保温措施并进行治疗。

2. 防止烈日照射和过早下水

因鹅活拔羽绒后，皮肤裸露，3 d内不能在强烈阳光下放养，7 d内不要让鹅下水和淋雨，以免毛囊发炎感染。拔羽7 d后，因鹅的皮肤毛孔已经闭合，可让鹅适当下水、游泳，多放牧，多吃青草，能促进羽毛的生长。

3. 分群饲养

公、母鹅在活拔羽绒后应分群饲养，以防止交配时公鹅踩伤母鹅或强弱相欺。皮肤受伤的鹅也应隔离饲养，以保证其尽快恢复健康。

拓展阅读

鹅活拔羽绒，是根据禽类自然换羽和羽毛再生能力的生物学特性，利用人工技术拔取活鹅的羽绒。鹅活拔羽绒改变了过去那种宰杀后才拔1次毛的习惯，采用人工活拔羽绒，不仅增加了羽绒的产量，而且还增加了羽绒的质量。因此，活拔羽绒技术被称为"羽绒生产上的一项革命"。

5.2.6.1 羽绒制品中羽绒羽毛可追溯性管理规范（地方标准）	5.2.6.2 皖西白鹅防水羽绒分级标准（地方标准）	5.2.6.3 羽绒制品中鹅绒的鉴别PCR法和实时荧光PCR法（地方标准）

●●●●● 作业单

一、名词解释

1. 正羽，2. 绒羽，3. 纤羽。

二、思考题

1. 鹅羽绒具有哪些经济价值？

2. 活拔羽绒具有哪些优点？

3. 什么类型的鹅适合活拔羽绒？如何操作？

●●●● 学习反馈单

评价内容		评价标准	评价方式	分值
课前(15%) (知识目标 达成度)	线上考查 参与度	任务指南完成情况；在线资料浏览时长；任务资讯完成情况；参与讨论情况与质量。	教学平台自动生成。	5分
	线上任务 测试题	该任务在线测试题完成的质量。		5分
	课前测试	完成质量。		5分
课中(55%) (技能目标 达成度)	课堂参与 情况	出勤、课堂纪律、学习态度、参与情况等。	教学平台自动生成。	5分
	工作任务单 完成情况	每个工作任务单完成的质量、效率、职业素养等。	学生自评、组内互评、组间互评、教师评价。	50分
课后(15%) (知识＋ 技能目标 达成度)	线上作业	线上巩固作业完成质量。	教学平台自动生成。	5分
	线下作业	作业单完成质量。	生生互评。	5分
	反思报告	完成的质量。	教师打分。	5分
思政素养目标 达成度(15%)		考查学生勤于思考、善于思考、尊重科学、保护生态、爱护动物的职业素养，吃苦耐劳、爱岗敬业、服务农业农村的职业精神。	组间互评、教师评价。	15分
反馈情况		每个项目结束后通过线上无名问卷调查。		
反思改进		1. 根据学生课前、课中、课后任务完成和反馈情况以及在课程实施过程中的具体发现，在接下来的教学过程中，还要进一步体现"学生为中心"的教学理念，给予学生更大的自主权，充分发挥其主动性。 　　2. 本项目作为本门课程中第二大类家禽——水禽，而且鸭和鹅都已成为我国养禽业重要的经济增长点，成为我国一定区域的重要经济产业。在信息技术应用方面，仍有很大的改进空间，应实时进行该领域技术的引入与更新，并设计出能够针对每个学生能力的工作任务单评价系统，这样就可解决教师课中无法进行一对一教学的痛点。		

项目 6

禽场管理

●●●●● **学习任务单**

项目 6	禽场管理	学　时	10
布置任务			
学习目标	**知识目标：** 1. 能说明家禽与环境的关系。 2. 能说明禽场的经营方式、计划管理及生产和财务管理。 3. 能说明禽场各个职能子系统。 4. 能说明禽场综合防疫措施。 **技能目标：** 1. 能解决各种环境因素对家禽的影响。 2. 能解析并制订禽群周转和生产计划以及协调禽场经营与管理的关系。 3. 会收集禽场数据并能应用计算机辅助管理禽场。 4. 能安全管理禽场并能合理处理禽场废弃物。 **素养目标：** 1. 登录网络平台搜索、查阅、对比、了解我国家禽养殖现状，能够实践调控禽场环境并关注禽场生物安全，努力深入生产实践实现具有中国特色的社会主义现代化禽场，激发应用现代技术的能力和自信心，逐步树立企业自信，建立该领域的生物安全标准。 2. 养成勤于思考、善于思考，尊重科学、保护生态、爱护环境的职业素养。 3. 增强服务农业农村现代化的使命感和责任感，培养知农、爱农创新人才。		
任务描述	通过解答资讯问题、完成教师布置的作业，针对案例、工作任务单及其相关资料，进一步思考下面内容。 1. 禽场环境管理。 2. 禽场经营管理。 3. 禽场计算机辅助管理。 4. 禽场生物安全管理。		
提供资料	1. 本任务中的必备知识及教学课件。 2. 家禽饲养工（国家职业标准）。 3. 国际畜牧网：　　　　4. 中国养殖网：		

对学生要求	1. 能根据学习任务单、资讯引导，查阅相关资料，在课前以小组合作的方式完成任务资讯问题，体现团队合作精神。 2. 尊重科学，遵纪守法，本着科教兴农的理念。 3. 严格遵守相关国家标准和养殖行业规定，以身作则实时保护生态。 4. 严格遵守操作规程，做好自身防护，防止疫病传播。

●●●●● 任务资讯单

项目 6	禽场管理
资讯方式	学习"工作任务单"中的"必备知识"和"拓展阅读"，思考案例内容及分析，到本课程在线网站及相关课程网站、实习禽场、图书馆查询资料，向指导教师咨询。
资讯问题	1. 家禽的自然环境主要指什么？对家禽饲养起到怎样的作用？ 2. 家禽的人为环境包括哪些？哪项能有效决定家禽遗传潜力的发挥？ 3. 什么是气湿？表示指标有哪些？哪一个是养禽生产中最常用的？对禽只有何影响？ 4. 气流对禽场有何意义？对于禽舍内有什么要求？ 5. 光照、声、气压、化学成分、微生物及夹杂物等空气其他环境因素对禽有怎样的影响？ 6. 经营禽场应考虑哪些方面？ 7. 禽场的经营方式有几种？分别是什么？ 8. 经营决策程序一般分为几步？分别是什么？ 9. 养禽场的计划管理包括什么？实际生产中都有哪些计划？ 10. 养禽场的生产管理通常包括什么？ 11. 禽场财务管理的任务是什么？如何进行成本核算？ 12. 提高养禽场经济效益的途径有哪些？ 13. 什么是计算机辅助管理？一般包括几个层次？ 14. 养禽场管理信息系统一般都包括哪些？ 15. 养禽场生产管理系统主要包括哪些子系统？ 16. 禽场为什么要严格执行综合防疫措施？ 17. 禽场综合防疫措施的基本内容是什么？ 18. 禽场消毒剂如何进行选择？如何保证消毒效果？怎样选择消毒方法？ 19. 如何制订禽场免疫程序？ 20. 禽场废弃物包括哪些？如何进行管理和利用？
资讯引导	1. 在工作任务单中查询。 2. 进入相关网站查询。 3. 查阅相关资料。

任务 6.1 禽场环境管理

● ● ● ● ● **案例单**

任务 6.1	禽场环境管理	学　时	2
案例	案例内容		案例分析
1	图 6-1-1　环境温度与机体热调节图		这是环境温度与机体热调节图，B—B′为物理调节区，B—C 为化学调节区，C—C′为体温恒定区，A—A′为舒适区，B 为临界温度，C′为过高温度，C 为极限代谢，D—C 为体温下降区，C′—D′为体温上升区。
2	图 6-1-2　某地冬季的风向频率图		这是某地冬季的风向频率图。

相对湿度	气流速度（m/s）				
（%）	0	0.25	0.50	1.00	2.00
100	17.8℃	19.6℃	21.0℃	22.6℃	25.3℃
90	18.3℃	20.1℃	21.4℃	23.1℃	25.7℃
80	18.9℃	20.6℃	21.9℃	23.5℃	26.6℃
70	19.5℃	21.1℃	22.4℃	23.9℃	26.6℃
60	20.1℃	21.7℃	22.9℃	24.4℃	27.0℃
50	20.7℃	22.4℃	23.5℃	25.0℃	27.4℃
40	21.4℃	23.0℃	24.1℃	25.3℃	27.8℃
30	22.3℃	23.6℃	24.7℃	26.0℃	28.2℃

案例 3：这是不同相对湿度和风速下穿着正常的人的有效温度（℃）。

●●●●● 工作任务单

子任务 6.1.1	分析影响禽场环境因素			
任务目的	针对某家禽场分别从温热环境因素、其他空气环境因素以及水土环境因素和家禽场建设等方面，全面分析对家禽场的影响。			
任务准备	1. 不同生产阶段蛋鸡场、蛋种鸡场、肉仔鸡场的辐射、气温、气湿、气流等主要温热环境因素，光照、噪声、有害气体、微粒、微生物等其他空气环境因素和水土环境等样本定期监测结果资料。 2. 上述相关场区建设布局图。 3. 分析软件及计算机。			
任务实施	1. 教师布置任务，提供禽场相关环境因素检测结果。 2. 各小组抽签选择具体禽场案例。 3. 小组内分工，查阅、调研、讨论、研究方法，分析影响结果。 4. 小组间汇报各自结果，其他组成员评分。 5. 全班同学共同讨论以上因素的影响程度，各因素间的相关作用。 6. 教师总结、评鉴，强调综合管理的重要性。			
考核评价	考核内容	评价标准		分值
	影响因素分析	1. 小组内成员能够对提供的家禽场检测资料认真分析、查阅、调研，得 20 分。 2. 能够通过对家禽场资料在对比分析的基础上得出结论，得 20 分。 3. 小组内成员分工合理、合作默契，得 10 分。 4. 否则酌情减分。		50
	汇报总结	1. 各小组结果汇报清晰、合理，得 10 分。 2. 小组间能够对不同家禽场的影响因素进行合理分析，得 10 分。 3. 汇报过程中具有环保理念，得 20 分。 4. 各组间能够达成共同理念，得 10 分。		50

必备知识

一、家禽与环境的关系

项目	内容		意义
家禽的环境	概念		是指家禽周围空间中对其生存具有直接或间接影响的各种生命体和非生命物质因素的总和。
	分类	自然环境	按其主要的组成要素可分为大气环境、水环境、土壤地质环境、生物环境等。
		人为环境	包括养禽场建筑物与设备，饲养管理条件，选育方法，人的风俗习惯、爱好、科学技术水平、经济力量，还包括该地区人口的分布、消费水平、国家的政策法令等。
	大量事实证明的结论		畜禽的遗传潜力能否有效地发挥决定于饲养水平和环境条件。

项目	内容	意义
家禽健康及生产力环境的关系	现代规模养殖的最大特点之一是控制了畜禽的生长环境。	①环境条件的改善可以使饲养效率和家禽生产力水平显著提高； ②有些鸡场对鸡群环境的调控能力达到了较高程度，使鸡的遗传潜力得到了充分发挥，生产力大幅度上升，甚至接近或达到了世界先进水平。

二、空气环境

空气环境是禽的最重要的外界环境因素之一。禽的空气环境可大可小，小到禽场空气环境或禽舍空气环境，大到近地空气层甚至整个大气层。禽的空气环境由许多因素组成，按对禽的作用又可将这些因素分为空气温热环境因素和空气其他环境因素两大类。这两类因素不能截然分开，它们互相依赖、互相作用，共同影响着禽的健康和生产力。

外界环境因素		内容	对禽的影响
空气温热环境因素	热辐射	副业性养禽。	主要依赖自然环境因素，对禽健康和生产力有较大的影响。
		现代规模养禽业（集约化舍内养殖）。	①对禽主要产生间接影响。 ②人工制作的各种红外线保温装置发出的辐射热在养殖业，尤其是育雏时起到了积极的作用。
	气温	是最关键因素。 气温对禽的影响（二维码 6.1.1）。 6.1.1	①对禽的影响最大。 ②气温的变化具有周期性的日、年变化以及非周期性变化，如春季的"倒春寒"，秋末初冬的气温陡升现象。 ③结合案例 1 说明高温和低温对禽的不良影响。
	气湿	舍内湿度随舍内气温的变化而变化。	①对禽的影响主要是建立在热平衡基础上的。 ②气湿的日变化与气温的日变化是相反的，气湿的年变化也应与气温的年变化相反。 ③在等热区内，无论气湿如何，对禽体的热调节都没有什么影响；但过高或过低湿度对禽的生产力会产生直接的危害。
	气流	①气流的状态通常用风向和风速表示。 ②风速是禽场防风林建设和禽舍通风换气、防暑降温的重要参数； ③气流是禽舍内空气流动的动力。	①根据案例 2 可在选择禽场场址、场内建筑物布局和禽舍设计上都有很大的实用价值。 ②冬季舍内气流速度以 0.1～0.2 m/s 为宜，一般不宜超过 0.3 m/s。如果舍内气流速度在 0.01～0.05 m/s 之间，说明舍内通风不良。 ③夏季舍内气流速度保持在 0.5 m/s 左右较好，开放式或半开放式禽舍达到 1.0～1.5 m/s 则较为理想。

外界环境因素		内容	对禽的影响
空气温热环境因素	综合作用	养禽生产中最常使用的综合性温热指标是有效温度（ET），也称实感温度、等感温度或体感温度。	① ET 是根据气温、气湿、气流三个主要温热环境因素的相互制约作用，在人工控制的条件下，以人的主观感受为基础而制订的（见案例3）； ②在实际生产中应使这三种主要的温热因素相互配合达到案例1中禽的等热区或适温区，就是该禽舍最适环境温度。
空气其他环境因素	光照	养禽生产中的光照管理（二维码6.1.2）。 6.1.2	①光照期是影响禽类生殖机能的重要因素。 ②在人工饲养条件下，对家禽在某一时期或整个生长期间系统地进行人工光照或补充光照的具体规定，常称为光照制度（详见子任务4.1.5.2）。
	噪声	①禽舍内噪声强度决定于季节、通风系统及其工作制度、饲养密度及日龄、在禽舍旁的各种工作、禽舍的布局情况等。 ②有些专家认为60～80 dB水平的低频噪声可以用作鸡舍生产许可的噪声标准。	①突发性高强度噪声对蛋禽产蛋量的影响是非常严重的，可使其产蛋率下降、蛋重减轻、蛋的质量下降。 ②公禽受噪声影响之后，其所配种受精卵的孵化率明显下降。 ③地面平养的肉用仔鸡若受突然的高强度噪声的惊吓，立即发出尖叫，并拥挤打堆，部分鸡会被挤死压伤。 ④一定水平的声音对动物是完全必要的。有人报道，轻音乐可使鸡群保持安静、减少惊群发生，节省饲料并有延长产蛋周期；在雏鸡孵化时播放幼鸡出壳时鸡叫的声音，能使小鸡出壳整齐一致，提高孵化率。
其他环境因素	空气中有害气体	氨。	一般认为鸡舍中氨气的允许浓度不宜超过 $15\ mg/m^3$。
		硫化氢。	硫化氢浓度最高不应超过 $10\ mg/m^3$。
		二氧化碳。	①一般认为鸡舍中二氧化碳浓度达到5%是中毒浓度。 ②实际生产中，鸡舍中二氧化碳对禽的影响主要体现在作为一种指示性气体，其含量可以间接表明禽舍空气的污浊程度或通风换气情况。 ③当二氧化碳含量增加时，其他有害气体（如氨或硫化氢）的含量也可能增高。经测定，若禽舍空气中二氧化碳浓度保持在0.2%以下，其他有害气体也在正常范围之内。为安全起见，禽舍空气中二氧化碳浓度应以0.15%为限。

外界环境因素		内容	对禽的影响
其他环境因素	空气中有害气体	一氧化碳。	①我国在对人的卫生标准中规定，工作场所空气中一氧化碳的最高允许浓度为 24 mg/m³。 ②国外一些畜牧场要求畜禽舍内一氧化碳浓度不能超过 10 mg/m³。 ③实际生产中应根据本养禽场的具体情况加以考虑和选择。
	空气中的微粒	据测定，禽舍空气中的微粒一般在 $10^3 \sim 10^6$ 粒/m³，在翻动垫料时其数量可增加数十倍。	①大量的微粒可被禽只吸入呼吸道内，微粒多具有较强的吸附性，可吸附各种有害气体如氨或硫化氢，并将这些有害气体一并带入呼吸道内，使呼吸道受到更大的损伤。 ②在平养禽舍内，采用厚垫料法饲养所产生的微粒对于育成禽和肉用仔禽具有不良的影响。
	空气中的微生物	一般认为畜禽舍空气中的细菌总数不应超过 2.5 万个/m³。	①舍内空气中微生物的数量与舍内干燥状况、饲养密度、饲养操作方式、管理制度及禽的活动有关。 ②禽舍或养禽场空气中微生物的种类繁多而且是不固定的，但一般不存在病原微生物。 ③只有在疫病流行地区、病禽隔离舍、贮粪场上空或兽医院附近、有病鸡的鸡舍内，空气中有可能存在病原微生物。
水环境与土壤环境	水环境	需充分满足养禽生产对水的质和量的要求。	①气温对禽的饮水量有较大的影响。 ②气温高于等热区饮水量增加。 ③气温低于等热区则饮水量减少。
	土壤环境	土壤是一切废弃物的受纳者和吸收者，往往是传染病、侵袭性疾病的传染源。	①土壤对禽的影响也渐渐由直接转为间接。 ②目前，禽只很少或根本不直接接触土壤（如笼养）。 ③土壤在养禽业整个环境因素中，仍然占有及其重要的地位。
养禽生产与环境污染的关系		畜禽生产的污染和被污染是一个不可回避的课题。	①实际上，关系畜禽的环境保护，不仅仅关系到它们的健康，最终是关系到我们人类的健康。 ②养禽生产是畜牧生产中最易实现工厂化、产业化的生产项目，如果不予以重视，就会严重污染环境，同时又被污染的环境所影响，如此循环往复，恶性发展，将对养禽生产发展极为不利。
养禽场场址选择和禽舍设计			见任务 3.1 部分。

拓展阅读

生物是地球发展到一定阶段的产物，有了外界环境，才有地球上一切生物的生命活动，有了外界环境的不断变化，才使得生物不断发展、演变、进化。因此，地球上的一切生物与其周围的环境是不可分割的对立统一的整体。环境中的物质与生物机体之间保持着动态平衡。

6.1.3 畜禽养殖环境与
废弃物管理术语(国家标准)

6.1.4 畜禽场环境质量
评价准则(国家标准)

6.1.5 畜禽场环境污染控制
技术规范(行业标准)

6.1.6 畜禽场环境质量及
卫生控制规范(行业标准)

6.1.7 蛋鸭笼养舍内环境控制
技术规程(地方标准)

●●●● 作业单

思考题
1. 家禽与环境具有怎样的关系？在生产实践中怎样通过环境条件来发挥家禽的遗传潜力？
2. 禽场温热环境因素主要包括哪些？各是如何影响家禽生产的？
3. 如何最大限度地降低各种环境因素对家禽的影响？

任务6.2　禽场经营管理

●●●● 案例单

任务6.2	禽场经营管理			学　时	4
案例	案例内容				案例分析
1	项目	雏鸡	育成鸡	产蛋鸡	这是鸡群周转模式。
	饲养阶段日龄	1～42	43～132	133～504	
	饲养天数	42	90	372	
	空舍天数	10	14	18	

1	单栋周期天数		52		104		390				
	鸡舍栋数		2		4		12				
	每批间隔天数		26		26		26				
	390天养鸡批数		15		15		12				
	365天养鸡批数		14.04		14.04		11.23				

月份	幢别(饲养日母鸡数)												合计	
	1	2	3	4	5	6	7	8	9	10	11	12		
1	10 000	9 900	9 800	9 700	9 600	9 500	9 400	9 300	9 200	9 100	9 000	8 900	113 400	
2	9 900	9 800	9 700	9 600	9 500	9 400	9 300	9 200	9 100	9 000	8 900	3 366	106 766	
3	9 800	9 700	9 600	9 500	9 400	9 300	9 200	9 100	9 000	8 900	3 366	9 900	106 766	
4	9 700	9 600	9 500	9 400	9 300	9 200	9 100	9 000	8 900	3 366	9 900	9 800	106 766	
5	9 600	9 500	9 400	9 300	9 200	9 100	9 000	8 900	3 366	9 900	9 800	9 700	106 766	
6	9 500	94 00	9 300	9 200	9 100	9 000	8 900	3 366	9 900	9 800	9 700	9 600	106 766	
7	9 400	9 300	9 200	9 100	9 000	8 900	3 366	9 900	9 800	9 700	9 600	9 500	106 766	
8	9 300	9 200	9 100	9 000	8 900	3 366	9 900	9 800	9 700	9 600	9 500	9 400	106 766	
9	9 200	9 100	9 000	8 900	3 366	9 900	9 800	9 700	9 600	9 500	9 400	9 300	106 766	
10	9 100	9 000	8 900	3 366	9 900	9 800	9 700	9 600	9 500	9 400	9 300	9 200	106 766	
11	9 000	8 900	3 366	9 900	9 800	9 700	9 600	9 500	9 400	9 300	9 200	9 100	106 766	
12	8 900	3 366	9 900	9 800	9 700	9 600	9 500	9 400	9 300	9 200	9 100	9 000	106 766	
平均													107 319	

这是产蛋鸡群周转计划。

注：1. 每幢笼位10 100，共计12幢，笼位总数121 200只，计划平均饲养107 319只，笼位利用率88.55%。

2. 进笼10 100只，产蛋结束计划余8 900只，存活率88.12%，月死淘率1%。

● ● ● ● ● **工作任务单**

子任务6.2.1	制订商品蛋鸡周转计划
任务目的	通过学习鸡场年度计划编制方法，会制订商品蛋鸡周转计划。
任务准备	1. 已知：养一个产蛋年的商品蛋鸡，采用三段式饲养(如案例1)。 2. 年度生产任务要求：育雏率和育成率均为95%，其他数据参见案例2。 3. 计算器。
任务实施	1. 结合案例1和案例2描述该鸡场各阶段的饲养日龄、消毒空舍天数。 2. 说出该鸡场育雏舍、育成舍、蛋鸡舍之间的比例以及产蛋鸡群周转情况。 3. 计算该鸡场的鸡舍面积和笼位。 4. 计算鸡位利用率。 5. 计算该鸡场饲养日和平均饲养只数。 6. 计算入舍鸡数。

考核内容	评价标准	分值
考核评价 鸡场描述	1. 能够准确描述该鸡场各阶段的饲养日龄、消毒空舍天数，每答对一项得 3 分，全部答对最多可得 15 分。 2. 能够准确说出该鸡场育雏舍、育成舍、蛋鸡舍之间比例，得 5 分。 3. 能够准确说出该鸡场产蛋鸡群周转情况，得 10 分。	30
计算该鸡场的鸡舍面积和笼位	1. 能够列出计算步骤并计算正确，得 20 分。 2. 否则酌情减分。	20
计算鸡位利用率	1. 能够列出计算步骤并计算正确，得 15 分。 2. 否则酌情减分。	15
计算该鸡场饲养日和平均饲养只数	1. 能够列出计算步骤并计算正确，得 20 分。 2. 否则酌情减分。	20
计算入舍鸡数	1. 能够列出计算步骤并计算正确，得 15 分。 2. 否则酌情减分。	15

子任务 6.2.2	制订商品肉仔鸡的周转计划
任务目的	通过学习计划编制方法，会编制商品肉仔鸡的周转计划。
任务准备	某场年产 15 万只肉用仔鸡的鸡舍周转安排如下。 基本条件：育雏鸡舍，4 个单元，每单元 90 m²；育肥鸡舍，10 幢，每幢 180 m²。 要求：年饲养肉用仔鸡 15 万只。
任务实施	1. 如果后期饲养密度为 12 只/m²，按育肥鸡舍面积计算饲养量。 2. 计算全年饲养批数。 3. 计算每批肉仔鸡间隔时间。 4. 考虑到饲料条件稍差等情况，试以 70 天内为肉用仔鸡的 1 个饲养周期，规划育雏鸡舍和育肥鸡舍的具体情况。

考核内容	评价标准	分值
考核评价 计算饲养量	1. 能够列出计算步骤并计算正确，得 20 分。 2. 否则酌情减分。	20
计算全年饲养批数	1. 能够列出计算步骤并计算正确，得 20 分。 2. 否则酌情减分。	20
计算每批肉仔鸡间隔时间	1. 能够列出计算步骤并计算正确，得 20 分。 2. 否则酌情减分	20

	考核内容	评价标准	分值
考核评价	育雏鸡舍 饲养规划	1. 能够详细说明饲养规划，得 20 分。 2. 否则酌情减分。	20
	育成鸡舍 饲养规划	1. 能够详细说明饲养规划，得 20 分。 2. 否则酌情减分。	20
子任务 6.2.3	鸡场生产成本核算与经济效益分析		
任务目的	了解养禽场生产成本的构成；能进行养禽场生产成本项目的归集和计算；掌握养禽场不同生产对象成本核算的计算方法及分析经济效益。		
任务准备	地点：实训室。 材料：案例、计算器、实训报告、笔等。		
任务实施	1. 某商品蛋鸡场年饲养产蛋鸡 2 000 只，根据往年生产记录，育雏期和育成期成活率均为 95%。全年各项生产费用如下：购进 2 200 只初生雏鸡计 3 960 元，购进 90 000 kg 饲料计 108 000 元、药品疫苗 2 200 元、燃料动力费 400 元，水电费 2 000 元，工人工资 13 600 元、固定资产折旧费 22 000 元、运输费 2 000 元、低值易耗品 400 元、管理费 600 元、维修费 800 元。 2. 请将上面各项成本费用及所占的比例列于下表。		

项目	合计费用(元)	占费用比例(%)
初生雏鸡		
饲料		
药品疫苗		
燃料动力		
水电费		
工资		
折旧		
运输费		
低值易耗品		
管理费		
维修费		
合计		

3. 本场年购进雏鸡 2 200 只，育雏期成活率、育成期成活率均为 95%，假设产蛋期死淘率为 5%，淘汰蛋鸡平均体重 1.9 kg，每千克价格 6.40 元，以入舍鸡数计算平均每只鸡年产蛋量 17 kg，试计算该场单位主产品成本。

4. 试分析该鸡场(及其他禽场)的经济效益及提高措施。

考核内容	评价标准	分值
	分析成本费用	1. 能够将商品蛋鸡场各项成本费用准确填入上面表格中，每答对一项得 1 分，合计准确再得 3 分，最多得 14 分。 2. 能够准确算出商品蛋鸡场各项成本费用所占比例，每答对一项得 2 分，最多可得 24 分。	38
考核评价	计算单位主产品成本	1. 能够准确列出并计算出联产品（淘汰鸡）数量得，10 分。 2. 能够准确列出并计算出联产品收入，得 10 分。 3. 能够准确列出并计算出主产品（鸡蛋）成本，得 10 分。 4. 能够准确列出并计算出主产品数量，得 10 分。 5. 能够准确列出并计算出单位主产品成本，得 10 分。 6. 否则酌情减分。	50
	分析经济效益	1. 能够根据本案例或生产实际情况说出该鸡场的经济效益情况，得 5 分。 2. 能对该鸡场的经济效益或其他禽场分析提高经济效益的措施，得 5 分。 3. 小组内成员配合良好，得 2 分。	12

必备知识

一、禽场的经营

（一）经营方式

项目		实践意义或注意事项
按产品种类划分	单一经营	例如： ①孵化厂只经营孵化。 ②蛋鸡场只生产商品蛋。
	综合经营	例如： ①育种场不仅提供祖代种雏，也出售父母代甚至商品代种蛋与初生雏。 ②有的大型蛋鸡场除生产商品蛋外，还自营饲料厂也外售饲料等。
按得到主产品的途径划分	合同制生产	①我国也称辐射经营。 ②包括公司＋农户、公司＋农场或公司＋合作社。 ③辐射体负责产前、产中、产后的系列化服务，辐射对象负责提供饲养场地、人员及日常饲养管理。
	联合企业内生产	①进行产、供、销一条龙的单位，在企业内部生产主产品。 ②可以应用新的技术和装备进行大规模、高效率的生产，并可取得来源稳定的高质量产品。

（二）经营决策

开办一个企业，必须进行可行性研究，遵循一定的决策程序。决策程序一般分为三步：一是形势分析，二是方案比较，三是择优决策。

决策程序	项目	操作程序及意义
1. 形势分析	外部环境	①进行市场调查和预测。 ②了解产品的价格、销量、供求的平衡状况和今后发展的可能。 ③了解市场现有产品的来源、竞争对手的条件和潜力等。
	内部条件	①场址适宜经营。如环境适宜生产和防疫；交通比较方便，有利于产品与原料的运输和废弃物的处理；水、电等供应有保证。 ②资金来源的可靠性，贷款的年限，利率的大小。 ③生产制度与饲养工艺的先进性、设备的可靠性与效率；人员技术水平与素质；供销人员的经营能力。 ④饲养禽种来源的稳定性、健康状况与性能水平等。
	经营目标	包括产品的产量、质量与质量标准以及产品的产值、成本和利润。
	关系	养禽场要通过本身努力，创造、改善条件，提高适应外部环境和应变的能力，保证经营目标的实现。
2. 方案比较	主要对不同的方案在投入、风险和效益方面进行比较	①根据形势分析，制订几个经营方案，实际上这也是可行性研究。 ②同时对不同的方案进行比较，如生产单一产品还是多种产品；是独立经营还是合同制生产；是独资还是合资。
3. 择优决策	择优决策，最后选出最佳方案	①投入回收期短。 ②企业可能获得较大的成功机会。

二、禽场的计划管理

禽场的计划管理是通过编制和执行计划来实现的。

计划种类	项目	内容或意义
长期计划	概述	又称长期规划和远景规划，从总体上规划禽场若干年内的发展方向、生产规模、进展速度和指标变化等，以便对生产与建设进行长期、全面的安排，统筹成为一个整体，避免生产的盲目性，并为职工指出奋斗目标。
	时间	一般为 5 年。

计划种类	项目	内容或意义		
长期计划	内容	①确定经营方针。 ②规划禽场生产部门及其结构、发展速度、专业化方向、生产结构、工艺改造进程。 ③技术指标的进度，主产品产量。 ④对外联营的规划与目标。 ⑤科研、新技术与新产品的开发与推广等。		
	措施	实现奋斗目标应采取的技术、经济和组织措施，如基本建设计划、资金筹集和投放计划、优化组织和经营体制的改革等。		
	预期效果	主产品产量与增长率、劳动生产率、利润、全员收入水平等的增量与增幅。		
年度计划	概述	是禽场每年编制的最基本的计划，根据新的一年里实际可能性制订的生产和财务计划，反应新的一年里禽场生产的全面状况和要求。		
	要求	计划内容和确定生产指标应详尽、具体和切实可行。		
	目的	作为引导家禽场一切生产和经济活动的纲领。		
	生产计划	反映家禽场最基本的经营活动，是企业年度计划的中心环节。		
		制订依据	①生产工艺流程	禽场生产工艺流程（二维码6.2.1）。 6.2.1
			②经济技术指标	是制订计划的重要依据，是制订生产计划的基础。
			③生产条件	将当前与过去对比，根据过去的经验，酌情确定新计划增减的幅度。
			④创新能力	采用新技术、新工艺或开源节流、挖掘潜力等可能增产的数量。
			⑤经济效益制度	效益指标常低于计划指标，以保证承包人有产可超。

计划种类	项目	内容或意义		
年度计划	生产计划	禽群周转计划	意义	是生产计划的基础。
			需考虑因素	禽位、饲养日和平均饲养只数、入舍禽数等因素，结合存活率、月死亡淘汰率等。
			制订方法	①"全进全出"制鸡场周转计划。　很简单，只列出鸡数、日期，每个月份的存栏数、死淘数和最后转出（或处理）数即可。
				②多日龄鸡场周转计划。　较复杂，一般按照本场鸡群周转模式（参见案例1）进行。
				③家禽周转计划举例。　见工作任务单。
	基本建设计划	包括基本建设投资和效果的计划。		计划新的一年里进行基本建设的项目和规模，是生产与扩大再生产的重要保证。
	劳动工资计划	包括在职职工、合同工、临时工的人数和工资总额及其变化情况，各部门职工的分配情况、工资水平和劳动生产率等。		
	物资供应和产品销售计划	包括各个月份及全年计划销售的各类禽产品的等级、数量。		①需要对全年所需的生产资料做出全面安排。 ②尤其是饲料、燃料、基建材料等的供应量和供应时期的确定。 ③以保证生产计划和基本建设计划得以顺利实现。
	产品成本计划	拟定各种生产费用指标、各部门总成本、降低额与降低率指标。		①是加强成本管理的一个重要环节。 ②是贯彻勤俭办企业的重要手段。
	财务计划	内容包括：财务收支计划、利润计划、流动资金与专用资金计划和信贷计划等。		①是对家禽场全年一切财务收入进行全面核算。 ②保证生产对资金的需要和各项资金的合理使用。
阶段计划	一般按月编制	禽场在年度计划内一定阶段的计划。		①把每月的重点工作，如进雏、转群等预先安排组织、提前下达。 ②尽量做到搞好突击性工作，同时使日常工作照样顺利进行。 ③要求安排尽量全面、措施尽量明确具体。

三、禽场的生产管理

家禽场的生产管理是通过制订各种规章、制度和方案作为生产过程中管理的纲领或依据，使生产能够达到预定的指标和水平。

项目	内容或意义
制订家禽场综合防疫制度	①为了保证家禽健康和安全生产，场内必须制定严格的防疫措施。 ②规定对场内外人员、车辆、场内环境、装蛋放禽的容器进行及时或定期的消毒，对鸡舍在空出后的冲洗、消毒，各类鸡群的免疫，种鸡群的检疫等。
制订各类禽舍一日工作程序和技术操作规程	①将各类禽舍每天从早到晚按时划分，对各项操作进行明文规定。 ②使每天的饲养工作有规律地全部按时完成。 ③禽群管理中的各项技术措施和操作等均通过技术操作规程加以贯彻。 ④对禽场饲养任务提出生产指标，使饲养人员有明确目标。 ⑤指出不同饲养阶段禽群特点及饲养管理要点。 ⑥按不同操作内容分段列条、提出切合实际要求。 ⑦要尽可能采用先进技术和反映本场成功的经验。 ⑧条文要简明具体。
建立岗位责任制	①建立岗位职责。 ②通过各项记录资料的统计分析，不断进行检查。 ③用计分方法科学计算出每一职工、每一部门、每一生产环节的工作成绩和完成任务的情况，并以此作为考核成绩及计算奖罚的依据。

四、禽场的财务管理

项目	内容	意义
财务管理的任务	①要把账目记载清楚，做到账账相符，账务相符，日清月结。 ②要深入生产实际，了解生产过程，通过不断的经济活动分析，发现生产及各项经济活动中存在并亟需解决的问题。 ③研究并提出解决的方法和途径，做好企业经营参谋。	①禽场的所有经营活动都要通过财务工作反映出来。 ②财务工作是家禽场经营成果的集中表现。 ③不断提高家禽场的经营管理水平，从而取得最好的经济效益。

		只有了解产品的成本，才能算出家禽场的盈亏和效益的高低。		是财务活动的基础和核心。
成本核算	基础工作	①建立健全各项财务制度和手续。②建立禽群变动日报制度，包括饲养禽群的日龄、存活数、死亡数、淘汰数、转出数及产量等。③按各成本对象合理地分配各种物料的消耗及各种费用，并由主管人员审核。		①这是计算成本的主要依据。②这些材料涉及数字要准确，要认真整理清楚。
	对象	可以反映企业产品成本的结构，通过分析考核找出降低成本的途径。		
		生产成本的构成	固定成本。	生产成本构成(二维码6.2.2)。 6.2.2
			可变成本。	
		生产成本支出项目的内容	直接生产费用。	生产成本支出项目的内容(二维码6.2.3)。 6.2.3
			间接生产费用。	
			期间费。	
		生产成本计算方法	计算对象一般为雏鸡、育成鸡、种蛋、种雏、肉仔鸡和商品蛋等。	生产成本的计算是以一定的产品对象，归集、分配和计算各种物料的消耗及各种费用的过程。
		成本费用的核算	参见子任务6.2.2。	禽场成本费用的核算是进行效益分析的鸡场。

五、提高禽场经济效益的途径

项目	内容	意义
科学决策	①在广泛市场调查基础上，分析各种经济信息。②结合禽场内部条件(如资金、技术、劳力等)做出经营方向、生产规模、饲养方式、生产安排等方面决策。	①充分挖掘内部潜力。②合理使用资金和劳力，提高劳动生产率。③最终实现经济效益的提高。

项目	内容		意义
提高产品产量	是企业获利的关键。		
	1. 饲养优良禽种。		品种是影响养禽生产的第一因素。
	2. 提供优质的饲料。		以保证鸡生产潜力充分发挥。
	3. 科学饲养管理。	①创设适宜环境条件。②采取合理饲养方式。③采用先进饲养技术。	①应创设科学、细致、规律的各类禽群环境。②有利于家禽生产性能最大程度表现。③技术是关键，要及时采用先进的、适用的饲养技术。
	4. 适时更新禽群。	禽场可以根据禽源、料蛋比、蛋价比等决定适宜的淘汰时机，淘汰时机可以根据"产蛋率盈亏临界点"确定。	①能加快禽群周转。②加快资金周转速度。③提高资产利用率。
	5. 重视防疫工作。	①禽场必须制订科学的免疫程序。②严格执行防疫制。	①不断降低禽只的死淘率。②提高禽群的健康水平。
降低生产成本	增加产出，降低投入，是企业经营管理永恒的主题。		
	1. 降低饲料成本。	①降低饲料价格。②科学配料、提高饲料转化率。③合理喂料。④减少饲料浪费。	①饲料费用占生产成本的70%左右。②通过降低饲料费用来减少成本的潜力最大化。
	2. 提高全员劳动生产率。	全员劳动生产率反映的是劳动消耗与产值间的比率。	①能使禽场产值增加。②也能使单位产品的成本降低。
	3. 提高设备利用率。		①充分合理利用各类禽舍、各种机器和其他设备。②减少单位产品折旧费和其他固定支出。
	4. 正确使用药物。	①对禽群投药，要及时、准确。②对无价值的禽要及时淘汰，不再用药治疗。	在疫病防治中，能进行药敏实验的药尽量开展，能不用药的尽量不用。
	5. 降低更新禽培育费。	①加强饲养管理及卫生防疫。②提高育雏、育成率。③降低禽只的死淘摊损费。	①开展雌雄鉴别，实行公、母分养。②及早淘汰公鸡，减少饲料消耗。
	6. 合理利用禽粪。		

项目	内容	意义
搞好市场营销	①以信息为导向，迅速抢占市场。 ②树立"品牌"意识，扩大销售市场。 ③实行"产供销"一体化经营。 ④签订经济合同。	①市场经济是买方市场。 ②养禽要获得较高的经济效益就必须研究市场、分析市场，搞好市场营销。

技能拓展

6.2.4　制订种鸡群周转计划

6.2.5　制订饲料供应计划

拓展阅读

　　掌握禽场经营管理的基本方法是获得良好经济效益的关键。因此，除善于经营外，还需认真搞好计划管理、生产管理和财务管理，同时生产与销售高质量、价格有竞争力的禽产品，从市场获得应有的效益和声誉。

6.2.6　制订禽场生产计划的主要依据

●●●● 作业单

思考题

1. 制订养禽场生产计划的依据有哪些？

2. 怎样制订禽群周转计划和产品生产计划？编制饲料计划时必须注意哪些？

3. 养禽场成本费用由哪几部分构成？常用的利润考核方法有几种？各是什么？

4. 如何控制和降低养禽场的成本费用？提高养禽场经济效益的途径有哪些？

任务6.3 禽场智慧化管理

● ● ● ● ● **案例单**

任务6.3	禽场智慧化管理	学 时	2
案例	案例内容		案例分析
1	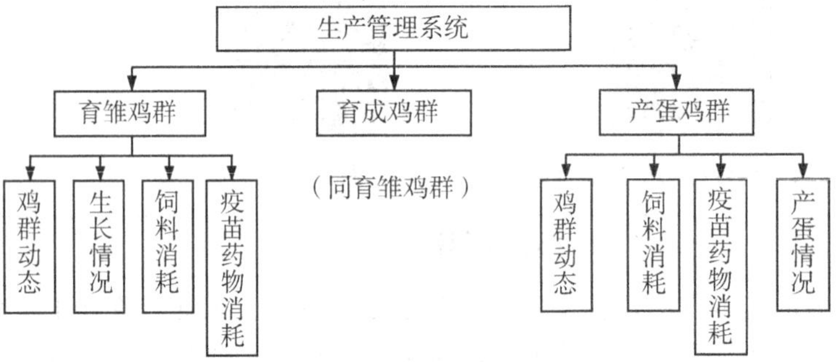 图6-3-1 养禽业生产系统功能结构图		这是养禽业生产系统功能结构图。
2	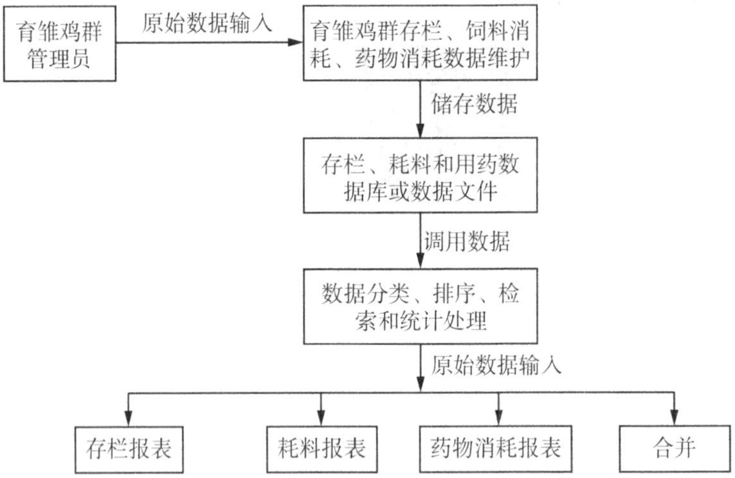 图6-3-2 育雏鸡群管理数据流程图		这是育雏鸡群管理数据流程图。
3	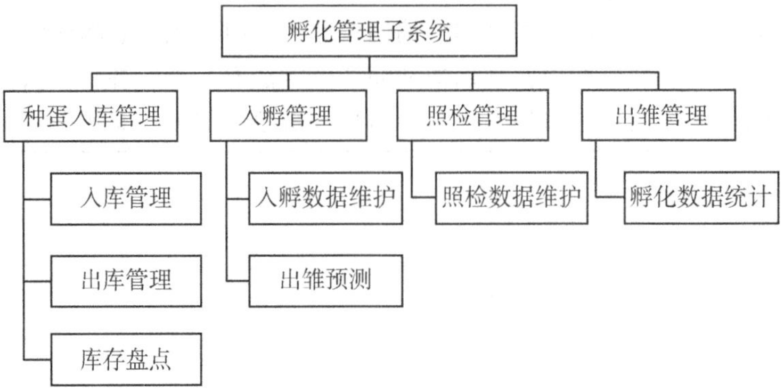 图6-3-3 孵化系统功能结构图		这是孵化系统功能结构图,主要由种蛋的入库、选择、保存及盘点,种蛋入孵,种蛋照检等组成。

●●●●● **工作任务单**

子任务 6.3.1	演示鸡场管理软件操作		
任务目的	通过上机演练，熟知某鸡场管理软件的基本功能，熟悉数据录入、档案修改、生成统计报表等功能的操作。		
任务准备	地点：计算机房实训室。 材料：鸡群动态、生长情况、饲料消耗、疫苗药物消耗和产蛋情况等基本数据，鸡场管理软件。		
任务实施	1. 系统登录。 2. 系统初始化。 3. 鸡群的生产、收支原始记录录入。 4. 数据查询与生产提示。 5. 报表生成与打印。 6. 数据备份、恢复与删除。 7. 小组内、小组间评分。 8. 教师总结、评鉴。		
考核评价	考核内容	评价标准	分值
	系统登录	1. 能够独立安装鸡场管理软件并登录，得 10 分。 2. 否则酌情减分。	10
	期初数据录入	1. 能够正确录入数据信息，每录入 1 个得 1 分，最多得 20 分。 2. 能够正确分类录入信息，得 10 分。	30
	数据查询	1. 能够学会在软件上查询录入的信息，得 10 分。 2. 能够发现有问题数据得 10 分，能够进行改正得 10 分。	30
	报表生成与分析	1. 能够生成生产报表，得 10 分。 2. 能够正确分析生成的报表，得 20 分。	30

必备知识

一、智慧化管理系统（CAMS）

项目		内容
概念		是指以计算机为核心，包括人、机器、管理制度等组合起来，以收集、整理、传递、存储、加工、维护和使用信息为目的的系统。
任务		建立面向管理的计算机信息系统，处理和应用管理业务的核心对象——信息。
构成	依据	规模、功能、水平的不同，智慧化管理系统有多个层次。
	过程	从电子数据处理系统（EDPS），到管理信息系统（MIS）、决策支持系统（DDS）、专家系统（ES）等的发展过程。

二、养禽场智慧化管理层次分析

项目	内容	意义		
养禽业	基础	遗传资源（种禽和蛋禽）、场舍设备、饲料、药物、劳动力、资金等。		
	企业目标	满足消费者需求，为社会提供优质产品（禽蛋、禽肉），同时不断取得利润。		
	经营方式	①选择最优战略，并执行这种战略。 ②支持经营者进行管理，主要是依赖于综合系统所获得的信息。		
养禽业组织管理结构	纵的方面	作业管理（基层管理）	特点	①工作量大，涉及面广。 ②适宜用来完成大量重复处理的业务工作。
			举例	①日常数据的输入。 ②编制生产统计报表。 ③管理订货合同等。
		战术管理（中层管理）	主要方式	电子数据处理（EDPS）。
			特点	是按照上级已制订的战略方针进行具体的计划和组织。
			举例	①编制年度生产计划、供应计划。 ②平衡人力、设备、资金等资源，以求得到较好的经济效益。 ③掌握各部门的工作动态，通过比较、分析做出正确的指示等。
		战略管理（高层管理）	主要方式	信息管理系统（MIS）。
			特点	是通过建立在数据库中的企业管理信息，应用模型库中的软件功能来做出面向决策的工作。
			举例	①收集、整理和做出有关的经营决策方案。 ②建立各种资源的分配方案等。
	横的方面	按职能划分	主要方式	决策支持系统（DSS）。
			禽场管理层次示意图（二维码 6.3.1） 6.3.1	可以划分为生产、销售、财务、库存、人事等。

三、养禽业常用数据处理技术

项目	内容		意义
电子数据处理系统（EDPS）	概念		是指利用计算机进行数据处理的计算机系统。
	目的		从最基础的数据处理开始。
	特点		数据处理的计算机化，节省了时间和人力，从而提高了处理效率。
	组成	数据采集系统	是由用户系统、通信系统和计算机系统组成，实现适时提供必要的数据。
		数据管理系统	其基本功能是按照用户要求，从大量的数据资源中提取有用的信息，经历了手工管理阶段、文件管理阶段、数据库管理阶段和高级数据库技术阶段。
		科学计算系统	用于增强系统的处理能力，强调通过推理过程产生信息；包括数学模型和科学计算软件包。
养禽业常用数据处理技术	线性规划	意义	①给定一定数量的人力、物力等资源，研究如何运用这些资源才能完成最大量的任务(求最大值)。②给定一项任务，研究如何统筹安排，才能以最小量的资源去完成这项任务(求最小值问题)。
		应用	常用于饲料配方的设计、最佳出栏时间确定和生产计划的安排等管理领域。
	多元线性回归	意义	①是研究事物之间因果关系的一种统计方法。②是养禽业最常用的统计分析工具。
		应用	常用于性状之间的相关性分析和市场预测等领域。
	非线性模型	意义	①也叫生产函数拟合。②是相对于线性模型而言的。③其自变量与依变量间不能在坐标空间表示为线性对应关系，所以也称这种变量间的关系为曲线回归。
		应用	①生长曲线。②产蛋曲线。

四、养禽业管理信息系统

项目		内容
管理信息系统（MIS）	概念	是以现代信息技术为手段，合理地改善信息处理的组织方式和技术手段，以达到提高信息处理效率、提高管理水平为目的的信息系统。
	意义	管理信息系统(MIS)是一个包括整个企业生产经营活动的复杂系统，由于现代化养禽业规模越来越大，分工越来越细，以及专业化和协作化程度的发展，使我们可以把企业看作一个系统来研究。
	分析研究方法	将一个复杂系统按照一定的标志分成若干子系统，它们分别承担着某一方面的具体目标和任务、具有一定的独立性。按照各子系统的目标和约束条件，应用模型化和最优化方法，经过系统分析，获得各子系统的最优方案。然后结合上一级系统及邻近系统对它的影响，将各子系统经过综合协调，构成一个总体系统，进而再对总体优化处理。

项目						内容
管理信息系统（MIS）	构成	职能系统				根据养禽业管理系统所担负的各种职能可划分为：生产子系统、库存子系统、销售子系统、财务子系统、人事管理子系统等。
		保证系统（或支持系统）				是指计算机系统、网络系统及通信技术系统。它为职能系统正常有效地运作提供必要的物质技术条件，采用先进而可靠的软、硬件系统，可以促使企业的管理信息系统向更高的水平发展。
养禽业管理信息系统开发	生产管理系统	生产统计报表管理子系统	需求分析			禽群动态，即存栏总数、死亡数、淘汰数、周转数等；生长情况，即增重、均匀度等；产蛋情况，包括产蛋数、合格蛋数、破次蛋数、产蛋率等；饲料、药物等材料消耗情况。
			系统设计	系统功能结构图		如案例1，其中，每一模块又包括数据输入、修改、删除、查询、输出（报表）等子功能模块。
				数据流程图		现以育雏鸡群管理模块为例，其数据流程如案例2。
				输入设计		养禽业管理信息系统输入设计情况（二维码6.3.2）。 6.3.2
				输出设计		养禽业管理信息系统输出设计（二维码6.3.3）。 6.3.3
				程序编写		养禽业管理信息系统程序编写（二维码6.3.4）。 6.3.4

项目				内容
养禽业管理信息系统开发	生产管理系统	孵化管理子系统	需求分析	孵化管理工作由以下几部分组成：种蛋的入库、选择、保存及盘点；种蛋入孵；种蛋照检。根据具体情况，又可分为一次、二次、三次照检；出雏及孵化成绩统计等。
			系统功能结构图	根据孵化工作的要求，设计 4 个功能模块，见案例 3 所示。
			系统设计	孵化子系统程序流程图（二维码 6.3.5）。 6.3.5
		工作日程计划制订子系统	需求分析（就一个种鸡场来说，其主要的工作日程）	
			选育工作组织	主要包括在某些既定的时间内，对种鸡进行生产性能的测定和选留。
			日常饲养管理	主要指对各批鸡群进行合理的饲养，包括给料量、温度、湿度、光照等环境的控制。
			疾病控制	主要指对鸡群按照既定的免疫方案进行免疫和定期投药等工作的组织安排。
			孵化管理	主要指对入孵种蛋进行照蛋、落盘、出雏准备等工作的组织和安排。
			系统设计　举例	鸡场免疫管理系统设计举例（二维码 6.3.6）。 6.3.6
	计划管理系统	实现过程		是通过编制和执行计划来实现的。
		计划管理目的		合理安排和组织生产经营，避免生产的盲目性和无序性。
		计划分类	按时间	可以分为长期计划、年度计划和阶段计划。
			按内容	可以分为生产计划、销售计划、财务计划等。
		举例		计划管理系统生产计划编制过程（二维码 6.3.7）。 6.3.7

项目		内容
养禽业管理信息系统开发	销售管理系统	养禽场销售管理系统(二维码6.3.8)。 6.3.8
	其他常用系统	如财务管理系统、人事管理系统、库存管理系统等,其中有些已有现成的软件可以借用,有些可参照上述方法进行开发等。
养禽场计算机网络规划	意义	①目前,计算机与计算机网络技术是现代化管理的主流。 ②实现企业管理的计算机化、网络化是养禽业管理工作的发展趋势和重点。
	需求分析	①对于多数规模化养禽企业而言,由于考虑到防疫、环境污染等因素,生产基地往往远离管理部门。 ②养禽业各部门典型的结构分布情况是:财务部门、销售部门、行政管理等部门位于繁华市区,生产场分布于偏远的郊区。 ③养禽业生产管理网络化提高了数据信息的传递速度,减少了中间环节,避免了环节过多造成的信息错误和滞后,节约了劳动力;便于各级领导层掌握第一手材料,加强了各部门间的联系,提高了协作效率。
	网络规划	目的 — 计算机网络是把分别在不同地理区域的计算机与外围设备用通信线路连接起来,以共享软、硬件资源为目的的计算机系统。
		分类 — 按照规模和延伸范围,可以分为局域网和广域网两类。
		网络建设举例 — 养禽场计算机网络规划建设举例(二维码6.3.9)。 6.3.9
决策支持系统(DSS)	定义	通过综合利用各种数据、信息、知识,特别是模型技术,来辅助各级决策者解决非结构化、半结构化的人机交互系统。
	意义	是以计算机技术为基础,通过对情况的分析,归纳形成模型,进行方案优选,为决策者提供正确决策所需信息的系统。
	构成及开发	养禽业管理信息决策支持系统的构成、特征及开发(二维码6.3.10)。 6.3.10

项目		内容
专家系统（ES）	定义	是具有大量专门知识，并能运用这些知识解决特定领域中实际问题的计算机程序系统。
	目的	ES 通过处理专家的知识、模拟实现专家的思维、技巧、经验和直觉，来解决实际问题。
	意义	专家系统的开发，开辟了 DSS 智能化的前景，因此，人们往往把 DSS 与 ES 合并在一起，称为智能化的决策支持系统
	构成及开发	养禽业管理信息专家系统的构成及开发(二维码 6.3.11)。 6.3.11

拓展阅读

　　在养禽业中，随着生产规模的扩大，集约化程度的提高，以及市场竞争的日益加剧，对其组织管理工作提出了更高的要求。实践证明，传统的以手工为主的管理方式，已很难满足实际工作的需要，也很难及时有效地对管理工作起到计划、监控、协调作用。实现养禽业管理的现代化、信息化是非常必要的，也是势在必行的。信息技术参与管理，大大提高了社会生产力，引起了经济结构、社会结构和生产方式的深刻变化，是最为活跃的生产力

6.3.12　农产品流通信息管理技术通则(国家标准)

之一。可以说，在信息化时代的今天，信息技术的应用和发展水平，已成为衡量一个国家、一个企业科技发展水平、管理水平、综合实力的重要标志。养禽场建立完整的数据分析体系，采取信息化管理系统，加强养殖各环节之间的联系。根据反馈数据快速做出相应的处理，实现禽场日常管理程序化、精细化和人工智能化，势必能够将家禽的生产潜力充分发挥出来，实现高效、便捷的管理，降低饲养成本，提高禽场经济效益，实现养殖业现代化。

●●●●● 作业单

思考题
1. 请说出一个蛋种鸡场的生产管理系统包括哪些？
2. 肉种鸡场与蛋种鸡场的生产管理有哪些异同？

任务6.4　禽场生物安全管理

●●●●● **案例单**

任务 6.4	禽场生物安全管理			学　时	2
案例	案例内容				案例分析
1	消毒剂种类	使用浓度（mg/L）		作用时间（min）	这是2011年6月1日实施的《养鸡场带鸡消毒技术要求》国家标准中带鸡消毒常用消毒剂。
1	双链季铵盐类消毒剂	1 000～2 000		5～20	
1	酸性氧化电位水	使用其原液（有效氯不低于50～70）		5～20	
1	二溴海因	500～1 000		5～20	
1	含氯消毒剂	1 000～2 000		5～20	
1	过氧乙酸	3 000		5～20	
2	种类	水分	有机质	氮（N）	磷（P$_2$O$_3$）　钾（K$_2$O）

2	种类	水分	有机质	氮（N）	磷（P$_2$O$_3$）	钾（K$_2$O）	
2	鸡粪	50.5	25.5	1.68	1.54	0.85	这是新鲜禽粪氮、磷、钾的含量。
2	鸭粪	56.6	26.2	1.10	1.40	0.62	
2	鹅粪	77.1	23.4	0.55	0.50	0.95	
2	鸽粪	51.0	30.8	1.76	1.78	1.0	
2	平均	55.8	36.48	1.26	1.31	0.86	

●●●● **工作任务单**

子任务 6.4.1	家禽的免疫接种
任务目的	熟悉疫苗的保存、运送和使用前的检查方法，掌握免疫接种的操作技术。
任务准备	地点：实训室、实训基地。 动物：110日龄的肉鹅若干。 材料：疫苗、稀释液、金属注射器、玻璃注射器、针头、胶头滴管、刺种针、煮沸消毒锅、气雾发生器、空气压缩机等。
任务实施	1. 疫苗保存、运送和使用前检查。 2. 免疫接种的方法。 3. 免疫接种前的价差及接种后的护理与观察。 4. 免疫接种的注意事项。

考核内容	评价标准	分值
疫苗保存、运送和使用前检查	1. 能够正确保存和运送疫苗，得 10 分。 2. 能够详细说明检查事项，得 10 分。	20
免疫接种的方法	1. 能够准确说出疫苗接种的 7 种方法，每说对一种得 3 分，全答对得 25 分（其中 4 分为奖励）。 2. 能够根据接种疫苗正确选择接种方法，得 10 分。	35
免疫接种前的价差及接种后的护理与观察	1. 能准确说明接种前的检查内容，得 10 分。 2. 能准确说明接种后的护理和观察内容，得 15 分。	25
注意事项	能准确说明接种注意事项，得 20 分。	20

考核评价

必备知识

一、建立禽场空间阻断屏障

项目		内容
隔离	禽场与外界环境的隔离。	①禽场要做到与外界环境高度隔离，使场内禽群处于相对封闭的状态。 ②详见项目 3 禽场建设部分。
	禽场内各禽群之间的隔离。	①禽场内各禽群之间也要做到充分隔离，栋舍之间距离不应少于 10 m。 ②禽场应执行"全进全出"制和单向的生产流程。 ③禽分群、转群和出栏后，栋舍要彻底进行清扫、冲洗和消毒，并空舍 3～7 天方可调入新的禽群。 ④对禽场饲养员、兽医及其他工作人员要明确岗位责任，专人专舍专岗，严禁擅自串舍串岗。
通道	禽场内应分净道和污道。	详见项目 3 禽场建设部分
消毒	场区环境和禽舍内部的消毒。	①一般场区每周消毒 1～2 次。 ②禽舍应每天清洁，每周至少消毒一次。 ③料槽、水槽和其他用具要定期清洗，保持清洁，每月消毒 1～2 次。
	人员、工具及车辆的消毒。	①工作人员进入生产区时应洗手、更换工作服，戴工作帽，穿专用鞋踏消毒池；离开生产区时也应进行必要的消毒。 ②生产工具应先冲洗、干燥再熏蒸消毒后备用。 ③进入场区的车辆应先用高压水管冲洗车轮，再缓慢通过消毒池；场区内的车辆每次转运后应及时清洁消毒。

项目		内容	
消毒	带禽消毒。	①可以每日一次或隔日一次，夏季可根据情况适当增加次数，也可以起到降温的作用；冬季可加温后再喷雾。 ②消毒剂的选择、浓度配比以及喷雾使用量要严格按照案例1中的国家标准进行。	
	处理禽场废弃物。	利用禽粪	利用禽粪(二维码6.4.1)。 6.4.1
		处理死禽	处理死禽(二维码6.4.2)。 6.4.2
		处理污水	处理禽场污水(二维码6.4.3)。 6.4.3
		处理药品疫苗等废弃物	应按国家相关规定进行妥善处理。

二、建立禽群健康机体屏障

项目	内容
禽苗遗传类型控制	①在育种过程中应逐步淘汰对特定疫病易感性强的禽品种。 ②比如，肉鸡应选择生产性能和抗病性能达到平衡的品种，如腿病、猝死症、腹水症等遗传性疾病较少，抗逆性较强的品种。
禽苗质量控制	优种优质禽苗是获得理想饲养效益的前提。

三、建立禽场饲养管理屏障

项目	内容及意义
控制水质	详见禽场建设部分。
控制饲粮卫生	①饲料在符合正常营养指标前提下，需符合卫生指标，防止在运输使用过程中被污染。 ②严禁使用不合格饲料原料，同时还需对植物源性饲料中的霉菌进行检测，最终使成品料中各项卫生指标符合标准。
控制禽舍小环境	①在搞好禽场环境绿化的同时，加强禽舍通风，落实夏季防暑降温和冬季防寒保暖措施。 ②保持禽舍环境安静，减少应激。 ③为家禽生长提供适宜的温度和湿度，合适的环境温度是保证家禽健康生长的第一要素，尤其是雏禽阶段。
控制应激	①生产中尽量减少禽群应激，分群、断喙、免疫、生人进入禽舍、突然换料、气温骤变等情况，都会使禽群处于应激状态。 ②通常可将维生素 A、维生素 B、维生素 C 的用量增加到平时的 1～2 倍，保持相对固定的饲养程序。 ③不随意改变料型、饲料的质量等。

四、建立禽场疫病控制屏障

项目	内容意义	
明确病原	①首先要确定禽群中存在哪些地方性病原，其次确定这些病原的优先级。 ②对于不同养殖场来说，优先级病原不同，处置顺序不同。确定优先级病原后，有针对性地选择疫苗对禽群进行免疫，然后分离致病菌，通过药敏试验选择高效药物。	
净化疫病	①种禽场对重点禽病(经蛋垂直传播的疾病)要有计划地实施净化。 ②种禽场重点禽病一般包括：鸡白痢、鸡白血病、鸡传染性贫血、鸡败血型霉形体。	
接种疫苗	1. 制订合理免疫程序(二维码 6.4.4 禽参考免疫程序) 6.4.4	①免疫仍是当前控制重大动物疫病的有效手段。 ②新城疫和禽流感是国家规定必须免疫的动物疫病，实施计划免疫。 ③依据当地疫病流行和受威胁情况对计划免疫以外的疫病进行免疫。 ④免疫程序要结合上一代次的免疫情况、各种疫病抗体的消长规律、禽场管理水平等综合制订，并随时检测，及时修订。

项目		内容意义
接种疫苗	2. 选择疫苗	①选择正规厂家生产的疫苗，不要迷信进口疫苗。 ②对疫苗分类合理保存。 ③使用前核对存放温度是否正确，是否在有效期内，活疫苗是否真空，灭活苗是否破乳等。
	3. 检测免疫效果	建立抗体定期检测及适时补打免疫制度。

五、合理药物使用

项目	内容意义
使用药物情况	①初生雏的药物预防。 ②发生细菌病时的治疗。 ③发生病毒病时的控制继发或并发感染。 ④控制疫苗免疫后过于强烈的副反应。

项目		内容意义
使用抗生素	使用原则	足剂量、足疗程。
	选择抗生素种类	要结合适应症、指征和药敏试验的结果。
	盲目使用抗生素的危害	①造成经济上的浪费。 ②破坏禽体内正常菌系，导致二次感染。 ③损伤肝肾等组织。 ④导致耐药菌群的产生，不仅为疾病防治带来困难，还会造成公共卫生隐患。 ⑤药物残留带来食品安全问题。

拓展阅读

　　禽场生物安全水平的高低，决定着经济效益的高低。因此，禽场生物安全体系建设是一个长远的、系统的工程，它决定着企业未来的兴衰存亡，需要从业者先树立生物安全意识，从日常操作做起，逐渐增加建设上的投入，直到形成科学规划、周密部署、严格操作、处处防疫的良好局面。

| 6.4.5 畜禽场消毒技术规范
（北京市地方标准） | 6.4.6 畜禽场环境影响评价准则
（北京市地方标准） | 6.4.7 畜禽场鼠害控制与效果评价
（北京市地方标准） | 6.4.8 种禽场重要疫病净化技术规程
（地方标准） |

●●●●● 作业单

> **思考题**
> 1. 禽场生物安全应从哪些方面进行？
> 2. 结合案例1试举例说明生产中所用消毒剂情况。

●●●●● 学习反馈单

评价内容		评价标准	评价方式	分值
课前(15%) (知识目标 达成度)	线上考查 参与度	任务指南完成情况；在线资料浏览时长；任务资讯完成情况；参与讨论情况与质量。	教学平台自动生成。	5 分
	线上任务 测试题	该任务在线测试题完成的质量。		5 分
	课前测试	完成质量。		5 分
课中(55%) (技能目标 达成度)	课堂参与 情况	出勤、课堂纪律、学习态度、参与情况等。	教学平台自动生成。	5 分
	工作任务单 完成情况	每个工作任务单完成的质量、效率、职业素养等。	学生自评、组内互评、组间互评、教师评价。	50 分
课后(15%) (知识＋技能 目标达成度)	线上作业	线上巩固作业完成质量。	教学平台自动生成。	5 分
	线下作业	作业单完成质量。	生生互评。	5 分
	反思报告	完成的质量。	教师打分。	5 分
思政素养目标 达成度(15%)		考查学生勤于思考、善于思考、尊重科学、保护生态、爱护动物的职业素养，吃苦耐劳、爱岗敬业、服务农业农村的职业精神。	组间互评、教师评价。	15 分
反馈情况		每个项目结束后通过线上无名问卷调查。		
反思改进		1. 根据学生课前、课中、课后任务完成和反馈情况以及在课程实施过程中的具体发现，在接下来的教学过程中，还要进一步体现"以学生为中心"的教学理念，给予学生更大的自主权，充分发挥其主动性。		

评价内容	评价标准	评价方式	分值
反思改进	2. 本项目是本门课程的进一步提升和拓展，在生产实践中禽场环境、经营、计算机辅助以及生物安全管理等仍有很大的发展空间，应实时进行该领域技术的引入与更新，并设计出能够针对每个学生能力的工作任务单评价系统，这样就可解决教师课中无法进行一对一教学的痛点。		

课程量化评价单

黑龙江职业学院
期末纸笔考试各章配分表

专业名称：畜牧兽医　　　　　　　　课程名称：家禽生产　　　　　　　制定人：
王素梅

教材内容（章）（考试范围）		CP1（家禽繁育）	CP2（家禽孵化）	CP3（禽场建设）	CP4（鸡生产）	CP5（水禽生产）	CP6（禽场管理）	合计
教学时间（课时）		8	16	8	34	22	10	98
占分比例	理想（%）	8.16	16.33	8.16	34.69	22.45	10.21	100
	实际（%）	8	16	8	35	23	10	100

教研室主任：　　　　　　　　　　　　　　　主管教学副院长：

黑龙江职业学院
期末纸笔考试教学目标分配权重一览表

专业名称：畜牧兽医　　　　　　　　课程名称：家禽生产　　　　　　　制定人：
王素梅

教学目标	记忆	理解	应用	分析	评价	创造
占分比例（%）	12	22	18	23	16	9

注：1. 分配六向度目标合理权重。一般情况下，一个考核知识点对应一种教学目标。

2. 为了引导学生注重高层次认知的学习，记忆向度题目配分比例一般不应高于20%。

3. 理解、应用、分析向度题目配分一般应占较大比例。

4. 评估、创造类的题目配分一般应不低于20%。但基础性课程可适当降低比重。

5. 要注意完整性，应包括阶段或单元的基本知识和基本技能及相应的能力要求。

教研室主任：　　　　　　　　　　　　　　　主管教学副院长：

黑龙江职业学院
期末纸笔考试双向细目表

专业名称：畜牧兽医　　　　　　　课程名称：家禽生产　　　　　　　制定人：王素梅

教学目标		1.0 记忆		2.0 理解		3.0 运用		4.0 分析		5.0 评价		6.0 创造		合计	
教材内容	试题形式	配分	题数	配分	题数	配分	题数	配分	题数	配分	题数	配分	题数	配分	题数
CP1 （家禽繁育）	单选题			1	1	1	1	1	1					3	3
	多选题			2	1									2	1
	填空题	2	1											2	1
	判断题	1	1											1	1
	概念题														
	简答题														
	小计	3	2	3	2	1	1	1	1					8	6
CP2 （家禽孵化）	单选题							1	1					1	1
	多选题							2	1					2	1
	填空题														
	判断题			1	1	1	1	2	2					4	4
	概念题	3	1	6	2									9	3
	简答题														
	小计	3	1	7	3	1	1	5	4					16	9
CP3 （禽场建设）	单选题														
	多选题							2	1					2	1
	填空题			2	1	2	1			2	1			6	3
	判断题														
	概念题														
	简答题														
	小计			2	1	2	1	2	1	2	1			8	4
CP4 （鸡生产）	单选题			1	1	1	1	1	1					3	3
	多选题					4	2			2	1			6	3
	填空题	2	1	2	1			2	1			2	1	8	4
	判断题					1	1			1	1			2	2
	概念题	3	1	3	1									6	2
	简答题					5	1	5	1					10	2
	小计	5	2	6	3	11	5	8	3	3	2	2	1	35	16

教学目标		1.0 记忆		2.0 理解		3.0 运用		4.0 分析		5.0 评价		6.0 创造		合计	
教材内容	试题形式	配分	题数	配分	题数	配分	题数	配分	题数	配分	题数	配分	题数	配分	题数
CP5（水禽生产）	单选题	1	1	1	1	1	1							3	3
	多选题							2	1	2	1	2	1	6	3
	填空题									2	1			2	1
	判断题			1	1	1	1							2	2
	概念题														
	简答题									5	1	5	1	10	2
	小计	1	1	2	2	2	2	2	1	9	3	7	2	23	11
CP6（禽场管理）	单选题														
	多选题									2	1			2	1
	填空题			2	1									2	1
	判断题					1	1							1	1
	概念题														
	简答题							5	1					5	1
	小计			2	1	1	1	5	1	2	1			10	4
配分合计	单选题	1	1	3	3	3	3	3	3					10	10
	多选题			2	1	4	2	6	3	6	3	2	1	20	10
	填空题	4	2	6	3	2	1	2	1	4	2	2	1	20	10
	判断题	1	1	2	2	4	4	2	2	1	1			10	10
	概念题	6	2	9	3									15	5
	简答题					5	1	10	2	5	1	5	1	25	5
	小计	12	6	22	12	18	11	23	11	16	7	9	3	100	50

注：1. 试题形式指填空题、选择题、判断题、简答题、计算题、分析题、综合应用等形式。

2. 试卷结构应包含主观题和客观题，具体题型由制定人确定，题型不得少于 4 种。

3. 每项配分值为本项所含小题分数的和。

4. 本表各项目视教学目的、实际教学及命题需要可进行适当调整。

教研室主任：　　　　　　　　　　　　　　主管教学副院长：

附　录

附表 1　罗曼褐壳蛋鸡 12 周龄称重记录表

序号	体重(g)	序号	体重(g)	序号	体重(g)	序号	体重(g)
1	1280	16	1080	31	1064	46	1077
2	1157	17	1176	32	1234	47	1048
3	998	18	1038	33	1227	48	1208
4	1098	19	1155	34	1212	49	1302
5	1276	20	1240	35	1193	50	1196
6	1085	21	1056	36	1153	51	1286
7	1056	22	1164	37	1023	52	1142
8	1386	23	1108	38	1098	53	1138
9	1208	24	1086	39	1178	54	1236
10	1240	25	1226	40	1083	55	1228
11	1083	26	1143	41	1096	56	1204
12	1134	27	1199	42	1023	57	1201
13	1014	28	1043	43	998	58	1202
14	1008	29	898	44	1005	59	1236
15	1202	30	1008	45	1250	60	1240

附表 2　不同纬度地区日照时间表

时间	不同纬度日出至日落大约时间						
	10°	20°	30°	35°	40°	45°	50°
1 月 15 日	11:24	11:00	10:15	10:04	9:28	9:08	8:20
2 月 15 日	11:40	11:34	11:04	10:56	10:36	10:26	10:00
3 月 15 日	12:04	12:02	11:56	11:56	11:54	11:52	12:00
4 月 15 日	12:26	12:32	12:58	13:04	13:20	13:28	14:00
5 月 15 日	12:48	12:56	13:50	14:02	14:34	14:50	15:46

续表

时间	不同纬度日出至日落大约时间						
	10°	20°	30°	35°	40°	45°	50°
6月15日	13:02	13:14	14:16	14:30	15:14	15:36	16:56
7月15日	12:54	13:08	14:04	14:20	14:58	15:16	16:26
8月15日	12:26	12:44	13:20	13:30	13:52	14:06	14:40
9月15日	12:16	12:19	12:24	12:26	12:30	12:34	12:40
10月15日	11:40	11:30	11:26	11:18	11:06	11:02	10:40
11月15日	11:28	11:15	10:30	10:20	9:50	9:34	5:45
12月15日	11:16	11:04	10:02	9:48	9:09	8:46	4:40

附表3 蛋用鸡出雏日期与20周龄查对表

出雏日期	20周龄	出雏日期	20周龄	出雏日期	20周龄
1月10日	5月30日	5月10日	9月27日	9月10日	1月28日
1月20日	6月9日	5月20日	10月7日	9月20日	2月7日
1月31日	6日20日	5月31日	10月18日	9月30日	2月17日
2月10日	6月30日	6月10日	10月28日	10月10日	2月27日
2月20日	7月10日	6月20日	11月7日	10月20日	3月9日
2月28日	7月18日	6月30日	11月17日	10月31日	3月20日
3月10日	7月28日	7月10日	11月27日	11月10日	3月30日
3月20日	8月7日	7月20日	12月7日	11月20日	4月9日
3月31日	8日18日	7月31日	12月18日	11月30日	4月19日
4月10日	8月28日	8月10日	12月28日	12月10日	4月29日
4月20日	9月7日	8月20日	1月7日	12月20日	5月9日
4月30日	9月17日	8月31日	1月18日	12月31日	5月20日

参考文献

[1]豆卫. 禽类生产[M]. 北京：中国农业出版社，2001

[2]李如治. 家畜环境卫生学[M]. 北京：中国农业出版社，2003

[3]杨宁. 现代养鸡生产[M]. 北京：中国农业大学出版社，1994

[4]郑翠芝，李义. 畜牧场设计及畜禽舍环境调控[M]. 北京：中国农业出版社，2012

[5]王玉梅. 畜牧场环境控制与规划[M]. 北京：北京师范大学出版社，2017

[6]吕骅，吴海洪. 家禽生产[M]. 杭州：浙江大学出版社，2017

[7]杨维仁. 新编肉鸡饲料配方[M]. 第二版. 北京：化学工业出版社，2017

[8]孙卫东，孙久建. 肉鸡规模化健康养殖与疾病诊治指南[M]. 北京：化学工业出版社，2015

[9]赵聘，黄炎坤，徐英. 家禽生产[M]. 第3版. 北京：中国农业大学出版社，2021

[10]周新民，蔡长霞. 家禽生产[M]. 北京：中国农业出版社，2011

[11]赵聘，关文怡. 家禽生产技术[M]. 北京：中国农业科学技术出版社，2012

[12]杨山，李辉. 现代养鸡[M]. 北京：中国农业出版社，2002

[13]段修军，李小芬. 家禽生产[M]. 2版. 北京：中国农业出版社，2019

[14]辽宁省畜牧技术推广站等. 养禽常用数据手册[M]. 沈阳：辽宁科学技术出版社，1998

[15]王春林. 中国实用养禽手册[M]. 上海：上海科学技术文献出版社，2000

[16]刘国君. 鹅标准化生产技术周记[M]. 哈尔滨：黑龙江科学技术出版社，2007

[17]耿社民，刘小林. 中国家畜品种资源纲要. 北京：中国农业出版社，2003

[18]王云霞. 家禽生产[M]. 北京：北京师范大学出版社，2011

[19]王素梅. 禽的生产与经营[M]. 长春：吉林大学出版社，2014

[20]马仲华. 家畜解剖学及组织胚胎学[M]. 第三版. 北京：中国农业出版社，2010

[21]杨山. 家禽生产学[M]. 北京：中国农业出版社，1995

[22]郭万年，吴常信，杨学梅. 北京鸭（Ⅳ系）部分早期性状的生长模式[J]. 中国家禽，1990(05)

[23]宁中华. 现代实用养鸡技术[M]. 北京：中国农业出版社，2001

[24]李震钟. 畜牧场生产工艺与畜舍设计[M]. 北京：中国农业出版社，2000

[25]张忠诚. 家纺车繁殖学[M]. 第四版. 北京：中国农业出版社，2004

[26]郝正里. 畜禽营养与标准化饲养[M]. 北京：金盾出版社，2003

[27]陈伟生. 百例畜禽养殖标准化示范场[M]. 北京：中国农业科学技术出版社，2011

[28]房振伟，赵永国. 肉鸡标准化饲养新技术[M]. 北京：中国农业出版社，2005